车辆工程专业研究生系列教材

燃料电池建模与仿真：从微观到宏观

[伊朗] 戈兰·礼萨·莫莱马内什（Gholam Reza Molaeimanesh）

[伊朗] 法尔沙德·托尔比（Farschad Torabi）　　　　　　　　　　著

马　睿　周　杨　姜文涛　白　浩　译

机械工业出版社

氢燃料电池的建模与仿真技术对揭示其运行机理、优化性能、降低成本和提高可靠性具有至关重要的作用。本书系统性地介绍了燃料电池技术，涵盖了从基础理论到实际应用的多个方面。首先，深入探讨了燃料电池的基本原理和工作机制；随后，以质子交换膜燃料电池与固体氧化物燃料电池为例，重点讲解了不同尺度下燃料电池的建模方法，包括微观的电化学反应模型、中观的传输现象以及宏观的系统多维模型与性能分析；紧接着以金属氢化物和先进碳材料为例，介绍了不同储氢系统的建模仿真方法；最后，结合燃料电池在电动汽车、发电站与热电联产等相关领域的案例研究，提供了多种仿真技术及代码的应用实例，帮助读者理解如何通过计算模型优化燃料电池的设计和运行效率。

本书适用于从事燃料电池研究、开发及应用的工程师、研究人员以及高等院校相关专业的学生，旨在为读者提供全面而深入的燃料电池基础与应用技术参考。

Fuel Cell Modeling and Simulation: From Microscale to Macroscale, 1 edition

Gholam Reza Molaeimanesh，Farschad Torabi

ISBN: 9780323857628

注意

本书涉及领域的知识和实践标准在不断变化。新的研究和经验拓展我们的理解，因此须对研究方法、专业实践或医疗方法作出调整。从业者和研究人员必须始终依靠自身经验和知识来评估和使用本书中提到的所有信息、方法、化合物或本书中描述的实验。在使用这些信息或方法时，他们应注意自身和他人的安全，包括注意他们负有专业责任的当事人的安全。在法律允许的最大范围内，爱思唯尔、译文的原文作者、原文编辑及原文内容提供者均不对因产品责任、疏忽或其他人身或财产伤害及／或损失承担责任，亦不对由于使用或操作文中提到的方法、产品、说明或思想而导致的人身或财产伤害及／或损失承担责任。

北京市版权局著作权合同登记　图字：01-2023-3862 号。

图书在版编目（CIP）数据

燃料电池建模与仿真：从微观到宏观/（伊朗）戈兰·礼萨·莫莱马内什，（伊朗）法尔沙德·托尔比著；马睿等译. -- 北京：机械工业出版社，2024. 12.（车辆工程专业研究生系列教材）. -- ISBN 978-7-111-77518-8

Ⅰ. TM911.42

中国国家版本馆 CIP 数据核字第 2025S5T675 号

机械工业出版社（北京市百万庄大街 22 号　邮政编码 100037）

策划编辑：王　婧　　　　　　责任编辑：王　婧　李崇康
责任校对：韩佳欣　李小宝　　封面设计：张　静
责任印制：单爱军
北京盛通数码印刷有限公司印刷
2025 年 7 月第 1 版第 1 次印刷
184mm × 260mm · 20.5 印张 · 456 千字
标准书号：ISBN 978-7-111-77518-8
定价：168.00 元

电话服务　　　　　　　　　　网络服务
客服电话：010-88361066　　机 工 官 网：www.cmpbook.com
　　　　　010-88379833　　机 工 官 博：weibo.com/cmp1952
　　　　　010-68326294　　金 书 网：www.golden-book.com
封底无防伪标均为盗版　　　　机工教育服务网：www.cmpedu.com

译者序

　　随着化石燃料的逐渐枯竭和环境问题的加剧，寻找清洁、高效的能源转换方式显得尤为紧迫。燃料电池技术的兴起源于对传统能源体系的反思，作为一种高效、便捷、零排放的能源转换技术，燃料电池的快速应用正在引领新一轮的能源技术革命。燃料电池能够以化学反应的方式将氢气等清洁燃料直接转化为电能，排放的唯一副产物是水，凭借其优越的能量转换效率和环境友好特性，已成为实现低碳经济的重要途径，在交通、发电和储能等多个领域，展现出广泛的应用潜力。无论是在电动汽车、公共交通系统，还是在分布式发电和应急电源领域，燃料电池都扮演着越来越重要的角色，它不仅有助于实现能源结构的多样化，也为可再生能源的利用提供了新的可能性。

　　Fuel Cell Modeling and Simulation:From Microscale to Macroscale 通过从微观到宏观的多层次视角，系统性地介绍了燃料电池的建模与仿真技术。书中首先从基本理论入手，详细讲解了燃料电池的工作原理，包括电化学反应、质子交换膜的特性等。其次，探讨了微观尺度下的建模方法，分析了反应动力学、质子和电子传导等关键过程，为读者理解燃料电池的运行机理提供了参考。再次，讨论了流体动力学和热传导等现象，进行了如何将微观模型扩展到系统级别的分析。在宏观尺度的建模与仿真部分，着重介绍了燃料电池系统的整体性能评估和优化设计，通过对不同工况下燃料电池性能的分析，读者可以更好地理解如何提高系统效率。此外，还系统性地给出了储氢系统、燃料电池汽车、燃料电池发电站以及热电联产等典型燃料电池应用的场景案例，包含了大量的案例研究和仿真实例，不仅丰富了教材的实用性，也增强了读者的学习体验，对于燃料电池基础机理的研究与应用具有重要的参考价值。

　　考虑国内当前尚无详细的燃料电池建模及应用相关教材，在机械工业出版社和西北工业大学的大力支持下，译者对该书进行了翻译。在翻译过程中，译者尽可能地保留了其表述方式，并对语义不清的地方进行了补充说明，期望本书的出版能够为本科、研究生学习燃料电池的基础理论及应用技术提供参考，对电气工程、储能科学与工程等相关学科的课程群教材建设起到支撑作用。在此，衷心感谢所有参与本书翻译和校正的专家、学者和同行，特别是原作者的辛勤付出。特别鸣谢高非教授在本书翻译过程中的指导，感谢参与本书翻译工作的周杨、姜文涛、白浩三位老师的辛勤付出。由于本书体量较大，翻译过程中难免出现纰漏，还请广大读者不吝指正。

马睿

2024 年 10 月于北京西苑

PREFACE

前 言

　　全球变暖和化石燃料资源的枯竭迫使人们广泛研究和开发可再生能源。根据气候专家的预测，在不久的将来，可再生能源的各种应用将在世界各地出现。在可再生能源的领域里，绿色或者说可再生的氢能源（即太阳能发电站等可再生电力产生的氢），将与燃料电池系统共同发挥至关重要的作用。欧盟委员会提出的 2050 年世界经济净零排放的八种情景都与氢能有关 [1]。2020 年 3 月，彭博新能源财经报告指出，到 2050 年清洁氢的使用可以降低全球温室气体排放量的 1/3[2]。氢能可以发挥多种作用，例如可以通过使用电解槽和生产氢燃料来将产生的热量储存在太阳能发电站中，所产生的氢可以用于燃料电池系统，向电网输送电力，用于峰值功率调节。

　　氢能和燃料电池工程在学术界和工业界都是一个热门的领域。世界上大多数大学都在不同的院系，包括化学工程、能源系统工程、机械工程等，开设燃料电池系统课程。本书涉及燃料电池建模和仿真的各个方面，涵盖了从微观尺度到宏观尺度的内容。对于高等院校的学生来说，其对燃料电池的数值模拟更感兴趣。在工业领域，世界上许多公司都在致力于燃料电池系统的安装。这些公司使用如 GT-SUITE、AVL、ANSYS、COMSOL Multiphysics 等不同的软件进行燃料电池模拟，这些软件都使用一个或多个数值模型。

　　本书对有关燃料电池的基础知识进行了详细的介绍和梳理，并且具有很强的系统性，而不只是知识点的简单罗列，有助于读者快速入门燃料电池，掌握相关知识。这本书包括 7 章和 5 个附录。第 1 章简要介绍燃料电池的基础知识，熟悉燃料电池基本原理的读者可以直接研究其他 6 章。这 6 章是关于不同应用主题的建模和模拟，从质子交换膜燃料电池、固体氧化物燃料电池和氢存储，到燃料电池电动汽车、燃料电池发电站和基于燃料电池的热电联产系统。第 2 章主要讨论了质子交换膜燃料电池，在简要介绍了晶格玻尔兹曼方法及其不同部位的输运现象后，介绍了晶格玻尔兹曼、孔隙网络模型、多相流等微尺度仿真技术。然后，建立了单相和多相宏观计算流体力学模型以及用于电池和堆级模拟的一维模型。在所有这些仿真技术中，给出了控制方程和求解程序。第2章还介绍了几个示例、问题及代码。第3章讨论了类似结构的固体氧化物燃料电池，介绍了运输现象、微观模型和宏观模型。第4章介绍了不同的储氢方法及其仿真和建模方法，重点是金属氢化物和先进碳材料的储氢。第5章简要解释了车辆动力学，以及车辆动力系统的一维模型，可用于燃料电池电动汽车的设计和分析，该模型的代码也在附录中提供。最后两章的主题是关于基于燃料电池的发电站和热电联产系统的建模和仿真。由于优化是设计阶段的一个重要因素，其概念在附录中有所解释，并提供了不同的代码来实现不同的优化方法。最后，我们真诚地欢迎任何反馈，如评论、建议、查询、寻找错误、提供更好的解释和讨论其他重要的未讨论的概念。请发送电子邮件到 molaeimanesh@iust.ac.ir 或 ftorabi@kntu.ac.ir，以使本书在再版修订时更为完善。

参考文献

[1] European Commission, A Clean Planet for all. A European long-term strategic vision for a prosperous, modern, competitive and climate neutral economy, Depth Analysis in Support of the Commission; Communication COM 773 (2018) 2018.

[2] Bloomberg NEF, Hydrogen Economy Outlook: Key Messages, New York, USA, 2020.

二维码索引

二维码名称	二维码	二维码名称	二维码
程序 A-1 用于生成气体扩散层微观结构的几何生成器代码		程序 C-1 CSA 算法代码	
程序 A-2 纤维截面上气流的模拟		程序 C-2 WOA 算法代码	
程序 A-3 多相单分量（MPSC）LBM 代码		程序 C-3 TBLO 算法代码	
程序 A-4 使用格子玻尔兹曼方法对 PEMFC 进行三维模拟		程序 D-1 基于 ANSYS Fluent 的 MH 油箱仿真 UDF 代码	
程序 A-5 程序 A-4 的一个示例输入文件		程序 E-1 计算 FCEV 能量消耗的 MATLAB 代码	
程序 B-1 质子交换膜燃料电池极化曲线和在催化剂层的物质摩尔分数			

CONTENTS

目 录

第 **1** 章

燃料电池基本原理

1.1 介绍

    燃料电池是一种通过氧化燃料来产生电、热、水的电化学装置，在某些情况下，还产生二氧化碳等其他气体。在大多数情况下，燃料电池使用氢气作为燃料，大气中的氧气作为氧化剂。从这个角度来看，燃料电池也是传统的电化学电池。唯一的区别是，燃料电池不存储任何能量。事实上，燃料电池只是一个反应器，其反应物（燃料和氧气）来自外部存储装置。只需将燃料和氧气输入该设备，就会产生电能。

    燃料电池是一种很有发展前景的发电源。它的发明可以追溯到19世纪，当时著名的英国物理学家威廉·格罗夫爵士发现蒸汽可以在可逆反应中分解成氢气和氧气，即氢和氧可以通过电化学反应结合产生水。但在这个发明之后，燃料电池的发展缓慢，直到20世纪，由于太空计划使用了碱性燃料电池，它才得到更多的关注。然而在这一时期，电池的成本太高，不适合广泛应用。导致其高成本的主要原因之一是燃料电池需要使用昂贵的金属铂（Pt）作为催化剂。为了降低成本，减少铂的消耗，专家学者进行了许多研究。

    如今，燃料电池产品种类丰富，但它们的价格依旧昂贵，且使用备受争议。尽管已经一定程度上减少了铂的用量，但器件的成本仍然没有降低到应有的水平。一个重要的原因是电池的其他部分也很昂贵。例如，在燃料电池中，绝大多数隔板是由全氟磺酸基聚合物（Nafion）或固体陶瓷材料制成的，当前这两种材料的价格仍然较高。

    近期的研究表明，尽管燃料电池成本高，但如果考虑其整个生命周期，它们可能比目前的发动机更具优势。这是因为燃料电池没有运动部件，无噪声，使用寿命长，维护成本低，这些因素使它们与目前的发动机（如燃气发动机或涡轮机）相比，具有更大的优势。

    除此之外，燃料电池是氢经济的一部分，许多科学家认为氢经济是人类能源的未来。化石燃料将无可避免地走向终结，人类别无选择，只能依赖太阳能、风能、生物质能、海洋能等自然能源。这些能源各有利弊，优点是它们是可再生的，不会消耗殆尽；缺点是使用场景受限，例如太阳能或风能不宜作为汽车中的电池，必须储存它们的能量来满足生产生活的需求，如交通运输等。能量储存有多种方式，其中之一是在化合物中储存能量。例如，使用可再生能源将水分解成氢气，并将氢气作为燃料储存在特定的储罐中。这些储罐可以用于任何需要的地方，包括运输、家庭应用、发电站等。储存的氢气可以在传统的燃烧器和发动机中燃烧，但与燃料电池相比，这些燃烧器的热力学效率非常低。实际上，燃料电池的效率可以达到传统发动机效率的两倍以上。因此，从能源的角度来看，使用燃料电池替代传统发动机是更优的选择。

1.1.1 燃料电池发展路线

    为了更好地了解燃料电池的前景，需要研究该领域的计划和路线图。本节将研究日本、欧盟和美国的路线图，以了解其目标与实现氢能经济的计划。

1. 日本路线图

日本等领先国家在氢能经济等方面有着坚实的计划。在日本，燃料电池经济有两个主要目标，一个是住宅领域，另一个是燃料电池汽车（FCV）领域。住宅项目的重点是固体氧化物燃料电池（SOFC）的使用，因为这种电池既能供电又能供热。固体氧化物燃料电池的工作温度在 500 ~ 1000℃之间，非常适合用于热电联产（CHP）安装。通过这种结构，SOFC 既能产生住宅建筑所需的热量，又能产生电力。这种设计的优点是整体效率可以达到 80% 以上。

图 1-1 展示了日本在住宅领域的氢能技术路线图，这一路线图始于 2005 年前后，将持续到 2030 年。该计划有三个不同的阶段：

1）大规模验证：即在生产商业化产品之前对概念进行验证。

2）在政策支持下的市场开发：此阶段是固体氧化物燃料电池打入市场的商业化阶段。由于当时这种电池的价格很高，进入市场需要国家政策的支持。

3）维持市场：这也是目前所处的阶段，在此阶段，一套设备的价格是个人能够负担得起的，而且市场持续稳定。

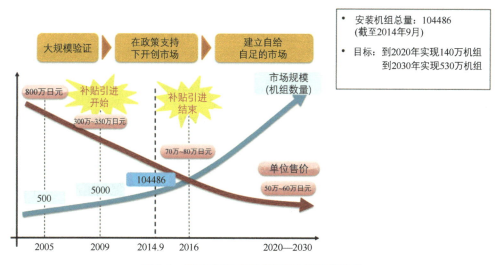

图 1-1　日本在住宅领域的氢能技术路线图

路线图预测到 21 世纪 30 年代结束时将售出 530 万台，每台的价格从 50 万日元到 60 万日元不等。

日本的燃料电池汽车项目是基于质子交换膜燃料电池（PEMFC）的。路线图如图 1-2 所示，始于 2005 年左右，将持续到 2030 年。该计划分四个不同阶段：

1）技术示范：在这一阶段进行技术开发。

2）技术和市场示范：这一阶段是第一阶段的延续，并考虑到了市场因素。在该阶段结束时，推出了包括丰田 Mirai（2014 年）、本田 Clarity（2016 年）和日产 X-TRAIL FCV

（2017 年）在内的首批商业化汽车。

3）早期商业化：此阶段是目前所在的阶段，早期的燃料电池车已经生产并投放市场，但还需扩大氢气的生产规模，增设加氢站等基础设施。

4）全面商业化：这是前一阶段的延续，在这一阶段中，应该降低价格，增加市场上的燃料电池车的数量。

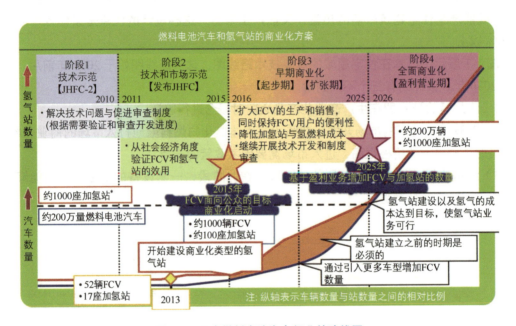

图 1-2　日本燃料电池汽车行业的路线图

如图 1-3 所示，日本对氢能和燃料电池计划进行了修订，并将其延长至 2040 年之后。修订后的路线图侧重于三个主要阶段：

1）燃料电池的安装：重点是在住宅和流动区域建立燃料电池设备。

2）氢气发电站和大规模供应链：从 2030 年左右开始，专注于氢气生产。在早期阶段，氢气是从海外进口的，该计划旨在建造全面的氢气发电站。

3）不含二氧化碳的氢气：从 2040 年左右开始，旨在通过水分解从可再生能源中生产氢气。

2. 欧盟路线图

欧盟关于氢能和燃料电池的计划如图 1-4 所示。该项目有两条平行的轨道，一条是氢气生产，另一条是燃料电池开发。从图中可以看出：

1）制氢始于已经开发和具备基础设施的天然气改造。制氢技术将持续发展，直到 2050 年左右能够利用天然或绿色能源完全从水分解中获得氢气。

2）燃料电池开发侧重于不同的用途，包括用于发电站等固定行业的固体氧化物燃料电池（SOFC）和熔融碳酸盐燃料电池（MCFC），以及用于汽车行业的质子交换膜燃料电池（PEMFC）。这项技术的目标是在 2050 年左右为航空系统提供所需的能源。

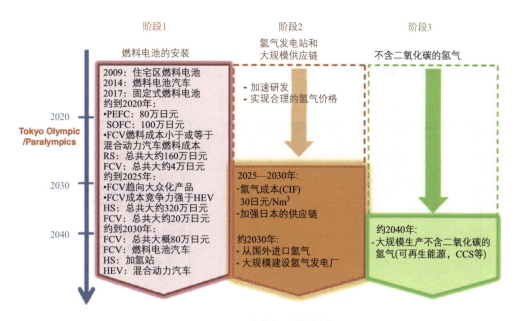

图 1-3　日本修订后的计划

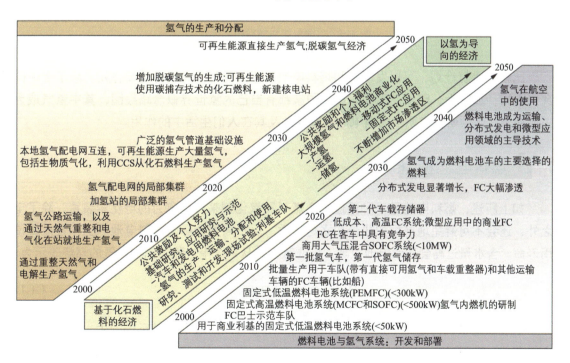

图 1-4　欧盟的氢能和燃料电池计划

3. 美国路线图

美国在氢技术方面也有类似的路线图，但该计划给出了到 2040 年的完整指导方针。在早期阶段，政府支持这项技术，在第二阶段，则由私营部门完成商业化。该路线图如图 1-5 所示，可以看到有四个不同的阶段：

1）技术开发。

2）初始市场渗透。

3）扩大市场和基础设施。

4）成熟的市场和基础设施。

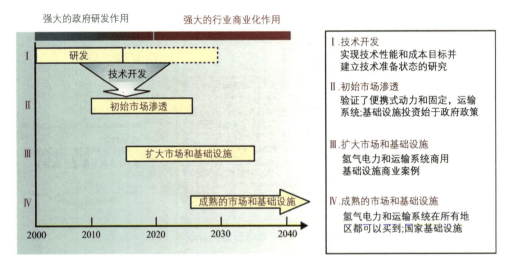

图 1-5　美国氢能和燃料电池计划

4. 路线图总结

比较上述氢计划，可以发现氢和燃料电池在不久的将来将发挥重要作用。除了上述国家，中国、加拿大、印度、巴西等许多国家都有自己的氢世界概念路线图，其中氢气成为主要能源。这项研究表明了燃料电池的重要性及其在人们生活中的作用。

1.1.2　燃料电池运行机制

如上所述，燃料电池是一种通过结合燃料和氧化剂来产生电力的电化学装置。除了电之外，还会不可避免地产生如热量和水等物质。由于高温会影响燃料电池的工作性能及使用寿命，含水量过高会导致电池故障，应注意将其从系统中去除。例如氢气的燃烧表示为

$$H_2 + \frac{1}{2}O_2 \longrightarrow H_2O + heat \tag{1.1}$$

燃烧反应被认为是化学反应，而同样的反应也可以通过电化学反应发生。那么，两者之间有什么区别呢？

电化学反应发生在固体表面。换句话说，电化学反应是表面现象。相比之下，化学反应可以在本体中进行。

电化学过程的氧化还原反应发生在不同的位置。例如，阳极氧化燃料，阴极还原氧气。但在化学反应中，氧化还原反应都发生在同一位置。

电化学反应中的电子转移是通过外部电路进行的，而对于化学反应，电子直接从一种物质转移到另一种物质。

根据这些特性，氢气的燃烧被认为是一种化学反应，因为它首先发生在物质内部。其次，反应发生在一个单一位置，在这个位置氢分子与氧分子相遇。最后，电子转移不会通过外部电路发生。

与燃烧过程相反，燃料电池的反应被认为是电化学反应，因为它满足上述电化学反应的所有特征。通过图 1-6 可以更好地理解这个过程。电池的负极与正极由电解质分离。每个电极至少有两层，一层是多孔基底，另一层是催化剂层。催化剂可以通过不同的方法涂覆在基底上。制造电极所用的材料因技术而异。每种技术都使用特定的材料来制造基底和不同类型的催化剂。在一些类型的燃料电池中电极可能有更多的层，例如用于催化剂的子层或使用其他材料的子层，以此来提高电池的性能。

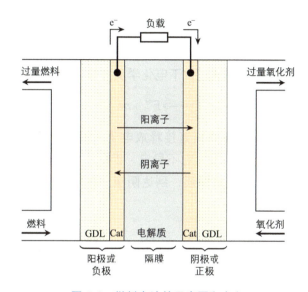

图 1-6　燃料电池的示意图和定义

基底的作用如下所示：

1）作为催化剂层的背衬。

2）为催化剂层提供均匀的材料浓度。

由于在大多数类型的燃料电池中，燃料是气态的，因此称底层为气体扩散层（Gas Diffusion Layer，GDL）。气体扩散层是多孔的，以便让反应气体通过它扩散并到达催化剂层（Cat），有助于电化学反应的进行。虽然用于制造气体扩散层的材料是导电的，但电化学反应不会在气体扩散层发生，它只是作为电子导体，而电化学反应发生在催化剂层。

在图 1-6 中，称负极为阳极，正极为阴极。在实践应用和许多论文、书籍、手册及相关媒体中，都使用了阳极和阴极这两个词，但这些术语在科学上并不一定是正确的。根据定义，阳极释放或产生电子，阴极消耗电子。在燃料电池的正常运行中，阳极和阴极分别相当于负极和正极。但在再生燃料电池中，通过施加外部电压（就像电池充电时一样）来逆转电化学反应，负极和正极保持不变，但阳极和阴极会改变位置。在充电过程中，阳极是正极，阴极是负极。

尽管负极和正极是区分电极更好的选择（因为它们在充电和放电过程中不会改变），但由于燃料电池主要用作发电机，很少用作再生设备，因此在所有已知的文献中都使用了阳极和阴极这两个术语。在这本书中，为了与所有其他文献一致，我们也使用阳极代替负极，用阴极代替正极。

图 1-6 所示的电解质起到了分离器的作用。电解质将电极隔离开，避免电池内部短路。此外，电解质还提供了离子转移所需的介质。目前所有可用的燃料电池可以分为两种不同的类型。

第一类电池由阳离子携带电荷穿过电解质。在这类电池中，如图 1-6 所示，阳离子在阳极催化剂层处产生，并移动到阴极。

第二类电池由阴离子携带电荷穿过电解质。在这类电池中，阴离子在阴极的催化剂层处产生，并且如图 1-6 所示，移动到阳极。

在第一类燃料电池中，燃料被供给到阳极，如图 1-6 所示。电池消耗一部分燃料，多余的燃料被送回供循环使用。燃料通过以下电化学反应被阳极催化剂分解：

$$F \longrightarrow F^{n+} + ne^- \tag{1.2}$$

式中，F 为燃料。由于在该反应中燃料直接释放电子，因此应使用先进且昂贵的催化剂。产生的电子 ne^- 不能通过分离器，因为它不导电。因此，电子从外部电路移动，通过负载到达阴极。同时，阳离子 F^{n+} 穿过电解质，到达阴极。在阴极催化剂层处，通过阴极 GDL 供给的氧气将与阳离子和电子反应：

$$F^{n+} + ne^- + \frac{1}{2}O_2 \longrightarrow FO \tag{1.3}$$

当使用方程（1.3）时，根据燃料材料的不同，应当让化学反应处于合适的平衡状态。通过对方程（1.2）和方程（1.3）求和获得总反应：

$$F + \frac{1}{2}O_2 \longrightarrow FO \tag{1.4}$$

对于第二种类型的燃料电池，反应与第一类不同。在阳极催化剂层处，燃料通过以下过程与来自阴极的阴离子发生反应：

$$F + A^{n-} \longrightarrow FO + M + ne^- \tag{1.5}$$

式中，A^{n-} 为移动的阴离子；M 为一种中间物质。可以发现，由于在反应（1.5）中，燃料不直接释放电子，因此可以使用较便宜的催化剂。同样，就像在第一种类型的燃料电池中一样，电子从外部电路移动，穿过负载，到达阴极。在阴极处，氧气通过以下反应在催化剂层上被还原：

$$\frac{1}{2}O_2 + M + ne^- \longrightarrow A^{n-} \tag{1.6}$$

通过对方程（1.5）和方程（1.6）求和，可获得总反应：

$$F + \frac{1}{2}O_2 \longrightarrow FO \tag{1.7}$$

这两种类型的反应总体结果表明，这些过程的最终结果是以电化学方式进行的燃烧燃料。在使用方程（1.2）~ 方程（1.7）时，反应应该根据燃料、阳离子、阴离子、中间材料和氧气进行平衡。在下面的小节中，将详细介绍每种燃料电池技术。

1.1.3　燃料电池类型

燃料电池分类方式多样，可以从电解质的种类、工作温度和燃料等不同的角度对燃料电池进行分类。在上述因素中，最重要的是电解质的种类，大多数时候燃料电池都是以电解质的类型命名的，但在某些电池中，是以燃料或操作方式命名的。根据类型和应用，这些电池可以提供从微瓦到千瓦或兆瓦级的大功率范围。由于单个电池不能提供大量电能，因此可以通过串联组装多个电池来制造大规模器件。一般一个运行中的电池的电压约为 0.7V，不足以产生大功率。

在所有的燃料电池中，无论是哪种类型，都在阳极氧化燃料，阴极还原氧气。如上所述，氧化还原发生在催化剂层上。为使氧化还原反应正常进行，电池温度应保持在特定的范围内。根据温度的不同，所有类型的燃料电池被分为三个不同的级别：

1）在 100℃ 以下工作的低温燃料电池，包括质子交换膜燃料电池（PEMFC）、直接甲醇燃料电池（DMFC）和微生物燃料电池（MFC）等。

2）在 150 ~ 250℃ 的较高温度下工作的中温燃料电池，包括碱性燃料电池（AFC）、磷酸燃料电池（PAFC）和高温质子交换膜燃料电池（HT-PEMFC）等。

3）在超过 500℃，甚至可能达到 1000℃ 以上的极高温度下工作的高温燃料电池，例如用于热电联产发电站的固体氧化物燃料电池（SOFC）和熔融碳酸盐燃料电池（MCFC）等。

如今燃料电池产品种类多样，其中许多都已发展成熟并商业化，但仍然有更多不同类型的电池尚在开发中。本书介绍了一些重要的类型，并讨论其主要反应、操作温度和所需技术等情况。

1. 质子交换膜燃料电池（PEMFC）

质子交换膜燃料电池是目前应用最多的燃料电池，由于其独特的特点而备受关注。首先，它是低温燃料电池，工作温度低于 100℃（通常在 90℃ 左右）。其次，它使用固态聚合物膜，可以避免电解质发生泄漏。再次，它的能量密度非常合理，这使它成为许多便携式大功率设备（如电动汽车）的最佳选择。最后，质子交换膜燃料电池使用氢气作为燃料，并将氢气与氧气结合，主要输出电能，并产生副产品热量和水。它们不会产生任何有害物质，如酸、碱或有毒气体。因此，质子交换膜燃料电池良好的特性使其成为低温电池中的最佳选择。

质子交换膜燃料电池的名称取自其由全氟磺酸制成的聚合物膜，当全氟磺酸吸收水时，它成为氢质子（H⁺）的良好导体，而它同时是电子的绝缘体。为生产可用于电池中的不同材料的膜，人们进行了许多研究，但目前唯一可商用的膜是 Nafion，这是杜邦公司的瓦尔特·格罗特（Walter Grot）在 20 世纪 60 年代末发现的膜的品牌名称。在一些文献中，PEMFC 也代表聚合物电解质膜燃料电池。在其他研究中，PEMFC 可能被称为固态膜燃料电池（SSMFC）。所有这些名称都是指薄膜的材料。

质子交换膜燃料电池作为一种低温设备，优缺点并存。其主要优点是，PEMFC 的工作温度接近环境温度进而可以快速进入工作状态。其主要缺点是为了加速反应，需要昂贵的催化剂，常用的铂是一种非常昂贵的金属。除了价格昂贵，铂与一氧化碳（CO）结合后会导致中毒。因此在大规模的工业应用中，应安装适当的设施来去除一氧化碳。

图 1-7 显示了 PEMFC 的结构和反应。其中燃料是不完全纯净的氢气。氢气进入阳极后通过阳极气体扩散层（GDL）在铂催化剂上扩散，并通过以下反应释放氢的电子：

$$H_2 \longrightarrow 2H^+ + 2e^- \tag{1.8}$$

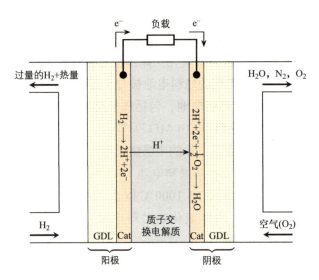

图 1-7　PEMFC 结构和反应

电子通过外部电路向阴极移动，并在阴极处通过外部负载对外做功。同时质子或氢离子通过电解质移动到阴极催化剂层，质子、电子和氧气在阴极催化剂层通过以下反应结合生成水：

$$2H^+ + 2e^- + \frac{1}{2}O_2 \longrightarrow H_2O \tag{1.9}$$

因此 PEMFC 的总体反应是

$$H_2 + \frac{1}{2}O_2 \longrightarrow H_2O \tag{1.10}$$

可以发现，质子交换膜燃料电池中氢气通过催化剂直接转化为离子，属于第一种类型的燃料电池。

2. 直接甲醇燃料电池（DMFC）

直接甲醇燃料电池也是一种低温燃料电池设备，其结构与质子交换膜燃料电池非常相似。这种电池的工作温度低于 100℃，并使用石墨作为它们的电极。电池中的膜也是由 Nafion 制成的，与质子交换膜燃料电池一样。但 PEMFC 和 DMFC 之间也有不同。首先，它们的主要燃料不同，前者的主要燃料是氢气而后者是甲醇。其次，在 DMFC 中，铂不足以将甲醇解离为电子和离子。因此，除了铂之外，还需添加一些其他催化剂，如钌（Ru）。

与许多其他种类的燃料电池不同，直接甲醇燃料电池的名称不是以其膜的类型命名的，而是根据其所用燃料的名称命名的。它最大的优点是不需要储氢和重整器，混合蒸汽的液态甲醇被直接送入燃料电池阳极。甲醇的存储问题不难解决，一个简单的塑料罐就可以储存所需的甲醇。此外，甲醇生产设备已经相当成熟，基础设施完善。甲醇工厂可以用煤、天然气、石油甚至生物质来生产纯甲醇。

直接甲醇燃料电池适用于中等功率设备，尤其是手机和笔记本计算机等移动应用。它可以通过一个装满甲醇的小罐来重新充电，既便宜又便利。除了小型设备，它在汽车行业的竞争力正在不断提升。如前所述，甲醇的储存非常容易，正是这个特性让其具备竞争力。

直接甲醇燃料电池也是第一种类型的燃料电池，其中阳离子从阳极移动到阴极。DMFC 的结构如图 1-8 所示。与 PEMFC 相反，燃料不是气体，而是混合水的液态甲醇。甲醇到达阳极催化剂，并根据以下反应转化为质子：

$$CH_3OH + H_2O \longrightarrow 6H^+ + CO_2 + 6e^- \tag{1.11}$$

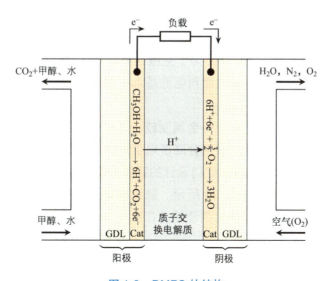

图 1-8　DMFC 的结构

在这种燃料电池中，每摩尔燃料释放 6mol 电子。此外，该反应还会释放副产品一氧化碳。产生的 CO_2 在燃料中溶解，直到达到溶解度极限。过量的 CO_2 会产生气泡，这反过来又增加了电池内的压降，过高的压强会阻碍醇向催化剂的传导，降低电池的性能。对于DMFC，应设计特殊的结构，以便在再循环之前从混合物中去除 CO_2 气体。

在阴极催化剂层处，质子、电子和氧气通过以下反应结合以产生水：

$$6H^+ + 6e^- + \frac{3}{2}O_2 \longrightarrow 3H_2O \qquad (1.12)$$

因此 DMFC 的总体反应是

$$CH_3OH + \frac{3}{2}O_2 \longrightarrow 2H_2O + CO_2 \qquad (1.13)$$

该反应存在一氧化碳不平衡的问题，应将 CO 从电池中排出。

3. 碱性燃料电池（AFC）

碱性燃料电池是最早工业化的燃料电池之一，由弗朗西斯·托马斯·培根于 1959 年发明。碱性燃料电池是第一个在阿波罗太空计划等实际项目中使用的设备，在该项目中，AFC 是电能的主要来源。碱性燃料电池属于中等温度类型，工作温度在 100～250℃ 之间。如果使用低价金属作为催化剂，温度达到一定高度时也能使电池工作。因此，在设计 AFC时，可以使用其他廉价的催化剂，例如银（Ag）、氧化亚钴（CoO）等。不过为了提高效率，在不考虑价格的情况下，依旧使用铂作为催化剂。

碱性燃料电池的名称来源于制造膜的材料。在这种电池中，膜由氢氧化钠（NaOH）或氢氧化钾（KOH）等碱金属的浓缩溶液制成。碱性溶液在任何温度下都具有适宜的离子电导率，而温度升高会进一步增加电导率。因此，它成为电池电解质或膜的良好选择。最新研究表明，AFC 中有能够在 25～70℃ 之间工作的低温电池。

由于 AFC 的制造不需要贵金属，而且它们的膜价格相对较低，因此它们是目前成本最低的燃料电池技术。然而，当二氧化碳溶解在电解质中时，容易导致催化剂中毒，碳酸盐的形成会显著降低电解质的电导率。为了克服这一现象，应使用二氧化碳洗涤器对 KOH溶液进行纯化。由于这些限制，碱性燃料电池基本不用于大型发电站，但人们正在努力研究克服这些问题和降低成本的方法。

碱性燃料电池的电极由石墨和镍等金属制成。燃料使用氢气，氧化剂使用大气中的氧气。电池工作产生电、热和水。由于水会降低电解质的浓度，影响电池性能，可以通过电极蒸发将水从系统中去除，或者使用专门设计的系统处理。

AFC 是第二类燃料电池，如图 1-9 所示。氢氧根离子在阴极催化剂层上产生，并通过氢氧化钾（KOH）电解质向阳极催化剂移动。在阳极催化剂层处，氢氧根离子与氢结合产生水并释放电子。阳极处反应是

$$2H_2 + 4OH^- \longrightarrow 4H_2O + 4e^- \qquad (1.14)$$

在这种燃料电池中，1mol 燃料释放 2mol 电子。在阴极催化剂层，电子、水和氧气通过以下反应结合产生氢氧根离子：

$$2H_2O + 4e^- + O_2 \longrightarrow 4OH^- \qquad (1.15)$$

从上述反应式可以看出氢氧根离子在反应前后是守恒的。然而，由于阴极产生 OH^-，阳极消耗 OH^-，故其浓度从阴极到阳极是不均匀的。当扩散过程能够平衡 OH^- 梯度时，电池可以很好地工作，但在高电流密度下，这种梯度可能会影响燃料电池的性能。

图 1-9 显示，在阴极入口处的是纯氧而不是空气。如前所述，对于这些类型的燃料电池，会输入纯净的氧气，因为二氧化碳会影响电解质性能。如果无法提供纯氧，而是将空气送入电池，则应修改图形信息。

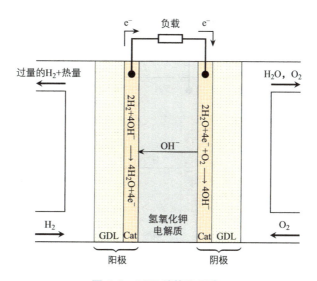

图 1-9   AFC 结构和反应

碱性燃料电池的总体反应是

$$H_2 + \frac{1}{2}O_2 \longrightarrow H_2O \qquad (1.16)$$

很明显，AFC 是一种氢燃料电池，其中氢气通过电化学反应与氧气反应，但其工作机制与 PEMFC 完全不同。

4. 磷酸燃料电池（PAFC）

磷酸燃料电池是另一种使用液体磷酸作为电解质的中温燃料电池。1961 年，G. V. El-more 和 H. A. Tanner 首次提出了这项技术。磷酸燃料电池的工作温度在 $150 \sim 200℃$ 之间，在这个温度水平上，磷酸表现出良好的离子导电性，可以用作电解质。通常，酸包含在聚四氟乙烯键合的碳化硅基体中。电极材料是碳，并涂有铂催化剂。

由于其工作温度和成本，这种燃料电池是热电联产的最佳选择之一。它们通常用于固定应用，并配备 CHP 设备来获取热能及其电力。通过这种配置，PAFC 的总体效率可以达到 70%。

尽管磷酸燃料电池的电极用铂作为催化剂，但它们对铂的 CO 中毒不太敏感，因为它们工作温度较高，在该温度下铂 CO 中毒变得不那么重要。因此，含有 CO 的燃料也可以用作 PAFC 的燃料。这一特性使它们可以配备特殊重整器来生产 H_2。因此，在 PAFC 发电站中不需要 H_2 储罐。但需注意，如果利用重整器从汽油中生产 H_2，则必须去除硫，因为硫会影响电解质并降低其电导率。

图 1-10 所示的 PAFC 是第一类燃料电池，其反应与 PMFC 的反应相同。阳极、阴极和整体反应由方程（1.8）~ 方程（1.11）描述。两者之间的区别在于所用膜或电解质的材质以及工作温度等。PAFC 的温度越高，对 CO 中毒的耐受性越强，这反过来又使它们成为发电站的更好选择。磷酸燃料电池可以用于热电联产系统，这意味着它们的净效率可以达到85%，这是非常显著的优点。

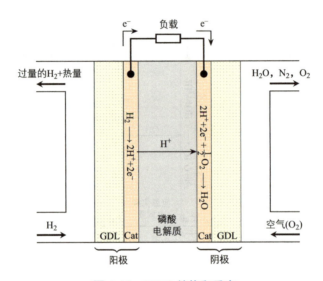

图 1-10 PAFC 结构和反应

5. 固体氧化物燃料电池（SOFC）

固体氧化物燃料电池是固定和移动系统中最常用的高温燃料电池之一。这种电池的工作温度通常在 $800 \sim 1000\,℃$ 之间。这是所有燃料电池技术中的最高温度范围。高温使它们能够在热电联产系统中运行，并达到 85% 以上的效率。

SOFC 的名称来源于其电解质的材料，是一种固态陶瓷。钇稳定氧化锆（YSZ）陶瓷的发明开启了燃料电池技术的新领域。这种陶瓷能够在非常高的温度下传导氧离子 O^{2-}。在这个温度范围内，氧气通过以下反应在阴极催化剂层转化为 O^{2-}：

$$\frac{1}{2}O_2 + 2e^- \longrightarrow O^{2-} \qquad (1.17)$$

如图 1-11 所示，氧离子通过 YSZ 陶瓷电解质从阴极向阳极移动。这意味着 SOFC 是第二种类型的燃料电池。在阳极侧，氧离子通过以下反应与氢结合：

$$H_2 + O^{2-} \longrightarrow H_2O + 2e^- \qquad (1.18)$$

总体反应是

$$H_2 + \frac{1}{2}O_2 \longrightarrow H_2O \qquad (1.19)$$

反应（1.19）和 PEMFC 总反应方程（1.10）之间的差异是 SOFC 中产生的水是气态的，而 PEMFC 中的水是液态的。

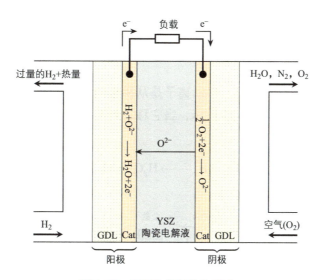

图 1-11　SOFC 的结构和反应

因为 SOFC 不使用铂作为催化剂，所以其工作温度高也不必担心催化剂失去活性，同时电池可以使用的燃料范围广泛。尽管电池的主要反应需要氢气，但在实际应用中，SOFC 可以配备内部或外部重整器，以重整任何富含氢气的燃料，如天然气或其他碳氢化合物，从而产生氢气维持电池的正常运行。应该注意的是，在实践中可以观察到硫会影响 SOFC 的性能，因此，如果燃料中含有硫，需将其去除。

SOFC 的高工作温度及其在热电联产循环中的作用使其广泛用于固定应用。多个电池组合在一起可以产生兆瓦级的热量和电力，适合用于电网充电。另外，小型 SOFC 可以用于包括燃料电池货车、公交车和类似重型车辆的移动应用。即使是小型的电池启动也需要高温，这是这些应用需克服的一个主要难题。因此，应该结合复杂的设施来加热电池以便启动。SOFC 还被用作重型车辆的辅助动力单元，以在其主动力源空闲时提供所需的能量。

6. 熔融碳酸盐燃料电池（MCFC）

一些如锂、钾或钠等碱金属的碳酸盐，在高温下的熔融状态时表现出很大的离子导电性。熔融碳酸盐燃料电池（MCFC）便是因使用这些盐作为电解质而得名。这种燃料电池在工作期间应加热至 650℃；否则，电解质会冷却变为固体，从而失去离子导电性，使燃料电池不能正常工作。因此，MCFC 是适用于热电联产循环的高温设备。MCFC 在其工作点的效率约为 45%，通过将它们与热电联产循环相结合，其效率可能超过 85%。这种电池对于当地的发电站和大型发电站都非常有用。

工作温度高意味着 MCFC 对燃料中的杂质具有耐受性，因此可使用的燃料范围更广。在熔融碳酸盐燃料电池中，可以用许多碳氢化合物作为燃料，包括甲烷、丙烷、船用汽油、煤气化产物以及氢气等。但与此同时，MCFC 的高温特性会导致填料和零件的机械故障。因此这类电池应避免反复开关，以减少损耗。

如果使用富含氢气的燃料，则应先在电池外部对其进行处理，以便为电池中的主要反应提供纯净的氢气。除了氢气，二氧化碳也是该反应的重要原料；但整个反应不产生或消耗任何二氧化碳，即电池中的二氧化碳是守恒的。这是因为阳极产生的二氧化碳会在阴极消耗，形成了一个闭环。

MCFC 属于第二类燃料电池，移动离子是从阴极向阳极移动的阴离子。在 MCFC 中，移动离子是碳酸根离子，如图 1-12 所示，当它移动到阳极催化剂层时，通过以下反应与氢气结合：

$$CO_3^{2-} + H_2 \longrightarrow H_2O + CO_2 + 2e^- \tag{1.20}$$

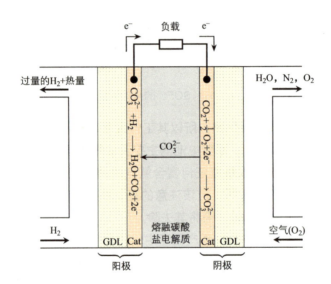

图 1-12　MCFC 的结构和反应

阳极处的反应产生水和二氧化碳并释放电子。其中二氧化碳和电子被转移到阴极催化剂层，在那里它们与氧结合发生如下反应：

$$CO_2 + \frac{1}{2}O_2 + 2e^- \longrightarrow CO_3^{2-} \tag{1.21}$$

上述电极反应表明，在电池中碳酸盐和二氧化碳是守恒的，因此浓度梯度在高电流密度操作下更关键。

MCFC 作为氢燃料电池的总体反应与其他氢燃料电池相同：

$$H_2 + \frac{1}{2}O_2 \longrightarrow H_2O \tag{1.22}$$

由于工作温度高，MCFC 中产生的水处于气态。这解决了在低温燃料电池中很重要的溢流问题。

7. 其他燃料电池技术

上述技术成果均已市场化。还有许多其他可用的燃料电池技术，其中一些已经在市场上大规模生产，还有一些尚在研究中。这里只简单地介绍其中的一些技术。

高温质子交换膜燃料电池（HT-PEMFC）是质子交换膜燃料电池的一种变体，可以工作在 $100 \sim 200$℃的更高温度范围。制造 HT-PEMFC 的关键是膜的材料，在低温 PEMFC 中，质子交换膜是 Nafion 膜，但是 Nafion 膜不能承受高温，并且当温度高于 130℃时会损坏。在 HT-PEMFC 中，隔膜由酸基聚合物制成，如纯聚苯并咪唑（PBI）或掺杂酸的 PBI，它们可以在更高的温度下正常工作。其他部分与低温 PEMFC 基本一致。HT-PEMFC 与普通 PEMFC 相比的优势在于，更高的工作温度使其不易 CO 中毒，因此可以使用的燃料范围更广（不必是纯 H_2），并且可以利用 CHP 循环提高其效率。

金属 – 空气燃料电池是最成熟的技术，可以大规模生产不同形状和尺寸的产品。这种类型的电池既可以被视为燃料电池，也可以被视为一般电池。燃料电池和电池之间的主要区别在于，电池的可用能量仅限于其储存的活性物质，而燃料电池不储存任何物质，其活性物质来自外部存储设备或大气。金属 – 空气燃料电池介于两者之间，它看起来像碱性燃料电池（图 1-9），与其使用相同的阴极材料和电解质，唯一的区别是它所用的燃料是锌、铝或锂等金属。因此，阳极的活性物质是有限的，当金属被消耗完，燃料电池就停止工作。从这个角度来看，阳极部分就像电池，阴极部分则是燃料电池。一些教科书将金属 – 空气燃料电池放在电池部分，而有一些参考文献将其视为燃料电池。

直接乙醇燃料电池（DEFC）是 DMFC 的一种变体，它使用乙醇代替甲醇。DEFC 最具吸引力的一点是乙醇无毒，且可以通过多种方式获得。尽管 DEFC 是非常有发展前景的设备，但它们仍处于实验室规模生产的阶段，短时间内不会出现在市场上。

微生物燃料电池（MFC）是一种生物电池。它利用微生物和特殊细菌来使燃料释放电子。由于操作依赖于细菌，因此功率密度非常低，这意味着要获得特定数量的功率，就必须建立一个大型系统。为此存在许多不同的微生物种类，其中一些有利于阳极反应，一些有利于阴极反应。通常，通过分离器阻止细菌从一个电极移动到另一个电极。

1.2　热力学

无论阳极和阴极反应如何，燃料电池的性能都是由整体的电解反应决定。无论反应是通过化学过程还是电化学过程发生的，其反应热都是相同的。例如，通过化学反应（1.1）燃烧氢气释放的热量与在方程式（1.16）中发生的电化学过程产生的热量相同。

燃料电池的整个反应过程可以写作一般形式：

$$aA + bB \longrightarrow cC + dD + \Delta H \qquad (1.23)$$

式中，大写字母为化学物质；小写字母为化学计量系数。如符号 ΔH 所示，每个反应会产生一定量的能量，称为反应焓。这是一个反应中最高的可用能量。反应焓是产物和反应物储存的化学能之间的能量差。每一种化学物质的化学键中都储存着特定量的能量。当化学键断裂时，释放能量，当化学键形成时，储存特定量的能量。因此，对于一个以方程式（1.23）的形式进行的反应，反应物和产物在它们的化学键中储存的能量不相等，差值记为 ΔH。根据这个定义，反应焓可以用方程（1.24）计算：

$$\Delta H = ch_C + dh_D - ah_A - bh_B \qquad (1.24)$$

式中，h 为每种物质的焓。方程式（1.24）是能量守恒的一个表达式，它指出，反应焓是产物焓与反应物焓之差。根据定义，任何物质在标准状态（1 个标准大气压，25℃）下的焓，称为生成焓，用 h_f 表示。在其他非标准条件下，物质的焓与生成焓不同。单质的生成焓为零，因为单质处于稳定状态，但化合物并非如此。热力学表中包括了不同物质的生成焓。值得注意的是，这些值仅在标准条件下有效。当处于其他状态时，应该用热力学关系来计算焓。

例 1.1　计算反应（1.1）在标准条件下的反应焓。

答：根据方程式（1.24），在标准条件下，该反应的反应焓为

$$\Delta H = h_{fH_2O} - h_{fH_2} - \frac{1}{2}h_{fO_2} = (-286 - 0 - 0)kJ \cdot kmol^{-1} = -286kJ \cdot kmol^{-1}$$

式中，负号表示产物的能级小于反应物。因此，释放出这个量的能量，该反应是放热的。

几乎没有燃料电池能在标准条件下工作。所有燃料电池技术都在高于 25℃ 的温度下工作。有些燃料电池能在大气压下工作，有一些在更高的压力下工作。因此，反应热应在实际状态下进行计算。本章后面将讨论温度和压力的影响。

1.2.1　吉布斯自由能

如上所述，反应焓是最大的可用能。然而，每个反应都有一定的不可逆性，从而减少了有用的能量。理论上，不可逆过程是用反应熵 ΔS 来计算的。与焓一样，方程式（1.23）的反应熵计算公式如下：

$$\Delta S = cs_C + ds_D - as_A - bs_B \qquad (1.25)$$

式中，s 为各物质的熵。在热力学表中会详细列出物质在标准条件下的熵。当处于非标准条件时，应该通过计算来得到熵值。该方法将在 1.2.4 节中进行讨论。对于氢燃料电池中的一些关键物质，生成焓和反应熵（即标准条件下的值）见表 1-1。

表 1-1　部分关键物质的生成焓和反应熵

物质	$h_f/kJ \cdot mol^{-1}$	$s_f/kJ \cdot mol^{-1} \cdot K^{-1}$
H_2	0	0.13066
O_2	0	0.20517
$H_2O_{(l)}$	−286.02	0.06996
$H_2O_{(g)}$	−241.98	0.18884

在计算反应熵后，由于熵变造成的能量损失为 $T\Delta S$，可用的净有用能量称为吉布斯自由能 ΔG，其计算公式为

$$\Delta G = \Delta H - T\Delta S \qquad (1.26)$$

如前所述，吉布斯自由能是可转化为有用功的最大能量。

例 1.2　计算标准条件下，方程式（1.1）的反应熵和吉布斯自由能。

答：根据等式（1.25），在标准条件下，反应（1.1）的反应熵为

$$\Delta S = s_{f\,H_2O} - s_{f\,H_2} - \frac{1}{2}s_{f\,O_2} = \left(0.06996 - 0.13066 - \frac{1}{2} \times 0.20517\right)kJ \cdot mol^{-1} \cdot K^{-1}$$
$$= -0.163285 kJ \cdot mol^{-1} \cdot K^{-1}$$

注意，在 25℃时，产出的水是液体的；因此，在计算中使用液态水的数据。

则吉布斯自由能为

$$\Delta G = \Delta H - T\Delta S = [-286 - 298.15 \times (-0.163285)]kJ \cdot mol^{-1} = -237.3165 kJ \cdot mol^{-1}$$

ΔH 和 ΔG 的比较表明，由于不可逆过程，会产生 48.68kJ·mol^{-1} 的能量损失。

如前所述，吉布斯自由能是净有用能，可以转化为其他形式的能源。在燃料电池中，这些能量被转化为电能。电能的定义为

$$W_{el} = qE \qquad (1.27)$$

式中，W_{el} 为电功（J·mol^{-1}）；q 和 E 分别为每摩尔库仑电荷和每伏特电势。在每一种燃料电池技术中，1mol 燃料会释放出特定数量的电子。如果每摩尔燃料释放 n mol 电子，那么电荷为

$$q = nN_A q_{el} = nF \qquad (1.28)$$

式中，$N_A = 6.02 \times 10^{23}$ 为阿伏伽德罗常数，表示 1mol 电子的数量；$q_{el} = 1.602 \times 10^{-19}C$，表示单个电子所带的电荷量。最终可以得到

$$F = N_A q_{el} = (6.02214076 \times 10^{23})mol^{-1} \times (1.60217663 \times 10^{-19})C \approx 96485 C \cdot mol^{-1} \qquad (1.29)$$

F 被称为法拉第常数，即 1mol 电子的总电荷。利用上述方程，可将电功定义为

$$W_{el} = nFE \tag{1.30}$$

由于总电功等于吉布斯自由能，可以列出

$$W_{el} = -\Delta G \tag{1.31}$$

这里使用负号，因为对于发热过程而言，吉布斯自由能是负的。从方程式（1.31）可以得到一个燃料电池的理论势：

$$E = \frac{-\Delta G}{nF} \tag{1.32}$$

这被称为理论电压或电池的开路电压（OCV）。因为在计算电压或电位时，忽略了由欧姆电阻和其他参数引起的电位下降。方程（1.32）仅对没有外部电流通过燃料电池时的开路情况有效。

方程（1.32）可用于计算任何工况下的任何燃料电池的 OCV。使用这个方程时，ΔG 应该在相同的工况下得到。

例 1.3　计算一个氢燃料电池的 OCV 值。

答：对于氢燃料电池，在例 1.2 中计算了其吉布斯自由能。因此，从等式（1.32）中可以很容易地计算出开路电压为

$$E = \frac{-\Delta G}{nF} = \frac{237316.5}{2 \times 96485} V \approx 1.23V$$

选择 $n = 2$ 是因为对于所有的氢燃料电池，每摩尔氢气释放 2mol 电子。这可以通过分析氢燃料电池的阳极反应来验证，如 PEMFC、SOFC 等。

需注意，$E = 1.23V$ 只在 25℃时有效，因为 ΔG 是在该温度下计算出来的。在其他温度下，开路电压会有所不同。

1.2.2　热力学第二定律与燃料电池

热力学第二定律指出，一个系统的总熵必然随时间的增加而增加。这个表述对一个孤立的系统是正确的，如果系统中发生的过程是可逆的，那么熵就不发生改变。

每个电化学反应都包含特定数量的能量 ΔH。系统熵的任何变化都会破坏一部分可用能量，因此有用能量或吉布斯自由能会减少，而根据等式（1.32），这反映在降低电池电压上。在之后的章节中会详细介绍，有许多不同的参数会导致电池电压降低，包括：

1）燃料渗透：一部分燃料通过分离器到达阴极的催化剂层。

2）活化极化：活化极化是驱动电化学反应所需的能量。由于电化学反应过程（电子得失）不够快速，导致电池电压偏离平衡电压，驱动电化学反应需消耗能量克服活化能垒。

3）欧姆电阻：根据焦耳定律，电池中的欧姆电阻会产生热量，进而破坏有用的能量

（将其转化为热量）。

4）浓差极化：当阳极或阴极催化剂层处的燃料和氧化剂浓度降低时发生。

5）热耗散：热量散失到环境中会破坏一部分有用能量，如果散热过大，那么电池温度就会下降，进而降低电池电压。

上述和其他以任何形式破坏能级的机制，都会增加系统熵并引起电压降。因此，在实际的工作、实验和工厂监测中，判断系统可逆程度的最佳方法是测量电压降。

关于熵值变化的最后一点是温度的作用。温度在电化学反应中有两种不同的作用：

1）它会减少 ΔG，因为熵变产生的能量损耗为 $T\Delta S$。因此，温度越高，由熵变引起的能量损失就越大。

2）它会降低内电阻，从而降低欧姆电阻和欧姆电压降。

因此，温升在降低 OCV 的同时降低了内部熵变，从而使工作电压上升。所以它对熵变引起的能量损失有双重影响。这意味着，电流密度较低时，电池的整体电压下降，而电流密度较高时，整体电压随着温度的升高而升高。

1.2.3　燃料电池效率

任何系统的效率，其定义都是输出功与输入能量之比。对于燃料电池，输入能量是电化学反应中可获得的总能量 ΔH，总的输出功是 W_{el}，根据等式（1.31），其等于 ΔG。因此，效率的计算公式为

$$\eta = \frac{\Delta G}{\Delta H} \tag{1.33}$$

仅当 ΔH 和 ΔG 在相同状态下计算时，等式（1.33）对任何运行状态都有效。

例 1.4　计算氢燃料电池在标准条件和 OCV 条件下的效率。

答：对于一个氢燃料电池，通过等式（1.33）计算出在 OCV 下的效率为

$$\eta = \frac{\Delta G}{\Delta H} = \frac{237.34}{286.02} \approx 83\%$$

结果表明，氢燃料电池在其 OCV 条件下具有很高的理论效率。

在实际应用中，燃料电池不能在 OCV 上工作。当一个特定大小的电流通过燃料电池时，有许多因素会导致电压下降，本章将对此进行详细讨论。电压降是不可逆过程的一个指标，而不可逆过程会降低电池的效率。利用等式（1.33）对不可逆过程的效率进行计算。

将等式（1.33）右侧的分子和分母同时除以 $-nF$：

$$\eta = \frac{-\dfrac{\Delta G}{nF}}{-\dfrac{\Delta H}{nF}} \tag{1.34}$$

根据定义，分子是电势 E。分母的单位与电势相同，表示一个虚构的电压，称为热中性电压，用 E_{th} 表示。因此，等式（1.34）可以写为两个电压的分数，即电池的实际电压和热中性电压：

$$\eta = \frac{E}{E_{th}} \qquad (1.35)$$

利用等式（1.35）计算效率的主要优势是，仅通过测量其工作电压便可得出一个燃料电池的效率。

例 1.5　计算氢燃料电池的热中性电压。

答：根据定义，一个燃料电池的热中性电压为

$$E_{th} = -\frac{\Delta H}{nF}$$

当处于标准条件下时，氢燃料电池的 E_{th} 为

$$E_{th} = -\frac{-286}{2 \times 96485} \text{V} \approx 1.482 \text{V}$$

请注意，当电池所在环境的温度或压力发生变化时，必须在相同的条件下计算 ΔH。

例 1.6　假设在实际运行条件下，通过特定大小的电流，氢燃料电池的电压达到 0.85V。此时电池的效率是多少？

答：可以由等式（1.35）计算燃料电池的效率为

$$\eta = \frac{E}{E_{th}} = \frac{0.85}{1.482} \approx 57\%$$

这个例子表明，在实际运行中，燃料电池的效率比理想条件下有所下降。

1.2.4　有效因素的作用

一般来说，燃料电池都在非标准条件下工作，低温电池也很少能在标准条件下运行。金属－空气燃料电池可以在 25℃ 的大气压下使用，但这种情况在实际应用中很少见。所有的中温和高温电池都在非标准温度下工作，即使是低温电池也最适合在 60℃ 以上的温度水平下工作。除了温度外，增加压力也可以提高燃料电池的效率。因此为了得到更精确的计算，必须在运行状态下计算 ΔH、ΔS、ΔG 等热力学参数。

温度和压力对热力学参数有非常重要的影响。本节将更详细地讨论这些参数。

1. 温度的影响

每种物质的焓和熵都是温度的函数，它们之间的关系如下：

$$h_T = h_f + \int_{298.15}^{T} c_p \mathrm{d}T \tag{1.36}$$

$$s_T = s_f + \int_{298.15}^{T} \frac{1}{T} c_p \mathrm{d}T \tag{1.37}$$

式中，c_p 为物质的比热容；h_T 和 s_T 分别为该物质在温度 T 下的焓和熵。比热容 c_p 也是温度的函数，因此要得到 h_T 和 s_T，应该知道比热容与温度的关系。热力学表给出了大多数元素和化合物的这一关系。例如，氢燃料电池中涉及的物质，其数据如图 1-13 所示。对热力学表中的数值进行曲线拟合，可以得到一定的数量关系。图 1-13 所示的数据可以用以下形式的二阶多项式完美地拟合：

$$c_p = a + bT + cT^2 \tag{1.38}$$

对于氢燃料电池中涉及的不同物质，方程（1.38）中的系数见表 1-2。使用方程（1.38）和表 1-2 的数据，方程（1.36）和方程（1.37）中的积分即可直接得出。

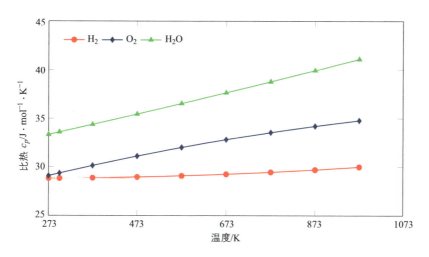

图 1-13　氢燃料电池中不同物质的 c_p 变化

表 1-2　氢燃料电池的 c_p 温度依赖系数

物质	a	b	c
H_2	28.91404	−0.00084	$2.01 \times 10^{-0.6}$
O_2	25.84512	0.012987	$-3.90 \times 10^{-0.6}$
$H_2O_{(g)}$	30.62644	0.009621	$1.18 \times 10^{-0.6}$

例 1.7　对于工作在 250℃的 AFC，计算其 OCV 和理论效率。

答：使用方程（1.24）计算反应（1.1）的焓：

$$\Delta H = h_{H_2O} - h_{H_2} - \frac{1}{2} h_{O_2}$$

当温度达到 250℃时，纯物质（如 H_2 和 O_2）的焓不再为零，应使用方程（1.36）进行计算。此外，H_2O 的焓不再是 25℃时的值，必须使用它在相同的条件下的值进行计算。还应注意，在这个温度下，水是处于气态的，在使用表 1-1 中的数据时必须考虑这一点。因此，对于 H_2，将方程（1.38）代入方程（1.36），可以得到以下公式：

$$h_T = h_f + \int_{298.15}^{523.15}(a+bT+cT^2)\mathrm{d}T = h_f + \left[aT + \frac{b}{2}T^2 + \frac{c}{3}T^3\right]_{298.15}^{523.15}$$

使用表 1-2 中的数据，可以得到如下数值：

$$h_{T,H_2} = 0 + \left[28.914T + \frac{-0.00084}{2}T^2 + \frac{2.01\times10^{-0.6}}{3}T^3\right]_{298.15}^{523.15} \mathrm{J\cdot mol^{-1}} = 6509.72\mathrm{J\cdot mol^{-1}}$$

$$h_{T,O_2} = 0 + \left[25.845T + \frac{0.01298}{2}T^2 + \frac{-3.90\times10^{-0.6}}{3}T^3\right]_{298.15}^{523.15} \mathrm{J\cdot mol^{-1}} = 7760.02\mathrm{J\cdot mol^{-1}}$$

$$h_{T,H_2O} = -241980 + \left[30.626T + \frac{0.009621}{2}T^2 + \frac{1.18\times10^{-0.6}}{3}T^3\right]_{298.15}^{523.15} \mathrm{J\cdot mol^{-1}}$$
$$= -233173.49\mathrm{J\cdot mol^{-1}}$$

因此，反应焓为

$$\Delta H = \left(-233173.49 - 6509.72 - \frac{1}{2}\times7760.02\right)\mathrm{J\cdot mol^{-1}} = -243563.21\mathrm{J\cdot mol^{-1}}$$

计算 s_T 需经过相同的步骤：

$$\Delta S = s_{H_2O} - s_{H_2} - \frac{1}{2}s_{O_2}$$

将方程（1.38）代入方程（1.37），可以得到

$$s_T = s_f + \int_{298.15}^{523.15}\left(\frac{a}{T} + b + cT\right)\mathrm{d}T = s_f + \left[a\ln(T) + bT + \frac{c}{2}T^2\right]_{298.15}^{523.15}$$

对于不同的物质，计算得到

$$s_{T,H_2} = 130.66 + \left[28.914\ln(T) + -0.00084T + \frac{2.01\times10^{-0.6}}{2}T^2\right]_{298.15}^{523.15} \mathrm{J\cdot mol^{-1}\cdot K^{-1}} = 147.12\mathrm{J\cdot mol^{-1}\cdot K^{-1}}$$

$$s_{T,O_2} = 205.17 + \left[25.845\ln(T) + 0.01298T + \frac{-3.90\times10^{-0.6}}{2}T^2\right]_{298.15}^{523.15} \mathrm{J\cdot mol^{-1}\cdot K^{-1}} = 221.90\mathrm{J\cdot mol^{-1}\cdot K^{-1}}$$

$$s_{T,H_2O} = 188.84 + \left[30.626\ln(T) + 0.009621T + \frac{1.18\times10^{-0.6}}{2}T^2\right]_{298.15}^{523.15} \mathrm{J\cdot mol^{-1}\cdot K^{-1}} = 208.44\mathrm{J\cdot mol^{-1}\cdot K^{-1}}$$

因此，反应熵为

$$\Delta S = 208.44 - 147.12 - \frac{1}{2} \times 221.90 \, \text{J} \cdot \text{mol}^{-1} \cdot \text{K}^{-1} = -49.63 \, \text{J} \cdot \text{mol}^{-1} \cdot \text{K}^{-1}$$

因此，该反应的吉布斯自由能为

$$\Delta G = \Delta H - T\Delta S = (-243563.21 - 523.15 \times 49.63) \, \text{J} \cdot \text{mol}^{-1} = -217601.83 \, \text{J} \cdot \text{mol}^{-1}$$

有了在 250℃时的 ΔG，AFC 的 OCV 为

$$E = \frac{-\Delta G}{2F} = \frac{217601.83}{2 \times 96485} \, \text{V} = 1.1276 \, \text{V}$$

其理论效率为

$$\eta = \frac{\Delta G}{\Delta H} = \frac{-217601.83}{-243563.21} \approx 89\%$$

这个例子表明，燃料电池的 OCV 和理论效率都随着温度的升高而降低。注意，理论效率是指没有电流流过电池时的效率，即当电池处于 OCV 状态时的效率。

例 1.8　在 100～1000℃的温度范围内计算氢燃料电池的 OCV。

答：根据题目，温度超过了 100℃，因此水是气态的。所以本题中所用数据的值与例 1.7 相同。ΔH、ΔS、ΔG、E 和 η 的计算结果见表 1-3。这些参数的变化如图 1-14 所示。从图中可以看出，ΔH 先随着温度的升高而增加，温度大约达到 900K 后，又随着温度升高而降低，但 ΔG 具有单调性，总是随着温度的升高而降低（注意，重要的是绝对值，而不是带符号的值）。这是因为 ΔS 增加以及能量损失 $T\Delta S$ 也以更高的斜率增加，最终导致电池电压增加，从而电池的理论效率提高。

表 1-3　例 1.8 的结果

温度 /K	$\Delta H / \text{J} \cdot \text{mol}^{-1}$	$\Delta S / \text{J} \cdot \text{mol}^{-1} \cdot \text{K}^{-1}$	$T\Delta S / \text{J} \cdot \text{mol}^{-1}$	$\Delta G / \text{J} \cdot \text{mol}^{-1}$	E/V	η
373.15	−242580	−46.57	−13239	−225202	1.167	0.928
423.15	−242941	−47.74	−14603	−222740	1.154	0.916
473.15	−243269	−48.74	−17377	−220204	1.141	0.905
523.15	−243563	−49.62	−20201	−217601	1.127	0.893
573.15	−243819	−50.39	−23065	−214936	1.113	0.881
623.15	−244037	−51.07	−25961	−212212	1.099	0.869
673.15	−244214	−51.67	−28883	−209432	1.085	0.857
723.15	−244349	−52.20	−31825	−206598	1.070	0.845
773.15	−244440	−52.67	−34782	−203712	1.055	0.833
823.15	−244486	−53.10	−37751	−200776	1.040	0.821
873.15	−244483	−53.47	−40728	−197791	1.024	0.809
923.15	−244431	−53.80	−43709	−194757	1.009	0.796

（续）

温度 /K	$\Delta H/J \cdot mol^{-1}$	$\Delta S/J \cdot mol^{-1} \cdot K^{-1}$	$T\Delta S/J \cdot mol^{-1}$	$\Delta G/J \cdot mol^{-1}$	E/V	η
973.15	−244327	−54.10	−46692	−191676	0.993	0.784
1023.15	−244170	−54.36	−49673	−188547	0.977	0.772
1073.15	−243958	−54.59	−52651	−185372	0.960	0.759
1123.15	−243690	−54.79	−55623	−182150	0.943	0.747
1173.15	−243362	−54.96	−58586	−178882	0.926	0.735
1223.15	−242974	−55.10	−61539	−175567	0.909	0.722
1273.15	−242524	−55.23	−64480	−172206	0.892	0.710

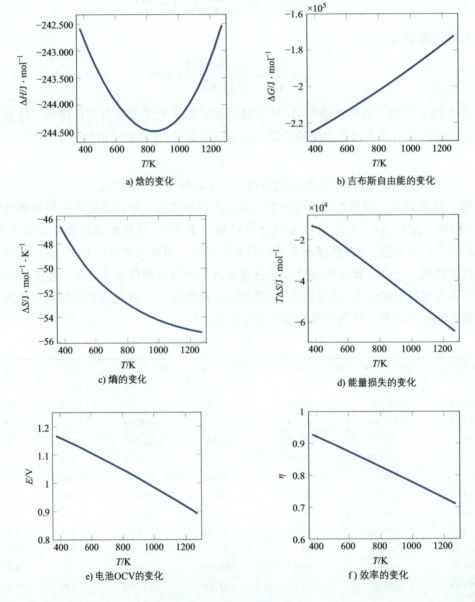

a) 焓的变化　　　　　　　　　b) 吉布斯自由能的变化

c) 熵的变化　　　　　　　　　d) 能量损失的变化

e) 电池OCV的变化　　　　　　f) 效率的变化

图 1-14　不同参数的变化

对于工作温度范围低于 100℃ 的低温燃料电池，可以忽略 c_p 的变化并且假设其为恒定的。例如 PEMFC 在 70℃ 工作，由于温度变化引起的 c_p 变化非常小，所以可以忽略不计。对于这些电池，可以通过方程（1.36）和方程（1.37）计算其焓和熵：

$$h_T = h_f + c_p(T - 298.15) \tag{1.39}$$

$$s_T = s_f + c_p \ln\left(\frac{T}{298.15}\right) \tag{1.40}$$

这些方程为热力学参数的计算提供了一个简单且精确的关系。即使对于中温燃料电池，如果在中等温度下得到 c_p，也可以使用这些方程。

2. 压力的影响

到目前为止，所讨论的热力学关系都是在大气压下得到的。然而，有的燃料电池工作压力较高，在其工作压力下的焓和吉布斯自由能与在大气压下的值不同。

为了修正热力学关系，必须导出吉布斯自由能与压力的关系。对于等温过程，可以定义以下关系：

$$\mathrm{d}G = V_m \mathrm{d}p \tag{1.41}$$

式中，V_m 为摩尔体积（$\mathrm{m^3 \cdot mol^{-1}}$）；$p$ 为压力（Pa）。对于理想气体，其压力与体积的关系可以描述为

$$pV_m = RT \tag{1.42}$$

由上述方程能够得出

$$\mathrm{d}G = RT \frac{\mathrm{d}p}{p} \tag{1.43}$$

方程（1.43）给出了吉布斯自由能相对于压力的变化：

$$G = G_0 + RT \ln\left(\frac{p}{p_0}\right) \tag{1.44}$$

式中，G_0 为一个大气压和 25℃ 条件下的吉布斯自由能；p_0 为一个大气压的参考压力（Pa）。

对于任何方程（1.23）形式的反应，其 ΔG 如下所示：

$$\Delta G = cG_C + dG_D - aG_A - bG_B \tag{1.45}$$

将式（1.45）代入式（1.44）得出

$$\Delta G = \Delta G_0 + RT \ln\left[\frac{\left(\dfrac{p_C}{p_0}\right)^c \left(\dfrac{p_D}{p_0}\right)^d}{\left(\dfrac{p_A}{p_0}\right)^a \left(\dfrac{p_B}{p_0}\right)^b k}\right] \tag{1.46}$$

这种关系被称为能斯特方程。一般来说，能斯特方程描述的是非标准状态下的吉布斯自由能。

氢/氧燃料电池的能斯特方程为

$$\Delta G = \Delta G_0 + RT \ln\left(\frac{P_{H_2O}}{P_{H_2}P_{O_2}^{0.5}}\right) \qquad (1.47)$$

式中，P 为以巴 [1 巴 (bar) = 100000 帕 (Pa)] 为单位描述的无量纲压力。将能斯特方程代入方程（1.32），可以得到非标准压力下的电池 OCV：

$$E = E_0 - \frac{RT}{nF} \ln\left(\frac{P_{H_2}P_{O_2}^{0.5}}{P_{H_2O}}\right) \qquad (1.48)$$

例 1.9　在标准条件下，将空气送入 PEMFC 的阴极通道，那么 OCV 会是多少？

答：在例 1.3 中计算了氢/氧燃料电池的 OCV，$E = 1.23V$。因为氧气分压约为 0.21bar，所以如果用空气代替氧气进入电池，电池电压会下降。使用式（1.48）计算电压降：

$$E = E_0 - \frac{RT}{nF} \ln\left(\frac{P_{H_2}P_{O_2}^{0.5}}{P_{H_2O}}\right) = \left[1.23 + \frac{8.314\times298.15}{2\times96485}\ln\left(\frac{1\times0.21^{0.5}}{1}\right)\right]V = 1.22V$$

该示例表明，使用空气代替氧气可以降低电池的 OCV 值。在实际使用空气作为燃料时，电池的工作电压会显著下降，此时其对 OCV 的影响就可以忽略不计。

1.3　电化学反应动力学

到目前为止，我们对燃料电池的理想工况进行了研究。理想工况是指不发生能量损失，所有化学能都转化为电能做功的情况。这种情况仅发生在没有电流通过电池时的 OCV 状态下。当电池处于这种状态时，能够达到其最大电压和最大效率。然而当电池中有电流通过时，如欧姆压降、焦耳热、浓度极化和其他物理与化学现象等不可逆过程会减少可用能量，导致电压下降。因此可以认为，电池电压是电流的函数。

在分析电压和电流之间的关系时，我们必须特别注意电极动力学。电极动力学决定了电极在单位时间内产生电子的能力。动力学速率越快，电极产生或消耗电能的潜力就越大。这是因为更快的动力学可以转化为较低的熵产生或较少的不可逆过程。这意味着与动力学缓慢的电极相比，动力学迅速的电极处会产生更低的电压降。

使用适当的催化剂可以加强电极动力学。例如在 PEMFC 中，传统的催化剂是 Pt。如果使用 Ni 之类的其他催化剂，则电极处动力学会更慢，并且如果有特定的电流通过电池，会产生更大的电压降。与之相似，在 DMFC 中，催化剂除了 Pt 还含有 Ru。因为在使用纯 Pt 时，从甲醇中提取电子的速度不是很快。因此，如果去除 Ru，那么电极动力学会变慢并产生更高的电压降。

在最简单的形式下，考虑到电压降，电池电压可以表示为

$$E = E_{OCV} - iR_{int} \tag{1.49}$$

式中，E 和 E_{OCV} 分别为燃料电池的工作电压及其在 OCV 状态时的电压；i 为通过电池的电流密度；R_{int} 为电池的内阻。

为了能够比较不同的燃料电池，习惯上用电流密度来表达所有的关系和方程。很明显，就电极动力学而言，由于燃料电池的活性面积与体积相关，一个体积更大的燃料电池能够产生更大的电流。假设在图 1-15a 所示的情况中施加电流 I_{app} 通过电池。增加电池的投影面积，即 $h \times w$，则电池的电压降更低，同时电流增大。因此，如果两个燃料电池大小不同，那么就无法比较它们的性能。为了解决这个问题，如果只考虑电池的单位面积，如图 1-15a 和 b 所示，那么所有燃料电池都将变得可比较。在这种情况下，电流密度定义为

$$i = \frac{I_{app}}{h \times w} \tag{1.50}$$

在本书的其余部分，除非明确规定，否则所有关系都将以电流密度表示。

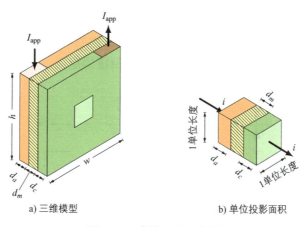

a) 三维模型　　　　　　　　　b) 单位投影面积

图 1-15　电流密度示意图

方程（1.49）中的内阻是一个非常复杂的参数。内阻是由固体部分的电子运动、通过膜的离子传输、电极 / 电解质界面处的电阻以及许多其他参数共同形成的。这些参数本身就是温度、压力、湿度水平、物质浓度等的函数，因此 R_{int} 很难确认。所以方程（1.49）的计算并不像看上去那么容易。下面的小节将讨论这些参数之间的关系。

1.3.1　交换电流密度

所有的化学和电化学反应都是可逆的，这意味着它们在正反应方向和逆反应方向均能

进行。假设在氢燃料电池中提取电子：

$$H_2 \underset{\text{逆反应}}{\overset{\text{正反应}}{\rightleftharpoons}} 2H^+ + 2e^- \tag{1.51}$$

如等式（1.51）所示，反应可以在两个方向上发生。在某些情况下化学平衡向正反应方向移动，而一些情况下，平衡向逆反应方向移动。在这两种情况下，当化学平衡向一个方向移动时并不意味着相反方向的反应就不发生，只是其反应速率很小，可以忽略不计。

为方便更好地理解本小节的内容，以氢燃料电池的负极为例。在现在的陈述中优先使用术语"负极"而不是"阳极"。因为这是一个可逆过程，当电池处于充电状态时，阳极变为阴极，故而在这里不适合使用"阳极"一词。电极共有三种不同的工作环境，分别是放电、充电和静止。在此对这三种情况进行更详细的讨论。

放电是燃料电池的一种正常工作状态。在这个过程中，氢释放出电子，接着电子移动出电极，如图1-16a所示。尽管已知电极在此时是阳极，但这并不意味着方程（1.51）仅发生正反应。事实上，两个方向的反应都正常发生，但正反应速率远高于逆反应，因此可以忽略逆反应。

对于负极来说，正反应被称为负极的阳极反应，因为发生正反应时该电极作为阳极工作。同样，逆反应被称为负极的阴极反应，因为发生逆反应时负极作为阴极工作。由于放电过程中阳极反应比阴极反应强得多，因此将负极视为阳极。

充电过程则与放电过程方向相反。如图1-16b所示，当燃料电池作为电解槽将水分解为氧气和氢气时，电子从外部电路进入负极，负极发生的电化学反应是反应（1.51）的逆反应。由于在这个过程中消耗电子，所以负极是电解槽的阴极。

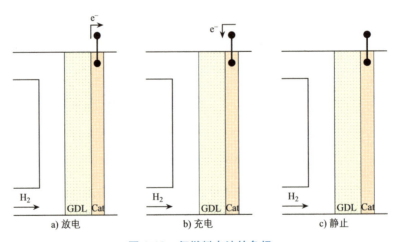

图1-16　氢燃料电池的负极

如同放电过程所述，电极在仅发生逆反应时不工作。事实上，阳极过程往往伴随着阴极过程，即正反应也同时发生，只是其反应速率低，可以忽略不计。

静止是指没有电流通过电极的情况，换句话说，是燃料电池处于开路条件下的情况。在这种情况下根据反应（1.51）产生的净电子为零，但应注意的是，正反应和逆反应都发生在催化剂层上。外部电路中的电流量为零并不意味着催化剂层处的电化学反应停止，只是阳极反应的速率等于阴极反应的速率，导致净电子为零。

　　理解上述原理对于分析任何电化学系统的电化学行为，特别是燃料电池的电化学行为，都非常重要。从数学角度上讲，正反应的速率由带负号的正反应产生的电流表示，因为电流的方向与电子运动的方向相反。同样，逆反应的速率由逆反应产生的电流决定。通过外部电路的净电流是这两个值之间的差值：

$$i = i_f - i_b \tag{1.52}$$

　　在放电过程中，$i_f \gg i_b$。在充电过程中，$i_b \gg i_f$。在静止状态时，$i_f = i_b \neq 0$。正向和逆向电流的非零值是电化学中一个非常重要的参数，被称为交换电流密度，表示为

$$i_0 = i_f = i_b \neq 0 \tag{1.53}$$

　　这个参数决定了电极产生或消耗电子，即产生电流的能力。电极处产生或消耗电子的速率越快，i_0 的值就越高。

　　交换电流密度 i_0 是表面函数，因为电化学反应是表面现象。同时，i_0 也是温度的强函数，很大程度上取决于催化剂层的组成及其构建过程。例如，如果我们选择 Ni 而不是 Pt 作为 PEMFC 的催化剂，那么其电极动力学速率会变得非常缓慢，表现为 i_0 显著减小。快速电极是一种能够在静止过程中以最快的速度产生和消耗电子的电极。根据方程（1.51），其正向和逆向反应速率都非常快，这意味着在一个单位时间内，该电极处产生大量电子的同时消耗等量的电子。慢速电极则具有相反的含义。因此，在实践和建模中，体现电极性能的主要电化学参数是其交换电流密度。在实践中，我们可以通过测量 i_0 来确定电极动力学的速率。

1.3.2　Butler–Volmer 方程

　　到目前为止，我们了解到电极动力学非常重要，动力学速率越快，电压降就越低。那么如何将电极动力学与电压降联系起来？或者电流和电极极化的关系是什么？电极极化或简单极化其实与电压降相同，唯一的区别是化学家和电化学家更多地使用前两种术语，而电气或机械工程师多使用电压降。电极动力学是用 Butler-Volmer 方程得到的，这是电化学反应的动力学方程。这个方程表达了单个电极的电流和电压两者之间的关系。注意，Butler-Volmer 方程是针对单个电极的，而不是针对整个电池。通过 Butler-Volmer 方程，可以计算出单个电极的电极极化或电压降。因此，要得到整个燃料电池的极化，需要使用两次 Butler-Volmer 方程，每个电极一次，然后将两个电极的极化相加得到整个极化。考虑到这一因素，本节中的全部讨论都是针对单一电极进行的。

　　如前所述，在任何一个电极上，阳极反应和阴极反应都会发生。因此，对于一个电极，我们可以写出

$$Ox + ne^- \underset{k_b}{\overset{k_f}{\rightleftarrows}} Red \tag{1.54}$$

在这个方程中，Ox 和 Red 分别为氧化材料和还原材料，k_f 和 k_b 分别为正反应和逆反应动力学速率。根据这个方程，该反应的正反应是电极的阴极反应，逆反应是阳极反应，因为正反应消耗电子，逆反应产生电子。无论电极为正极还是负极，反应（1.54）都描述其反应。

例 1.10　对于氢燃料电池，用等式表示电极反应（1.54）并讨论。

答：对于氢燃料电池的阳极，其反应为

$$2H^+ + 2e^- \underset{k_b}{\overset{k_f}{\rightleftharpoons}} H_2$$

式中，Ox 为氢离子 $2H^+$；Red 为纯氢 H_2；$n = 2$。需要注意的是，燃料电池的阳极在正常运行条件下，逆反应速率远大于正反应。

对于氢燃料电池的阴极，其反应为

$$2H^+ + 2e^- + \frac{1}{2}O_2 \underset{k_b}{\overset{k_f}{\rightleftharpoons}} H_2O$$

氧气的还原反应被称为 ORR，其简单的形式是

$$\frac{1}{2}O_2 + 2e^- \underset{k_b}{\overset{k_f}{\rightleftharpoons}} O^{2-}$$

在该反应中，Ox 是纯氧 O_2；Red 是氧离子 O^{2-}；$n = 2$。需要注意的是，燃料电池的阴极在正常运行条件下，正反应速率远大于逆反应。

在外部电路中流动的电流密度 [见等式（1.50）及其讨论] 受电子电荷的影响。因此，反应中释放电子的摩尔数与电流成正比。此关系最早由英国著名科学家迈克尔·法拉第发现，也被称为法拉第电解定律或法拉第关系：

$$i = nFj \tag{1.55}$$

式中，i 为外部电流密度（$A \cdot cm^{-2}$）；n 为转移电子的数量；F 为法拉第常数（$C \cdot mol^{-1}$）；j 为在单位面积中单位时间内发生反应的摩尔数（$mol \cdot cm^{-2} \cdot s^{-1}$）。法拉第关系的重要性不言而喻，它能够将电流与反应材料的摩尔数联系起来。

众所周知，反应材料的摩尔数与其浓度成正比。数学公式表示为

$$j_f = k_f C_{Ox} \tag{1.56}$$

$$j_b = k_b C_{Red} \tag{1.57}$$

将式（1.55）~ 式（1.57）代入式（1.52），得到净外部电流：

$$i = nF(k_f C_{Ox} - k_b C_{Red}) \tag{1.58}$$

为了能够计算出外部电流的量，应该知道动力学速率。而 k 值是温度和吉布斯自由能

的函数:

$$k = \frac{k_B T}{h} \exp\left(-\frac{\Delta G}{RT}\right) \tag{1.59}$$

式中, $k_B = 1.38 \times 10^{-23} \text{J} \cdot \text{K}^{-1}$ 和 $h = 6.626068 \times 10^{-34} \text{J}$ 分别为玻尔兹曼和普朗克常数; T 和 R 分别为绝对温度和普适气体常数。

存在电子的电化学反应中的吉布斯自由能包含两个部分:描述化学键能量化学部分, 以及电子和电化学键能量部分。因此, 正逆反应的吉布斯自由能分别表示为

$$\Delta G = \Delta G_{\text{ch}} + \alpha_{\text{Red}} FE \tag{1.60}$$

$$\Delta G = \Delta G_{\text{ch}} - \alpha_{\text{Ox}} FE \tag{1.61}$$

在这两个方程中, α_{Red} 和 α_{Ox} 被称为阴极反应和阳极反应的电荷转移系数。它们在传热现象中所起的作用与传热系数相同。更具体地说, 传热系数越高, 电子转移效果越好。

注意, 对于单个电极而言, 这两个系数相互关联, 如果其中一个增加, 那么另一个就会减小。其关系如下:

$$\alpha_{\text{Red}} + \alpha_{\text{Ox}} = \frac{n}{\nu} \tag{1.62}$$

为了定义 ν, 我们必须解释一下反应机制。发生任何化学或电化学反应, 都需要进行大量的中间链式反应步骤。在许多中间步骤中, 有些速度非常快, 有些速度很慢。显然, 反应速率由最慢的反应决定。在某些机制中, 最慢的步骤可能会发生好几次, 将其次数设为 ν; 例如, 如果最慢的步骤发生了三次, 那么 $\nu = 3$。

检查和测量 α_{Ox} 和 α_{Red} 并不是一件容易的事。模拟中的参数是为了使实验值和数值一致。

根据以上讨论, 得出反应动力学速率的以下关系:

$$k_f = \frac{k_B T}{h} \exp\left[-\frac{\Delta G_{\text{ch}} + \alpha_{\text{Red}} FE}{RT}\right] \tag{1.63}$$

$$k_b = \frac{k_B T}{h} \exp\left[-\frac{\Delta G_{\text{ch}} - \alpha_{\text{Ox}} FE}{RT}\right] \tag{1.64}$$

这些方程可以简化为

$$k_f = k_{0,f} \exp\left[-\frac{\alpha_{\text{Red}} FE}{RT}\right] \tag{1.65}$$

$$k_b = k_{0,b} \exp\left[+\frac{\alpha_{\text{Ox}} FE}{RT}\right] \tag{1.66}$$

式中, 系数 k_0 中包含所有的常数和化学能。

将方程（1.65）和方程（1.66）代入等式（1.58），得到以下方程：

$$i = nF\left\{k_{0,f}C_{Ox}\exp\left[-\frac{\alpha_{Red}FE}{RT}\right] - k_{0,b}C_{Red}\exp\left[+\frac{\alpha_{Ox}FE}{RT}\right]\right\} \tag{1.67}$$

式中，α_{Red} 为还原反应的电荷转移，其中氧化材料 Ox 被还原为还原材料 Red。因此，α_{Red} 必须乘以 C_{Ox}，如方程（1.67）所示。该论点同样适用于 α_{Ox}。

方程（1.67）表示了单电极电压 E 与其电流密度 i 的关系，但其使用较困难。首先，要确定 $k_{0,f}$ 和 $k_{0,b}$ 的值。其次，电极电压需要一个参考值，因为电位是一个相对参数，没有绝对零点或其他参照值。最后，很难确定反应物的表面局部浓度。

为了克服上述问题，需用到交换电流密度的概念。我们从方程（1.53）能够知道当外部电流为零时，内部电流被称为交换电流密度。当外部电流没有极化时，这种状态下的电压被称为开路电压。此时电极处于最高电压水平，称为可逆电位，用 E_r 表示。因此 i_0 数学式表达为

$$i_0 = nFk_{0,f}C_{Ox}\exp\left[-\frac{\alpha_{Red}FE_r}{RT}\right] = nFk_{0,b}C_{Red}\exp\left[+\frac{\alpha_{Ox}FE_r}{RT}\right] \tag{1.68}$$

结合式（1.67）和式（1.68）得出

$$i = i_0\left\{\exp\left[-\frac{\alpha_{Red}F(E-E_r)}{RT}\right] - \exp\left[+\frac{\alpha_{Ox}F(E-E_r)}{RT}\right]\right\} \tag{1.69}$$

式（1.69）是电化学系统中最著名的方程之一，被称为 Butler-Volmer 方程。该方程表示了单个电极的电压与交换电流密度之间的关系。它表明，为了通过一个特定量的电流，如 i，电池电压必须降到 E，而不是 E_r。换句话说，所谓的过电位，其定义为

$$\eta = E - E_r \tag{1.70}$$

式中，η 为电流的驱动力。η 值越高，电流值越高。从式（1.69）中可以看出，在 OCV 或无电流通过的可逆状态下 $\eta = 0$。

需要注意的是，如上所述 Butler-Volmer 方程仅适用于单个电极。因此，为了求出燃料电池总的电池电压，需写出每个电极的 Butler-Volmer 方程，以得到每个电极的电压降。净极化是双电极极化的总和。对阳极和阴极使用以下方程：

$$i_a = i_{0,a}\left\{\exp\left[-\frac{\alpha_{Red,a}F(E_a-E_{r,a})}{RT}\right] - \exp\left[+\frac{\alpha_{Ox,a}F(E_a-E_{r,a})}{RT}\right]\right\} \tag{1.71}$$

$$i_c = i_{0,c}\left\{\exp\left[-\frac{\alpha_{Red,c}F(E_c-E_{r,c})}{RT}\right] - \exp\left[+\frac{\alpha_{Ox,c}F(E_c-E_{r,c})}{RT}\right]\right\} \tag{1.72}$$

电荷守恒表明，一个电极产生的电流与另一个电极消耗的电流完全相同；换言之，从一个电极流出的电子将进入另一个电极，连接导线不对电子产生影响。由于电流是一个矢

量，阴极和阳极的电流符号不同：

$$i_a = -i_c \qquad (1.73)$$

例 1.11 对于在标准条件下工作的 PEMFC，绘制其电池电压与电流密度的关系图。假设有以下可用数据：

电极	α_a	α_c	$i_0/\text{A} \cdot \text{cm}^{-2}$	E/V
氢气	1	1	10^{-3}	0
氧气	1	1	10^{-6}	1.23

答：应分别获得每个电极的极化。需注意，对于本例来说，每个电极的阳极电流和阴极电流是相等的。因此，方程（1.71）和方程（1.72）可以简化为

$$i_a = 2i_{0,a}\sinh\left[\frac{1 \times F(E_a - E_{r,a})}{RT}\right]$$

$$i_c = 2i_{0,c}\sinh\left[\frac{1 \times F(E_c - E_{r,c})}{RT}\right]$$

求解两个电极电势的方程，得到

$$E_a = E_{r,a} + \frac{RT}{F}\text{arcsinh}\left(\frac{i_a}{2i_{0,a}}\right) \qquad (1.74)$$

$$E_c = E_{r,c} + \frac{RT}{F}\text{arcsinh}\left(\frac{i_c}{2i_{0,c}}\right) \qquad (1.75)$$

用给定的数据代入 OCV，可得

$$E_{\text{cell}} = E_{r,c} - E_{r,a} = (1.23 - 0.0)\text{V} = 1.23\text{V}$$

如果通过电池的电流 $i = 0.05\text{A} \cdot \text{cm}^{-2}$，则阳极和阴极的极化计算如下：

$$E_a = \left[0.0 + 0.025691\text{arcsinh}\left(\frac{0.05}{2 \times 10^{-3}}\right)\right]\text{V} = 0.042\text{V}$$

$$E_c = \left[1.23 + 0.02591\text{arcsinh}\left(\frac{-0.05}{2 \times 10^{-6}}\right)\right]\text{V} = 1.011\text{V}$$

因此，整个的电池电压为

$$E_{\text{cell}} = E_{r,c} - E_{r,a} = (1.01 - 0.042)\text{V} = 0.969\text{V}$$

对不同的电流密度值做同样的计算。计算结果如图 1-17 所示。结果表明，在这个燃料电池中，大多数极化是由阴极引起的，因为阴极的电流 i_0 远小于阳极。

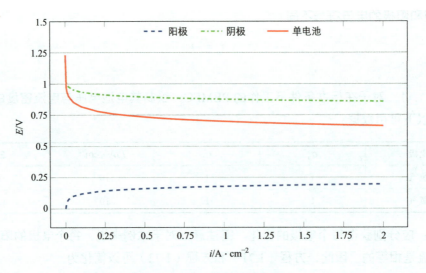

图 1-17　例 1.11 的特性曲线

例 1.12　由例 1.11 中的燃料电池为 $I_{app} = 10A$ 的恒定电流负载供电。要求电池电压为 0.7V，试确定此应用的实际表面积。

答：图 1-17 显示，$E = 0.7V$，电流密度为 $i = 0.9A \cdot cm^{-2}$。因此根据等式（1.50）可得

$$i = \frac{I_{app}}{A} \Rightarrow A = \frac{I_{app}}{i} = \frac{10}{0.9} cm^2 \approx 11.1 cm^2$$

因此，实际表面积 $A = 11.1 cm^2$。

Butler-Volmer 方程只给出了极化的一部分，即活化极化，这是产生特定量的电流所需的极化。在实际应用中，当电流密度值高时，浓差极化占主导地位，并使电压 – 电流曲线突降。因此，图 1-17 中所示的电池电压与实际情况有一定不符，因为并没有完美建模出电压降。

1.3.3　有效因素的作用

用 Butler-Volmer 方程描述燃料电池的动力学，其主要参数为交换电流密度、阳极和阴极电荷转移系数以及温度。由于电化学反应是一种表面现象，其形态、孔隙度、曲折度和粗糙度等参数都取决于表面性质。除此之外，其参数在很大程度上还取决于温度、压力和反应物浓度。在之前的章节推导方程时，已表明这些参数是通过吉布斯自由能得到的。因此，这些参数的依赖性与吉布斯自由能非常相似。然而，i_0 和电荷传递系数都是 ΔG 的非线性函数，很难得到其准确的关系。因此，用来表示这些参数对温度和压力的依赖性的公式有许多，各不相同。在使用这些参数时，应仔细考虑这些限制和假设。

1.4　电荷转移

作为一种电子器件，燃料电池在电荷转移过程中会失去一些其自身产生的能量。固体导电材料（如催化剂层、多孔 GDL 和外部电路）中的电能由电子携带。在电解质中，电能由离子携带。如前所述，在部分燃料电池中，电荷的流动由阳离子完成，而在另一部分中，则由阴离子完成。无论是电子携带电荷还是离子，它们的运动都需要能量，这就损失了部分可用能量。

在固体或电解质中携带电荷的粒子被称为载流子。根据这个定义，在固体中，电子是载流子，而在电解质中，离子是载流子。离子的尺寸比电子大得多，因此它们的运动阻力更大。这意味着，由于离子的运动而造成的电能损失比电子运动引起的电能损耗大得多。

焦耳热是最著名的能量损失机制，发生在电子或离子等载流子通过传导介质时。此时的能量损失使用以下关系计算：

$$Q_{\text{Joule}} = RI^2 \tag{1.76}$$

式中，Q_{Joule} 为焦耳热；R 为介质的电阻；I 为通过介质的电流。

能量损失会导致电压降或极化。由电阻引起的极化被称为欧姆降或欧姆极化。根据不同的机制，总极化是电子极化和离子极化的总和。其值由以下公式定义：

$$E_{\text{ohm}} = IR_{\text{ohm}} = I(R_{\text{elec}} + R_{\text{ionic}}) \tag{1.77}$$

然而测定电子和离子的电阻并不容易。一些学者试图对这些值进行粗略估计，但这并不像看起来那么简单。在本节中我们将简要讨论这些参数。

1.4.1　电子电阻

每个燃料电池的固体部分由不同的部件组成，包括双极板、GDL、催化剂层、外部电路和电池互连器。这些部件均由固体导电材料制成。计算如图 1-18 所示的固体块的电阻可通过如下公式：

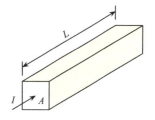

图 1-18　一个横截面为 A，长度为 L 的导电棒

$$R = \frac{\rho L}{A} \tag{1.78}$$

式中，ρ 为材料的电阻率（$\Omega \cdot \text{cm}$）；L 为固体的长度（cm）；A 为其横截面面积（cm^2）。

固体的电阻率取决于其材料，是所使用材料的电导率 σ 的倒数：

$$\rho = \frac{1}{\sigma} \tag{1.79}$$

式中，σ 为电导率（$\text{S} \cdot \text{cm}^{-1}$）。

需注意，燃料电池是一个三维设备，因此不能简单地使用等式（1.78）。但在许多问题中，可以假设导电固体为一维，以方便估计电阻。

例 1.13 计算一个 $A = 100\text{cm}^2$ 的燃料电池的欧姆损耗，其特性如下所示。

	阳极气体扩散层	阳极催化剂层	膜	阴极催化剂层	阴极气体扩散层
厚度 /cm	0.15	$8.0×10^{-3}$	$7.5×10^{-3}$	$3×10^{-3}$	0.2
传导率 /S·cm^{-1}	$1.5×10^2$	10^2	0.2	$1.5×10^2$	$1.5×10^3$

答：因连接方式为串联，故电池的总电阻是所有部件的电阻之和。因此，第一步是计算每个部分单独的电阻。每一部分面积相同，均为 $A = 100\text{cm}^2$。所以可得

$$R_{\text{GDL,a}} = \frac{0.15}{1.5×10^2×100}\Omega = 10^{-5}\Omega$$

$$R_{\text{Cat,a}} = \frac{8.0×10^{-3}}{10^2×100}\Omega = 8.0×10^{-7}\Omega$$

$$R_{\text{mem}} = \frac{7.5×10^{-3}}{0.2×100}\Omega = 3.75×10^{-4}\Omega$$

$$R_{\text{Cat,c}} = \frac{3×10^{-3}}{1.5×10^2×100}\Omega = 2.0×10^{-7}\Omega$$

$$R_{\text{GDL,c}} = \frac{0.20}{1.5×10^2×100}\Omega = 1.33×10^{-5}\Omega$$

则总电阻为

$$R_{\text{ove.}} = (10^{-5} + 8×10^{-7} + 3.75×10^{-4} + 2×10^{-7} + 1.33×10^{-5})\Omega$$
$$= 3.99×10^{-4}\Omega$$

根据等式（1.77），得到欧姆降为

$$E_{\text{ohm}} = 3.99×10^{-4}I$$

显然，只要内阻恒定不变，欧姆降就是线性的。然而，众所周知，电解质的内部组成、其浓度和浓度梯度、含水量以及许多其他参数都会影响其内阻。因此，在实际设备中，欧姆降是非线性的。

1.4.2 离子电阻

离子在电解质中从阳极移动到阴极的过程中会产生离子电阻，反之亦然。重新考虑所有的燃料电池类型，可以将电解质分为三种不同的类型：

1）液体电解质，如 AFC 中的碱性电解质、PAFC 中的磷酸和 MCFC 中的熔盐。

2）固体聚合物，用于 PEMFC、HT-PEMFC、DMFC 和其他聚合物膜燃料电池。

3）固体陶瓷，用于如 SOFC 和质子陶瓷膜燃料电池（PCMFC）。

在燃料电池手册中可能会有典型液体膜（如氢氧化钾、氢氧化钠、磷酸等）的电导率相关定义。一般来说，电导率在很大程度上取决于浓度和温度；因此，对于每种溶液，都必须使用适当的数据。例如，对于氢氧化钾，可以从文献 [2] 中获得表 1-4。对于其他材料，也可以从文献中获得这样的表格或相关数据。

聚合物电解质中的导电机理与液体电解质完全不同。实际上，聚合物膜需要水合才能导电，其电导率是其含水量的函数。

聚合物膜的含水量可以解释为水分子数与磺酸（SO_3H）基团数的比值。通常此参数的最大值为 14（在 100% 相对湿度下），但也有过更高值的相关报道。例如，在 Mann 等人的文章 [3] 中给出了值 22 和 23。含水量的值可以用以下关系式得到：

$$a = \frac{p_w}{p_{sat}} \tag{1.80}$$

式中，p_w 为燃料电池中水蒸气的分压；p_{sat} 表示相同温度下的饱和水蒸气压。

Sharifi Asl 等人在文献 [1] 中提出了一个表明 Nafion 117 含水量与相对湿度相关性的方程，其关系如下：

$$\sigma = 0.0043 + 17.81 \times a - 39.85 \times a^2 + 36 \times a^3 \tag{1.81}$$

对于固体陶瓷电解质，公开文献中有许多不同相关的定义。它们的值取决于温度、介质的形状和形态。使用最广泛的陶瓷是用于 SOFC 的氧化钇稳定氧化锆（YSZ）。这种陶瓷含有用于移动离子（如 O^{2-}）的空间。增加氧化钇含量会产生更多的空间，即增强陶瓷的导电性。

在这种工作环境下聚合物膜不含任何水，离子转移的机理与其他膜不同。

表 1-4　氢氧化钾的性能 [2]

%KOH	15.6℃比重	18℃传导率 /$\Omega^{-1} \cdot cm^{-1}$	18℃比热 /cal·g^{-1}·℃$^{-1}$⊖
0	1.0000		0.999
5	1.0452	0.17	0.928
10	1.0918	0.31	0.861
15	1.1396	0.42	0.801
20	1.1884	0.5	0.768
25	1.2387	0.545	0.742
30	1.2905	0.505	0.723
35	1.344	0.45	0.707
38	1.3769	0.415	0.699
40	1.3991	0.395	0.694
45	1.4558	0.34	0.678
50	1.5143	0.285	0.66

⊖　1cal = 4.1868J。——译者注

1.4.3 有效因素的作用

电池中包括电阻在内的所有物理特性都与温度有关，并随温度变化而变化。对于电导率 σ 等物理性质，其与温度的关系由 Arrhenius 方程描述：

$$\sigma = \sigma_0 \exp\left[\frac{E_a}{R}\left(\frac{1}{T_{\text{ref}}} - \frac{1}{T}\right)\right] \tag{1.82}$$

式中，σ_0 为在参考温度 T_{ref} 下测量的 σ 值；E_a 为活化能；R 和 T 分别为普适气体常数和期望温度。

应用等式（1.82），需测得参数 σ_0 和 E_a。活化能 E_a 因参数而异，根据不同的参数计算出的活化能也不同。除此之外，活化能也可以通过测量另一个温度下的 σ，而不是 σ_0 来获得。如果要通过 σ_0 来得到 E_a 的值，则可以根据等式（1.83）进行计算。

除了温度外，σ 等物理参数还在一定程度上取决于介质的孔隙率和形态。假设 σ 是针对图 1-18 中所示的实心固体测量的。如果该固体变成多孔的，那么很明显它的电阻与原始状态不同。不仅孔隙率本身影响参数，介质的形状和形态也对参数产生重要影响。图 1-19 是具有两种不同可能的形态的多孔介质的示意图。在这两个图中，介质的孔隙率相同，但固体颗粒的形状以及两种介质的形态并不相同。因此，就导电性而言，由于载流子（电子或离子）在这些介质中传播时通过的路径不同，不同路径的电阻不同，进而导致了不同的电导率。

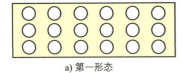 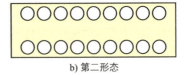

a) 第一形态　　　　　　　　　　　　b) 第二形态

图 1-19　形态对物理参数的影响

为校正电阻，需使用 Brugmann 关系式。该关系式体现了由孔隙率及其形态引起的电导率，其表达式为

$$\sigma = \sigma_0 \varepsilon^{\xi} \tag{1.83}$$

式中，ε 为介质的孔隙率，定义为

$$\varepsilon = \frac{V_{\text{void}}}{V_{\text{total}}} \tag{1.84}$$

换句话说，ε 是介质的空隙部分（图 1-19 中的阴影区域）占整个体积（同一图中的矩形的面积）的比例。

此外，在等式（1.83）中指数 ξ 描述了形态对参数的影响，其可以为任何值，应通过实验测得。对于由圆形颗粒组成的均匀多孔介质，可以假设其指数为 $\xi = 1.5$。在诸多论文

和报告中，Brugmann 关系被定义为

$$\sigma = \sigma_0 \varepsilon^{1.5} \qquad (1.85)$$

但此数值并非适用于所有燃料电池设备。

1.5　质量传递

　　质量传递在燃料电池的运行中非常重要，对其性能影响很大。研究质量传递的主要目的是确定反应发生的催化剂层上的物质浓度。如前所述，物质的压强极大地影响吉布斯自由能，从而导致净有效能的变化。更具体地说，如果压强下降，那么净有效能量就会随之下降。很明显在获得吉布斯自由能时净压本身并不重要，重要的因素是活性物质的分压。例如，在 PEMFC 的阴极侧，如果用空气代替纯氧，那么氧气的分压为 0.21 个大气压。

　　为了理解燃料电池内部质量传递的基本概念，其最重要的现象如图 1-20 所示。在这里只考虑了燃料电池的阳极；但同样的论点也适用于阴极侧。

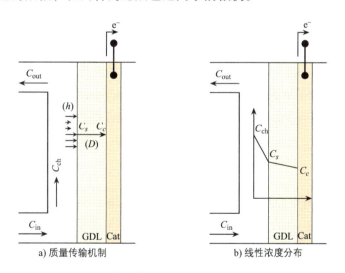

a) 质量传输机制　　　　b) 线性浓度分布

图 1-20　从通道到催化剂层的质量传递机理

　　如图 1-20a 所示，浓度为 C_{in} 的燃料进入通道，并沿着通道流动。在流经通道时，一定量的燃料穿过多孔 GDL，到达催化剂，并在催化剂层上发生反应。因此，燃料的浓度伴随着其向通道出口移动而降低。在出口处，燃料的浓度达到 C_{out}。在这个过程中，沿通道各点的燃料浓度均不相同，从输入口到输出口逐渐下降。将通道内每个点的燃料浓度记为 C_{ch}。

　　用 C_s 表示在 GDL 与通道的交界面上的燃料浓度，这与通道中的燃料浓度不同。通道与 GDL 表面之间的浓度差会导致对流传质。在假设该浓度差为线性的条件下，两者之间的差异如图 1-20 所示。而事实上浓度梯度是非线性的，必须通过数值方法来获得；但为了便

于理解，在这里我们假设其为一个线性梯度。C_c 所示的催化剂层的浓度与 C_s 的值也不相同。在 GDL 内部，离子运动的主要方式是扩散，因为 GDL 是一种多孔介质，在这种介质中流动过程会非常慢。同样，也可以对从 C_s 到 C_c 的浓度变化进行线性假设（图 1-20b）。

根据图 1-20 所示，燃料电池内部有三种重要的传质机制：

1）从流动通道到 GDL 的对流传质。

2）负责将反应物从 GDL 输送到催化剂层的扩散传质。

3）沿流动通道的对流传质。

除了以上三种机制外，催化剂层上消耗或产生化学物质，进而产生质量汇或质量源。一般来说，质量传递应该用其控制方程来进行分析，此方程包含瞬态项、对流、扩散和质量的源/汇。由于该方程是一个偏微分方程的形式，因此应该通过数值求解来得到精确的值。但在本节中我们将以一种非常简单的形式讨论上述三种机制，便于理解质量传递机制，并能估计反应物浓度。

1.5.1 从流动通道到 GDL 的对流传质

图 1-20a 显示了通道中燃料浓度 C_{ch} 与 GDL 表面燃料浓度 C_s 的差异。正是这种差异导致了对流传质，可以用以下方程来计算：

$$N = A_{elec} h_m (C_{ch} - C_s) \tag{1.86}$$

式中，N 为质量通量（$mol \cdot s^{-1}$）；A_{elec} 为暴露于通道中的电极面积；h_m 为对流传质系数。

方程（1.86）决定了从通道到 GDL 传质的具体量；当燃料沿着通道流动时其浓度下降。因此，方程（1.86）是一个过程函数，在整个通道上值并不恒定。

1.5.2 扩散传质

在 GDL 内部，没有反应发生，因此对质量不产生影响。进入 GDL 的物质［见式（1.86）］都转移到催化剂层。在 GDL 内部，质量传递的主要机制是扩散，因为 GDL 是一种多孔介质，在这里物质流速非常慢，因此可以忽略对流传质。

物质在介质中的扩散可以由菲克定律，即以下方程来描述：

$$N = -D \frac{dC}{dx} \tag{1.87}$$

由于 GDL 厚度很小，所以可以采用线性假设。此时，式（1.87）可以写成方程式：

$$N = -A_{elec} D \frac{C_s - C_c}{\delta} \tag{1.88}$$

式中，δ 为 GDL 的厚度。

结合式（1.86）和式（1.88）可以得到

$$N = \frac{C_{\text{ch}} - C_c}{\dfrac{1}{h_m A_{\text{elec}}} + \dfrac{\delta}{D A_{\text{elec}}}} \quad\quad (1.89)$$

在实际应用中，测量催化剂层上的物质浓度很难实现。理论上，在催化剂层会消耗反应物产生电，因此物质通量的速率与燃料电池的电流成正比。通过法拉第定律或式（1.55），可以得到物质通量与电流的关系如下：

$$N = \frac{I}{nF} = \frac{i A_{\text{elec}}}{nF} \quad\quad (1.90)$$

结合式（1.89）和式（1.90）得到

$$i = nF \frac{C_{\text{ch}} - C_c}{\dfrac{1}{h_m} + \dfrac{\delta}{D}} \quad\quad (1.91)$$

方程（1.91）能够将催化剂的浓度与电流联系起来。此关系用于在实际应用中计算催化剂层上的物质浓度。电流密度越高，C_c 就越低，因为反应必须足够快，以提供所需的电子。如果电流密度增加，则催化剂层上的物质浓度降低，同时根据式（1.89），物质从通道到 GDL 的通量增加。由于质量通量是由扩散机理决定的，所以它有一个由菲克扩散系数 D 控制的极限。这意味着质量通量不能超过一个特定的值，到达极限后，催化剂表面的反应物浓度变为零，电池不能产生更多的电流。这种情况下的电流称为极限电流，可以用等式（1.91）来计算，此时 $C_c = 0$：

$$i_L = nF \frac{C_{\text{ch}}}{\dfrac{1}{h_m} + \dfrac{\delta}{D}} \quad\quad (1.92)$$

极限电流是燃料电池最重要的特性之一。它决定了燃料电池在保证其电压的条件下产生更高的电流密度的能力。极限电流对电池性能的影响将在 1.6 节中进行更详细的讨论。

1.5.3 有效因素的作用

影响质量传递的参数很多。首先是压强，随着燃料或氧气压强的增加，燃料入口处的物质浓度增加，由于绝大多数的燃料电池中，燃料和氧化剂都处于气态，因此可以用气体定律来描述反应物。根据式（1.92），C_{ch} 的增加会导致 i_L 增加。

其次是温度。温度会改变物质的物理特性，包括扩散系数。根据阿伦尼乌斯公式，如 Φ 等物理特性会随温度变化而变化：

$$\Phi = \Phi_0 \exp\left[\frac{E_a}{R}\left(\frac{1}{T_{\text{ref}}} - \frac{1}{T}\right)\right] \quad\quad (1.93)$$

类似于式（1.82），值 Φ_0 在温度为 T_{ref} 时测得。知道 Φ_0，其他温度下的值也可以通过式（1.93）获得。要想计算出活化能 E_a，必须在 T_{ref} 以外的另一个温度下进行测试；再使用式（1.93），便能得到 E_a 的值。

在质量传递现象中，扩散系数 D 和对流传质系数 h_m 都必须根据阿伦尼乌斯公式进行校正。这些参数在参考温度下的值需从手册或文献中获得。

除了温度外，h_m 还很大程度上依赖于通道入口处的燃料流速。对流传质系数是物质流速及其形式的函数。通道的形状、通道内的障碍物等几何问题会对 h_m 产生很大的影响。这就是为什么在燃料电池的许多相关研究和工业设计中，会修改燃料通道的形状。通过改变通道的几何形状，可以增强 h_m。同时，流速对 h_m 的影响也是国内外学者关注的重点。

由于质量传递发生在多孔介质中，因此所有的物理性质，如扩散系数 D，都必须根据式（1.83）中讨论的布鲁格曼（Brugmann）关系进行修正。如前所述，现有的大多数文献中，将布鲁格曼关系中的指数定为 1.5，但 1.5 并不是一个普适值，需因情况而变化。

1.6 燃料电池的特性曲线

燃料电池的特征可以用一条曲线来描述，这条曲线称为特征曲线或 $I\text{-}V$ 曲线。$I\text{-}V$ 曲线的示例如图 1-21 所示，其中纵轴为电池电压，横轴为电流密度。电池实际运行的特性曲线为加粗的实线，根据这条线，可以观察到三个不同的区域：

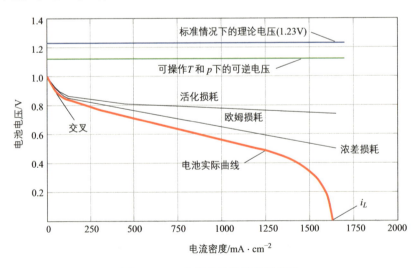

图 1-21 一个经典的极化特性曲线

1）渗透主导区域：在这一区域中，由于燃料渗透，反应物穿过电解质膜，导致电池电压下降。该区域在开路状态附近，面积非常小。同时也由于燃料渗透，电池电压不能达到其理论值。

2）线性区域：在这一区域中，由于欧姆极化的，电压降呈线性变化。

3）浓度主导区域：这是极化曲线的最后阶段，由于催化剂层上的物质耗尽，电池电压发生突降。此时电池产生的电流大小不会超过图中所示的极限电流。

一般来说，可以假设 *I-V* 曲线为燃料电池的特征曲线。利用 *I-V* 曲线可以获得很多不同的信息。例如，由于燃料电池的效率与实际电压成比例，我们便可以通过重新缩放 *I-V* 曲线来得到燃料电池的效率分布。

此外，*I-V* 曲线还可以体现出哪种极化占主导地位，设计者可以据此改善电池的性能。例如，如果线性部分的斜率过陡，则说明电池的内阻过高；如果极限电流很小，则意味着电池设计存在传质问题。除了以上所述，通过研究该曲线，还可以得到其他类似的结论。

1.7 本章小结

在本章中，介绍了理解燃料电池所需的基本知识。首先，介绍了燃料电池、应用、发展趋势以及在未来能源发展中的重要性。世界各地的路线图表明，燃料电池在未来将发挥重要作用，许多国家将专注于相关技术。其次，讨论了燃料电池的基本工作原理，并介绍了不同的电池种类。本章中没有过多陈列，因此鼓励读者去寻找其他电池技术。再次，本章还简要介绍了燃料电池的热力学，并从多个方面详细阐述了燃料电池。在最后，介绍了燃料电池的特征曲线。在此后的章节中，我们将更详细地讨论不同的燃料电池类型。

1）研究燃料电池在便携式设备上的作用及未来燃料电池如何在这些设备中应用。

2）理论电压意味着什么？

3）讨论 OCV 及其与理论电压的关系。

4）列出燃料电池的理论电压和可逆电压之间的差异。

5）计算标准条件下 DMFC 的理论电压。

6）实际应用中，DMFC 的工作电压约为 60℃。计算此温度下 DMFC 的可逆电压。

7）对于在 600～1000℃工作的 SOFC，绘制其 OCV 的变化图。

8）对于在 500～650℃之间工作的 MCFC，绘制其 OCV 的变化图。

9）对于不同种类的燃料电池，绘制其工作温度范围下 OCV 和效率图。

10）对于图 1-21 中显示的 *I-V* 曲线的燃料电池，估计其内阻的值。

参考文献

[1] S.M. Sharifi Asl, S. Rowshanzamir, M.H. Eikani, Modelling and simulation of the steady-state and dynamic behaviour of a PEM fuel cell, Energy 35 (4) (2010) 1633–1646.

[2] David Linden, Thomas B. Reddy, Handbook of Batteries, 3rd ed., McGraw-Hill, 2002.

[3] Ronald F. Mann, John C. Amphlett, Michael A.I. Hooper, Heidi M. Jensen, Brant A. Peppley, Pierre R. Roberge, Development and application of a generalised steady-state electrochemical model for a PEM fuel cell, Journal of Power Sources 86 (1–2) (2000) 173–180.

第**2**章

质子交换膜燃料电池

2.1 介绍

2.1.1 组成与结构

在质子交换膜燃料电池（PEMFC）中，氢气和氧气分别被送入阳极和阴极电极进行以下氧化还原电化学半反应：

$$H_2 \longrightarrow 2H^+ + 2e^- \qquad (2.1)$$

$$\frac{1}{2}O_2 + 2H^+ + 2e^- \longrightarrow H_2O \qquad (2.2)$$

在阳极电极中由式（2.1）产生的电子转移到阴极电极，并通过式（2.2）消耗后产生电能（例如，用于 FCEV 的电力驱动系统）。同时，在式（2.1）反应中产生的质子通过电极转移到阴极一侧，在式（2.2）反应中消耗。最后，式（2.2）反应的产物水必须排出。因此，要确保 PEMFC 的正常工作，必须发生以下过程（图 2-1）：

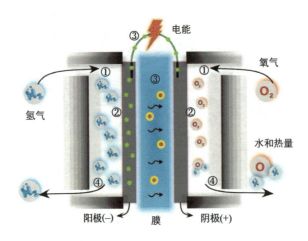

图 2-1　PEMFC 运行的基本现象

① 燃料和氧化剂供应：氢分子必须从燃料罐传输到阳极电极内部的反应部位。氧化剂分子必须从环境（当氧化剂是大气时）或氧化剂罐（当氧化剂是纯氧时）传输到阴极电极内部的反应部位。

② 电化学半反应：在阳极和阴极反应位置的 H_2 和 O_2 分子分别发生氧化和还原电化学反应，如前面的式（2.1）和式（2.2）所述。

③ 电荷转移：为了完成电化学半反应，必须进行电荷转移。电子和质子是两种电荷，分别通过电路和聚合物电解质在两个电极的反应位点之间传递。虽然这两种类型电荷的转移现象的出发点和目的地在质子交换膜燃料电池中是相同的，但路径不同。

④ 产物排水：必须将阴极电极内产生的水从反应场所排入大气或水箱中。由于

PEMFC 阳极中不产生气体，因此不需要在阳极侧排出产物。

虽然上述四个步骤看起来简单明了，但要获得高效可靠的 PEMFC，上述步骤必须高效且充分地被执行。但是，在实践中这四个基本步骤也可能面临一些挑战，见表 2-1。

表 2-1　在实际运行的 PEMFC 中对必要现象的潜在挑战

步骤	燃料和氧化剂供应	电化学反应	电荷转移	产品排水
挑战	1. 从储罐到反应点的长路径 2. 燃料和氧化剂在反应部位分布不均匀	1. 有限的可用反应位点 2. 反应速率低，特别是在阴极一侧	1. 电解质的离子电阻率大 2. 电解液取决于水分的电阻率	1. 从反应点到堆外的长路径 2. 反应路径上有液态水形成

为了应对这些挑战，需要对单电池进行特殊的设计和结构分析。当将几个单电池堆叠在一个 PEMFC（通常称为 PEMFC 电堆）中时，必须考虑一些必要的技术注意事项。此外，电池的堆叠并不足以产生和收集电能，因此为了使 PEMFC 系统具有可靠和高效的性能，还需要其他的辅助部件。在本节的其余部分中，将通过单电池、电堆和系统三个阶段解释 PEMFC 的组成和结构，同时描述表 2-1 中提到的相关挑战的设计要点。

1. PEM 电池的组成和结构

每个 PEM 燃料电池至少由三个主要部分组成：阳极电极、电解质和阴极电极。为了获得最大数量的反应位点，电极必须具有高度多孔性，实际表面和表观表面之间的比值很大。事实上，PEMFC 中的每个反应位点都是一个三相反应界面（TPB），前面提到的氧化还原半反应可以在其上发生（图 2-2）。三相是指气相、固体电极和固体电解质。气相是交换气态反应物 / 产物所必需的，而固体电极和固体电解质相分别是交换电子和质子所必需的。这三相都是实现电化学反应所必需的，即如果一个表面只与两个相接触，那么电化学反应不会发生。

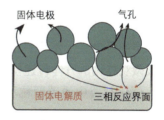

图 2-2　三相反应界面（TPBs）

（1）催化剂层　为了构建电极的多孔结构，可以使用炭黑颗粒作为固体电极相。炭黑颗粒是良好的电子导体，具有合适的导热性和高的耐蚀性。然而，在炭黑颗粒上的反应速度不够快（即交换电流密度 i_0 很小）。事实上，这些颗粒表面的氧化还原半反应速率远低于贵金属（如 Pt 颗粒）表面的反应速率。另外，用铂粒子代替炭黑粒子将导致极其昂贵的电极成本。由于铂粒子的表面质量比与其直径成反比，因此平均直径为 2 ~ 10nm 的铂纳米粒子被用于更经济有效地催化金属。

在大多数实际的商业电极中，为了使特定电池功率密度下的 Pt 载量较低，使用了平均直径为 45 ~ 90nm 的炭黑颗粒当作这些 Pt 纳米颗粒的支撑（图 2-3）。这种包括碳粒子和铂纳米

图 2-3　催化剂层的复杂多孔结构[1, 2]

粒子的复杂结构为催化剂层（CL），被称为电极的心脏。另一种催化剂层是用非贵金属建造的，这些催化剂层也被认为是无铂族金属（PGM）的催化剂层。尽管开发出了这些催化剂层，但与基于 Pt 纳米颗粒的催化剂层相比，其提供的性能和持久性仍然较差。

（2）气体扩散层　为了使电极中的浓度损失最小化，PEM 电池中的催化剂层厚度必须非常薄。实际电极的催化剂层厚度为 5 ～ 30μm。因此为了增强其机械强度，多采用附着的机械强度层。然而该层必须具有与催化剂层相同的高度多孔性和渗透性（便于气体通过扩散传输）、良好的电子导体（便于电子通过它传输）和耐蚀性。这一层在文献中通常被称为气体扩散层（GDL）或扩散介质（DM）。根据其扩散机制，有利于反应物的运输与生成物的进入或通过。气体扩散层的最佳选择是由碳纤维构成的薄层材料，如碳纸、碳布和碳毡（图 2-4）。

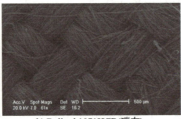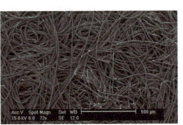

a) Toray H-060(碳纸)　　　　b) Ballard 1071HCB(碳布)　　　　c) Freudenberg C2(碳毡)

图 2-4　气体扩散层常用的三种微观结构 [2, 3]

这些层的纤维骨架用碳化树脂黏合剂处理，减小了两个相交纤维之间的接触电阻，提高了层的导电性。然而，这种树脂处理可能会改变碳纸气体扩散层的微孔，从而影响通过电极微观结构的气体传递模式。

催化剂层中的碳颗粒和气体扩散层中的碳纤维本质上都是亲水的。由于传统 PEM 燃料电池的工作温度低于 100℃，工作压力约为 1atm[⊖]，因此很可能形成液态水，特别是在阴极电极处，唯一的产物是 H_2O。气体扩散层和催化剂层中碳材料的亲水特性使得液态水从电极中排出复杂而缓慢。因此，为了从这些多孔层中去除液态水，通常用高度疏水的材料处理。聚四氟乙烯（PTFE）是电极疏水处理最常用的选择。由于实现理想的疏水处理（即所有碳微表面都被疏水材料覆盖）几乎是不可能的，因此在实践中，疏水处理会导致由亲水性和疏水性孔隙组成的复杂微观结构。例如，如果采用浸渍法对气体扩散层进行聚四氟乙烯处理，则聚四氟乙烯的贯穿面分布以及疏水孔在贯穿面方向上的分布将不均匀。事实上，在经过聚四氟乙烯处理的气体扩散层的中间区域，聚四氟乙烯的含量将明显低于靠近两侧的聚四氟乙烯含量。最近在一些微观尺度上的研究中讨论了聚四氟乙烯在气体扩散层中不均匀分布的影响 [4-6]。

由于所有类型的气体扩散层骨架都采用了细长碳纤维，因此气体扩散层的传输性质是各向异性的。更具体地说，传统气体扩散层在平面内和平面表层两个主要方向上的传输性质有很大的不同（平面表层方向与气体扩散层垂直，而平面内方向与气体扩散层平行）。然

⊖　1atm = 101.325kPa。——译者注

而，对于不同的面内方向，输运性质并没有太大的差异。常规气体扩散层的主要特性见表 2-2。

表 2-2　常规气体扩散层的主要特性

参数指标	气体扩散层类型		
	碳纸	碳布	碳毡
孔隙体积分数	0.6 ~ 0.8	0.6 ~ 0.8	0.5 ~ 0.7
层厚 /mm	0.2 ~ 0.4	0.25 ~ 0.45	0.2 ~ 0.4
PTFE 含量	5% ~ 30%	5% ~ 30%	5% ~ 30%
透面渗透率 /m^2	10^{-14} ~ 10^{-12}	10^{-14} ~ 10^{-12}	10^{-15} ~ 10^{-13}
面内渗透率 /m^2	10^{-12} ~ 10^{-11}	10^{-12} ~ 10^{-11}	10^{-13} ~ 10^{-12}
通面电阻率 /Ω·cm	0.25 ~ 1	0.75 ~ 1.5	0.25 ~ 1
面内电阻率 /Ω·cm	0.005 ~ 0.02	0.005 ~ 0.01	0.005 ~ 0.02

为了完成电池的制造，必须将催化剂层添加到气体扩散层中以形成完整的电极。为此可以在气体扩散层上喷洒含有碳颗粒和铂纳米颗粒的浆料。在气体扩散层上放置催化剂层也可采用胶带铸造等其他方法[7]。当阳极和阴极电极被制造出来时，将其夹在聚合物膜上作为固体电解质来构建最终的电池，这也被称为膜电极组件（MEA）。另一种生产膜电极组件的方法是将阳极和阴极催化剂层放在膜上（通过喷涂、胶带铸造或贴花热压），然后将膜夹在阴极和阳极气体扩散层之间。顺便说一下，在实际的膜电极组件中，催化剂层浸渍了相当数量的膜离聚体材料，如 Nafion（高达约 40%）。在膜电极组件中应用催化剂层的纳米结构示意图如图 2-5 所示。

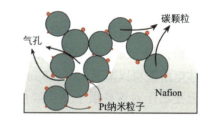

图 2-5　催化剂层纳米结构中不同相示意图

（3）微孔层　为了加强 PEM 燃料电池电极的水管理，在阴极和阳极的催化剂层和气体扩散层之间使用了两个高度疏水的微孔层（MPL）。在部分文献中，微孔层被认为是气体扩散层子层。但将微孔层视为单个构造电极层更为常规，在本书中，微孔层将被视为单个层。通常认为微孔层的疏水性有利于产物液态水从催化剂层向气体扩散层的喷射。但微孔层在水传输、电荷传输和热传输方面对电池性能的详细影响仍未得到很好的理解。

商业 PEMFC 的微孔层厚度为 5 ~ 20μm，具有 100 ~ 500nm 的小孔隙和 2 ~ 10μm 宽的大微裂纹。在电池中制造和组装微孔层有两种方法。第一种方法是在气体扩散层上应用包括聚四氟乙烯、碳颗粒和聚合物黏合剂的浆料，类似于气体扩散层上的催化剂层制造和组装。在第二种方法中，微孔层主要位于膜上，作为多孔聚合物被粘合到催化剂层表面。并且，PEM 电池中放置催化剂层必须在膜上进行，而不是在气体扩散层上（图 2-6）。

（4）膜　固态聚合物电解质是 PEMFC 的主要构成之一，也就是我们熟知的质子交换膜（PEM）。PEM 的主要任务是为质子从阳极三相反应界面到阴极三相反应界面提供一条合适的通道，从名字就可以清楚地看出这一点。

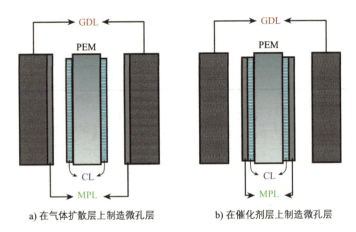

a) 在气体扩散层上制造微孔层　　　　b) 在催化剂层上制造微孔层

图 2-6　两种微孔层制造方法

在低温 PEMFC 中用作质子交换膜的最常用材料是离子单体，具有疏水主链和亲水磺化位点。商业品牌的 Nafion 是质子的良好导体，同时也是电子的良好绝缘体，是生产质子交换膜的著名材料。在高温燃料电池系统中，质子交换膜由酸基聚合物制成，比如纯聚苯并咪唑（PBI）或酸掺杂的 PBI，能在更高的温度下工作。在不同的高温燃料电池系统膜材料中，目前只有磷酸掺杂的 PBI 能够满足美国 DOE 标准。

由于质子交换膜的质子电阻与膜厚度成反比，因此尽可能薄地生产质子交换膜是有利的。目前，用于低温氢质子交换膜燃料电池的全氟磺化离聚体电解质可以薄至 $18 \sim 25\mu m$，可以在 $120℃$ 以下工作。但是出于对这些质子交换膜的湿度要求和降解率的考虑，在实际的低温 PEMFC 中，其工作温度几乎总是低于 $90℃$。

质子电导率在很大程度上取决于水含量和温度。为了更好地理解这种依赖性，下面简要描述质子通过 Nafion 膜的传导机制。典型的 Nafion 离聚体及其惰性主链（通常为 PTFE）的化学结构如图 2-7 所示，其结构中存在一个电离的硫化位点（SO_3^-），可以吸引质子（H^+）。质子传输的主要机制是通过这些电离位点。在这一机制中，分子的振动和惰性链的运动可以取代被吸引的质子，被吸引的质子也可以从吸引的位置转移到邻近的位置，这些位移会导致质子从膜的一边转移到另一边。然而，质子通过膜的运输主要是由于二级机制这一众所周知的载体机制。为了描述这一机制，必须注意到在 Nafion 链之间存在孔隙空间（也称为自由空间）可以吸收水分子，水分子及其运动可以扮演运送质子的载体的角色。事实上，充分水合的 Nafion 可以包含大量的 H_3O^+，与酸性水溶液

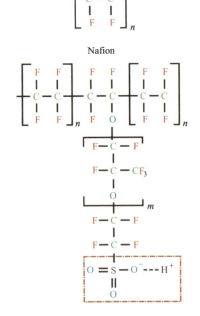

图 2-7　Nafion 离聚体及其惰性骨架聚合物 PTFE 的化学结构

相同。对于实际的 Nafion，吸收的水量可以很大而使膜膨胀，体积分数甚至高达 25%。为了量化吸收的水量，使用含水量 λ 这一参数，将其定义为水分子与硫化位点的比例。

Nafion 质子电导率 $\sigma(T, \lambda)$ 与水含量和温度（以 K 为单位）的关系式为 [8]

$$\sigma(T, \lambda) = \sigma_{303K}(\lambda)\left[1268\left(\frac{1}{303} - \frac{1}{T}\right)\right] \tag{2.3}$$

其中，

$$\sigma_{303K}(\lambda) = 0.5193\lambda - 0.326 \tag{2.4}$$

实验观察表明，对于大多数具有不同当量重量和厚度的 Nafion，含水量可以从 22（完全饱和）到几乎为 0（脱水）。对于 PEMFC，可以用下面的公式将 Nafion 的含水量与其附近的湿度联系起来：

$$\lambda = \begin{cases} 0.043 + 17.18a_w - 39.85a_w^2 + 36.0a_w^3, 0 < a_w \leqslant 1 \\ 14 + 4(a_w - 1), \qquad\qquad\qquad 1 \leqslant a_w < 3 \end{cases} \tag{2.5}$$

水活度的定义如下：

$$a_w = \frac{P_w}{P_{sat}} \tag{2.6}$$

式中，P_w 为水蒸气分压；P_{sat} 为工作温度下的水饱和压力。需要注意的是，a_w 的百分比形式揭示了相对湿度。结合式（2.3）～式（2.6），在 80℃条件下，Nafion 质子电导率与水蒸气分压的关系如图 2-8 所示（80℃条件下，$P_{sat} = 47.415\text{kPa}$）。可见，水蒸气分压的增加会导致膜质子电导率的增加。但是当压力低于 47.415kPa，即 80℃时水的饱和压力时，这种增加更为迅速。

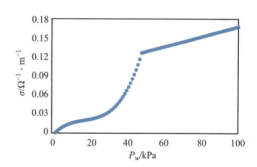

图 2-8　质子电导率与水蒸气分压的关系

在图 2-9 中，在恒定的水蒸气分压（47.415kPa）的条件下，PEMFC 的质子电导率是温度的函数。需要注意的是，虽然从式（2.3）中可以看出，随着温度升高，质子电导率呈指数级增长，但当温度升高时，水的饱和压力也会增加，从而导致在电池内水蒸气分压一定时，水的活度降低。因此，由式（2.6）可知，温度升高会导致 σ_{303K} 减小。这两种相反的温度影响特征的结果是质子电导率的降低，如图 2-9 所示。而在 80℃以上温度时，这种下降更为明显，此时饱和压力为 47.415kPa，根据式（2.6），水活度等于 1。因此，

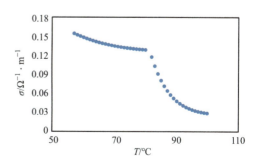

图 2-9　水蒸气分压恒定时 Nafion 的质子电导率与温度的关系

在这种条件下，不建议电池工作温度高于80℃。对于图2-9的推导，P_{sat} 与温度的关系是通过以下相关性计算的：

$$\log_{10}P_{sat} = -2.1794 + 0.02953T - 9.1837\times10^{-5}T^2 + 1.4454\times10^{-7}T^3 \tag{2.7}$$

为了计算膜的电阻 R_m，我们必须计算以下积分：

$$R_m = \int_0^{t_m} \frac{dz}{A_m\sigma(z)} \tag{2.8}$$

式中，t_m 和 A_m 分别为膜的厚度和表面积。由于膜的质子电导率会随膜的变化而变化，所以在计算 $\sigma(z)$ 时必须谨慎。事实上，由于阳极和阴极两侧的湿度不同，并且由于膜电导率对湿度的依赖性，质子电导率通常不是恒定的。

2. PEMFC 电堆的组件和结构

PEMFC 的应用范围很广，从几瓦的便携式电子设备到几千瓦的电动汽车，再到几兆瓦的热电联供系统。然而，在几乎所有的应用中，所需的电源电压不是 1.23V（PEM 单个电池的理论电压），电动客车的动力系统需要高达 600V 的电压，即使是小型便携式电子设备的工作电压也通常是 3V 或更高。因此，需要串联电池以获得更高的电压。

串联电池最简单的方法是使用导线和汇流条，如图 2-10 所示。从图中可知，在电池和电极表面的空气/氧气之间要有一个间隙。但是在这种方法中，整个电极表面产生的电流是从连接电极和导线的单点排出的，会导致大量的电损耗。因此，在实际的 PEMFC 中，采用了一种更有效、更可靠的串联电池的方法。在该方法中，每两个相邻的单元之间使用具有特殊设计和结构的双极板（BP）。所获得的双极板和电池被称为 PEMFC 电堆。这些双极板的特殊设计和结构实现了以下功能：

1）以最小的电气损耗提供串联的电池到电池的电气连接。

2）在电极表面均匀分布燃料和氧化剂。

3）有效地排出电极上产生的/积累的水。

4）为冷却液提供合适的路径，从而冷却电池，特别是对于具有高功率密度的电池。

5）保证气密性，避免燃料或氧化剂泄漏。

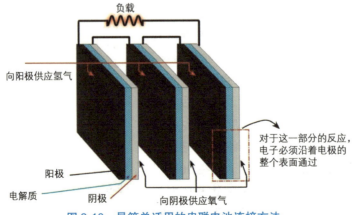

图 2-10 最简单适用的串联电池连接方法

由于 PEMFC 中电极的多孔结构，如果将阳极 – 电极 – 膜 – 阴极 – 电极的初始组装置于上述双极板之间，则反应物气体可能从多孔电极的边缘泄漏。一种常用的密封技术是电极的边缘为每个平面电极使用环绕的平面垫片。采用这种垫片需要采用比电极尺寸稍大的膜作为垫片的衬底（图 2-11）。

为了使燃料和氧化剂分布在电极的表面上，在双极板的两侧设计并雕刻了气体通道（GC）。如果在双极板上设计的气体通道彼此平行，则如图 2-12 所示的外部歧管可用于向气体通道进气并从气体通道中排出产物。图中所示的水平气体通道和歧管中是燃料，垂直气体通道和歧管中是氧化剂。通过气体通道的燃料/氧化剂气体可以通过气体通道扩散（注意，直气体通道从三面被双极板固体材料包围，从一面被电极的多孔气体通道包围）。

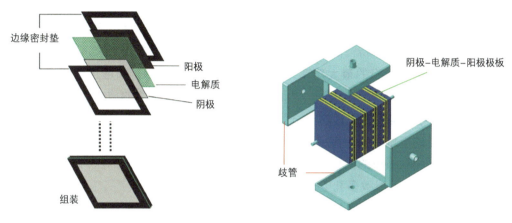

图 2-11　带密封垫片的膜电极　　　　图 2-12　在双极板之间分配燃料 / 氧化剂的外部歧管

采用外部布置的歧管将导致冷却和密封电池两个缺点[9]。由于外部歧管覆盖在双极板的边缘，很难通过双极板提供循环冷却水。此外，密封垫片在双极板的气体通道区不会被充分压下，这可能会增加泄漏的可能性。因此，如图 2-13 所示，另一种称为内部歧管的设计更适合应用。

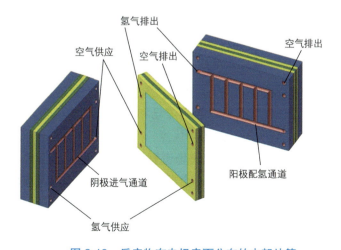

图 2-13　反应物在电极表面分布的内部歧管

在内部歧管中，每个双极板表面上的气体通道被限制在与电极表面相对的板的内部，即气体通道的网络不延伸到双极板的边缘。为了将氢燃料从一个双极板表面的气体通道网络转移到另一个双极板表面的气体通道网络，一对过孔被放置在双极板的两个相对的角位置上（一个用于从前一个网络反馈当前网络，另一个用于从当前网络反馈下一个网络）。同样，对于为氧化剂提供反馈的气体通道网络，在另外两个相对的角上使用另外两个孔。这些进料孔和气体通道网必须精心设计，以防止燃料和氧化剂的混合。使用内部歧管将形成一个电堆，看起来像一个固体块，电气和液压端口安装在其相对的两个面，用于连接电力电缆和供气管道。这两个面和它们下面的端板可以进行复杂的设计。这种布置的双极板的边缘可以很容易地用于将冷却水注入每个双极板内部设计的冷却通道。

这种类型的电池堆叠产生的 PEMFC 有一个有趣且宝贵的特性是电源的可扩展性。通过增加或减少几个电池，可以增大或减小电堆的最大功率。对比其他电源（如内燃机）的可伸缩性难题就能发现这个特性的好处。如果一家发动机公司想要为某家汽车制造商的特定产品提高其生产的发动机的最大功率，通常可以采用几种策略，如增加燃烧室的体积、增加压缩比、采用有效的涡轮增压等。然而，可靠地实现这些策略的成本相当高，这与仅向电堆中添加几个电池是无法比较的。

为了进行适当的电堆密封，需要将膜电极和双极板充分压缩在一起。为此，通常将四个拉杆穿过膜电极和双极板的四个角。但是，在电池堆叠过程中施加的压力会导致多孔电极微观结构的变化，从而导致多孔电极输运性能的变化。

双极板由聚合物密封的高导电石墨或非腐蚀性金属制成。该聚合物用于使多孔石墨不透水。然而，金属双极板可以导致更高的功率密度和更坚固的电堆设计。但对于有限的产品来说，成本会很昂贵。此外，金属板会更易腐蚀，这会导致膜的更快降解和导电性的丧失。

影响双极板关键属性的一个重要特征是其表面的气体通道雕刻网络的设计，在文献中也被称为流场设计。文献中提出了几种流场设计方案（图 2-14）。平行流场的气体流动需要很小的压差，这意味着从储气罐到电极的气体交换所需的功率较低，但在电极上的气体均匀分布和从有水覆盖的气体通道中去除液态水方面的性能较差。事实上，当一个小液滴在其中一个平行路径上形成时，通过该路径的气体流速将显著降低（流体总是倾向于通过水力阻力最小的路径）。另一方面，蛇行流场具有更好的去除气体通道中液态水的能力，可以提供更均匀的气体在电极上的分布。然而，气体流动所需的压差比平行流场要大得多。因此，目前大多数 PEMFC 都采用了平行流场和蛇行流场的组合，即平行 – 蛇行流场（图 2-14c），同时具有平行流场和蛇行流场的优点。

另一些为特定目的而设计的其他特定流场也被提出和制造过。例如，如果电池的工作条件是有可能形成液态水（即电极排水是一个严峻的挑战），那么交叉流场可以是一个很好的解决方案。在该流场中，存在两组进口和出口气体通道，它们在双极板上并不直接相连。然而，进口气体通道中的加压气体可以扩散到气体扩散层，并在双极板上凸起的肋下转移最终被喷射到低压的气体通道中。这种流场从多孔电极中除去液态水的能力是惊人的。然而，将气体从高压气体通道吹到低压气体通道所需的压差是显著的。这意味着需要相当大的鼓风机或压缩机。

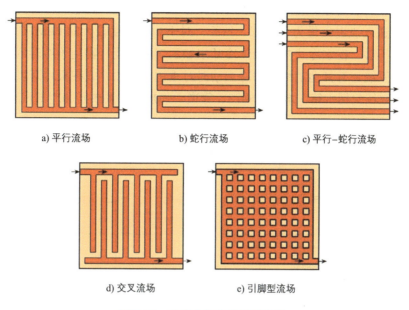

a) 平行流场　　　　b) 蛇行流场　　　　c) 平行–蛇行流场

d) 交叉流场　　　　e) 引脚型流场

图 2-14　文献中提出的流场设计

如果电极和通道中的液态水形成不是一个很大的挑战（比如对于低功率 PEMFC），那么引脚型流场可能是一个很好的选择。这种流场所需的压差甚至小于平行流场。然而，双极板的引脚型流场的肋面积与其他流场相比较小，由于起到电极中收集电子的作用，这种类型的流场无法获得高电流密度。

3. PEMFC 系统的组成和结构

只有一个 PEMFC 电堆足以向消费者提供电力吗？答案是否定的。在 PEMFC 系统中仍然需要许多辅助子系统，这些可能构成成本分析中的很大一部分。这些基本子系统通常被称为燃料电池辅助系统（BOP）或系统辅机（BOS）。BOP 占据了 PEMFC 系统的很大一部分（通常超过 50%），其主要部件如下（图 2-15）：

（1）供气子系统　该子系统的功能是提供氢燃料的安全储存、将燃料和氧化剂有效地输送到堆中的气体通道，并在必要时进行回收。该子系统包括储氢罐、用于调节储氢罐出口氢气压力的调节器、阀门、管道、用于调节流量为电堆提供燃料和空气流的鼓风机或压缩机，同时重新利用未反应的气体。在少数使用纯氧作为氧化剂的情况下，还需要氧气罐和调节器。

（2）加湿子系统　该子系统的功能是在必要时对反应物的流动进行加湿。通常，膜的阳极侧需要加湿，因此氢气入口流被加湿。需要加湿的原因将在稍后解释电池内的水输送现象时加以阐明。该子系统包括一个小水箱和一个加湿器，加湿器可以是喷射式、膜式或喷雾式。在一些复杂性较低的系统中（比如便携式电源），不使用该子系统，而是将阴极电极中产生的水用于电池加湿；这种加湿（也称为被动加湿）由于对加湿操作的控制较少，可能导致性能降低[7]。

（3）热管理子系统 在大型 PEMFC 系统中产生的热量可能非常大，因此可能需要主动冷却来进行堆的热管理。有风冷和水冷两种主动冷却方式。在空气冷却方法中，多余的空气和燃料被送入流道只是为了冷却。然而，对于功率密度较大的 PEMFC 系统，这种方法的冷却能力不够。在水冷法中，液体冷却水和乙二醇的混合物用于冷却双极板，从而冷却堆。热管理系统还有其他功能，如冷启动时对堆进行预热，或在极冷环境下对堆进行加热。热管理子系统包括水箱、水泵、阀门、管道、加热器、散热器和冷却风扇。

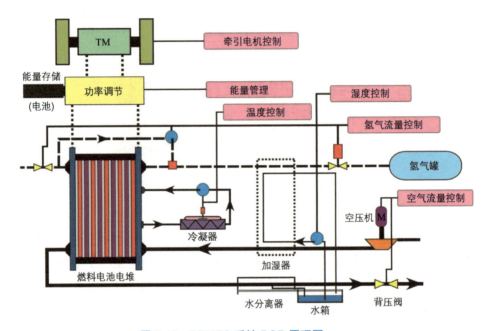

图 2-15　PEMFC 系统 BOP 原理图

（4）氢气重整子系统 当非氢燃料是 PEMFC 运行的唯一可用燃料时，需要氢重整为 PEMFC 供气。我们将在 2.1.3 节中解释改造过程和设备。对于固定式 PEMFC 系统，通常使用燃料重整器。对于汽车应用，原位改造可能会导致额外的成本、复杂性和车辆的空气污染。因此通常避免这种情况，使用一个大的储氢罐从氢燃料站加氢。

（5）电源调节和控制单元 由于所需的电流通常是交流电（AC），因此从 PEMFC 电堆产生的直流电（DC）需要通过逆变器进行转换和调节。此外，必须仔细控制 PEMFC 系统，以产生适合所需功率的响应。对于具有瞬态运行特性的情况，如燃料电池电动汽车（FCEV），该子系统可能相当复杂。此系统接收来自安装的各种传感器的反馈信号，用于监测流量、压力、电压、电流和温度，也可能收到来自操作人员的命令（例如来自 FCEV 驾驶员的加速或减速命令）。最后对输入进行处理，将决策信号发送给阀门、鼓风机、风机、加热器等，为系统提供稳定、安全的控制。通常情况下，该子系统配有一个大功率低能耗的储能系统（ESS），通过运行必要的鼓风机和加热器来保证系统的启动。

2.1.2 PEMFC 中的传输现象

图 2-16 展示了 PEMFC 部分的横截面，包括膜、阴极和阳极电极、气体通道和双极板。每个电极由催化剂层、微孔层和气体扩散层三个主要部分组成。图中所示的每个部分都是可能发生一种或几种输运现象的区域。

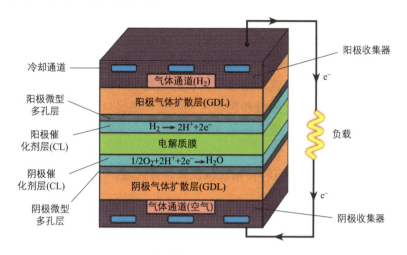

图 2-16　电池截面上 PEMFC 的主要部件

为实现 PEMFC 发电功能，根据图 2-16，需要的输运现象如下（表 2-1）：

1）反应物从气体通道转移到催化剂层中的三相反应界面。更具体地说，在阳极侧，氢必须以气体通道 → 气体扩散层 → 微孔层 → 催化剂层的方式传输，其中唯一的无孔区是气体通道。同样，在阴极侧，空气（或氧化剂为纯氧时的氧气）必须以气体通道 → 气体扩散层 → 微孔层 → 催化剂层的方式输送。催化剂层中的反应物必须通过多孔纳米结构扩散并到达三相反应界面。为此，还需要通过穿透催化剂层和三相反应界面周围的固体电解质进行扩散（图 2-5）。

2）质子从阳极三相反应界面到阴极三相反应界面的传输。为此，质子必须首先从阳极电极中的三相反应界面传输到固体电解质相，固体电解质相渗透到阳极催化剂层中。之后，质子必须通过固体电解质相从膜的阳极面传导到膜的阴极面。最后，在阴极侧，质子必须通过催化剂层域电解质相的传输传递到三相反应界面。因此，阳极催化剂层、膜和阴极催化剂层是质子传输中包含的三个区域。

3）从阳极三相反应界面到阴极三相反应界面的电子传递。电子必须从三相反应界面转移到阳极催化剂层中的固体电极相（该固体电极相由连接的碳颗粒组成）。然后电子必须从阳极催化剂层的固相转移到阴极催化剂层的固相。最后，催化剂层固相的电子必须转移到阴极三相反应界面上，在那里发生电化学氧化还原半反应。从阳极的固体电极相到阴极的固体电极相的传输路径可以是一条很长的路径。事实上，这条路径的一部分将在单电池之外，甚至一部分可能在电堆之外。内部的部分由催化剂层、微孔层和气体扩散层三层多孔层的固体基体以及双极板组成。

4）产物从阴极三相反应界面转移到阴极气体通道。阴极三相反应界面处的产出水必须扩散到催化剂层的气相，之后必须被传送到气体通道。更具体地说，在阴极侧，产出水必须以催化剂层 → 微孔层 → 气体扩散层 → 气体通道的方式输送，其中该路径中唯一的无孔区是气体通道。如果产出水仅以蒸汽形式存在，则水的输运以单相流体流动为基础，而如果域中还存在液态水，则多相流体流动将是产物输运的基础。

5）从三相反应界面到冷却通道的热传输。在 PEMFC 中有三个主要的发热源：三相反应界面中的可逆发热（由于熵的产生），三相反应界面中的不可逆发热（由于活化损失），以及电荷传导路径，特别是膜中的不可逆发热（由于欧姆损耗）。产生的热量可以通过固体路径（其目的地是冷却通道）和流体路径（其目的地是气体通道）消散。在这些热源和路径中，最重要的部分热量是通过阳极和阴极两侧的固体路径从三相反应界面传递到冷却通道。该固体路径包括催化剂层、微孔层和气体扩散层三个多孔区域的固体基质，以及两侧的双极板。

我们在表 2-3 中列出了上述五种传输现象及其合并区域。

表 2-3　PEMFC 内的传输现象及合并区域

区域		传输项目				
		反应物	质子	电子	产物	热①
阳极侧	冷却通道					√
	双板			√		√
	气体通道	√			√	
	气体扩散层	√		√	√	√
	微孔层	√		√	√	√
	催化剂层（气体阶段）	√			√	
	催化剂层（固体电极）			√		
	催化剂层（电解液阶段）	√	√		√	
膜			√			
阴极侧	催化剂层（电解液阶段）	√	√			
	催化剂层（固体电极）			√		
	催化剂层（气体阶段）	√			√	
	微孔层	√		√	√	√
	气体扩散层	√		√	√	√
	气体通道	√			√	
	双板			√		√
	冷却通道					√

① 热量中最重要的部分。

为了充分理解表 2-3 中的传输现象，我们将传输现象描述为如下结构：

1）反应物通过气体通道传输。

2）反应物通过电极的多孔层传输。

3）质子通过电解质膜的传输。

4）单电池中的电子传递。

5）单相和多相水通过电极的多孔层输送。

6）通过气体通道的单相和多相输水。

7）电池内部的热传递。

1. 反应物通过气体通道传输

一般来说，物质的传质有两种机制：扩散和对流。为了更好地理解，可以想象一下桌子上的一杯水。如果我们用一个小注射器将一滴红色的墨水注入水中，那么墨水分子就会通过水分子扩散，过了一段时间，玻璃杯里就会含有红色的水。在这里，墨水从注射器转移到整个玻璃杯的机制，源于分子的随机运动，被称为扩散机制。现在考虑经过海面的气流。由于空气的通过，表面的液态水会蒸发，产生的蒸汽会被气流转移。这是一个从表面到整体流动（这里是气流）的对流质量传递的例子，这在我们的环境中经常发生。现在考虑流经除湿物质（如硅胶）表面的潮湿空气，这些除湿物质会吸收潮湿空气中的蒸汽。这也是对流传质的一个例子，方向是从流体到除湿物质的表面。

为了对这一机制中的传质量进行定量评估，考虑两种化学物质 S1 和 S2 的混合物通过表面，选择性地吸收 S1 物质（图 2-17）。如果发生吸收，则吸收表面的物质 S1 的摩尔浓度 $C_{S1,s}$ 将不同于自由流中物质 S1 的摩尔浓度 $C_{S1,\infty}$。这两个摩尔浓度之间的差异产生了浓度边界层，这与速度边界层和热边界层类似。浓度边界层被定义为

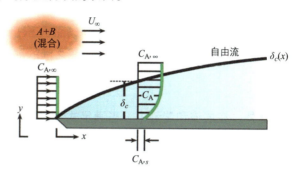

图 2-17 对流传质及其边界层

流体带的一部分，其表面影响流体的浓度场，因此存在显著的浓度梯度。更具体地说，边界层是从表面前缘开始的一层，其在每个纵向位置 x 处的厚度 $\delta_c(x)$ 被定义为离表面的高度，即 $[(C_{S1}-C_{S1,s})/(C_{S1,\infty}-C_{S1,s})] = 0.99$。

计算物质 S1 的表面吸收摩尔通量（$N_{S1,s}$，单位为 kmol·m^{-2}·s^{-1}），可以用证明扩散传质机理的菲克定律来计算。实际上，只要靠近表面，流体的体速度几乎为零，分子的随机运动，即公认的扩散传质，就是传质的起源。公式规定：

$$N_{S1,s} = -D_{S1,S2} \frac{\partial C_{S1}}{\partial y}\bigg|_{y=0} \qquad (2.9)$$

式中，$D_{S1,S2}$ 为二元扩散系数。

注意，对于边界层表面以上的任何一点（即图 2-17 中的 $y > 0$），物质通过整体流体运动（平流）和扩散传递，被称为传质的对流机制（模式）。为了计算物质 S1 在表面上的对流传质，类比牛顿冷却定律，基于 S1 可以用边界层上的摩尔浓度差值，有如下方程：

$$N_{S1,s} = h_m(C_{S1,s} - C_{S1,\infty}) \qquad (2.10)$$

式中，h_m 为对流传质系数（m·s^{-1}），类似于对流换热系数。通过比较式（2.9）和式（2.10），

我们可以发现

$$h_m = -\frac{D_{S1,S2} \dfrac{\partial C_{S1}}{\partial y}\bigg|_{y=0}}{C_{S1,s} - C_{S1,\infty}} \tag{2.11}$$

由方程可知，浓度边界层的表面浓度梯度情况会显著影响对流传质系数，从而影响边界层内的物质传递速率，可见边界层的重要性。

同样，对于内部流动，可能存在对流传质。例如，考虑气体在管内流动，管内表面涂有除湿物质。然后发生蒸汽吸收，因此内部浓度边界层将开始变厚。其中，物质 S1 的平均浓度 $C_{S1,m}$ 对内部对流传质的作用与 $C_{S1,\infty}$ 对外部对流传质的作用相似。这被定义为

$$C_{S1,m}(x) = \frac{\int_{A_x} C_{S1} u \, dA_x}{u_m A_x} \tag{2.12}$$

式中，A_x 为管在 x 纵向位置处的横截面面积；u_m 为该横截面处的平均流速。以 $C_{S1,m}$ 为参考，通过下式计算管内流动与管表面之间的局部对流传质：

$$N_{S1,s} = h_m(C_{S1,s} - C_{S1,m}) \tag{2.13}$$

此外，在层流和湍流中，当满足式（2.14）时存在充分发达的浓度条件：

$$\frac{\partial C^*}{\partial x} = 0 \tag{2.14}$$

对于圆管，

$$C^* = \frac{C_{S1,s} - C_{S1}(r,x)}{C_{S1,s} - C_{S1,m}(x)} \tag{2.15}$$

式中，$C_{S1,s}$ 为管表面物质 S1 的表面摩尔浓度。式（2.10）和式（2.13）可基于质量浓度（如 ρ_{S1}）而不是摩尔浓度表示。

在这种情况下，方程左边 N 的单位为 $\mathrm{kg \cdot m^{-2} \cdot s^{-1}}$，但对流传质系数不变。为了分析对流传质系数，通常分析相应的无量纲舍伍德数 Sh，对于圆管内流动，舍伍德数定义为

$$Sh_D = \frac{h_m D}{D_{S1,S2}} \tag{2.16}$$

对于表面蒸汽密度均匀的圆管内充分发展的层流，$Sh_D = 3.66$，对于充分发展的湍流，Sh_D 为

$$Sh_D = 0.023 Re_D^{4/5} Sc^{2/5} \tag{2.17}$$

这种关系类似于传热中的 Dittus-Boelter 关系，而舍伍德数和施密特数 $Sc = \dfrac{v}{D_{S1,S2}}$ 类似

于传热中的努塞尔数和普朗特数。一些气体对在 1atm 时的 $D_{S1,S2}$ 值见表 2-4。

表 2-4　一些气体对在 1atm 下的 $D_{S1,S2}$ 测量值 [10]

气体对	温度 /K	$D_{S1,S2}/m^2 \cdot s^{-1}$
H_2-H_2O	307	9.15×10^{-5}
H_2- 空气	282	7.10×10^{-5}
空气 -H_2O	298	2.6×10^{-5}
空气 -O_2	273	2.6×10^{-5}
O_2-H_2O	308	2.82×10^{-5}
N_2-O_2	293	2.20×10^{-5}
H_2-He	317	1.706×10^{-4}
空气 -He	282	6.58×10^{-5}
O_2-He	317	8.22×10^{-5}
H_2-CO_2	298	6.46×10^{-5}
H_2-CO	296	7.43×10^{-5}

例 2.1　圆管内壁涂有除湿剂物质，其 $Sh_D = 4.0$。如果有相对湿度为 100%、温度为 25℃、压力为 1atm、质量流量为 $5 \times 10^{-4} kg \cdot s^{-1}$ 的湿空气进入管内，需要多少长度才能将平均相对湿度降至 50%？内壁温度为 25℃，直径为 10mm。

解：已知在管状加湿器入口处相对湿度为 100%，25℃，1atm，舍伍德值为 4.0 的空气中除去蒸汽。

试求：将相对湿度降低一半所需的长度。

图解：

假设：

1）表面的蒸汽浓度为零。

2）蒸汽的平均浓度沿管长呈线性下降。

3）内壁上的 Sh 是恒定的。

4）气流温度与壁面温度保持一致，即 25℃。

答：

空气（25℃）：$v = 1.57 \times 10^{-5} m \cdot s^{-1}, D_{H_2O,air} = 2.60 \times 10^{-5} m^2 \cdot s^{-1}$

分析：

$$h_m = \frac{Sh D_{S1,S2}}{D} = \frac{4.0 \times 2.6 \times 10^{-5}}{0.01} = 1.04 \times 10^{-2}$$

在入口处：

$$相对湿度 = 100\% \rightarrow P_{H_2O} = P_{SAT,25℃} = 3.169 kPa$$

$$C_{H_2O,m,in} = \frac{P_{H_2O}}{R_nT} = \frac{3.169 \times 1000\text{Pa}}{8.3145\text{m}^3 \cdot \text{Pa} \cdot \text{K}^{-1} \cdot \text{mol}^{-1} \times 298.15\text{K}} = 1.2784\text{mol} \cdot \text{m}^{-3}$$

$$\dot{m}_{H_2O,in} = \dot{m}_{mix,in}\frac{\rho_{H_2O}}{\rho_{mix}} = \dot{m}_{mix,in}\frac{P_{H_2O}/(R_{H_2O}T)}{P_{mix}/(R_{mix}T)} = \dot{m}_{mix,in}\frac{P_{H_2O} \cdot MW_{H_2O}}{P_{mix} \cdot MW_{mix}}$$

$$= 5 \times 10^{-4} \times \frac{3.169 \times 18}{101.325 \times 29}\text{kg} \cdot \text{s}^{-1} = 9.706 \times 10^{-6}\text{kg} \cdot \text{s}^{-1}$$

在出口处：

$$\text{相对湿度} = 50\% \rightarrow P_{H_2O} = 0.5P_{SAT,25\text{℃}} = 1.5845\text{kPa}$$

$$C_{H_2O,m,out} = \frac{P_{H_2O}}{R_uT} = \frac{1.5845 \times 1000\text{Pa}}{8.3145\text{m}^3 \cdot \text{Pa} \cdot \text{K}^{-1} \cdot \text{mol}^{-1} \times 298.15\text{K}} = 0.6392\text{mol} \cdot \text{m}^{-3}$$

$$\dot{m}_{H_2O,out} = \dot{m}_{mix,out}\frac{\rho_{H_2O}}{\rho_{mix}} = \dot{m}_{mix,out}\frac{\dfrac{P_{H_2O}}{R_{H_2O}T}}{\dfrac{P_{mix}}{R_{mix}T}} = \dot{m}_{mix,out} \times \frac{P_{H_2O} \cdot MW_{H_2O}}{P_{mix} \cdot MW_{mix}}$$

$$= 5 \times 10^{-4} \times \frac{1.5845 \times 18}{101.325 \times 29}\text{kg} \cdot \text{s}^{-1} = 4.853 \times 10^{-6}\text{kg} \cdot \text{s}^{-1}$$

对于原理图中给出的控制体积：

$$\dot{m}_{H_2O,in} - \dot{m}_{H_2O,out} = (\pi D)h_m\int_0^L[C_{S1,m}(x) - 0]\text{d}x = (\pi D)h_m\int_0^L\frac{C_{S1,m,in} - C_{S1,m,out}}{L}x\text{d}x$$

$$= (\pi D)h_m(C_{S1,m,in} - C_{S1,m,out})\frac{L}{2} \rightarrow$$

$$L = \frac{2(\dot{m}_{H_2O,in} - \dot{m}_{H_2O,out})}{\pi Dh_m(C_{S1,m,in} - C_{S1,m,out})} = \frac{2(9.706 \times 10^{-6} - 4.853 \times 10^{-6})}{\pi \times 0.01 \times 1.04 \times 10^{-2} \times (1.2784 - 0.6392)}$$

$$= 4.648 \times 10^{-2}\text{m} = 4.648\text{cm}$$

反应物通过气体通道的传递是一种内部对流传质。常见气体通道的横截面为矩形。这些气体通道的内部流动一方面受到气体扩散层的限制，另一方面受到双极板的限制，即流体流动受到三个不渗透壁和一个渗透壁的限制。反应物可以通过这层渗透壁向气体通道及其三相反应界面扩散。然而，由于渗透壁面的几何形状和复杂的粗糙度，渗透壁面上的情况比较复杂。

在阳极气体通道中，通常是氢和水蒸气的混合物流过气体通道，而在阴极气体通道中存在氧、水蒸气和氮的混合物。在阳极侧，氢通过气体扩散层扩散，而在阴极侧，氧通过气体扩散层扩散。对于部分气体通道下均匀的电流密度分布，可以假设反应物的扩散速率

（氢在阳极侧，氧在阴极侧）在可渗透壁上为稳定条件。

为了全面分析气体通道中反应物的传输，必须求解所有的控制方程：连续性方程，体积流的动量和能量守恒方程，阳极侧氢和阴极侧氧的物质守恒方程。对于矩形气体通道，上述方程在三维笛卡儿坐标系下为

$$\frac{\partial \rho}{\partial t} + \frac{\partial (\rho u)}{\partial x} + \frac{\partial (\rho v)}{\partial y} + \frac{\partial (\rho w)}{\partial z} = 0 \tag{2.18}$$

$$\frac{\partial (\rho u)}{\partial t} + u \frac{\partial (\rho u)}{\partial x} + v \frac{\partial (\rho u)}{\partial y} + w \frac{\partial (\rho u)}{\partial z}$$
$$= -\frac{\partial P}{\partial x} + \rho g_x + \left[\frac{\partial}{\partial x} \left(\mu \frac{\partial u}{\partial x} \right) + \frac{\partial}{\partial y} \left(\mu \frac{\partial u}{\partial y} \right) + \frac{\partial}{\partial z} \left(\mu \frac{\partial u}{\partial z} \right) \right] \tag{2.19}$$

$$\frac{\partial (\rho v)}{\partial t} + u \frac{\partial (\rho v)}{\partial x} + v \frac{\partial (\rho v)}{\partial y} + w \frac{\partial (\rho v)}{\partial z}$$
$$= -\frac{\partial P}{\partial y} + \rho g_y + \left[\frac{\partial}{\partial x} \left(\mu \frac{\partial v}{\partial x} \right) + \frac{\partial}{\partial y} \left(\mu \frac{\partial v}{\partial y} \right) + \frac{\partial}{\partial z} \left(\mu \frac{\partial v}{\partial z} \right) \right] \tag{2.20}$$

$$\frac{\partial (\rho w)}{\partial t} + u \frac{\partial (\rho w)}{\partial x} + v \frac{\partial (\rho w)}{\partial y} + w \frac{\partial (\rho w)}{\partial z}$$
$$= -\frac{\partial P}{\partial z} + \rho g_z + \left[\frac{\partial}{\partial x} \left(\mu \frac{\partial w}{\partial x} \right) + \frac{\partial}{\partial y} \left(\mu \frac{\partial w}{\partial y} \right) + \frac{\partial}{\partial z} \left(\mu \frac{\partial w}{\partial z} \right) \right] \tag{2.21}$$

$$\frac{\partial (\rho c_p T)}{\partial t} + u \frac{\partial (\rho c_p T)}{\partial x} + v \frac{\partial (\rho c_p T)}{\partial y} + w \frac{\partial (\rho c_p T)}{\partial z}$$
$$= \left[\frac{\partial}{\partial x} \left(k \frac{\partial T}{\partial x} \right) + \frac{\partial}{\partial y} \left(k \frac{\partial T}{\partial y} \right) + \frac{\partial}{\partial z} \left(k \frac{\partial T}{\partial z} \right) \right] +$$
$$\beta T \left(\frac{\partial P}{\partial t} + u \frac{\partial P}{\partial x} + v \frac{\partial P}{\partial y} + w \frac{\partial P}{\partial z} \right) + \mu \phi -$$
$$\sum_{i=1}^{N_s} h_i \left(\frac{\partial J_{x,i}}{\partial x} + \frac{\partial J_{y,i}}{\partial y} + \frac{\partial J_{z,i}}{\partial z} \right) \tag{2.22}$$

式（2.22）右侧（RHS）第 1 项表示传导传热机制，第 2 项表示可压缩性效应 $\left[\beta = -\frac{1}{\rho} \left(\frac{\partial \rho}{\partial T} \right)_P$ 为热膨胀系数 $\right]$，第 3 项 $\mu \phi$ 为黏性消散率，ϕ 为

$$\phi = 2 \left[\left(\frac{\partial u}{\partial x} \right)^2 + \left(\frac{\partial v}{\partial y} \right)^2 + \left(\frac{\partial w}{\partial z} \right)^2 \right] + \left[\left(\frac{\partial u}{\partial y} + \frac{\partial v}{\partial x} \right)^2 + \left(\frac{\partial u}{\partial z} + \frac{\partial w}{\partial x} \right)^2 + \left(\frac{\partial v}{\partial z} + \frac{\partial w}{\partial y} \right)^2 \right] -$$
$$\frac{2}{3} \left(\frac{\partial u}{\partial x} + \frac{\partial v}{\partial y} + \frac{\partial v}{\partial z} \right)^2 \tag{2.23}$$

能量守恒方程（2.22）右侧的第4项表示物质扩散引起的能量传递，其中 N_s 为物质数量，$(J_{x,i},J_{y,i},J_{z,i})$ 为物质 i 的质量扩散通量矢量，其中：

$$J_{x,i} = -D_{i,m}\frac{\partial \rho_i}{\partial x} - D_{S,i}\frac{1}{T}\frac{\partial T}{\partial x} \tag{2.24}$$

$$J_{y,i} = -D_{i,m}\frac{\partial \rho_i}{\partial y} - D_{S,i}\frac{1}{T}\frac{\partial T}{\partial y} \tag{2.25}$$

$$J_{z,i} = -D_{i,m}\frac{\partial \rho_i}{\partial z} - D_{S,i}\frac{1}{T}\frac{\partial T}{\partial z} \tag{2.26}$$

式中，$D_{i,m}$ 为混合物中第 i 种物质的质量扩散系数（又称扩散系数）；$D_{S,i}$ 为第 i 种物质的 Soret 扩散系数；ρ_i 为第 i 种物质的质量浓度。Soret 扩散是由于热效应引起的一种特殊扩散，称为热泳效应。

虽然气体通过气体通道的速度通常远小于 0.3mol/L，但我们不能去简单假设气体是不可压缩的。事实上，由于催化剂层中的电化学反应，物质密度会沿着气体通道发生变化，因此，气体总密度（即物质密度之和）在流域中确实会发生局部变化。

对于气体通过气体通道的流动，能量守恒方程 RHS 的第二和第三项（即表示压缩效应和黏性耗散率的项）与其他项相比并不显著，因此可以忽略。由于气体通道中的热梯度通常不大，所以 Soret 扩散也可以忽略不计。然而，针对由于物质扩散引起的传热项 [式（2.22）的 RHS 上的第四项]，这一项是不能忽略的，当路易斯数 $Le_i = \dfrac{k}{\rho c_p D_{i,m}}$ 对大多数物质来说不是统一的。在这种情况下，条件 $\left(\dfrac{\partial \rho_i}{\partial x}, \dfrac{\partial \rho_i}{\partial y}, \dfrac{\partial \rho_i}{\partial z}\right)$ 出现在物质 i 的质量扩散通量中 [方程（2.24）~方程（2.26）]，可以通过求解物质的守恒方程来确定：

$$\frac{\partial \rho_i}{\partial t} + \frac{\partial(\rho_i u)}{\partial x} + \frac{\partial(\rho_i v)}{\partial y} + \frac{\partial(\rho_i w)}{\partial z} = -\left(\frac{\partial J_{x,i}}{\partial x} + \frac{\partial J_{y,i}}{\partial y} + \frac{\partial J_{z,i}}{\partial z}\right), \quad i = 1,\cdots,N_s \tag{2.27}$$

忽略 Soret 效应，假设扩散系数恒定，这些方程可以改写为

$$\frac{\partial \rho_i}{\partial t} + \frac{\partial(\rho_i u)}{\partial x} + \frac{\partial(\rho_i v)}{\partial y} + \frac{\partial(\rho_i w)}{\partial z} = D_{i,m}\left(\frac{\partial^2 \rho_i}{\partial x^2} + \frac{\partial^2 \rho_i}{\partial y^2} + \frac{\partial^2 \rho_i}{\partial z^2}\right), \quad i = 1,\cdots,N_s-1 \tag{2.28}$$

由于密度和传输性质（如黏度、电导率和扩散率）与温度有关，因此必须同时求解控制方程（2.18）~方程（2.22）和式（2.28），以找出以下未知参数：

$$\underbrace{\rho, u, v, w, T}_{5} \underbrace{\rho_1, \rho_2, \ldots, \rho_{N_s}}_{N_s}$$

由于 $\rho_1 + \rho_2 + \cdots + \rho_{N_s} = \rho$，因此在方程集合中只求解 $n-1$ 个方程即可，并且可以求解方程 $\rho_1 + \rho_2 + \cdots + \rho_{N_s} = \rho$，而不是对于第 N_s 个物质来说物质守恒。通常，浓度最大的物质被认为是第 N_s 个物质。

为了得到相关表格和数据集（如本书表 2-4）中未给出的压力和温度下的 $D_{i,m}$，二元扩散的依赖关系必须找出影响参数的系数。当一种气体的分子扩散到另一种气体的分子中时，两种分子会相互碰撞，也会在运动中与其他气体的分子碰撞（这本身是由于分子的动能）。因此可以预期以下事实：

1）通过增加区域内分子的数量（即通过增加压力），将会发生更多的碰撞，从而降低平均扩散速率。

2）通过提高温度，分子将具有更高的动能，因此平均扩散速率将增加。

3）通过增加分子的大小（即分子直径），它们的运动将伴随着更多的碰撞，因此平均扩散速率将降低。

4）通过增加分子的质量（即物质的摩尔质量），它们的运动需要克服更大的惯性，因此，平均扩散速率将降低。

分子动力学理论预测，对于物质 S1 向 S1 混合物中的自扩散[7]：

$$D_{S1} \propto \frac{T^{3/2}}{P M_{S1}^{1/2} \sigma_{S1}^2} \tag{2.29}$$

这证实了上述事实。式（2.29）中，M_{S1} 和 σ_{S1} 分别为物质 S1 的摩尔质量和分子直径。对于 S1 和 S2 的二元混合物，上述关系可以改写为

$$D_{S1,S2} = D_{S1,S2}^{ref} \left(\frac{P^{ref}}{P} \right) \left(\frac{T}{T^{ref}} \right)^{3/2} \tag{2.30}$$

当已知参考压力和参考温度下的二元扩散系数（如表 2-4）时，可用此方程作为简单的估计。然而，当其中一种气体是极性气体（如水蒸气）时，这种估计可能不够准确。另一个有用的二元扩散系数估计，适用于评估极性和非极性反应物在 PEMFC 中的扩散速率，见以下关系式[7]：

$$D_{S1,S2} = \frac{a}{P} (P_{c,S1} P_{c,S2})^{1/3} \left(\frac{T}{\sqrt{T_{c,S1} T_{c,S2}}} \right)^b (T_{c,S1} T_{c,S2})^{5/12} \left(\frac{1}{M_{S1}} + \frac{1}{M_{S2}} \right)^{1/2} \tag{2.31}$$

式中，P_c 和 T_c 为临界压力和临界温度；a 和 b 为取决于物质类型的常数。在此关系式中，所有温度单位为 K，所有压力单位为 atm，摩尔质量单位为 $kg \cdot kmol^{-1}$，扩散系数单位为 $m^2 \cdot s^{-1}$。对于一对非极性气体，a 和 b 分别为 2.745×10^{-8} 和 1.823。对于水和非极性气体，$a = 3.640 \times 10^{-8}$，$b = 2.334$。对于在 PEMFC 的气体通道中普遍存在的气体对，可以将临界性质和摩尔质量代入，从而简化上述方程：

$$D_{S1,S2} = C1 \frac{T^{C2}}{P} \tag{2.32}$$

式中，T 的单位为 K；P 的单位为 atm；$D_{S1,S2}$ 的单位为 $m^2 \cdot s^{-1}$；$C1$ 和 $C2$ 见表 2-5。这是一个用于模拟 PEMFC 中的气体传输简单但有用的方程。

表 2-5　计算 $C1$、$C2$ 常数

气态空气	$C1$	$C2$
H_2-H_2O	2.1355×10^{-10}	2.334
H_2- 空气	2.4589×10^{-9}	1.823
空气 -H_2O	4.3656×10^{-11}	2.334
空气 -O_2	6.3757×10^{-10}	1.823
O_2-H_2O	4.2099×10^{-11}	2.334
N_2-O_2	6.3597×10^{-10}	1.823

当其中一种二元气体是小分子气体（如 H_2 或 He）时，式（2.31）和式（2.32）的准确性对于获得二元扩散系数可能是不够的。然而，文献中也有其他计算二元扩散系数精度较高的关系式。为了简短起见，本书就不再详细讨论。

到目前为止，我们已经学习了如何将二元扩散系数用于气体通道传输的控制方程。但如果流经气体通道的气体由两种以上物质组成（例如，我们知道在大多数 PEMFC 的阴极侧，气体通道中至少存在氮气、氧气和水蒸气），如何驱动 $D_{i,m}$ 在式（2.24）~式（2.26）中使用呢？

处理两个以上物质的混合物通常有四种方法，这些混合物被认为是多物质或多组分混合物：

1）忽略惰性物质：在这种方法中，忽略惰性物质（非反应物质）的参与。例如，在阴极中，氮气作为惰性物质，在该方法中被忽略，即，流过气体通道的气体被视为扩散成水蒸气的氧气混合物。

2）基于摩尔分数的性能平均：在这种方法中，混合物的临界压力和温度以及混合物的摩尔质量，都是通过基于摩尔分数的平均来计算的。之后，可以采用式（2.31）或类似的相关性来计算 $D_{i,m}$。请注意，对于像 IP（如临界压力或临界温度）这样的密集属性，基于摩尔分数的 IP 平均值，记为 IP_{mix}，可通过式（2.33）计算

$$IP_{mix} = \sum_{i=1}^{N_s} X_i IP_i \tag{2.33}$$

为了计算混合物的摩尔质量，可以使用以下两个关系式：

$$M_{mix} = \sum_{i=1}^{N_s} X_i M_i \tag{2.34}$$

$$M_{mix} = \frac{1}{\sum_{i=1}^{N_s}(Y_i / M_i)} \tag{2.35}$$

式中，Y_i 为混合物中第 i 种的质量分数。

3）基于摩尔分数的扩散系数逆平均：在这种方法中，混合物中物质 i 的扩散系数可以通过式（2.36）来计算。

$$D_{i,m} = \frac{1 - X_i}{\sum_{\substack{j=1 \\ j \neq i}}^{N_s} (X_j / D_{ij})} \tag{2.36}$$

式中，D_{ij} 为 i 和 j 的二元扩散系数，可以通过二元混合物的一种已经解释过的方法来计算。

4）Maxwell-Stefan 方程法：上述三种方法简单但精度不高。采用 Maxwell-Stefan 方程的方法来处理多物质扩散更加可靠。含 N_s 气体的非致密气体混合物的 Maxwell-Stefan 方程组为

$$\frac{\mathrm{d}C_i}{\mathrm{d}x} = \frac{1}{C_{mix}} \sum_{\substack{j=1 \\ j \neq i}}^{N_s} \frac{C_i \bar{J}_{x,j} - C_j \bar{J}_{x,i}}{D_{i,j}}, \; i = 1, \cdots, N_s \tag{2.37}$$

$$\frac{\mathrm{d}C_i}{\mathrm{d}y} = \frac{1}{C_{mix}} \sum_{\substack{j=1 \\ j \neq i}}^{N_s} \frac{C_i \bar{J}_{y,j} - C_j \bar{J}_{y,i}}{D_{i,j}}, \; i = 1, \cdots, N_s \tag{2.38}$$

$$\frac{\mathrm{d}C_i}{\mathrm{d}z} = \frac{1}{C_{mix}} \sum_{\substack{j=1 \\ j \neq i}}^{N_s} \frac{C_i \bar{J}_{z,j} - C_j \bar{J}_{z,i}}{D_{i,j}}, \; i = 1, \ldots, N_s \tag{2.39}$$

式中，C_{mix} 为混合物的摩尔浓度，$C_{mix} = C_1 + C_2 + \cdots + C_{N_s}$；$D_{i,j}$ 是物质 i 和 j 的二元扩散系数；$(\bar{J}_{x,j}, \bar{J}_{y,j}, \bar{J}_{z,j})$ 为物质 i 的摩尔扩散通量矢量（$\mathrm{mol \cdot m^{-2} \cdot s^{-1}}$）。注意，该矢量与前面提到的式（2.24）～式（2.26）中表示的质量扩散通量矢量有关。

$$(J_{x,j}, J_{y,j}, J_{z,j}) = MW_i (\bar{J}_{x,j}, \bar{J}_{y,j}, \bar{J}_{z,j}) \tag{2.40}$$

此外，

$$C_i = \frac{\rho_i}{MW_i} \tag{2.41}$$

检查式（2.37）～式（2.39）表明，$(\bar{J}_{x,j}, \bar{J}_{y,j}, \bar{J}_{z,j})$ 有 $3N_s$ 个方程和 N_s 个未知向量，其中 $3N_s$ 个未知分量（如果所考虑的物质的浓度梯度已知）。因此，为了求解气体通道中反应物传输的控制方程 [即方程（2.18）～方程（2.22）和方程（2.27）]，式（2.37）～式（2.39）可以代替式（2.24）～式（2.26）。然而，由于摩尔扩散通量矢量的分量出现在这些方程的右边，计算这些方程并不容易。与前面描述的三种方法相比，这种方法需要相当大的计算成本，特别是当物质数量很大时。然而，对于三级混合物，Maxwell-Stefan 方程可以通过将物质 i 的摩尔扩散通量矢量的每个分量写成二元扩散系数和浓度梯度的函数来简化。

例 2.2　流经阴极侧气体通道的气体由氧、水蒸气和氮三种气体组成。在气体通道的某一点上，可以假设气体流动是一维的（即局部参数只依赖于 x 方向）。在上述点上，氧、水蒸气和氮的摩尔分数分别为 0.15、0.07 和 0.78，而它们的浓度梯度分别为 –0.01mol·m^{-4}、0.02mol·m^{-4} 和 –0.004mol·m^{-4}。如果气体的压力和温度是 1atm 和 308K，氧气和水蒸气的质量扩散通量是多少？请用上述方法解决问题。

解：在 308K 和 1atm 条件下，阴极气体通道中的气流由三种气体组成，它们在某一点的摩尔分数和浓度梯度为

$$X_{O_2} = 0.15, X_{H_2O} = 0.07, X_{N_2} = 0.78$$

$$\frac{dC_{O_2}}{dx} = -0.01 \text{mol} \cdot \text{m}^{-4}, \frac{dC_{H_2O}}{dx} = 0.02 \text{mol} \cdot \text{m}^{-4}, \frac{dC_{N_2}}{dx} = -0.004 \text{mol} \cdot \text{m}^{-4}$$

用上述四种计算多组分扩散的方法求出该点氧和水蒸气的质量扩散通量。

假设：

1）气体流动是一维的，沿着 x 轴。

2）热扩散可以忽略不计。

已知数据：

$$P_{c,O_2} = 50.14 \text{atm}, P_{c,H_2O} = 218.167 \text{atm}, P_{c,N_2} = 33.54 \text{atm}$$

$$T_{c,O_2} = 154.78 \text{K}, T_{c,H_2O} = 647.27 \text{K}, T_{c,N_2} = 126.2 \text{K}$$

分析：

（1）忽略惰性物质

假设混合物中只有氧气和水蒸气。因此，对于式（2.32）：

$$D_{S1,S2} = C1 \frac{T^{C2}}{P}$$

由表 2-5：

$C1 = 4.2099 \times 10^{-11}$ 和 $C2 = 2.334 \rightarrow$

$$D_{O_2,H_2O} = 4.2099 \times 10^{-11} \times \frac{308^{2.334}}{1} \text{m}^2 \cdot \text{s}^{-1} = 2.7074 \times 10^{-5} \text{m}^2 \cdot \text{s}^{-1}$$

这种情况下，菲克质量扩散通量是

$$J_{x,O_2} = -D_{O_2,m} \frac{d\rho_{O_2}}{dx} = -D_{O_2,H_2O} MW_{O_2} \frac{dC_{O_2}}{dx}$$
$$= -2.7074 \times 10^{-5} \times 32.00 \times (-0.01) \text{kg} \cdot \text{m}^{-2} \cdot \text{s}^{-1} = 8.6637 \times 10^{-6} \text{kg} \cdot \text{m}^{-2} \cdot \text{s}^{-1}$$

$$J_{x,H_2O} = -D_{H_2O,m} \frac{d\rho_{H_2O}}{dx} = -D_{O_2,H_2O} MW_{H_2O} \frac{dC_{H_2O}}{dx}$$
$$= -2.7074 \times 10^{-5} \times 18.02 \times (0.02) \text{kg} \cdot \text{m}^{-2} \cdot \text{s}^{-1} = -9.7575 \times 10^{-6} \text{kg} \cdot \text{m}^{-2} \cdot \text{s}^{-1}$$

值得注意的是，由式（2.32）计算得到的二元扩散系数与表 2-4 给出的实验系数（$2.82 \times 10^{-5} \text{m}^2 \cdot \text{s}^{-1}$）仅相差 4%。

（2）基于摩尔分数的性质平均

$$P_{c,mix} = \sum_{i=1}^{N_s} X_i P_{c,i} = (0.15\times50.14 + 0.07\times218.167 + 0.78\times33.54)\text{atm} = 48.95\text{atm}$$

$$T_{c,mix} = \sum_{i=1}^{N_s} X_i T_{c,i} = (0.15\times154.78 + 0.07\times647.27 + 0.78\times126.20)\text{K} = 167\text{K}$$

$$MW_{mix} = \sum_{i=1}^{N_s} X_i MW_i = (0.15\times32 + 0.07\times18 + 0.78\times28)\text{kg}\cdot\text{kmol}^{-1} = 27.91\text{kg}\cdot\text{kmol}^{-1}$$

根据式（2.31）：

$$D_{O_2,m} = \frac{a}{P}(P_{c,O_2}P_{c,m})^{1/3}\left(\frac{T}{\sqrt{T_{c,O_2}T_{c,m}}}\right)^b (T_{c,O_2}T_{c,m})^{5/12}\left(\frac{1}{MW_{O_2}} + \frac{1}{MW_m}\right)^{1/2}$$

$$= \frac{2.745\times10^{-8}}{1}(50.14\times48.95)^{1/3}\left(\frac{308}{\sqrt{154.78\times166.96}}\right)^{1.823}\times$$

$$(154.78\times166.96)^{5/12}\left(\frac{1}{32.00} + \frac{1}{27.91}\right)^{1/2}\text{m}^2\cdot\text{s}^{-1}$$

$$= 2.1631\times10^{-5}\text{m}^2\cdot\text{s}^{-1}$$

$$D_{H_2O,m} = \frac{a}{P}(P_{c,H_2O}P_{c,m})^{1/3}\left(\frac{T}{\sqrt{T_{c,H_2O}T_{c,m}}}\right)^b (T_{c,H_2O}T_{c,m})^{5/12}\left(\frac{1}{MW_{H_2O}} + \frac{1}{MW_m}\right)^{1/2}$$

$$= \frac{3.640\times10^{-8}}{1}(218.17\times48.95)^{1/3}\left(\frac{308}{\sqrt{647.27\times166.96}}\right)^{2.334}\times$$

$$(647.27\times166.96)^{5/12}\left(\frac{1}{18.02} + \frac{1}{27.91}\right)^{1/2}\text{m}^2\cdot\text{s}^{-1}$$

$$= 2.6035\times10^{-5}\text{m}^2\cdot\text{s}^{-1}$$

因此：

$$J_{x,O_2} = -D_{O_2,m}\frac{d\rho_{O_2}}{dx} = -D_{O_2,m}MW_{O_2}\frac{dC_{O_2}}{dx}$$

$$= -2.1631\times10^{-5}\times32.00\times(-0.01)\text{kg}\cdot\text{m}^{-2}\cdot\text{s}^{-1} = 6.9220\times10^{-6}\text{kg}\cdot\text{m}^{-2}\cdot\text{s}^{-1}$$

$$J_{x,H_2O} = -D_{H_2O,m}\frac{d\rho_{H_2O}}{dx} = -D_{H_2O,m}MW_{H_2O}\frac{dC_{H_2O}}{dx}$$

$$= -2.6035\times10^{-5}\times18.02\times0.02\text{kg}\cdot\text{m}^{-2}\cdot\text{s}^{-1} = -9.3830\times10^{-6}\text{kg}\cdot\text{m}^{-2}\cdot\text{s}^{-1}$$

（3）扩散系数倒数的摩尔分数平均法

根据式（2.32）和表 2-5：

$$D_{O_2,H_2O} = 4.2099\times10^{-11}\times\frac{308^{2.334}}{1}\text{m}^2\cdot\text{s}^{-1} = 2.7074\times10^{-5}\text{m}^2\cdot\text{s}^{-1}$$

$$D_{O_2,N_2} = 6.3597\times10^{-10}\times\frac{308^{1.823}}{1}\text{m}^2\cdot\text{s}^{-1} = 2.1881\times10^{-5}\text{m}^2\cdot\text{s}^{-1}$$

$$D_{H_2O,N_2} \cong D_{H_2O,Air} = 4.3656\times10^{-11}\times\frac{308^{2.334}}{1}\text{m}^2\cdot\text{s}^{-1} = 2.8075\times10^{-5}\text{m}^2\cdot\text{s}^{-1}$$

因此，根据式（2.36）：

$$D_{O_2,m} = \frac{1-X_{O_2}}{X_{H_2O}/D_{O_2,H_2O} + X_{N_2}/D_{O_2,N_2}} = \frac{1-0.15}{\dfrac{0.07}{2.7074\times10^{-5}} + \dfrac{0.78}{2.1881\times10^{-5}}} \, m^2 \cdot s^{-1}$$

$$= 2.2232\times10^{-5} \, m^2 \cdot s^{-1}$$

$$D_{H_2O,m} = \frac{1-X_{H_2O}}{X_{O_2}/D_{H_2O,O_2} + X_{N_2}/D_{H_2O,N_2}} = \frac{1-0.07}{\dfrac{0.15}{2.7074\times10^{-5}} + \dfrac{0.78}{2.8075\times10^{-5}}} \, m^2 \cdot s^{-1}$$

$$= 2.7909\times10^{-5} \, m^2 \cdot s^{-1}$$

结果如下：

$$J_{x,O_2} = -D_{O_2,m}\frac{d\rho_{O_2}}{dx} = -D_{O_2,m}MW_{O_2}\frac{dC_{O_2}}{dx}$$

$$= -2.2232\times10^{-5}\times32.00\times(-0.01) \, kg \cdot m^{-2} \cdot s^{-1} = 7.1142\times10^{-6} \, kg \cdot m^{-2} \cdot s^{-1}$$

$$J_{x,H_2O} = -D_{H_2O,m}\frac{d\rho_{H_2O}}{dx} = -D_{H_2O,m}MW_{H_2O}\frac{dC_{H_2O}}{dx}$$

$$= -2.7909\times10^{-5}\times18.02\times0.02 \, kg \cdot m^{-2} \cdot s^{-1} = -1.0058\times10^{-5} \, kg \cdot m^{-2} \cdot s^{-1}$$

（4）Maxwell-Stefan 方程法

$$C_{mix} = \frac{P}{R_u T} = \frac{101325 Pa}{8.3145 m^3 \cdot Pa \cdot K^{-1} \cdot mol^{-1} \times 308K} = 39.5667 \, mol \cdot m^{-3}$$

根据 Maxwell-Stefan 方程 [这里只有方程（2.37）]：

$$\frac{dC_i}{dx} = \frac{1}{C_{mix}}\sum_{\substack{j=1\\j\neq i}}^{N_s}\frac{C_i\bar{J}_{x,j} - C_j\bar{J}_{x,i}}{D_{i,j}} = \frac{1}{C_{mix}}\sum_{\substack{j=1\\j\neq i}}^{N_s}\frac{\dfrac{C_i J_{x,j}}{MW_j} - \dfrac{C_j J_{x,i}}{MW_i}}{D_{i,j}}, i=1,\cdots,N_s$$

当 $\dfrac{C_i}{C_{mix}} = X_i$，

$$\frac{dC_i}{dx} = \sum_{\substack{j=1\\j\neq i}}^{N_s}\frac{X_i J_{x,j}/MW_j - X_i J_{x,i}/MW_i}{D_{i,j}}, i=1,\cdots,N_s$$

因此：

$$\frac{dC_{O_2}}{dx} = \frac{1}{C_{mix}}\left\{\frac{X_{O_2}J_{x,H_2O}/MW_{H_2O} - X_{H_2O}J_{x,O_2}/MW_{O_2}}{D_{O_2,H_2O}} + \right.$$

$$\left.\frac{X_{O_2}J_{x,N_2}/MW_{N_2} - X_{N_2}J_{x,O_2}/MW_{O_2}}{D_{O_2,N_2}}\right\}$$

$$\frac{\mathrm{d}C_{H_2O}}{\mathrm{d}x} = \frac{1}{C_{mix}}\left\{\frac{X_{H_2O}J_{x,O_2}/MW_{O_2} - X_{O_2}J_{x,H_2O}/MW_{H_2O}}{D_{H_2O,O_2}} + \right.$$
$$\left.\frac{X_{H_2O}J_{x,N_2}/MW_{N_2} - X_{N_2}J_{x,H_2O}/MW_{H_2O}}{D_{H_2O,N_2}}\right\}$$

$$\frac{\mathrm{d}C_{N_2}}{\mathrm{d}x} = \frac{1}{C_{mix}}\left\{\frac{X_{N_2}J_{x,O_2}/MW_{O_2} - X_{O_2}J_{x,N_2}/MW_{N_2}}{D_{N_2,O_2}} + \right.$$
$$\left.\frac{X_{N_2}J_{x,H_2O}/MW_{H_2O} - X_{H_2O}J_{x,N_2}/MW_{N_2}}{D_{H_2O,N_2}}\right\}$$

现在，由于 $D_{i,j} = D_{j,i}$，使用在这个例子的前一部分计算的二元扩散系数，有：

$$-0.01 = \frac{1}{39.5667}\left\{\frac{0.15J_{x,H_2O}/18.02\times10^{-3} - 0.07J_{x,O_2}/32.00\times10^{-3}}{2.7074\times10^{-5}} + \right.$$
$$\left.\frac{0.15J_{x,N_2}/28.01\times10^{-3} - 0.78J_{x,O_2}/32.00\times10^{-3}}{2.1881\times10^{-5}}\right\}$$

$$0.02 = \frac{1}{39.5667}\left\{\frac{0.07J_{x,O_2}/32.00\times10^{-3} - 0.15J_{x,H_2O}/18.02\times10^{-3}}{2.7074\times10^{-5}} + \right.$$
$$\left.\frac{0.07J_{x,N_2}/28.01\times10^{-3} - 0.78J_{x,H_2O}/18.02\times10^{-3}}{2.8075\times10^{-5}}\right\}$$

$$0.004 = \frac{1}{39.5667}\left\{\frac{\dfrac{0.78J_{x,O_2}}{32.00}\times10^{-3} - \dfrac{0.15J_{x,N_2}}{28.01}\times10^{-3}}{2.1881\times10^{-5}} + \right.$$
$$\left.\frac{\dfrac{0.78J_{x,H_2O}}{18.02}\times10^{-3} - \dfrac{0.07J_{x,N_2}}{28.01}\times10^{-3}}{2.8075\times10^{-5}}\right\}$$

求解上述三个线性代数方程，得到以下三个未知数：

$$J_{x,O_2} = 5.3839\times10^{-6}\,\mathrm{kg\cdot m^{-2}\cdot s^{-1}}$$
$$J_{x,H_2O} = 1.0589\times10^{-6}\,\mathrm{kg\cdot m^{-2}\cdot s^{-1}}$$
$$J_{x,N_2} = 2.3333\times10^{-5}\,\mathrm{kg\cdot m^{-2}\cdot s^{-1}}$$

注：

对比四种方法的计算结果表明，Maxwell-Stefan 方程计算的质量通量小于其他三种方法计算的质量通量，这在水蒸气质量通量中更为明显。这一事实表明，用上述三种较简单的方法计算水汽通量通常是高估的。

气体通道中反应物的体积流通过对流机制向气体通道中的传质过程伴随着摩擦，摩擦会导致气体通道的压力下降。这种摩擦可以用摩擦系数来表示。文献中有两种摩擦因子：Moody 摩擦因子 f_M 和 Fanning 摩擦因子 f_F。对于通道内部流动，这两个摩擦因数由以下关系定义：

$$\Delta P = f_M \frac{l}{D_h}\left(\frac{1}{2}\rho V^2\right) \qquad (2.42)$$

$$\tau_w = f_F\left(\frac{1}{2}\rho V^2\right) \qquad (2.43)$$

式中，ΔP 为摩擦压降；l 为通道长度；D_h 为通道水力直径；V 为流体平均流速；τ_w 为来自通道壁面的流体作用剪应力。流道的水力直径等于流道横截面积与其周长之比的 4 倍。将长度为 1m 的通道长度的一部分进行力平衡，得到：

$$\Delta P \times (\pi D_h^2 / 4) = \tau_w \times (\pi D_h l) \qquad (2.44)$$

因此：

$$\tau_w = \Delta P \times \frac{D_h}{4l} \qquad (2.45)$$

将此关系代入式（2.43）可得：

$$f_M = 4f_F \qquad (2.46)$$

由于这两个摩擦因子是成比例的，在本书的其余部分将只使用 Moody 摩擦因子。此外，为了简单起见将去掉下标 M。

为了评估这一因素，首先必须确定流体的流动形式。一般情况下，雷诺数 $Re = \dfrac{\rho V D_h}{\mu}$ 小于 2000 时为层流状态，大于 3000 时为湍流状态。对于 $2000 < Re < 3000$，可靠的状态确定需要进一步的信息。对于层流流动：

$$f = \frac{64}{Re} \qquad (2.47)$$

将此关系式代入式（2.42）可得，对于层流，沿通道的摩擦压降为

$$\Delta P = \frac{32\mu V l}{D_h^2} \qquad (2.48)$$

也就是所谓的 Hagen-Poiseuille 方程。流过 PEMFC 的流体通常是层流的。但对于气体通道中罕见的湍流情况，可以解出 f 的隐式关系式来确定沿通道的摩擦压降[11]：

$$\frac{1}{f} = -2.0\ln\left(\frac{\dfrac{\varepsilon}{D_h}}{3.7} + \frac{2.51}{Ref^{0.5}}\right) \qquad (2.49)$$

式中，ε 为通道壁的平均粗糙度。注意，由式（2.42）计算得到的压降仅为摩擦压降，液态水堵塞通道、反应物消耗、反应物在气体扩散层下方对流流动等因素会导致压降过大。然而气体通道壁摩擦几乎是 PEMFC 中最重要的压降来源。

2. 反应物通过电极的多孔层传输

每个 PEMFC 电极由两个或三个多孔层组成：气体扩散层、微孔层和催化剂层。在这些多孔层中，特别是微孔层和催化剂层的反应主要是通过平面方向的扩散机制进行的。因此可以用菲克定律来计算物质的传质速率，但要考虑有效扩散系数 D^{eff}。在文献中有几种评价有效扩散特性的相关性。作为简单关系式之一，上述多孔层中反应物气体的有效扩散系数可表示为

$$D^{eff} = D\frac{\phi}{\tau} \tag{2.50}$$

式中，ϕ 为孔隙率（孔隙层中空隙体积的分数）；D 为反应物气体的普通体积扩散系数；τ 为曲折度。介质的曲折度越高，表明介质的弯曲程度越高，通过介质的有效平均路径越长（图 2-18 中的路径）。平均路径与介质在传输方向上的长度之比定义为曲折度 τ。如式（2.50）所示，随着曲折度的增加，弥漫性传质将变得更加困难。

实际分子路径

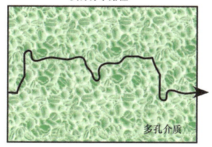

a) 小弯曲

实际分子路径

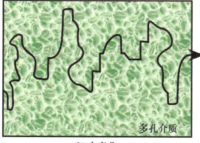

b) 大弯曲

图 2-18 两种多孔介质

由于估计多孔层的曲折度是一项困难而复杂的任务（需要对多孔结构进行直接研究），因此通常使用 Bruggeman 来计算有效参数，如扩散系数。在这种关联中，假设 τ 与 $\phi^{-0.5}$ 成正比：

$$D^{eff} = D\phi^{1.5} \tag{2.51}$$

对于气体扩散层（$0.6 < \phi < 0.8$），Salem 和 Chilingarian 给出了有用且更准确的曲折度与孔隙率关系[12]：

$$\tau = -2.1472 + 5.2438\phi \tag{2.52}$$

对于 $\phi = 0.7$ 的典型 PEMFC 气体扩散层，上述关系得到 $\tau \cong 1.5$，因此式（2.50）为

$$D^{eff} = \frac{D}{1.5} \tag{2.53}$$

值得一提的是，由式（2.50）、式（2.51）和式（2.53）求得的有效扩散系数之间的差别不大，特别是考虑到许多其他参数的固有不确定性时。

在计算了反应物的有效扩散系数后，质量通量可以用 Fickian 关系式 [式（2.24）~ 式（2.26）] 或 Maxwell-Stefan 方程 [式（2.37）~ 式（2.39）] 来计算。随后，可以求解反应物在电极多孔层中传输的控制方程。这些控制方程在三维直角坐标系下用式（2.54）~ 式（2.57）、式（2.59）、式（2.62）和式（2.65）表示：

$$\frac{\partial \rho}{\partial t} + \frac{\partial(\rho u)}{\partial x} + \frac{\partial(\rho v)}{\partial y} + \frac{\partial(\rho w)}{\partial z} = 0 \tag{2.54}$$

式中，(u,v,w) 为体积平均速度矢量，也称为表面速度矢量。事实上，从多孔介质的一点到另一个相邻点的流速矢量可能会有很大的不同。例如，当一个点位于孔隙中，其相邻点位于多孔结构的实体矩阵中，则孔隙中的流速不为零，而相邻实体点中的流速为零。为了处理这个具有挑战性的问题，通常使用体积平均属性，如体积平均速度矢量。在多孔介质中，动量的传输受以下影响：

$$\begin{aligned}
&\frac{\partial(\rho u)}{\partial t} + u\frac{\partial(\rho u)}{\partial x} + v\frac{\partial(\rho u)}{\partial y} + w\frac{\partial(\rho u)}{\partial z} \\
&= -\frac{\partial P}{\partial x} + \rho g_x + \left[\frac{\partial}{\partial x}\left(\mu_e \frac{\partial u}{\partial x}\right) + \frac{\partial}{\partial y}\left(\mu \frac{\partial u}{\partial y}\right) + \frac{\partial}{\partial z}\left(\mu_e \frac{\partial u}{\partial z}\right) \right] + S_x
\end{aligned} \tag{2.55}$$

$$\begin{aligned}
&\frac{\partial(\rho v)}{\partial t} + u\frac{\partial(\rho v)}{\partial x} + v\frac{\partial(\rho v)}{\partial y} + w\frac{\partial(\rho v)}{\partial z} \\
&= -\frac{\partial P}{\partial y} + \rho g_y + \left[\frac{\partial}{\partial x}\left(\mu_e \frac{\partial v}{\partial x}\right) + \frac{\partial}{\partial y}\left(\mu_e \frac{\partial v}{\partial y}\right) + \frac{\partial}{\partial z}\left(\mu_e \frac{\partial v}{\partial z}\right) \right] + S_y
\end{aligned} \tag{2.56}$$

$$\begin{aligned}
&\frac{\partial(\rho w)}{\partial t} + u\frac{\partial(\rho w)}{\partial x} + v\frac{\partial(\rho w)}{\partial y} + w\frac{\partial(\rho w)}{\partial z} \\
&= -\frac{\partial P}{\partial z} + \rho g_z + \left[\frac{\partial}{\partial x}\left(\mu_e \frac{\partial w}{\partial x}\right) + \frac{\partial}{\partial y}\left(\mu_e \frac{\partial w}{\partial y}\right) + \frac{\partial}{\partial z}\left(\mu_e \frac{\partial w}{\partial z}\right) \right] + S_z
\end{aligned} \tag{2.57}$$

式中，μ_e 为有效动力黏度，其与体动力黏度的关系类似于式（2.51）和式（2.53）中有效扩散系数与体扩散系数的关系。右边的下沉项源于达西定律：

$$S_x = -\left(\frac{\mu}{K_{xx}}u + \frac{\mu}{K_{xy}}v + \frac{\mu}{K_{xz}}w\right) \tag{2.58}$$

$$S_y = -\left(\frac{\mu}{K_{yx}}u + \frac{\mu}{K_{yy}}v + \frac{\mu}{K_{yz}}w\right) \tag{2.59}$$

$$S_z = -\left(\frac{\mu}{K_{zx}}u + \frac{\mu}{K_{zy}}v + \frac{\mu}{K_{zz}}w\right) \tag{2.60}$$

在这些项中，K_{xx}、K_{xy} 等为渗透率张量元素，即 $\vec{K}$。对于渗透率为 k 的各向同性多孔介质，上述项可简化为

$$S_x = \frac{\mu}{k}u, S_y = \frac{\mu}{k}v, S_z = \frac{\mu}{k}w \tag{2.61}$$

注意，多孔介质的渗透率表示气体流过这种介质的趋势。也就是说，较大的渗透率表明气体在多孔介质中流动更容易，因此动量传输也更小。渗透率的常用单位是达西（也用 d 表示），用 SI 单位的平方表示。每达西等于 $9.869233 \times 10^{-12} \mathrm{m}^2$。

在达西定律的修正中，即所谓的 Forchheimer 关系中，在 S_x、S_y、S_z 的右侧分别添加了一组经验项，如 $b\rho u|u|$、$b\rho v|v|$、$b\rho w|w|$，其中 b 是一个经验常数。当流速量级较大时，这些附加项效果更为显著。

如前所述，在式（2.55）~式（2.57）中，μ_e 为有效动态黏度。虽然文献中对 μ_e 的计算有一些相关性[13-15]，但在 PEMFC 模型中，通常假设 $\mu_e = 0$，即进入 / 通过多孔层的流量不受速度分量的二阶导数的影响。忽略黏性耗散率和可压缩性效应，能量在 PEMFC 多孔电极内或通过电极的传输由下述方程控制：

$$\begin{aligned}
&\gamma\frac{\partial(\rho_f c_{p,f}T)}{\partial t} + u\frac{\partial(\rho_f c_{p,f}T)}{\partial x} + v\frac{\partial(\rho_f c_{p,f}T)}{\partial y} + w\frac{\partial(\rho_f c_{p,f}T)}{\partial z} \\
&= \left[\frac{\partial}{\partial x}\left(k_{eff}\frac{\partial T}{\partial x}\right) + \frac{\partial}{\partial y}\left(k_{eff}\frac{\partial T}{\partial y}\right) + \frac{\partial}{\partial z}\left(k_{eff}\frac{\partial T}{\partial z}\right)\right] - \sum_{i=1}^{N_s} h_i\left(\frac{\partial J_{x,i}}{\partial x} + \frac{\partial J_{y,i}}{\partial y} + \frac{\partial J_{z,i}}{\partial z}\right)
\end{aligned} \tag{2.62}$$

式中，$\rho_f c_{p,f}$ 中的下标 f 为该区域的流体部分；u、v、w 为表面速度分量。多孔域由流体部分（也称为孔隙体积）和固体部分（也称为固体基体或固体微观结构）两部分组成，用下标 s 表示。在式（2.62）中，γ 为流固耦合系数，k_{eff} 为有效导热系数，这些参数被定义为

$$\gamma = \frac{\phi\rho_f c_{p,f} + (1-\phi)\rho_s c_s}{\rho_f c_{p,f}} \tag{2.63}$$

$$k_{eff} = \phi k_f + (1-\phi)k_s \qquad (2.64)$$

在式（2.62）中，假设有效电导率是均匀且各向同性的。对于非均匀各向异性热介质，必须用 $\vec{\nabla}.(\overrightarrow{k_{eff}}\nabla T)$ 代替式（2.64）RHS 上的第一项，其中 $\overrightarrow{k_{eff}}$ 为有效导热张量。此外，在上述方程中，假定固相和液相之间存在热平衡。如果这个假设不正确，那么必须求解流体和固体部分的两个不同方程来解释多孔介质中／通过多孔介质的能量传输，即 T_f 和 T_s。

忽略索雷特效应并假设恒定的扩散系数，物质质量守恒方程可以写成：

$$\frac{\partial \rho_i}{\partial t} + \frac{\partial (\rho_i u)}{\partial x} + \frac{\partial (\rho_i v)}{\partial y} + \frac{\partial (\rho_i w)}{\partial z} = D_{i,m}^{eff}\left(\frac{\partial^2 \rho_i}{\partial x^2} + \frac{\partial^2 \rho_i}{\partial y^2} + \frac{\partial^2 \rho_i}{\partial z^2}\right), i=1,\cdots,N_s-1 \qquad (2.65)$$

这些方程和之前的物质传输方程（2.28）有两个不同之处。第一个不同是这里的速度分量是表面的分量，第二个不同是这里的扩散系数是有效扩散系数。这些有效扩散系数可以通过给出的多孔介质扩散的关系式 [比如式（2.50）、式（2.51）和式（2.53）] 来计算。

由于微孔层和催化剂层的孔隙相对较小，壁间相互作用显著，因此克努森扩散可能起作用。当气体容器的特征长度（如孔隙体积）非常小或气体浓度太小时，就会出现克努森效应。更具体地说，当 $Kn > 10$（Kn 为克努森系数，等于气体的平均自由程与容器特征长度的比值）时，克努森扩散占主导地位。然而当 $0.01 < Kn < 10$ 时，克努森扩散和体扩散都起作用。当孔径小于 $0.05\mu m$ 时，意味着 PEMFC 的克努森扩散将占主导地位，并且两者以联合形式存在。由于质子交换膜燃料电池中的孔径要大于 $0.05\mu m$，但是微孔层和催化剂层中存在小于 $5\mu m$ 的微孔，因此克努森扩散会影响微孔层和催化剂层中的传输。采用联合有效扩散系数 $D_{i,m}^{com,eff}$ 代替式（2.65）中的普通有效扩散系数 $D_{i,m}^{eff}$，是将克努森效应多孔层效应纳入其中的一种有效方法。这种有效扩散系数可以通过假设路径由两个串联部分组成，分别是普通扩散的部分和克努森扩散的部分。因此：

$$D_{i,m}^{com,eff} = \left(\frac{1}{D_{i,m}^{eff}} + \frac{1}{D_i^{Kn}}\right)^{-1} \qquad (2.66)$$

可以从式（2.67）得到不同物质的克努森扩散系数：

$$D_i^{Kn} = \frac{1}{3}\bar{d}_p\sqrt{\frac{8RT}{\pi MW_i}} \qquad (2.67)$$

式中，$\bar{d}_p$ 为平均孔径；MW_i 为不同物质 i 的摩尔质量。通过求解本节给出的连续性、动量守恒、能量守恒和物质质量守恒方程，可以得到多孔电极中反应物的密度、表面速度分量、温度和物质浓度。

当催化剂层中的反应物气体接近三相反应界面时，可能面临两种屏障，即冷凝液态水膜和覆盖三相反应界面的渗透 Nafion 膜。催化剂层中的反应物气体可能也需要通过这两种物质扩散。因此，下面将简要地说明反应物在液态水和离子中的扩散。

气体通过液体膜的扩散系数比其在气体混合物中的扩散系数小 10^4 左右。因此，在某些情况下发挥的作用有限。反应物通过液体（如液态水）的扩散系数可以用 Stokes-Einstein 方程来计算，该方程表示为

$$D_{i,liquidwater} = \frac{k_B T}{6\pi\mu R_{0,i}}$$ （2.68）

式中，k_B 为玻尔兹曼常数，$k_B = 1.3807\times10^{-23}$J·K^{-1}；$\mu$ 为液态水的动态黏度；$R_{0,i}$ 为 i 种溶质在液态水中的分子半径；氢、氧、氮的 $R_{0,i}$ 值分别为 1.414×10^{-10}m、1.734×10^{-10}m、1.899×10^{-10}m[10]。

反应物气体（氢气和氧气）在 Nafion EW-1100（如 Nafion112、Nafion115 和 Nafion117）中的扩散系数可由以下经验关系式计算[16, 17]：

$$D_{H_2,Nafion} = 4.1\times10^{-7} \exp\left(-\frac{2602}{T}\right) cm^2 \cdot s^{-1}$$ （2.69）

$$D_{O_2,Nafion} = 3.1\times10^{-7} \exp\left(-\frac{2768}{T}\right) cm^2 \cdot s^{-1}$$ （2.70）

对于其他类型的 Nafion 膜，文献中还有其他的经验关系。

3. 质子通过膜的传输

一般来说，质子通过膜的传输是从高浓度到低浓度的扩散质量传递和从高电势到低电势的传导电荷传递两种不同机制的结果。然而，在 PEMFC 中，第二种机制的作用更为重要。O'Hayre 等人证明，扩散机制的最大驱动力在 50μm 厚度的膜上电压下降仅为 0.025V[8]。因此，考虑到每个氢分子被分离为相同数量的质子和电子，可以将质子通过膜的传输表示为

$$\bar{n}_{H^+} = \frac{1}{F}i = \frac{1}{F}\sigma\frac{dV}{dx}$$ （2.71）

式中，$\frac{dV}{dx}$ 为电势梯度（x 为交换膜方向）；$\bar{n}_{H^+}$ 为质子交换膜的摩尔通量（mol·m^{-2}·s^{-1}）。如前一节所述，由 Nafion 膜制成的 PEMFC 普通膜的质子电导率 σ 是膜含水量 λ 的强线性函数 [见式（2.3）和式（2.4）]。$\frac{dV}{dx}$ 可以简单地估计为 $\frac{\Delta V}{t_m}$，其中 ΔV 是膜上的电位差（也称为离子电阻引起的欧姆电压损失），t_m 是膜厚度。

如本章前面所述，质子的传递在很大程度上取决于膜的含水量 λ。事实上，每个质子都是作为水合物质如 H_3O^+ 或 $H(H_2O)_x^+$ 通过膜传输的，其中 x 指附着在质子上的 H_2O 分子的数量。此外，通过 Nafion 膜所具有的亲水性磺酸基团的辅助作用，水分子可以通过 Nafion 膜的孔隙扩散。因此，水也是一种可以通过膜传输的物质。

水通过膜的传输有两种典型机制：电渗阻力和反扩散。当质子从膜的阳极侧转移到阴极侧时，它会拖动 H_2O 分子或 xH_2O 分子。这种机制被认为是电渗阻力。被质子拖动的

H_2O 分子的平均数量被称为拖动系数，并用 c_{drag} 表示。因此，由于电渗阻力机制，水的摩尔通量可以表示为

$$\bar{n}_{H_2O,drag} = c_{drag}\bar{n}_{H^+} = c_{drag}\frac{i}{F} \tag{2.72}$$

从物理上讲，Nafion 膜中可用的水分子越多，阻力就越大。因此，通常假设 c_{drag} 是含水量的线性函数：

$$c_{drag} = c_{drag}^{SAT}\frac{\lambda}{22} \tag{2.73}$$

式中，完全水化膜的阻力系数 c_{drag}^{SAT} 约为 2.5。

由于水在阴极产生，另外电渗透机制将水从阳极一侧转移到阴极一侧，水的积累发生在阴极一侧。因此，水的浓度梯度将在膜上建立起来，通过扩散传输将水从膜的阴极侧推到膜的阳极侧。由于这种扩散的方向与质子交换膜的传输方向相反，因此被认为是反向扩散。这种传输速率可以用菲克定律计算为

$$\bar{n}_{H_2O,back\,diffusion} = -D_{H_2O,Nafion}\frac{dC_{H_2O}}{dx} \tag{2.74}$$

由于 Nafion 膜中 C_{H_2O} 的水摩尔浓度等于 $\frac{\rho_{dry,Nafion}}{MW_{Nafion}}\lambda$，故式（2.74）为

$$\bar{n}_{H_2O,back\,diffusion} = -\frac{\rho_{dry,Nafion}}{MW_{Nafion}}D_{H_2O,Nafion}\frac{d\lambda}{dx} \tag{2.75}$$

干燥情况下，Nafion 膜的密度和当量分子质量的典型近似值分别为 $2000kg \cdot m^{-3}$ 和 $1kg \cdot mol^{-1}$。水在 Nafion 膜中的扩散系数是水含量的函数。图 2-19 所示的实验测量得出了如下关系[8]：

$$D_{H_2O,Nafion} = \exp\left[2416\left(\frac{1}{303} - \frac{1}{T}\right)\right] \times \\ (2.563 - 0.33\lambda + 0.0264\lambda^2 - 0.000671\lambda^3) \times 10^{-10} m^2 \cdot s^{-1}, \lambda \geq 4 \tag{2.76}$$

对于 $\lambda < 4$，必须从图 2-19 中提取扩散系数。上述两种水跨膜输送机制的结果可以表示为

$$\bar{n}_{H_2O} = \bar{n}_{H_2O,drag} + \bar{n}_{H_2O,backdiffusion} = c_{drag}^{SAT}\frac{\lambda}{22}\frac{i}{F} - \frac{\rho_{dry,Nafion}}{MW_{Nafion}}D_{H_2O,Nafion}\frac{d\lambda}{dx} \tag{2.77}$$

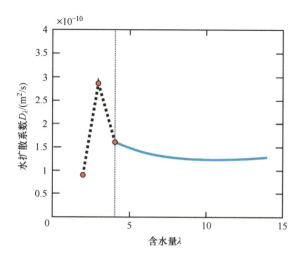

图 2-19 单个 Nafion 膜的水扩散系数与含水量的关系

例 2.3 对于工作在 85℃、电流密度为 0.85A·cm^{-2} 下的氢质子交换膜燃料电池，计算质子在 Nafion 膜上传输的欧姆电压损失。膜材料为 Nafion112，其阴极侧和阳极侧的水蒸气活度分别为 0.9 和 0.7。

解： 已知电池的工作条件为 $T = 85℃$，$j = 0.85A·cm^{-2}$，Nafion112 中的数字 2 表示膜厚度为 0.002″ 或 51μm，Nafion112 中的数字 11 表示膜的等效摩尔质量为 11×100g·mol^{-1} 或 1.100kg·mol^{-1}，以及膜表面的湿度条件为 $a_{w,c} = 0.9$ 和 $a_{w,a} = 0.7$。

试求：膜上的欧姆电压损耗。

假设：

1）对于这种类型的 Nafion 膜，含水量取决于水蒸气活度，见式（2.5）。

2）对于这种类型的 Nafion 膜，水扩散系数取决于含水量，如图 2-19 所示。

分析：

从式（2.5）可得：

$$a_{w,c} = 0.9 \quad \rightarrow \quad \lambda_c = 0.043 + 17.18 \times 0.9 - 39.85 \times 0.9^2 + 36.0 \times 0.9^3 = 9.4705$$

$$a_{w,a} = 0.7 \quad \rightarrow \quad \lambda_a = 0.043 + 17.18 \times 0.7 - 39.85 \times 0.7^2 + 36.0 \times 0.7^3 = 4.8905$$

为了计算欧姆损耗，必须计算膜的面积比电阻。由于膜的离子电导率取决于水的含量，所以必须确定水的含量在膜上的分布。因此可以使用式（2.77）。

假设 $\bar{n}_{H_2O} = C_1 \bar{n}_{H^+} = C_1 \dfrac{i}{F}$，其中 C_1 是未知常数。因此，根据式（2.77）及式（2.73），可以得到：

$$C_1 \frac{i}{F} = c_{drag}^{SAT} \frac{\lambda}{22} \frac{i}{F} - \frac{\rho_{dry,Nafion}}{M_{Nafion}} D_{H_2O,Nafion} \frac{d\lambda}{dx} \rightarrow$$

$$\frac{d\lambda}{dx} = \left(c_{drag}^{SAT} \frac{\lambda}{22} - C_1 \right) \frac{i}{F} \frac{M_{Nafion}}{\rho_{dry,Nafion} D_{H_2O,Nafion}}$$

为了解这个常微分方程，首先将 $D_{H_2O,Nafion}$ 代入 λ 的函数。由于 λ_c 和 $\lambda_a > 4.0$，在 $T = 85\,℃$ 时由式（2.76）得到：

$$
\begin{aligned}
D_{H_2O,Nafion} &= \exp\left[2416\left(\frac{1}{303} - \frac{1}{358.15}\right)\right] \times \\
&\quad (2.563 - 0.33\lambda + 0.0264\lambda^2 - 0.000671\lambda^3) \times 10^{-10}\,\mathrm{cm^2 \cdot s^{-1}} \\
&= (2.595 - 0.33\lambda + 0.0267\lambda^2 - 0.000679\lambda^3) \times 10^{-10}\,\mathrm{cm^2 \cdot s^{-1}}
\end{aligned}
$$

因此常微分方程可以写成：

$$
\frac{d\lambda}{dx} = \frac{iM_{Nafion}}{F\rho_{dry,Nafion}}\left(c_{drag}^{SAT}\frac{\lambda}{22} - C_1\right) \times
$$
$$
\frac{1}{(2.595 - 0.33\lambda + 0.0267\lambda^2 - 0.000679\lambda^3) \times 10^{-10}} \longrightarrow
$$
$$
\frac{d\lambda}{dx} = \frac{0.85 \times 10^4\,\mathrm{A/m^2} \times 1.100\,\mathrm{kg/mol}}{96485\,\mathrm{C/mol} \times 2000\,\mathrm{kg/m^3}}\left(2.5\frac{\lambda}{22} - C_1\right) \times
$$
$$
\frac{1}{(2.595 - 0.33\lambda + 0.0267\lambda^2 - 0.000679\lambda^3) \times 10^{-10\,\mathrm{m^2/s}}} \longrightarrow
$$
$$
\int \frac{(2.595 - 0.33\lambda + 0.0267\lambda^2 - 0.000679\lambda^3) \times 10^{-10}\,d\lambda}{0.1136\lambda - C_1} = \int 4.8453 \times 10^{-5}\,dx
$$

由于计算上述左积分较为困难，且当 $\lambda > 4$ 时，$D_{H_2O,Nafion}$ 随 λ 的变化较小（图2-19），因此 λ_c 和 λ_a $\left(\text{平均值}\dfrac{9.4705 + 4.8905}{2} = 7.1805\right)$ 可代入上述被积函数的分子 $D_{H_2O,Nafion}$。通过这个替换，积分之后：

$$
\lambda_x = 8.8C_1 + 8.8C_2\exp\left(\frac{0.1136 \times 4.8453 \times 10^{-5}x}{1.3507 \times 10^{-10}}\right)
$$

设阳极位于 $x = 0$，$\lambda_{x=0} = 4.8905$，$\lambda_{x=51\times10^{-6}} = 9.4705$。因此上式中的两个常数为

$$
C_1 = 0.4813, C_2 = 0.07446
$$

得出：

$$
\lambda_x = 4.2354 + 0.6552\exp(4.0751 \times 10^4 x)
$$

由式（2.8）和式（2.3）、式（2.4），可计算膜的面积比电阻。

$$ASR_m = A_m R_m = \int_0^{t_m} \frac{dx}{\sigma(x)} = \int_0^{t_m} \frac{dx}{(0.5193\lambda_x - 0.326)\exp\left[1268\left(\frac{1}{303} - \frac{1}{358.15}\right)\right]} \rightarrow$$

$$ASR_m = \int_0^{51\times10^{-6}} \frac{dx}{\{0.5193[4.2354 + 0.6552\exp(4.0751\times10^4 x)] - 0.326\}\exp\left[1268\left(\frac{1}{303} - \frac{1}{358.15}\right)\right]}$$

$$= 9.2734\times10^{-6}\,\Omega\cdot m^2 = 0.092734\,\Omega\cdot cm^2$$

因此，质子交换膜传输的欧姆电压损失为

$$\eta_{ohmic} = jASR_m = (0.85\times10^4\,A\cdot m^{-2})\times(9.2734\times10^{-6}\,\Omega\cdot m^2)$$
$$= 0.07882\,V$$

本节通过求解式（2.77）来确定膜上的水含量的方法较为简便，但可以通过一种更先进的方法得到更详细和更可靠的结果。该方法求解电解质材料（实际上不仅存在于膜中，也存在于催化剂层中）中水的溶解相的控制方程为

$$\frac{\partial}{\partial t}\left(\phi MW_{H_2O}\frac{\rho_{dry,Nafion}}{MW_{Nafion}}\lambda\right) + \nabla\cdot\left(\vec{i}_m MW_{H_2O}\frac{c_{drag}}{F}\right) \tag{2.78}$$
$$= \nabla\cdot(MW_{H_2O}D_{H_2O,Nafion}\nabla\lambda) + S_\lambda + S_{gd} + S_{ld}$$

式中，$\vec{i}_m$ 为质子电流密度（可由电解质相的电位场计算，$\vec{i}_m = -\sigma\nabla\phi_{el}$；$\sigma$ 为电解质的电导率；S_λ 为根据阴极催化剂层反应的水生成速率式；式（2.78）右端项上的两个源项 S_{gd} 和 S_{ld} 分别为气相到溶解相的水质量变化率和液相到溶解相的水质量变化率。溶解相是指被电解质膜材料（如 Nafion 膜）吸收的水相。这两个源项可以通过计算得到：

$$S_{gd} = \gamma_{gd}(1 - s^\alpha)\frac{MW_{H_2O}\rho_{dry,Nafion}}{MW_{Nafion}}(\lambda_{eq} - \lambda) \tag{2.79}$$

$$S_{ld} = \gamma_{ld}s^\alpha\frac{MW_{H_2O}\rho_{dry,Nafion}}{MW_{Nafion}}(\lambda_{eq} - \lambda) \tag{2.80}$$

式中，γ_{gd} 和 γ_{ld} 分别为气溶和液溶质量交换速率常数；s 为饱和度（将在本节进一步解释）；α 为用户自定义参数[18]；λ_{eq} 为平衡含水量，可通过式（2.81）计算。

$$\lambda_{eq} = 0.3 + 6a_w[1 - \tanh(a_w - 0.5) + 0.69(\lambda_{a_w=1} - 3.52)a_w^{0.5}]\left[1 + \tanh\left(\frac{a_w - 0.89}{0.23}\right)\right] + \tag{2.81}$$
$$s(\lambda_{s=1} - \lambda_{a_w=1})$$

式中，a_w 为水活度。注意，上述方程必须与多孔层中其他水相的控制方程一起求解。

4. 单电池内的电子传递

当电子在 PEMFC 的阳极三相反应界面中产生时，必须经过很长的路径才能到达阴极三相反应界面。这条长路径的一部分在单电池内，由电极的多孔层（即催化剂层、微孔层和气体扩散层）的固体基质、阴极和阳极两侧的双极板组成。为了计算这部分路径中电子转移的电阻，必须将不同部分的电阻加在一起，作为串联的一组电阻。然而，这些部分之间的接触电阻也必须考虑在内。这些接触电阻可能是相当大的，特别是对于一个装配不良的燃料电池或一个老化的燃料电池，双极板涂有一些氧化材料。此外，这些接触电阻可以随着单电池堆叠过程中压缩水平的变化而变化。

虽然电子传递路径看起来很长，但路径电阻却明显小于膜的离子电阻。例如，PEMFC 膜的离子面积比电阻为 $0.01 \sim 0.1\Omega \cdot cm^2$，而碳纸气体扩散层的离子面积比电阻为 $0.001 \sim 0.01\Omega \cdot cm^2$，双极板的离子面积比电阻为 $10^{-5} \sim 10^{-3}\Omega \cdot cm^2$。因此，由于电子传递引起的欧姆电压损失可以忽略不计，在数值建模和模拟中这种损失经常被忽略。

在极少数情况下，要计算由于电子传输引起的电压损失并建模，必须计算 PEMFC 堆中从第一个双极板到最后一个双极板的电子传输的总面积比电阻。例如，如果电堆由 100 个单电池组成，那么电堆的总电子面积比电阻将近似为

$$
\begin{aligned}
ASR_{electronic,total} &= 100 \times ASR_{BP} + 2 \times 100 \times ASR_{BP\text{-}GDLContact} + 2 \times 100 \times ASR_{GDL} + \\
&\quad 2 \times 100 \times ASR_{GDL\text{-}CLContact} + 2 \times 100 \times ASR_{CL} \\
&\cong (100 \times 10^{-4} + 2 \times 100 \times 0.005 + 2 \times 100 \times 0.001 + \\
&\quad 2 \times 100 \times 0.0005 + 2 \times 100 \times 0.0001)\Omega \cdot cm^2 = 1.33\Omega \cdot cm^2
\end{aligned}
\tag{2.82}
$$

如果工作电流密度为 $0.75A \cdot cm^{-2}$，则上述电堆中的欧姆损耗为

$$
\eta_{ohmic,electron} = jASR_m = 0.75 \times 1.33V \cong 1V
\tag{2.83}
$$

与电堆电压（约 100V）相比，这 1V 仅为 1% 左右。

5. 单相和多相水通过电极的多孔层传输

低温 PEMFC 潜在的严峻挑战是电极水淹，可能导致性能变差甚至不可逆损伤。因此，在低温 PEMFC 中一般以水蒸气的形式管理水。在工作状态良好的低温 PEMFC 系统和所有高温 PEMFC 系统中都不存在液态水，因此阴极电极上的水传输将是单相传输。本节先介绍水蒸气形式的单相水传输，然后讨论通过多孔层的多相水传输。

（1）单相水传输现象　当阴极三相反应界面中产生水蒸气时，水蒸气必须通过催化剂层（微孔层）和气体扩散层扩散到达气体通道。但是，为了达到催化剂层的孔隙体积，可能需要通过覆盖三相反应界面的 Nafion 膜进行扩散。水通过 Nafion 1100-EW 的扩散系数是水含量 λ 的函数，对于 $\lambda > 4$，可以估算[19]：

$$
D_{H_2O,Nafion} = \exp\left[2416\left(\frac{1}{303} - \frac{1}{T}\right)\right] \times (2.563 - 0.33\lambda + 0.0264\lambda^2 - 0.000671\lambda^3) \times 10^{-10}
\tag{2.84}
$$

当水在正常条件下在 PEMFC 中通过 Nafion 扩散时，将其视为溶解相，相对于气体通道和多孔层（蒸汽和液体）中的其他两种水相，必须进行不同的处理。水通过这些电解质膜的传递是由水传输方程（2.77）所约束的。对于采出的水通过电极的单相传递，控制方程与之前提出的反应物气体通过 PEMFC 多孔层传输的控制方程完全相同，因此在这里不再进一步讨论。

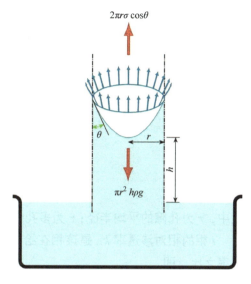

图 2-20　水柱的力平衡

（2）多相水传递现象　在讨论通过多孔层（气体扩散层、微孔层和催化剂层）的多相水传输现象之前，先考虑一个更简单的情况，即垂直细管中的水。如果把一根细玻璃管插入水杯，可以看到水的上升。这一现象是由于管的内表面的亲水性所造成的。这种亲水性源于液态水分子与表面之间的表面张力。作用在水柱上的力的平衡，如图 2-20 所示，为

$$h = \frac{2\sigma\cos\theta}{\rho g r} \qquad (2.85)$$

式中，σ 为管内表面到水 / 空气界面的表面张力；θ 为接触角；r 为管内半径。式（2.85）表明，水的上升量（h，又称毛细上升）取决于表面张力的强度，也取决于管内半径的反比。由于水湿润表面，这里 $\theta < 90°$。如果用非润湿性流体（如汞）代替水，θ 将大于 90°，因此非润湿性流体的自由表面将下降。在这种情况下玻璃管的内表面被认为是流体的疏水性表面。

现在考虑一种多孔介质，多相流通过该介质由气体和液态水传输组成。如果多孔介质是亲水性的，那么与气相相比，其固体基质的微表面往往更紧密地黏附在液相上。另一方面，疏水性多孔介质由微表面组成，微表面往往更紧密地黏附在气相上，当多孔介质是疏水性的，水可以更容易地被排出的气体喷出流动。因此，PEMFC 中的电极一般都采用疏水处理（例如前述 PTFE 处理）。

多孔介质的润湿性定义为介质被液态水润湿的倾向。即接触角越小、表面张力越大的多孔介质润湿性越高，或者亲水微表面越多的介质润湿性越高。

与多孔介质中多相流有关的另一个参数是饱和度。饱和度定义为液态水所占孔隙体积的分数（在一些文献中饱和度定义为非润湿流体所占孔隙体积的分数，但在本书中没有使用这个定义）。多孔介质的饱和度越高，可用于气体输送的空隙体积就越小。

因此，有效孔隙率可定义为

$$\phi^{eff} = \phi(1-s) \qquad (2.86)$$

多孔介质中多相流动的另一个重要参数是不可还原的液体饱和度 $s_{irr,l}$，即饱和水的不动部分。这部分液态水被困在孔隙结构的孤立孔隙中，即使有高速气流进入，也无法被惯性力除去。

渗透率（更具体地说，绝对渗透率）以前用于单相流动中气体流过多孔介质的流速和压降之间的关系，通过引入相对渗透率也可以用于多相流动。绝对渗透率是孔隙介质的固有函数，其来源于孔隙微观结构而不是流体及介质的相。然而相对渗透率是饱和度的强函数。要估计绝对渗透率，特别是在没有经验数据的情况下，可以使用以下 Carman-Kozeny 相关性公式：

$$k_{abs} = \frac{r^2 \phi^3}{18\tau(1-\phi)^2}$$

（2.87）

式中，r 为孔隙的平均半径；τ 为多孔介质的曲折度（图 2-18）。

i 相的相对渗透率 $k_{r,i}$ 是该相在给定饱和度下的实际渗透率 k_i 与多孔介质的固有绝对渗透率之比，即：

$$k_{r,i} = \frac{k_i}{k_{abs}}$$

（2.88）

式中，k_i 可以用流量测量和关系来计算：

$$Q_i = -\frac{k_i A}{\mu_i} \frac{\Delta P}{L}$$

（2.89）

如果多孔介质是干燥的（$s = 0$，或存在单相流），则 $k_i = k_{abs}$，因此 $k_{r,i} = 1$。

虽然文献中给出了各种相对渗透率的相关关系，但疏水多孔介质都呈现出如图 2-21 所示的典型的液态水和气相相对渗透率与饱和度的关系（即液态水为非润湿相，气相为润湿相）。

从图中可以看出，增大 $s_{irr,l}$ 的饱和度会导致气相相对渗透率降低，液相相对渗透率增加，但这一增长起初并不明显。这是因为在这样的饱和状态下，液态水只填

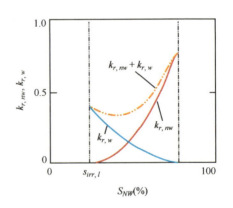

图 2-21　相对渗透率随饱和度变化的典型特征

充了少量的孔隙，而大量的空穴孔仍然存在且用于气相的输送，因此饱和度对液体流动的影响不大。在大饱和度下，饱和度的小幅增加会导致液相相对渗透率的显著增加。这是因为当液态水几乎占据所有孔隙时，气相渗透减弱，液相渗透占主导地位。在 PEMFC 的建模和仿真中，可以使用以下相关性（假设液相为非润湿）[7]：

$$k_{r,liquid} = s^{2.5}$$

（2.90）

多孔介质中的饱和分布是毛细管力的函数，毛细管力定义为非润湿侧和润湿侧的压力差（$P_c = P_{nw} - P_w$）。如图 2-20 所示，气液界面和气侧的压强为 1atm，而气液界面和液侧的压强为 $1 - \rho g h$（根据帕斯卡定律）。压力差（即毛细管力）为 $\rho g h$，等于由于水柱重量而产生的感应压力。根据式（2.85），毛细管力可写成 $2\sigma\cos\theta/r$。

如图 2-22 所示，当两个相邻的球形颗粒（如碳颗粒）被水浸湿时，毛细管力可由以下拉普拉斯方程计算：

$$P_c = P_{nw} - P_w = \sigma\left(\frac{1}{r'} + \frac{1}{r''}\right) \tag{2.91}$$

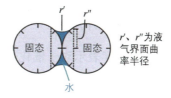

图 2-22　液气界面及其曲率半径

对于 PEMFC 应用，多孔介质通常被认为是一组细毛细管。因此毛细管力表示为 $2\sigma\cos\theta/r^*$，其中 r^* 为孔隙的平均半径。气 / 液水多相流中液态水的表面张力是温度的函数，如：

$$\sigma = -1.78\times10^{-4}T + 0.1247 \tag{2.92}$$

式中，T 为温度（K）；σ 为表面张力（N·m^{-1}）。

毛细管力为正变量，与平均孔径成反比。如果多孔介质是亲水的（如未经处理的气体扩散层），则在两相界面处，作为非润湿相的空气压力将大于作为润湿相的液态水压力。对于疏水多孔介质（如 PTFE 处理良好的气体扩散层），液态水作为非润湿相的压力将大于空气作为润湿相的压力。在 PEMFC 中，催化剂层的平均孔半径比气体扩散层小，两者通常都是疏水性的。因此催化剂层中的毛细管力大于气体扩散层，在两相界面处液体压力大于空气压力。另外，由于催化剂层中的空气压力与气体扩散层中的空气压力几乎相同，催化剂层的毛细管力越大，说明催化剂层中的水液压力大于气体扩散层中的水液压力，因此催化剂层中的液态水会通过压差被输送到气体扩散层中。如果催化剂层和气体扩散层是亲水性的（现实中并非如此），液态水的传输将从气体扩散层到催化剂层。由于阴极催化剂层是产生液态水的一个来源，通常催化剂层中的水饱和度较高，因此从催化剂层到气体扩散层的水输送（然后通过气体通道气流的惯性力输送到气体通道）是更好的选择。

因此在 PEMFC 中多采用疏水多孔层。在 PEMFC 多孔介质中，由毛细管力和表面张力效应产生的毛细力是重要的驱动力，但还有其他影响驱动力的可能（如重力、黏性和惯性力），这使得分析液态水的传输变得复杂。对于平均孔径为 0.05 ~ 0.1μm 的催化剂层，液

相（非润湿相）的雷诺数、毛细数、键数和韦伯数可估计为[20]

$$Re = \frac{\rho_l u_l D}{\mu_l} = \frac{Inertia\ Force}{Viscous\ Force} \approx 10^{-4} \tag{2.93}$$

$$Ca = \frac{\mu_l u_l}{\sigma} = \frac{Viscous\ Force}{Capillary\ Force} \approx 10^{-6} \tag{2.94}$$

$$Bo = \frac{g(\rho_l - \rho_a)D^2}{\sigma} = \frac{Gravity\ Force}{Capillary\ Force} \approx 10^{-10} \tag{2.95}$$

$$We = \frac{\rho_l u_l^2 D}{\sigma} = \frac{Inertia\ Force}{Capillary\ Force} = Re \cdot Ca \approx 10^{-10} \tag{2.96}$$

下标 l 和 a 分别表示液相和气相。这些数字表示对于催化剂层中的液相：

$$毛细管力 > 黏性力 > 惯性和重力 \tag{2.97}$$

虽然对于平均孔径为 20 ~ 30μm 的气体扩散层，这些无量纲数的值相对不同，但驱动力的顺序与上式一致。

图 2-23 所示的相图可以用来更好地理解 PEMFC 中液态水的传输情况。图中 M 为黏度比，$M = \mu_l / \mu_a$。如图所示，液态水通过 PEMFC 的输送是通过毛细管进行的。

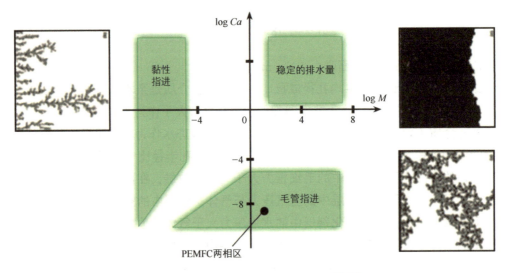

图 2-23　相图及非润湿相位移形式[21, 22]

一般来说，对于多孔介质，当润湿相取代非润湿相时，这个过程被称为吸胀，如果非润湿相取代润湿相，这个过程被称为排水。对于具有亲水性多孔层的 PEMFC，吸胀是吸水过程，排水是放水过程。图 2-23 表明，当毛细力将水从 PEMFC 中排出时（这是回收浸水电极所需的现象），液相没有平坦和稳定的前沿。

为了定量地表示毛细管力作为多孔介质性质（如孔隙率、饱和度和渗透率）的函数，可以使用莱弗里特函数法。这样，毛细管力可表示为

$$P_c = \sigma \left(\frac{\phi}{k} \right)^{\frac{1}{2}} J_m(s) \tag{2.98}$$

式中，$J_m(s)$ 为 Kumbur 等人通过实验推导出的疏水多孔介质 PEMFC 排水过程的 Leverett 函数[7]：

$$J_m(s) = Y_{PTFE}(4.69 - 15.2 \times Y_{PTFE} - 4.06s^2 + 14.3s^3) + 0.0561\ln s, \quad s < 0.5 \tag{2.99}$$

式中，Y_{PTFE} 为多孔层固体基体中 PTFE 的质量分数。对于含有 15wt%⊖ PTFE 的气体扩散层，$Y_{PTFE} = 0.15$。注意，式（2.70）在 $0 < Y_{PTFE} < 0.2$ 时有效。式（2.98）中 $\left(\frac{\phi}{k} \right)^{\frac{1}{2}}$ 表示平均孔径的倒数。温度和压缩也会影响毛细管力，但在式（2.98）中没有考虑。

例 2.4　考虑一个厚度为 200μm 的疏水性气体扩散层，在 80℃、0.8A·cm⁻² 电流密度的 PEMFC 阴极中工作。假设在相邻的催化剂层中，水只在液相中生成，并且进入气体扩散层的唯一水通量就是生成的水。假设多孔气体扩散层的性质为

$$\phi = 80\%, k = 10^{-12} \text{m}^2, \text{PTFE含量} = 15\text{wt\%}$$

借助于达西定律，利用 Leverett 函数法，求出在气体扩散层（通平面方向上的距离）中含水饱和度为 0.25 的局部位置。

解：已知电池的工作条件（$T = 80℃$，$j = 0.8\text{A·cm}^{-2}$），气体扩散层厚度（200μm），孔隙率（80%），渗透率（10^{-2}m^2），PTFE 含量（15wt%）。

试求：$s = 0.25$ 的位置。

图解：

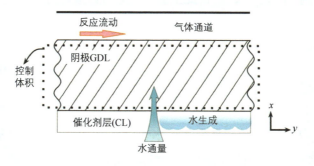

假设：

1）液态水在气体扩散层中的流动是稳定的、不可压缩的、层流的。

⊖　wt% 表示质量分数。

2）沿平面方向的流动是一维的。

3）气体扩散层孔隙体积内的空气压力是恒定的。

4）水从催化剂层到膜的传输是不发生的。

答：

在 80℃ 时，液态水密度为 $970kg \cdot m^{-3}$，黏度为 $3.545 \times 10^{-4}kg \cdot m^{-1} \cdot s^{-1}$。根据式（2.92），在此温度下，水和空气接触面的表面张力为

$$\sigma = -1.78 \times 10^{-4}T + 0.1247$$
$$= [-1.78 \times 10^{-4} \times (273.15 + 80) + 0.1247]N \cdot m^{-1} = 0.0618N \cdot m^{-1}$$

分析：

由于生成的水为液相，且域中存在一维流动，图中所示控制体积的质量守恒，生成水的速率等于液态水通过气体扩散层的速率。根据电池电流密度，水通过气体扩散层的质量通量为

$$J_{H_2O,GDL} = M_{H_2O} \frac{j}{4F} = \rho_l u_l \rightarrow$$
$$u_l = \frac{M_{H_2O}}{\rho_l} \frac{j}{4F} = \frac{18.02 \times 10^{-3}kg/mol}{970kg/m^3} \times \frac{0.8 \times 10^4 A/m^2}{4 \times 96485C/mol} = 3.85 \times 10^{-7}m \cdot s^{-1}$$

根据达西定律（2.89），液体速度对应如下压差：

$$u_l = -\frac{k_l}{\mu_l} \nabla P_l = -\frac{k_{r,l} k_{abs}}{\mu_l} \nabla P_l$$

由式（2.90）可知，$k_{r,l} = s^{2.5}$。因此上面的关系可以重写为：

$$\nabla P_l = -\frac{u_l \mu_l}{k_{abs} s^{2.5}} = -\frac{\left(3.85 \times \frac{10^{-5}m}{s}\right) \times \left(3.545 \times 10^{-4} \frac{kg}{ms}\right)}{(10^{-12}m^2)s^{2.5}} = -1.3648 \times 10^4 s^{-2.5}$$

由于 $P_c = P_{nw} - P_w$，且气体扩散层为疏水性，故 $P_c = P_l - P_a$。根据第三个假设，$\nabla P_c = \nabla P_l - 0 = \nabla P_l$。因此：

$$\nabla P_c = -1.3648 \times 10^4 s^{-2.5} \qquad (*)$$

采用 Leverett 函数方法来寻找 ∇P_c 与饱和度之间的另一种关系。结合式（2.98）和式（2.99）：

$$P_c = \sigma \left(\frac{\phi}{k_{abs}} \right)^{\frac{1}{2}} Y_{PTFE}(4.69 - 15.2 \times Y_{PTFE} - 4.06s^2 + 14.3s^3) + 0.0561 \mathrm{lns} \rightarrow$$

$$P_c = 0.0618 \left(\frac{0.8}{10^{-12}} \right)^{\frac{1}{2}} 0.15(4.69 - 15.2 \times 0.15 - 4.06s^2 + 14.3s^3) + 0.0561 \mathrm{lns} \rightarrow$$

$$\nabla P_c = \frac{\mathrm{d}P_c}{\mathrm{d}s} \frac{\mathrm{d}s}{\mathrm{d}x} = \left(-3.366 \times 10^4 s^2 + 1.186 \times 10^5 s^3 + \frac{0.0561}{s} \right) \frac{\mathrm{d}s}{\mathrm{d}x}$$

$$= \left(\frac{-3.366 \times 10^4 s^3 + 1.186 \times 10^5 s^4 + 0.0561}{s} \right) \frac{\mathrm{d}s}{\mathrm{d}x}$$

由于方程的左侧与（＊）标记的左侧相同，建立如下的常微分方程：

$$\frac{\mathrm{d}s}{\mathrm{d}x} = \left(\frac{s}{-3.366 \times 10^4 s^3 + 1.186 \times 10^5 s^4 + 0.0561} \right) \times (-1.3648 \times 10^4 s^{-2.5}) \rightarrow$$

$$(2.466s^{4.5} - 8.690s^{5.5} - 4.11 \times 10^{-6} s^{1.5}) \mathrm{d}s = \mathrm{d}x \rightarrow$$

$$\int_0^{s_0} (2.466s^{4.5} - 8.690s^{5.5} - 4.11 \times 10^{-6} s^{1.5}) \mathrm{d}s = \int_0^{x_0} \mathrm{d}x \rightarrow$$

$$x_0 = 0.4484s_0^{5.5} - 1.337s_0^{6.5} - 1.644 \times 10^{-6} s_0^{2.5}$$

$$s_0 = 0.25 \rightarrow x_0 = 5.57 \times 10^{-5} \mathrm{m} = 55.7 \mu\mathrm{m}$$

对于吸排过程，除了文献中提出的 Leverett 函数式（2.99）之外，还有其他的表述关系。在这些关系中，多孔介质的吸排过程与毛细管力与饱和度的关系通常如图 2-24 所示。S_{NW} 和 S_W 为非润湿相饱和度和润湿相饱和度，分别为非润湿相和润湿相在孔隙体积中的体积分数。

图 2-24 中，$S_{NW,0}$ 和 $S_{W,0}$ 分别表示非润湿阶段和润湿阶段的剩余饱和度。事实上，$S_{NW,0}$ 限制了吸胀所能达到的最大润湿饱和度。图中的 A 点表示突破压力，这是启动排水过程所需的最小压力，即湿润相被非湿润相置换。

注意，这里假设水和空气是不可混溶的相。然而在现实中，特别是当水蒸气压力与饱和压力相差很大时情况可能有所不同。

要分析 PEMFC 多孔层中产物的多相传输，首先要解决饱和分布问题。为此，为了得到多孔层中的饱和度（s）和液态水（压力）分布[18]，必须求解两个耦合方程：

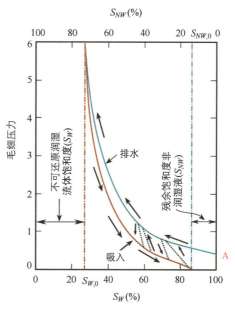

图 2-24 多孔介质的吸排过程

$$\frac{\partial}{\partial t}(\phi \rho_l s) = \nabla \left(\frac{\rho_l k_{abs} k_{r,l}}{\mu_l} \nabla P_l \right) + S_{gl} + S_{dl} \qquad （2.100）$$

$$P_c = (P_l - P) = \sigma |\cos\theta| \left(\frac{\phi}{k_{abs}} \right)^{\frac{1}{2}} J(s) \qquad （2.101）$$

式中，$k_{r,l}$ 为液态水的相对渗透率，是 s 的函数，如前面的式（2.90）所示；P 为气相压力；$J(s)$ 为 Leverett 函数，$J(s) = 1.417s - 2.120s^2 + 1.263s^3$；$S_{gl}$ 和 S_{dl} 分别为水的质量从气相到液相的变化率和水的质量从溶解相到液相的变化率。溶解相是指被电解质膜材料（如 Nafion 膜）吸收时的水相。这两个源项可以由下式计算得到：

$$S_{gl} = \begin{cases} \gamma_e \phi_S D_{gl} \dfrac{MW_{H_2O}}{RT} P\ln\left(\dfrac{P - P_{sat}}{P - P_{wv}} \right), P_{wv} \leqslant P_{sat} \\[4mm] \gamma_c \phi(1-s) D_{gl} \dfrac{M_{H_2O}}{RT} P\ln\left(\dfrac{P - P_{sat}}{P - P_{wv}} \right), P_{wv} > P_{sat} \end{cases} \qquad （2.102）$$

$$S_{dl} = \gamma_{dl} S^\alpha \frac{M_{H_2O} \rho_{dry,Nafion}}{M_{Nafion}} (\lambda - \lambda_{eq}) \qquad （2.103）$$

在第一源项中，γ_e 和 γ_c 分别为蒸发速率和冷凝速率系数，P_{wv} 为水蒸气分压，且

$$D_{gl} = \begin{cases} 3.65 \times 10^{-5} \left(\dfrac{T}{343} \right)^{2.334} \left(\dfrac{10^5}{P} \right), 阴极 \\[4mm] 1.79 \times 10^{-4} \left(\dfrac{T}{343} \right)^{2.334} \left(\dfrac{10^5}{P} \right), 阳极 \end{cases} \qquad （2.104）$$

在第二源项中，γ_{dl} 为溶液质量交换速率常数，M_{Nafion} 为 Nafion 膜的等效摩尔质量，α 为用户定义的参数[18]，λ_{eq} 为式（2.81）定义的平衡含水量。

注意，饱和度不连续分布（例如在两个多孔层的界面上），而液体压力始终是连续的。一旦得到饱和分布，就可以通过前面提到的在当前部分中通过多孔层的反应物气体流动的控制方程来确定通过多孔层的气相流动。然而，气体及其物质传输的可用空隙空间更受液态水的限制；因此，在方程和所采用的性质中，必须用有效孔隙率 $\phi(1-s)$ 代替孔隙率。

上述多孔层中多相流动的过程可以概括为两个过程：首先，通过式（2.100）求出饱和度分布，并伴随式（2.101），然后利用得到的饱和度求出有效孔隙率，用于模拟气体在多孔层中的流动。许多 PEMFC 模型都采用了这种简单的两步程序。有更详细的方法来模拟多相流，这些方法更精确，计算成本更高。其中一种方法是使用以下多孔介质多相模型的流体体积（VOF）方程[23]：

$$\frac{\partial}{\partial t}(\phi \alpha_q \rho_q) + \nabla \cdot (\phi \alpha_q \rho_q \vec{V}_q) = \phi \sum_{\substack{p=1 \\ p \neq q}}^{n} \dot{m}_{pq} + \phi S_q \qquad (2.105)$$

$$\frac{\partial}{\partial t}(\phi \alpha_q \rho_q \vec{V}_q) + \nabla \cdot (\phi \alpha_q \rho_q \vec{V}_q \vec{V}_q)$$

$$= -\phi \alpha_q \nabla P_q + \nabla \cdot (\phi \bar{\bar{\tau}}_q) + \phi \alpha_q \rho_q \vec{B}_f - \left(\phi^2 \alpha_q^2 \frac{\mu_q \vec{V}_q}{k_{abs} k_{r,q}} + \phi^3 \alpha_q^3 \frac{C_2 \rho_q \vec{V}_q |\vec{V}_q|}{2} \right) + \qquad (2.106)$$

$$\phi \sum_{p=1}^{n} \dot{m}_{pq} \vec{V}_{pq} + \phi \vec{F}_q$$

$$\frac{\partial}{\partial t}(\alpha_q (\phi \rho_q h_q + (1-\phi)) \rho_s h_s) + \nabla \cdot (\phi \alpha_q \rho_q \vec{V}_q h_q)$$

$$= -\phi \alpha_q \frac{\partial P_q}{\partial t} + \phi \bar{\bar{\tau}}_q : \nabla \vec{V}_q - \nabla \cdot (\alpha_q (\phi k_q + (1-\phi) k_s) \nabla T_q) + \phi S_{h,q} + \qquad (2.107)$$

$$\phi \sum_{q=1}^{n} (\dot{Q}_{pq} + \dot{m}_{pq} h_{pq})$$

式（2.105）~ 式（2.107）分别是 q 相的连续性方程、动量守恒方程和能量守恒方程，其变量见表 2-6。

表 2-6　式（2.105）~ 式（2.107）的变量说明

变量	说明
ϕ	多孔性
α_q	q 相体积分数（水液相体积分数等于 s）
ρ_q	q 相的密度
$\vec{V}_q$	q 相的速度
$\dot{m}_{pq}$	从 p 相到 q 相的传输速率
S_q	q 相的质量生成率
P_q	q 相压力（注意非润湿相与润湿相的压力差为毛细压力）
$\bar{\bar{\tau}}_q$	q 相的应力张量
$\vec{B}_f$	一般的身体力量（如重力）
μ_q	q 相的黏度矢量
k_{abs}	绝对磁导率
$k_{r,q}$	q 相的相对渗透率
C_2	由于惯性效应，校正项为常数。对于层流，即在 PEMFC 中，$C_2 \approx 0$
$\vec{V}_{pq}$	相对速度矢量

（续）

变量	说明
$\vec{F}_q$	作用于 q 相的外力
h_q	q 相的焓
ρ_s	多孔介质中固体基质的密度
h_q	多孔介质中固体基体的焓
k_q	q 相的导热系数
k_s	多孔介质中固体基质的热导率
T_q	q 相温度
$S_{h,q}$	q 相的热源
Q_{pq}	从 p 相到 q 相的传热速率
h_{pq}	p 相和 q 相之间的焓差，$h_{pq} = h_q - h_p$

6. 通过气体通道的单相和多相输水

通过气相色谱的单相水传输与通过气相色谱的反应物传输相同，因此不再重复。然而，采出水通过气体通道、多相传输的情况之前没有讨论过，本节将对此进行解释。计算通过气体通道的压降非常重要。当水滴在气体通道中形成时，通过气体通道的压降会明显增大。

通常，通过通道的多相流可以根据表面气液速度分为气泡流、段塞流、泡沫流和环形雾等不同的流态（图 2-25）。这两个表面速度可以表示为

$$V_{sg} = \frac{Q_g}{A_{ch}} \tag{2.108}$$

$$V_{sl} = \frac{Q_l}{A_{ch}} \tag{2.109}$$

式中，A_{ch} 为通道横截面积；Q_g 为气相体积流量；Q_l 为液相体积流量。一个相的表面速度表示该相完全占据通道时的速度。注意，从多相状态切换到另一个状态没有明显的限制。

由于在 PEMFC 中，与气相表面速度相比，液相表面速度太低，因此多相流通常为环形雾流。然而，当气相速度较小时（例如，在以高电流密度工作的 PEMFC 中阳极电极通道的末端），也可以观察到段塞流。

为了确定气相发生器内的多相流场，可以采用混合模型或 VOF 模型等多相模型。例如，在 VOF 模型中，必须求解以下控制方程：

$$\frac{\partial}{\partial t}(\alpha_q \rho_q) + \nabla \cdot (\alpha_q \rho_q \vec{V}_q) = \sum_{\substack{p=1 \\ p \neq q}}^{n} \dot{m}_{pq} + S_q \tag{2.110}$$

$$\frac{\partial}{\partial t}(\alpha_q\rho_q\vec{V}_q)+\nabla\cdot(\alpha_q\rho_q\vec{V}_q\vec{V}_q)$$
$$=-\alpha_q\nabla P_q+\nabla\cdot(\phi\overline{\overline{\tau}}_q)+\alpha_q\rho_q\vec{B}_f+\sum_{p=1}^{n}(\vec{F}_{pq}^{D}+\dot{m}_{pq}\vec{V}_{pq})+\vec{F}_q$$

（2.111）

$$\frac{\partial}{\partial t}(\alpha_q\rho_q h_q)+\nabla\cdot(\alpha_q\rho_q\vec{V}_q h_q)$$
$$=-\alpha_q\frac{\partial P_q}{\partial t}+\vec{\tau}_q:\nabla\vec{V}_q-\nabla\cdot(\alpha_q k_q\nabla T_q)+S_{h,q}+\sum_{p=1}^{n}(\dot{Q}_{pq}+\dot{m}_{pq}h_{pq})$$

（2.112）

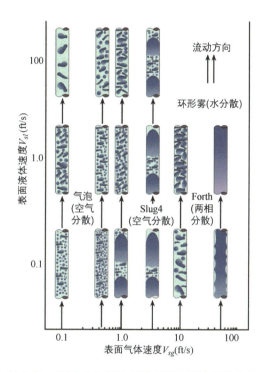

图 2-25　通道内多相流的流态随表面流速的变化

在这些方程中，唯一没有在表 2-6 中描述的项是 $\vec{F}_{pq}^{D}$，这是从 p 相和其界面作用在 q 相上的阻力。当介质是多孔的，这种阻力被黏滞阻力和惯性阻力项所取代。在式（2.106）的 RHS 中，黏性阻力项和惯性阻力项分别为 $\phi^2\alpha_q^2\dfrac{\mu_q\vec{V}_q}{k_{abs}k_{r,q}}$ 和 $\phi^3\alpha_q^3\dfrac{C_2\rho_q\vec{V}_q|\vec{V}_q|}{2}$。关于 VOF 模型将在 2.2.5 节中进一步介绍。

获取气相色谱内多相流场的一种更简单的方法是采用饱和法，求解式（2.113）即可获得饱和度：

$$\frac{\partial}{\partial t}(\rho_l s)+\nabla\cdot(\rho_l\vec{V}_l s)=\nabla\cdot(D_{liq}\nabla s)$$

（2.113）

式中，D_{liq} 为气相色谱中液态水的扩散系数；$\vec{V_l}$ 为水的表面流速。采用该方程可以求解电池整个流体域的饱和方程。如果不采用该方程，则必须知道气体通道和气体扩散层界面处的饱和度才能求解式（2.100），从而获得多孔电极中的饱和度。

7. 电池内部的热传递

在 PEMFC 的三相反应界面中产生的热量由流体和固体两种不同的路径在整个 PEMFC 中传递。该热量的一部分由三相反应界面（流体路径）的产物传递，其余部分由多孔层和集流器的固体基质传递。当热量到达双极板时，可以通过热管理子系统的冷却液（如冷却空气、水－乙二醇或制冷剂流体）从 PEMFC 喷射出来。

在三种主要的传热机制中，因为 PEMFC 的工作温度较低，辐射在 PEMFC 中没有发挥重要作用，因此可以被近似忽略。在 PEMFC 的固体区和多孔区，传导机制是主要的传热机制，而在电池的气体通道和冷却通道中可以观察到对流传热（图 2-16）。在气体通道附近的气体扩散层区域，情况较为复杂，也可以观察到对流换热。然而，在许多数值模型中，整个气体扩散层的传热机制被认为是传导。通过固体材料的导热传热可以通过傅里叶定律来确定，该定律指出：

$$\vec{q''} = -\vec{k}\vec{\nabla}T \qquad (2.114)$$

式中，$\vec{q''}$ 为热流通量矢量；$\vec{k}$ 为导热张量。当固体材料为导热系数为 k 的各向同性热导体时，式（2.114）可改写为

$$\vec{q''} = -k\vec{\nabla}T \qquad (2.115)$$

对于固体基质与占据孔隙的流体之间具有热平衡的多孔材料，可以采用有效导热系数来计算热流密度：

$$\vec{q''} = -k\vec{\nabla}T \qquad (2.116)$$

其中：

$$k_{eff} = \phi k_f + (1-\phi)k_s \qquad (2.117)$$

式中，下标 f 和 s 表示多孔介质的流体和固体部分。当多孔介质的孔隙体积中存在由液态水和液态气组成的多相流体时，可用饱和度计算 k_f：

$$k_f = sk_l + (1-s)k_g \qquad (2.118)$$

式中，k_l 和 k_g 为液态水和液态气的电导率。应用材料在 25℃时的热导率见表 2-7。

表 2-7　25℃时应用材料在 PEMFC 中的热导率

材料	热导率 /W·m⁻¹·K⁻¹
氢气	0.17
氧气	0.024
氮气	0.024

（续）

材料	热导率 /W · m^{-1} · K^{-1}
水蒸气	0.016
液态水	0.58
碳	1.7
铂	70
聚四氟乙烯	0.25
不锈钢	16
纯石墨	约 2.0

热导率（也称为导热系数）可以随温度变化。然而温度对固体、液体和气体导热性的影响是不同的。温度对 PEMFC 工作范围附近的温度（而不是低温温度等）的作用将在以下内容中简单地讨论。

由于在金属固体中，热传导源于金属原子结构中的自由电子，因此温度对纯金属的导热性没有显著影响。然而对于合金，如生产 PEMFC 双极板的著名材料不锈钢，温度的升高会导致合金导热系数几乎呈线性增加。在非金属固体中，热导率主要是由于晶格中原子的振动。由于温度的升高加剧振动，导热系数将随着温度的升高而增大。

在气体中，热传导源于气体分子的弹性碰撞。由于温度的升高会产生更强的碰撞，因此气体的导热系数随温度升高而增加。非金属液体的温度依赖性非常复杂，目前还没有得到很好的理解。实验研究建立在饱和条件下，当温度升高时，制冷流体如氟利昂 12 和氨的导热系数降低，甘油的导热系数降低，而水的导热系数呈现非单调趋势，增大到 400K 左右，之后逐渐减小 [24]。

当在冷却回路中使用水或乙二醇等液体作为冷却液时，其较大的导热系数有利于更好的冷却性能，因此非常需要这两种材料。为了提高此类流体的导热性，一种行之有效的策略是在流体中加入纳米颗粒，由此产生的流体被称为纳米流体。向流体中添加纳米粒子必须伴随着粒子在基液中的均匀分散，并且必须避免纳米粒子的任何团聚。

例 2.5　通过在基液中分散球形纳米粒子，可以得到纳米流体。如果这种分散是均匀的，那么纳米流体的导热系数将是：

$$k_{nf} = \left[\frac{2k_{bf} + k_p + 2\gamma(k_p - k_{bf})}{2k_{bf} + k_p - \gamma(k_p - k_{bf})} \right] k_{bf} \tag{2.119}$$

式中，k_p、k_{bf} 和 γ 分别为颗粒导热系数、基液导热系数和纳米流体中添加颗粒的体积分数。如果在 $T = 30℃$、$\gamma = 0.02$ 的条件下，将 Al_2O_3 纳米颗粒加入水中，导热系数会增加多少？如果将纳米流体应用于孔隙率为 70% 的含铜泡沫介质中，介质的导热系数是多少？

解：已知水作为基础流体的温度（30℃），纳米流体中 Al_2O_3 纳米颗粒的体积分数（0.02），泡沫铜的孔隙率（70%）。

试求：纳米流体相对于基础流体的导热系数，以及包括泡沫铜和纳米流体在内的介质相对于基础流体的导热系数。

假设：

1）纳米流体的导热系数是基流体和纳米颗粒导热系数的函数，见式（2.119）。

2）无论是在纳米流体中还是在含铜泡沫的介质中，纳米颗粒都不会发生任何聚合。

性质：

在 30 ℃ 时，液态水、Al_2O_3 和纯铜的导热系数分别为 $0.614W \cdot m^{-1} \cdot K^{-1}$、$18W \cdot m^{-1} \cdot K^{-1}$ 和 $365W \cdot m^{-1} \cdot K^{-1}$。

分析：

根据式（2.119），

$$k_{nf} = \left[\frac{2k_{bf} + k_p + 2\gamma(k_p - k_{bf})}{2k_{bf} + k_p - \gamma(k_p - k_{bf})} \right] k_{bf}$$

$$= \left[\frac{2 \times 0.614 + 18 + 2 \times 0.02 \times (18 - 0.614)}{2 \times 0.614 + 18 - 0.02 \times (18 - 0.614)} \right] \times 0.614W \cdot m^{-1} \cdot K^{-1}$$

$$= 1.055 \times 0.614W \cdot m^{-1} \cdot K^{-1} = 0.648W \cdot m^{-1} \cdot K^{-1}$$

这表明，在水中加入 2% 的纳米颗粒，流体导热系数提高 5.5%。根据式（2.117），

$$k_{eff} = \phi k_{nf} + (1-\phi)k_{copper} = [0.7 \times 0.648 + (1-0.7) \times 365]W \cdot m^{-1} \cdot K^{-1}$$

$$= 109.954W \cdot m^{-1} \cdot K^{-1}$$

介质的有效热导率比纳米流体的热导率大 150 倍以上。这表明，在流体领域应用多孔材料可以导致其导热系数急剧增加。因此当需要显著增加导热系数时，与向流体中添加纳米颗粒相比，应用多孔金属泡沫（如泡沫铜、泡沫铝等）可能是更有吸引力的解决方案。但值得注意的是，压降越大，成本也会越高。

Nafion 膜的导热系数是水活度的强函数（等于百分比形式的相对湿度）和温度的弱函数，如图 2-26 所示。液态水的热导率的温度变化也在该图中说明。如图所示，根据相对湿度的不同，Nafion 膜的导热系数为纯水的 25% ~ 50%。

为了计算面积为 A_s 的表面通过对流机制的换热速率，使用对流换热系数 h：

$$q'' = hA_s(T_s - T_\infty) \tag{2.120}$$

式中，T 为表面温度；T_∞ 为远处周围环境温度。如果流体流经气体通道和 PEMFC 的冷却通道等管道或通道，则必须使用该通道段流体的平均温度 T_m 而不是 T_∞ 来计算通道段的换热率。

为了得到 h 的值，可以使用文献中给出的计算努塞尔数 Nu 的相关关系。得到 Nu 后，对流换热系数可由以下公式计算得出：

$$h = \frac{kNu}{L} \qquad (2.121)$$

式中，k 为对流流体（而非固体表面）的导热系数；L 为长度标度。对于内部流体流动，如流体流过 PEMFC 的气体通道，通常采用通道水力直径为 L。

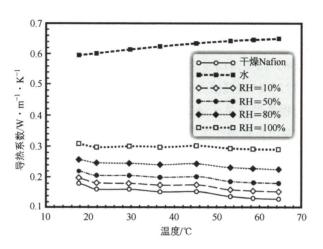

图 2-26　不同水活度下 Nafion-1100EW 的导热系数与温度的关系[25]

Nu 相关性可以根据流动类型（外部或内部）、流动形式（层流或湍流）、发展情况（发展中或完全发展）、对流类型（强制或自然）、相数（单相或多相）、热边界条件（恒温、恒热流密度等）、几何参数等进行分类。在 PEMFC 中，流体通过气体通道和冷却通道（图 2-16）的流动很可能是层流，并且由于水力直径小、通道长度长而得到充分发展。对于这种内部流动，当通道截面为正方形时，在壁面温度恒定边界条件和热流密度恒定边界条件下，Nu 分别为 2.98 和 3.61。

由于在实际的 PEMFC 中，情况介于这两个边界条件之间，因此可以采用中间值 2.98。对于其他通道几何形状，层流和充分发展流的平均 Nu 值见表 2-8。

表 2-8　内部流、层流和充分发展流的 Nu 平均值[26]

几何形状	a/b	Nu（恒温）	Nu（恒热流密度）	$f_M Re_{D_h}$
圆形	—	2.47	3.11	64
三角形（等边）	—	3.66	4.36	53
矩形	1	2.98	3.61	57
矩形	0.70	3.08	3.73	59
矩形	0.5	3.39	4.12	62
矩形	0.33	3.96	4.79	69
矩形	0.25	4.44	5.33	73
矩形	0.125	5.6	6.49	82
矩形	≈0	7.54	8.23	96

这里 f_M 是前面由式（2.42）定义的 Moody 摩擦系数。

如果通过 PEMFC 通道的流动是 $Re > 10000$ 的湍流，则可以使用 Dittus-Boelter 关系来计算 Nu：

$$Nu = 0.023 Re_{D_h}^{0.8} Pr^m \tag{2.122}$$

如果通道壁加热流体，则 m 等于 0.4，如果通道壁冷却流体，则 m 等于 0.3。对于实际 PEMFC 中的气体通道，由于通道壁（气体通道和气体扩散层界面）加热气体，其前壁冷却气体，取 $m = 0.35$。此外，如果流动是湍流，但 Re 小于 10000（$2300 < Re < 10000$），则可以通过层流值与式（2.122）的湍流值之间的线性插值来估计平均 Nu。

到目前为止解释的相关性是关于通过气体通道的单相流。然而如果流体通过气体通道是多相流动，那么对流换热系数将比类似的单相对流换热大得多（一到两个数量级）。在这种情况下，许多其他参数，如相变现象（水滴凝结、膜状凝结等）、潜热量、相密度差、表面材料、表面疏水性、通道取向（水平、垂直、倾斜）等都可以发挥相当大的作用，因此无法实现式（2.122）那样一般而直接的相关性。

到目前为止，我们已了解了如何计算 PEMFC 不同组分的传热率。对 PEMFC 进行热分析的另一个必要问题是了解其产热现象并确定其相应的产热速率。每个电化学系统中的发热源，如燃料电池和电池，可分为可逆和不可逆热发生器。可逆意味着通过逆转电化学半反应（例如，当 PEMFC 作为电解槽工作时，或者二次电池正在充电时），热量的产生将转换为热量的消耗（即，热源将充当散热器）。

对于通过单相气体交换产生电流 i 的 PEMFC，总发热量可以用下式表示：

$$\dot{Q} = i(E_{th} - V) = i(E_{th} - E) + i(E - V) = \dot{Q}_{rev} + \dot{Q}_{irrev} \tag{2.123}$$

式中，E_{th} 为热中性电压（也叫热电压）；E 为电池的平衡电压（也叫理论电压），V 为电池的实际电压。更具体地说：

$$\dot{Q}_{rev} = i(E_{ct} - E) = i\left(\frac{-\Delta H}{2F} - \frac{-\Delta G}{2F}\right) = i\left(\frac{-T\Delta S}{2F}\right) \tag{2.124}$$

$$\dot{Q}_{irrev} = i(E - V) = i(\eta_{a,a} + |\eta_{a,c}| + \eta_{m,a} + |\eta_{m,c}| + \eta_r + \eta_x) \tag{2.125}$$

由于 ΔS 出现在式（2.124）的 RHS 中，因此可逆产热也称为熵产热。式（2.125）的 RHS 中出现的六个 η 项是 PEMFC 中不同的电压损失，这在前面的第 1 章中已经解释过了。$\eta_{a,a}$、$\eta_{a,c}$、$\eta_{m,a}$、$\eta_{m,c}$、η_r、η_x 分别是阳极活化损失、阴极活化损失、阳极传输损失、阴极传输损失、电荷转移损失和燃料利用损失。注意电压损失、过电位和极化是可互换的术语，这些表示一个相同的概念。

对于 PEMFC 的 CFD 模拟，必须单独确定电池不同组件的比热生成率（例如以 $W \cdot m^{-3}$ 表示）作为计算电池的体积源（事实上几乎在 PEMFC 的所有组件中都可以产生热量）。

表 2-9 给出的方程式是这些单独的来源。在这些方程中，下标 s 和 e 分别表示固相和电解质相。另外，$j_{v,an}$ 和 $j_{v,cat}$ 分别是阳极和阴极侧的体积电流密度（单位为 $A \cdot m^{-3}$）。其中 $S_{gl}L$ 和 $S_{dl}L$ 为水相变产生的热源，其中 L 为水的潜热，S_{gl} 和 S_{dl} 分别为气相到液相和溶相到液相的传输速率。此外，$\eta_{an} = \eta_{a,a} + \eta_{m,a}$，$\eta_{cat} = |\eta_{a,c}| + |\eta_{m,c}|$。注意，除催化剂层外，所有部分的热产生都来自电荷转移（也称为欧姆损耗）和相变，其中前者是不可逆源，后者是可逆源。其他来源如活化损失、传输损失（不可逆源）和熵产损失（可逆源）仅在催化剂层中有效。在催化剂层中（尤其是阴极催化剂层），热的产生更为显著和主导。

表 2-9　PEMFC 中的发热源

域	源项	公式编号
膜	$\dfrac{i_e^2}{\sigma_{mem}}$	（2.126）
阴极催化剂层	$\dfrac{i_s^2}{\sigma_{s,CL}} + \dfrac{i_e^2}{\sigma_{e,CL}} + i_{v,cat}\left(\mid\eta_{cat}\mid - \dfrac{T\Delta S_{cat}}{2F}\right) - (S_{dl}+S_{gl})L$	（2.127）
阳极催化剂层	$\dfrac{i_s^2}{\sigma_{s,CL}} + \dfrac{i_e^2}{\sigma_{e,CL}} + i_{v,cat}\left(\eta_{an} - \dfrac{T\Delta S_{cat}}{2F}\right) - (S_{dl}+S_{gl})L$	（2.128）
微孔层	$\dfrac{i_s^2}{\sigma_{s,MPL}} - S_{gl}L$	（2.129）
气体扩散层	$\dfrac{i_s^2}{\sigma_{s,GDL}} - S_{gl}L$	（2.130）
气体通道	$-S_{gl}L$	（2.131）
双极板	i_s^2 / σ_{BP}	（2.132）

PEMFC 不同部分产生的热量可以通过冷却液（流经冷却通道）或反应气流（流经气体通道）从电池中排出。在功率密度较大的 PEMFC 中，冷却液引导出的热量相当可观。对冷却通道应用热力学第一定律得：

$$\dot{Q} = (\dot{m}c)_{Coolant}(T_{out} - T_{in}) \tag{2.133}$$

例 2.6　在 FCEV 中，48kW 的低温 PEMFC 电堆在 80℃ 的工作温度下用于产生车辆推进动力。水和乙二醇混合物（乙二醇的质量分数为 20%）用作 PEMFC 热管理系统中的冷却液。PEMFC 输出功率设定为 240V，即牵引电动机的额定电压。该堆由 300 个串联电池组成，单个电池的热和平衡电压分别为 1.482V 和 1.230V。在短途驾驶体验中，堆栈输出功率随时间的变化如下图所示：

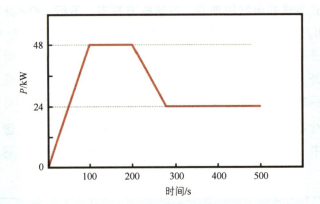

确定可逆和不可逆发热量随时间的变化。期望冷却液温升不超过10℃。确定所需的冷却液质量流量与时间的关系。与PEMFC堆中冷却液喷射的热量相比，气体流动喷射的热量可以忽略不计。

解： 已知堆栈工作温度（80℃），堆栈输出功率与时间的关系（上图），堆栈电压（240V），堆栈中的电池数量（300），电池热电压（1.482V），电池平衡电压（1.230V），冷却液成分（20wt%乙二醇和80wt%水），冷却液温升（10℃）。

试求： 可逆和不可逆的热量产生率与时间，冷却剂的质量流量。

假设：

1）产生的热量仅由冷却液从堆中排出。

2）电堆中的电池产生相似且恒定的电压。

性质：

在80℃时，液态水和乙二醇的热容分别为2.678KJ·kg^{-1}·K^{-1}和4.198KJ·kg^{-1}·K^{-1}。

分析：

该电池组由300个电芯串联而成，可产生240V的电力。因此，每个电池的实际工作电压将是240V/300V或0.8V。此外电池和电堆电流将是相同的，将用i表示。所以：

$$i = \frac{Stack\,Power}{Stack\,Voltage} = \frac{P_{stack}}{240}$$

根据式（2.124）和式（2.125），

$$\dot{Q}_{rev,stack} = 300\dot{Q}_{rev,cell} = 300i(E_{th} - E) = 300 \times \frac{P_{stack}}{240}(1.482 - 1.230)$$
$$= 0.315P_{stack}$$

$$\dot{Q}_{irrev,stack} = 300\dot{Q}_{irrev,cell} = 300i(E - V) = 300 \times \frac{P_{stack}}{240}(1.230 - 0.8)$$
$$= 0.538P_{stack}$$

因此，必须由冷却液喷射的总产热率为 $0.853P_{stack}$。现在可以用式（2.133）来确定冷却剂的质量流量 $\dot{m}_{coolant}$：

$$\dot{Q} = (\dot{m}c)_{coolant}(T_{out} - T_{in}) \rightarrow$$
$$0.853P_{stack} = \dot{m}_{coolant} \times (0.2 \times 2.678 + 0.8 \times 4.198) \times 10 \rightarrow$$
$$\dot{m}_{coolant} = 0.0219P_{stack}(\text{kg} \cdot \text{s}^{-1})$$

根据这些关系，可逆和不可逆产热速率的时间变化以及冷却液所需的质量流量将与堆功率的时间演变具有相同的方式，如下图所示。

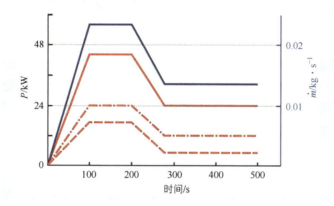

通过对传热机理和热源的介绍可以得到 PEMFC 电池内的温度分布。这一重要目标可以通过数值求解电池内的能量传递方程来实现。流体区域的能量传递方程（以前称为从三相反应界面到堆外的流体传热路径）先前由单相流的式（2.22）和式（2.62）以及多相流的式（2.112）和式（2.107）给出。

2.1.3 PEMFC 用氢

为 PEMFC 的运行提供所需的氢气（为燃料电池汽车充电等）仍然是一个挑战，然而必须将其理解和规划为实现清洁经济愿景的一部分。在这个经济体中，仅有的两种能源载体是氢和电。这两种能量载体各有利弊。例如，远距离传输电力通常伴随着重大损耗，但远距离传输氢气的损失可以忽略不计。必要时，这两种清洁能源载体可以通过燃料电池和电解槽相互转换。这两种能源载体可以很容易地与可再生能源网络集成，如太阳能和风能发电站、地热中心等。因此可以实现分布式发电，从而实现更高效、更稳定的能源传输。这两种能量载体可以有效地用于产生热量。事实上，氢是唯一在燃烧过程中只产生水的燃料，没有碳排放。此外，用于更好地利用热量的热能储存系统也与这两种能量载体兼容。

虽然有人认为电力将是世界未来唯一的能源载体，但几乎每个人都知道化石燃料不会在世界未来能源中发挥作用。环境问题和化石燃料资源的消耗决定了内燃机汽车和火力发电站将被不同类型的电动汽车和各种可再生能源发电站所取代。本小节将讨论作为未来能源时代的两种能源载体之一的氢气的生产和储存。

1. 氢气制造

目前有几种化学、电化学和生物技术可用于制氢。每种技术都有自己的优点和缺点。化学技术现在更加可行，目前大部分的氢生产都是通过这种方法进行的，但是这种方法不太环保。电化学技术如水电解是更清洁但更昂贵的方法。生物技术正处于研究和发展阶段，在未来可能是很有前途的选择。本节将详细介绍主要的化学和电化学技术。

（1）蒸汽重整 应用广泛的制氢技术之一是蒸汽重整。在这种方法中，蒸汽将碳氢化合物转化为氢和二氧化碳：

$$C_xH_y + 2xH_2O + heat \longrightarrow xCO_2 + \left(2x + \frac{y}{2}\right)H_2 \tag{2.134}$$

通过这种吸热反应，还可能发生其他反应而产生少量的污染物（如一氧化碳）。由于 PEMFC 需要纯氢（CO 等物质会毒害 PEMFC 催化剂层中的催化 Pt 颗粒），因此需要互补反应来去除这些污染物。采用水气转换反应（WGS）去除一氧化碳是一种方便的后处理步骤，用于通过以下温和放热反应净化蒸汽重整产生的氢气：

$$CO + H_2O \longrightarrow CO_2 + H_2 + heat \tag{2.135}$$

该反应可以将氢气中的 CO 含量降低到 1% 以下，这对于 PEMFC 来说仍然是不够的 [但是对于其他类型的燃料电池，如磷酸燃料电池（PACF），是足够的]。对于进一步的氢气净化，可采用一氧化碳优先氧化法：

$$CO + \frac{1}{2}O_2 \longrightarrow CO_2 + heat \tag{2.136}$$

要实现该方法，需将氧气或空气注入氢气流中。通过这种方法，一氧化碳水平可以降低到 0.01% ~ 0.001%；然而这对于 PEMFC 的可靠和持久运行来说是不够的。为了进一步提纯，需要通过特殊膜进行选择性过滤，并在特殊吸收床上进行催化重整。这使得质子交换膜燃料电池的燃料供应成为一个非常费力的过程。但是在高温 PEMFC 中制氢更容易，并且不需要最后的清理步骤。

在制氢燃料的蒸汽重整中，甲醇因其低温重整而受到特别关注。低温使得甲醇的原位重整成为安装在燃料电池汽车上的 PEMFC 的可能选择。事实上，由于甲醇是液态的，与氢相比，其储存和运送并不复杂。但是基于经济方面的考虑可能会使车载氢存储成为一个更有利的选择。

（2）部分氧化（POX） 在部分氧化技术中，使用氧气（或空气）将碳氢化合物部分氧化为一氧化碳并产生氢气：

$$C_xH_y + \frac{x}{2}O_2 \longrightarrow xCO + \frac{y}{2}H_2 + heat \tag{2.137}$$

上述放热反应产生的一氧化碳必须通过 WGS 反应器氧化为二氧化碳。由于在 POX 反应中产生热量，温度足够高，因此不需要催化床。尽管有这一宝贵的优势，但这种方法的主要缺点是引入空气进行部分氧化将导致氢气的稀薄流，而氮气的摩尔分数相当可观。另外，引进纯氧会导致成本过高。

（3）自热重整（ATR） 虽然蒸汽重整是吸热的，而部分氧化是放热的，但两者组合可以设计成热中性的特性。然而输出流中氢的摩尔分数介于蒸汽重整和部分氧化之间（如果在 POX 中使用空气），约为 50%。该方法的输出流含有氢、一氧化碳和氮，必须进入催化蒸汽重整器和 WGS 反应器去除一氧化碳。

（4）电解水 电解水是一种现代制氢方法，已经引起了许多研究中心和行业的关注。该方法产生的氢气几乎不含任何杂质，非常适合用于低温 PEMFC。此外，当这种方法使用的能源由可再生能源提供时，氢气生产将不会有任何碳排放，这有希望缓解全球变暖的问题。该方法的另一个好处是获得非低温纯氧，可用于医疗呼吸机、铁矿石冶炼成钢、金属切割或焊接、潜艇、太空飞船、燃料电池等。与前面提到的技术相比，这种制氢技术的一个有趣的优点是，在这种方法中产生的氢可以具有高达 20MPa 的高压。因此除非需要压力高于 20MPa 的氢气，否则不需要使用强大的压缩机消耗能量进行压缩。

与燃料电池一样，几种常压和高压电解槽已被开发。然而有三种电解电池的电堆被更广泛地商业化：碱性电解电池（AEC）、质子交换膜电解电池（PEMEC）和固体氧化物电解电池（SOEC）。最后一种是高温的，前两种是低温的。然而使用这些电解槽面临着以下挑战，限制了水电解槽大规模生产氢气的应用：

1）这些电池的效率很低（最多 75%）。因此，当没有价格低廉的电力可用时，与蒸汽重整等化学技术相比，使用水电解技术的成本效益较低。

2）电解电池制氢需要淡水资源，而在世界上大多数地区的淡水资源可能受到严重限制。

3）这些电池大规模生产氢气需要大量的电力，这反过来又需要广泛的基础设施（电网发展，特别是可再生能源发电站的发展）。

除此之外，还有其他制氢技术，如利用微藻或发酵裂解、氨裂解等生物技术。尽管其中一些技术看起来前景广阔，但其使用并不像本节讨论的四种技术那样广泛。表 2-10 列出了这四种技术的优缺点。

表 2-10 不同制氢方法比较

制氢方法	优点	缺点
蒸汽重整	1）最具成本效益的方法 2）容积效率最高的方法	1）碳排放 2）热量需求
POX	产生热量	1）碳排放 2）产出氢的比例低
ATR		1）碳排放 2）产氢量中等
电解水	1）产生的氢纯度高 2）无碳排放 3）高压制氢 4）氧气生产	1）低效率 2）淡水需求 3）电力需求

2. 储氢

安全有效的储氢是世界上确立氢作为能源载体之一的关键技术。当 PEMFC 用于便携式设备和汽车系统时，该技术更为重要。由于氢气在室温和常压下是气体，因此在这种条件下储存氢气将导致密度低，从而导致能量密度低。例如，如果在 FCEV 中使用一个 40L 的储氢罐来存储 STP 下的氢气，则只能存储 40L/22.41L/mol = 1.79mol 或 3.57g 氢气（已知 STP 下每摩尔理想气体占用 22.41L）。氢气和汽油的低热值（LHV）分别为 120.97MJ·kg^{-1} 和 44.43MJ·kg^{-1}。因此可以推断，从能量的角度来看 3.57g 氢气相当于 9.72g 汽油。也就是说，如果在 STP 下将氢气储存在一个 40L 的油箱中，那么储存的能量将小于 10g 汽油的能量！但如果储存汽油，那么大约可以储存 28kg 汽油。因此应用更先进的存储方法可以产生更大的能量密度，这是一项至关重要的任务。

氢储存技术主要有五类：压缩储存技术、低温储存技术、化学氢化物储存技术、金属氢化物储存技术和碳基储存技术。下面将简要介绍这些技术。

（1）压缩储存　高压储罐（通常是金属容器或复合容器）中的氢气压缩是最先进的储氢技术。例如目前世界上已经上市的氢燃料电池汽车的车载储氢就是通过该技术实现的。在该技术中，氢气在汽车应用中被压缩到高达 70MPa 或 10000psi 的高压（在其他应用中，压力通常小于 20MPa）。为了进行比较，以 40L 高压氢气罐为例，氢气的压力为 70MPa。粗略估计，这个高压油箱可以储存 2.47kg 氢气，相当于 6.71kg 汽油，这大约是一个 40L 油箱所能携带的汽油的四分之一。

氢气很轻，分子很小，这有助于其传质。氢气通过高压容器（金属或复合材料）的固体外壳的扩散系数比碳氢化合物（如甲烷）大得多。另一方面，氢是非常易燃的。氢气在空气中的可燃性极限为 4%～75%，这意味着在氢气和空气的大气混合物中，当氢气的体积百分比在 4%～75% 之间时，就有可能起火，这是一个很宽的范围。汽油和乙醇的可燃性范围（即可燃性限值）分别为 1%～6.5% 和 3.3%～19%。这些问题以及在这种储存技术中应用的高压，使得安全考虑相当具有挑战性。如果氢气从容器或其高压连接处泄漏，那么由于其密度低于空气，氢气将迅速上升；因此，当这种泄漏发生在室外区域时，人们的担忧就会少一些。然而在汽车上应用这种储存技术时，必须准确考虑高压容器的包装和保护，才能在汽车碰撞中安全可靠。

关于压缩储氢技术的另一个具有挑战性的问题是执行压缩所需的工作，这增加了这些技术的成本和复杂性。如果压缩过程可以假设等熵条件（即 $pv^k = cte$，其中 $k = c_p/c_v$），则将氢气从压力 P_1、温度 T_1 压缩到压力 P_2 所需的每质量功为

$$w_{is} = \frac{kR_u T_1}{M_{H_2} k - 1}\left[\left(\frac{P_2}{P_1}\right)^{k - \frac{1}{k}} - 1\right] \qquad (2.138)$$

每质量所需的功可以达到最终能量密度的 20%[7]。

（2）低温储存　另一种储存氢气的技术是在低温条件下将氢气冷凝。由于氢在大气条件下的沸点非常低（大约 20K），达到和建立这样的低温液化氢比普通气体（如甲烷）更复

杂和耗能。虽然液态氢目前用于火箭燃料系统等特殊用途，但要将液态氢用于汽车应用需要全新的复杂基础设施以及先进的绝缘材料。

通过这种技术，一个 40L 的油箱可以容纳 2.83kg 的液化氢（这种氢的密度为 70.85g·L^{-1}），相当于 7.71kg 汽油，比汽油的四分之一要大一点。虽然该技术的再填充过程比压缩存储技术快得多，但生产液态氢所需的每质量能量（高达能量密度的 30%[7]）比生产压缩氢所需的每质量能量要大。此外，对于长期储存，特别是在炎热的气候条件下，将这种技术应用于氢储存将会受到严重的质疑。因为在该条件下热量可能渗透到液化氢。即使是少量的热量穿透，也会激活安装在低温容器上的安全阀以控制压力上升，这将导致氢气的损失。

（3）化学氢化物储存　通常氢化物材料是指那些含有氢的材料。在这些材料的一部分中，可以使用化学反应（通常与水）来释放材料原子结构中储存的氢。硼氢化钠（$NaBH_4$）就是其中一种材料。水可以释放储存在氢化物中的氢：

$$NaBH_4 + 2H_2O \longrightarrow 4H_2 + NaBO_2 + heat \tag{2.139}$$

所产生的 $NaBO_2$ 必须在化工厂中回收再利用。其他可用于化学氢化物储存的材料有 CaH_2、MgH_2 和 $LiAlH_4$。通过控制水流速率可以控制氢气的释放速率。但在压缩和低温技术中，控制氢气释放并不容易。这种储存技术提出了一种固体形式的高氢储存密度。然而将 $NaBO_2$ 转化为 $NaBH_4$ 的回收过程是昂贵的。此外，在汽车应用中使用该技术需要一个新的复杂的基础设施，用于从车辆中取出生成的 $NaBH_4$，将其运送到化工厂进行回收，并将获得的 $NaBH_4$ 重新安装在车辆上。式（2.139）中给出的反应是不可逆的，因此在该技术中不能实现储罐的原位充电。

（4）金属氢化物储存　金属氢化物是一种特殊的金属（或合金），可以将氢原子储存在其原子晶体中。金属氢化物在碱性电池（镍氢 NiMH）的生产中有着广泛的应用。在二次电化学电池的负极中，储存的氢以金属氢化物的形式与氢氧根离子（OH^-）发生反应，在电池放电过程中产生水和电子。金属氢化物（MH）储存系统的一般放氢和充氢可以用下式表示：

$$M + \frac{x}{2}H_2 \longleftrightarrow MH + heat \tag{2.140}$$

主要的问题是如何控制上述反应的方向和速度。作为回应，控制热力学条件（特别是温度和压力）来吸收或释放热量可以用于这一目的，这反过来又需要专门和精确的热压力管理设备。实现节能热管理的一个巨大潜力是利用 PEMFC 中产生的热量从金属氢化物罐 [式（2.140）中的 MH] 中释放氢气。但如果想使用这种方法，那么所选择的用于生产金属氢化物的金属必须能够在 90℃ 即 PEMFC 的常规工作温度下工作，这使得可能的选择受到限制。另外对于车载应用压力也必须接近大气压，因为如果施加大压力就具有了压缩存储技术的缺点。只有如 TiFe、$ZrMn_2$ 和 $LaNi_5$ 等少数材料可以用于这种情况。

图 2-27 给出了金属氢化物储罐的典型等温放电过程。如图所示，吸附过程需要升高压力，脱离吸附的过程需要释放压力。这种上升或释放可以分为三个部分，其中中部的压力变化比其他两个部分要小得多。上升或释放两个过程并不是完全在相同的路径上。目前，该技术在常温常压下可实现的最大氢与金属（H/M）摩尔比为 2，相当于氢与金属重量比为 2%～3%（注意，相对于该技术中使用的重金属，氢的摩尔质量较小）。事实上，在这种技术中，40L 的 $ZrMn_2$ 将具有 40×7.67kg = 306.8kg 的质量，而 40L 可以存储 306.8×1.77/100kg = 5.43kg 的氢（这种著名的金属氢化物的氢与金属的重量比为 1.77%）。按照氢气和汽油的 LHV 计算，这些氢气相当于 14.79kg 汽油，超过了 40L 油箱所能携带的汽油的一半。但是必须注意储罐的重型特性（超过 300kg）。

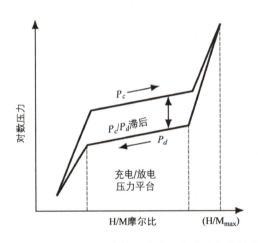

图 2-27　金属氢化物储存系统等温放电和充电过程中的压力变化

金属氢化物存储技术相对于压缩存储技术具有较小的压力，相对于低温存储技术具有正常的热条件，相对于化学氢化物存储技术具有可逆的氢释放过程，这使得金属氢化物存储技术成为未来氢存储技术的一个有前景的候选技术。然而，为了使该技术在汽车应用中商业化，需要进一步降低储氢的成本。事实上，目前人们正在努力开发和制造能够吸收和释放氢、氢比重更大、价格更低的金属材料。通常，在该研究和开发领域，6% 被认为是氢与金属重量比的目标。此外，提高金属氢化物的循环耐久性和降低其对氢杂质的敏感性是在进一步商业化之前必须解决的两个主要技术挑战。

（5）碳基储存　第五类储氢技术是最新的一种储氢技术，其基础是将氢储存在如纳米管、石墨烯、活性炭、纳米纤维等特殊的碳结构中。在特殊的温度和压力下，一些具有超大表面质量比的碳结构可以惊人地储存超过 50% 的氢[27]，这比传统的金属氢化物存储容量大得多。但是由于这些特殊的碳结构相当昂贵，为了将这项技术商业化用于汽车应用，必须显著降低成本。这项有前途的技术目前正在进行大量的研究和开发。所解释的技术类别的能量密度如图 2-28 所示。

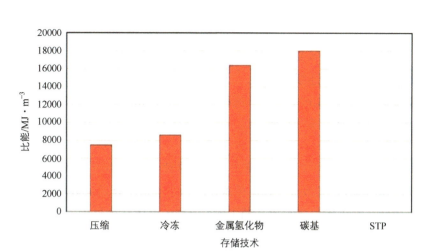

图 2-28　不同储氢技术的比能

 2.2　PEMFC 的微尺度建模与仿真

　　PEMFC 是具有多物理场性质的复杂系统。这些系统的实验分析可能伴随着大量的成本和复杂性。此外，这些复杂系统具有多尺度的内在特征（即在从子电池到电池、电堆和最终系统的不同层次上，可以观察到不同尺度的不同现象）。事实上，在微观尺度上进行原位实验来精确评估这些现象几乎是不可能的。因此为了全面分析和优化这些复杂的系统，对不同尺度的 PEMFC 进行建模和仿真是不可避免的。事实上，虽然较小规模的建模和仿真精度更高，但由于单位体积的计算成本较高，可以模拟的计算域的大小将更小，所以建模和每个尺度的模拟都有其优缺点。因此，每个尺度的建模和模拟的目的可能与另一个尺度的建模和模拟的目的不同。例如，在一类微尺度模型中，进行电池内部传输特性的模拟，这些特性可用于电池的宏观尺度模拟，这通常被称为自底向上的建模方法。另一方面，可以对电池进行宏观模拟，以达到电池及其组件的最佳设计，这通常被称为自顶向下的建模方法。

　　根据目前的文献研究，可以为微尺度模型和模拟设定三个主要目标：

　　1）提取电池成分的传输属性。

　　2）研究水通过一个或一堆电池组件（如电极）的传输。

　　3）深刻理解电极的电化学性能。

　　对于所有这些目标，电池成分是非均匀和各向异性介质，所以采用传统的宏观尺度模型是无益的。此外，PEMFC 多孔电极中微观尺度流体域的几何结构过于复杂（例如图 2-4所示的气体扩散层中许多碳纤维之间的空间），这使得传统的数值模拟方法 [如有限体积法（FVM ）] 的计算成本过高。为了实现第一个和第三个目标，晶格玻尔兹曼方法（LBM）

被广泛使用。然而为了实现第二个目标，可以使用如孔隙网络方法（PNM）、流体体积（VOF）建模技术以及 LBM 等其他方法。对于通过电池组件的水传输，文献中使用了连续和离散两种不同的方法。在连续方法中，液态水被认为是连续的流，而在离散方法中，液态水被认为是离散的水滴。LBM 可用于两种方法，而 PNM 仅用于第二种方法。当要研究水通过电池的非多孔组分（即气通道）时，两种方法都可以采用 FVM 框架中的 VOF 多相模型。

LBM 是一种功能强大的微尺度建模工具，非常适合模拟通过复杂几何形状的多相流，例如多孔介质的微观结构。此外，LBM 可以在并行处理器上非常有效地实现，这源于该方法的并行性。因此，在这里首先提出了将 LBM 应用于上述三个目标，然后将解释 PNM 和 VOF。但由于对于所有这些方法，必须首先识别和记录（即重建）电池多孔组件中计算域的几何形状，因此几何形状重建技术将作为建模方法进行讨论。

2.2.1 微结构重建

微结构重建是为了获得微尺度模拟所需的孔内（即催化剂层、微孔层和气体扩散层）多孔介质的三维几何形状而进行的过程。文献 [28-34] 中也有一些微观尺度的研究对多孔介质的三维几何形状进行了简化，并进行了一些假设（如为了减少计算成本）。也就是说，在这些研究中没有进行微观结构重建。在大多数微尺度模拟中采用真实的三维几何结构 [35]，这种逼真的三维几何结构（也称为微观结构）可以通过两种不同的方法生成（也称为重建）：

1）成像方法：从微观结构的连续平行切片（通过 X 射线或扫描电镜）中提供连续的 2D 图像，并将其连接起来生成最终的 3D 数字图像。

2）随机方法：将真实几何建模为简单构造元素的组合（例如用长圆柱体表示碳纸中的碳纤维），并根据真实几何参数调整模型参数，以实现真实几何。

通过第一种方法，研究人员开发并采用了两种著名的技术：X 射线断层扫描和聚焦离子束（FIB）扫描电镜。在 X 射线断层扫描（也称为 X 射线计算机断层扫描或 X 射线 CT）中，在不破坏实际微观结构的情况下获得二维图像。在 FIB-SEM 中，当样品的一个外表面被 SEM 扫描时，被扫描的表面被 FIB 去除，让 SEM 扫描其下切片，如此重复，直到所有平行切片的所有二维图像都准备好。也就是说，FIB-SEM 技术是一种破坏性重建技术。然而，FIB-SEM 所获得的分辨率基本上大于 X 射线 CT 所获得的分辨率。另一方面，这种先进而昂贵的技术不能用于孔隙较大的多孔介质。因此 FIB-SEM 虽然是微孔层和催化剂层微观结构重建的理想工具，但对于气体扩散层的微观结构重建却不是一个合适的选择，而通过 X 射线 CT 可以重建气体扩散层的微观结构。FIB-SEM 也用于 SOFC 中多孔电极的重建。

通过第二种方法，几何知识与统计学知识相结合，通过引入多孔微观结构的数值模型帮助提供微观结构的三维数字图像。这样的模型有几个输入参数，并产生一个 3D 数组（即 3D 数字图像）作为输出。如果希望获得的三维数字图像是微观结构，必须仔细选择输入参数的值。多孔介质制造中所用材料的性质，以及制造过程的细节，可以为选择模型输入参数值提供很好的了解。

由于第二种方法比第一种方法更便宜且更易实现，因此如今许多需要进行多孔介质三维表示的研究人员广泛采用随机重建技术。有趣的是，这种方法不仅局限于质子交换膜燃料电池的研发，还在声学、过滤、造纸、医学和生物科学等其他领域中被用于多孔介质的分析。然而必须注意到，这种方法所建立的数值模型通常基于几个假设，必须确保这些假设的有效性和可靠性。

由于第二种方法更有吸引力，本节将解释几种随机重建技术的实现，用于质子交换膜燃料电池的不同多孔层。

1. 碳纸气体扩散层的随机重构

（1）纤维骨架　碳纸气体扩散层随机重建的第一步是重建其纤维骨架。每张碳纸由长、细、直碳纤维组成（图 2-4a）。根据纸张制造商的不同，这些纤维的直径通常在 7 ~ 9μm 之间。要解释纤维骨架重建的过程，其最初由 Schulz 等人[36] 提出，本身源于 Schladitz 等人[37] 提出的声学应用研究。在此过程中，根据实际碳纸气体扩散层的微观结构采用以下假设：

1）纤维是无限长的圆柱体（与复写纸的厚度相比），具有恒定的直径和零曲率。

2）纤维之间不存在相互作用，即纤维可以在最终的 3D 数字图像中相互交叉。

3）关于碳纸的制造过程，纤维在主平面（下文称为 x-y 平面）上的排列是均匀的和各向同性的。

必须注意的是，第三个假设并没有说碳纸是均匀和各向同性的，只是在主平面上建立这些特征。事实上，纤维沿主平面法向量（以下称为 z 轴）的分布，即在 x-z 平面或 y-z 平面上根本不是均匀和各向同性的。第三个假设的起源是碳纸的制造过程，碳纤维在 x-y 平面上随机排列。

对于上述三个假设，可以采用只有一个参数表示方向分布的平稳泊松线过程。该参数用于校准每根光纤相对于 x-y 平面的方向，即该参数调整每根光纤与 x-y 平面平行的偏差。事实上，在实际的碳纸中，纤维的排列几乎与主平面平行，只能观察到很小的偏差。用 P 表示这个参数，可以在极坐标中表示为[38]

$$P(\vartheta) := \frac{1}{4\pi} \frac{\beta\sin\vartheta}{[1+(\beta^2-1)\cos^2\vartheta]^{\frac{3}{2}}} \tag{2.141}$$

式中，$\vartheta \in [0,\pi)$ 为极坐标系下的高度角；β 为各向异性参数，决定了所获得的碳纸骨架三维图像的各向异性特征程度，β 的作用将在后面阐明。

实际上，通过生成 P 在 $0 \leqslant P \leqslant 1$ 区间内的随机分布，每根光纤与 x-y 平面的偏差 [或式（2.141）中的 ϑ] 可以通过求解上述方程得到（参见附录 A.1- 几何生成器）。当随机光纤与 x-y 平面的偏差确定后，只需在 x-y 平面上随机选择一个点，即可在三维域中识别光纤圆柱体的轴线。根据第一个假设，在识别光纤轴时，3D 数字图像中距离光纤轴的距离不大于光纤半径的节点可以被识别为实体节点（与远离光纤轴的流体节点相反）。通过这种方式，可以实现在样品的三维数字图像中的纤维放置。纤维必须重复地随机放置，直到达到规定的孔隙率；更具体地说，每次放置后必须计算 3D 图像的孔隙率，如果小于期望的孔隙率，则应停止随机放置。总体来说，为了获得具有特定尺寸的碳纸样品纤维骨架的最终 3D 图像，必须正确选择纤维的三个主要输入参数，即半径、孔隙率和纸张各向异性参数 β。通过对再造实用碳纸的构造纤维进行检测，可以很容易地得到纤维半径。传统的孔隙率测量方法，如直接孔隙率法或压汞孔隙率法，均可对碳纸的孔隙率进行测量。此外，这两个参数的值通常由制造商标明。然而，确定第三个输入参数（纸张各向异性）的值并不容易，需要对碳纸进行进一步评估。以下是两种限制情况。如果 β 在式（2.141）中等于零，则所获得的 3D 图像中的所有纤维将垂直放置；如果 β 接近无穷大，则所有纤维将平行于 x-y 平面放置；当 $\beta = 1$ 时，得到一个特殊的三维图像，即各向同性三维图像。由于在实际的碳纸中，纤维大多近似平行于 x-y 平面，因此在实际情况下，各向异性参数值通常大得多。为了获得实际碳纸的各向异性参数的准确值，必须通过观测计算平面截面（即平行于 z 轴的截面）中的纤维数，以及平面内截面中的纤维数。这两个数的比值表示各向异性参数。利用碳纸样品的扫描电子显微镜（扫描式电子显微镜）可以获得实用碳纸的平面内和平面横截面的二维图像。关于碳纸各向异性参数的推导，Schuldz 等[36]给出了更多的细节，他们对 SGL10BA 和 Toray090 碳纸进行了评估，得到的各向异性参数分别为 100 和 10000。

两种纸的纤维半径均为 7μm，孔隙率分别为 88% 和 78%。

（2）添加黏合剂　在许多流体通过碳纸气体扩散层的微尺度模拟中，没有考虑到纤维骨架中添加黏合剂材料，因为这会导致多孔介质的固体基质发生微小变化。然而，将黏合剂添加到重建的纤维骨架中会得到更真实的碳纸。幸运的是一旦重建纤维骨架，可以直接在获得的 3D 图像上添加黏合剂，以获得更具代表性的 3D 数字图像。为此，在文献中可以找到两种方法。在第一种方法中[39, 40]，假设黏合剂的行为类似于润湿流体，并填充较小的孔隙；在第二种方法中[41]，假设黏合剂只填充靠近纤维交叉点的紧密缝隙。由 Nabovati 等人[41]提出的第二种方法获得的微观结构更接近实际的微观结构[35]。因此，我们将在下文解释第二种方法。

为重建纤维骨架添加黏合剂，首先必须确定两根纤维轴的交点位置。然后，确定四个半径相等的圆，使其接触两个轴（图 2-29），在圆与圆相交之间的缝隙处产生的空隙可用黏合剂填充。最后，该过程将对域内的所有光纤交叉点重复。

现在的问题是这些圆的半径是多少。实际上，裂缝处的黏合剂截面半径是黏合剂粘接强度的函数。通过添加更粘接的黏合剂，获得的裂缝半径将更小，因此应用的黏合剂材料更少（即将获得更低的黏合剂

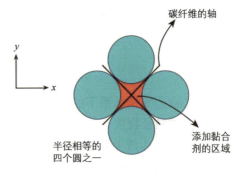

图 2-29　纤维骨架中待用黏合剂填充的区域

含量）。因此，对于特定的纤维骨架，可以实施几种不同半径的黏合剂添加，并可以计算和记录黏合剂的含量，因此可以推导出黏合剂含量作为圆半径的函数。通过这些有用的信息，我们可以通过选择相关的圆半径来重建具有指定黏合剂含量的特定碳纸。

（3）聚四氟乙烯处理　聚四氟乙烯是一种高度疏水的材料。当用聚四氟乙烯处理碳纸时，其部分纤维被聚四氟乙烯涂层覆盖。在一些微观尺度的研究中，聚四氟乙烯是通过增加纤维的接触角来发挥作用（定义固体表面的接触角是晶格玻尔兹曼方法中众所周知的过程，在后文解释），未考虑聚四氟乙烯对固体基体几何形状和体积的影响。但用于聚四氟乙烯处理的每个聚四氟乙烯颗粒都有特定的尺寸，这意味着聚四氟乙烯处理在实际中确实改变了固体基体的几何形状。在最近的一些研究中，提出了用规定体积的小聚四氟乙烯颗粒进行聚四氟乙烯处理 [5, 6]。在这里，我们将解释文献 [6] 中采用的聚四氟乙烯的处理程序。

为了实现该过程，必须知道聚四氟乙烯的含量和分布。有趣的是，尽管在聚四氟乙烯处理中目标是涂覆所有碳纤维，但在实际中由于实施限制，只有一小部分碳纤维被涂覆。例如，如果采用浸渍法对碳纸进行聚四氟乙烯处理，将纸张浸入含有聚四氟乙烯颗粒的液体混合物中，一段时间后将其干燥，放置在中间的聚四氟乙烯颗粒的浓度将低于两个纸张表面的聚四氟乙烯颗粒 [42]。实际上，许多的聚四氟乙烯处理碳纸是这种非均匀贯穿平面的分布情况。此外，纸张的降解也会影响聚四氟乙烯的分布。但聚四氟乙烯的分布可以有目的地改变某些部分。例如，多级处理可以导致聚四氟乙烯型材的梯度 [44]，或者真空干燥可以减少聚四氟乙烯颗粒的不均匀平面分布 [45]。

要重建具有规定的聚四氟乙烯含量和分布的聚四氟乙烯处理碳纸，必须事先确定固体基体要涂上聚四氟乙烯的纸质固体基体（由碳纤维或可能是黏合剂制成）的区域。然后必须识别这些区域的界面节点（即固流交界面节点），之后在这些界面节点上随机放置尺寸恒定且均匀的聚四氟乙烯颗粒，持续放置直到达到规定的聚四氟乙烯含量。为此，如果将聚四氟乙烯颗粒放置在所有界面节点上但仍未达到所需的含量，则考虑在第二层界面节点（即聚四氟乙烯颗粒—第一层界面节点—流体区界面节点处的节点）放置聚四氟乙烯颗粒。根据所需的聚四氟乙烯含量和聚四氟乙烯颗粒的大小，甚至可以对界面节点的其他层重复此操作。

（4）压缩碳纸　压力是影响碳纸气体扩散层纤维骨架几何形状的重要参数之一。通过施加更高的压力，纤维将倾向于平行于材料平面（x-y 平面）排列。但由于碳纸的复杂性质，要找到碳纸气体扩散层上的几何变化与压缩力之间的严格关系并不容易。然而在几何变化和经历的应变（而不是应力）之间找到严格的关系是直截了当的。本节其余部分将介绍表示这种关系的方法。该方法基于 Schulz 等人 [36] 提出的纤维骨架重建过程，并在本节之前进行了描述。在描述方法之前先定义一个参数称其为压缩比，是压缩后的碳纸厚度与压缩前的碳纸厚度之比，用 CR 表示，即 $CR = 1 - \epsilon$，其中 ϵ 表示碳纸的平面应变。

当对非压缩纸进行纤维骨架重建时，每根碳纤维都是通过其轴线来识别的。当施加压缩时，该轴线将与材料平面更加平行。实际上这条轴线的法向量会根据 CR 值而改变，但这条轴线与基面（即碳纸底面）的交点不变。由此可以推导出压缩后直线的空间位置，该推导的数学关系在文献 [46] 中给出。在压缩碳纸上生成每条轴线后，创建固体纤维节点，并检查纸张的孔隙率。如果孔隙率仍然大于压缩碳纸的孔隙率，则通过生成下一条轴线继续该程序，否则该过程结束。压缩碳纸的孔隙率是 CR 与未压缩碳纸孔隙率的函数：

$$\phi_{compressed} = \frac{\phi_{uncompressed} - (1-CR)}{CR} \tag{2.142}$$

在本小节（碳纸气体扩散层的随机重构）的最后，我们为进一步实现重建碳纸提出了以下研究方案：

1）在纤维骨架重建中，碳纤维的曲率可以是不为零的，也可以接近于零，与实际情况一样。每个轴线的小曲率的量可以通过从实验三维图像导出的曲率分布函数来指定。黏合剂颗粒（以及聚四氟乙烯颗粒）可以有不均匀的尺寸分布；尺寸分布函数可由实验二维图像导出。

2）可以推导出应用应力与 CR 之间的关系，并可用于提出碳纸的重建过程，作为贯穿平面应力的函数。

2. 碳布气体扩散层的随机重构

虽然碳布气体扩散层的微观结构乍一看似乎很复杂（图 2-4b），但我们可以在其中观察到一种规则的方式：成束的碳纤维在织物纹理中作为经纬相互交叉。这使得碳布的重建很简单。Salomov 等人 [47] 首次尝试重建碳布微观结构。在后来的一些碳布气体扩散层研究中（如文献 [48]），采用了 Salomov 等人提出的程序。在此过程中考虑到以下假设：

1）一束碳纤维（经纱或纬纱）的横截面形状是一个水平椭圆。

2）碳纤维在每束中的分布是均匀的。

3）每根光纤都是具有正弦波对称轴（准线）的圆柱形。

为了实现重建过程，作为第一步，必须通过分析碳布样品的二维扫描式电子显微镜图像来确定每根纤维的半径、相邻两根纤维之间的距离以及束准线的振幅和频率。纤维束的数量和排列必须在其形成水平椭圆时确定。然后可以导出沿两个水平轴 x 和 y 的一对经纱或纬纱束的准线方程，最后通过识别足够接近准线（即小于纤维半径）的节点作为实体节点，可以创建已编织纤维。

值得一提的是，尽管碳布气体扩散层的形态复杂（弯曲纤维等），其随机重建过程需要大量的输入参数，但与碳纸气体扩散层随机重建所需的各向异性参数等输入参数相比，这些输入参数更容易从二维扫描式电子显微镜图像中获得。

3. 催化剂层的随机重构

由于原位催化剂层中存在离子、固体（Pt 颗粒或其载体、炭黑颗粒）和气体三相，因此催化剂层的随机重建比气体扩散层更具挑战性。此外几种具有不同生产工艺的催化剂层具有不同的微观结构（例如不同程度的聚集等）。因此催化剂层重建没有确定的方法，文献 [49-56] 中介绍了几种方法。因此在本节中，我们只解释其中一个更直接的实现过程。所选择的解释过程是基于 Wu 和 Jiang[57] 提出的球基非均匀退火法，通过使用变换的连续能量最小化配置来执行基于退火的催化剂层结构重建。他们假设催化剂层是均匀的和各向同性的，重建了一个有 10^6 个体素（每个体素是一个边长为 2nm 的立方体）的 200nm×200nm×200nm 的催化剂层样品。第一步，将球形固体颗粒（在他们的论文中以 C/Pt 颗粒为代表，尺寸为 10～30nm）随机放置在体积分数为 35% 的晶格中。他们通过高斯分布调整了这些球体的半径，随后通过选择一个随机粒子并将其替换为（dx,dy,dz）来重新生成一个新的构型。这种配置再生一直持续到达到最低能量水平。最后通过相同的最小化过程将离聚体相添加到固体颗粒的最终构型中。

4. 微孔层的随机重构

由于微孔层微观结构由随机放置的碳颗粒、团聚体和三种不同长度尺度的裂纹组成，因此微孔层的随机重建相对于气体扩散层的随机重建更为困难。文献中只有少数几篇论文介绍了微孔层的重建[39, 40, 58]。本节将简要解释 Zamel 等人[40] 提出的更详细的重建过程，该过程产生了更具代表性的微孔层。由于根据扫描式电子显微镜图像，微孔层的最基本元素是碳颗粒，因此其程序的主要步骤如下：首先，通过放置随机分布的大球体，部分晶格被识别为孔隙空间，之后在晶格的剩余区域，根据分布函数随机分布不同大小的小球体，最后通过填充相邻碳球之间的小空间来进行粘合过程。

2.2.2　孔隙尺度数值模拟方法

在实际的质子交换膜燃料电池中，可以在电极的不同多孔层中观察到微孔和纳米孔。这些孔隙有两种不同的处理方法：直接和间接。在直接法（孔隙尺度数值模拟方法的基础）中，将上述孔隙直接纳入模型，即具有规定孔壁的孔隙空间通过网格或晶格离散化。然而在间接方法（这是宏观尺度数值模拟方法的基础，将在 2.3 节中描述）中，孔隙不直接纳入模型，其影响是通过孔隙率、渗透率和曲折度等多孔介质特性纳入模型的。由于质子交换膜燃料电池中不存在大孔隙，孔隙尺度的数值模拟方法被认为是微尺度的模拟方法。本节将解释晶格玻尔兹曼方法、孔隙网络法和流体体积方法的应用，考虑不同的目标作为主要的孔尺度模拟方法（即微尺度模拟方法）。

2.2.3　晶格玻尔兹曼模拟技术

1. 晶格玻尔兹曼方法（LBM）

虽然晶格玻尔兹曼方法（LBM）历史上起源于晶格气体法，但没有必要了解过时的晶格气体法。Lattice Boltzmann（LB）方法由两个主要单词组成：Lattice（晶格）和 Boltzmann（玻尔兹曼），即 LB 方法是在离散晶格中应用玻尔兹曼方程的方法。因此在此首先介绍玻尔兹曼方程，然后解释如何在离散晶格中应用（求解）。从流体流动的简单情况开始解释这个应用（更具体地说，只有一个阶段和一种物质的流动，没有任何传热或化学反应），然后逐步扩展到更复杂的情况。

2. 玻尔兹曼方程

由奥地利著名统计物理学家玻尔兹曼（L.E. Boltzmann，1844—1906）提出的玻尔兹曼传输方程可以根据物质分子的分布来预测物质的传输性质。但这种分布并不是通过标记所有分子来确定的 [就像在分子动力学（MD）模拟方法中实现的那样]，而是通过一个代表现实分布的分布函数来确定的。分布函数 f 的输出是在特定时间和位置找到速度为 $\vec{c}$ 的粒子概率。因此这个分布函数的输入是速度（$\vec{c}$）、时间（t）和位置矢量（$\vec{r}$）。这种方法（采用代表性分布函数而不是标记所有分子粒子）可以显著降低计算成本。

现在考虑一个有几个粒子的流体流动域。通过在定义域的特定位置（如 $\vec{r}$）上施加力 $\vec{F}$，粒子将在时间区间 dt 内移动到 $\vec{r} + d\vec{r}$，其中 $d\vec{r} = \vec{c}dt$（如果它们在运动过程中不与其他粒子碰撞）。此外其速度将增加到 $\vec{c} + d\vec{c}$，其中 $d\vec{c} = \vec{F}dt/m$，根据牛顿第二定律我们可以写出如下等式：

$$f(\vec{r} + d\vec{r}, \vec{c} + d\vec{c}, t + dt) \, |\, d\vec{r}\, ||\, d\vec{c}\, | = f(\vec{r}, \vec{c}, t) \, |\, d\vec{r}\, ||\, d\vec{c}\, | \qquad （2.143）$$

这个方程体现了当外力作用在粒子上时粒子的流动特性。但必须记住上述方程是基于粒子之间不发生碰撞的假设。

当在定义域内发生碰撞时，式（2.143）可以改写为

$$f(\vec{r} + d\vec{r}, \vec{c} + d\vec{c}, t + dt) \, |\, d\vec{r}\, ||\, d\vec{c}\, | = f(\vec{r}, \vec{c}, t) \, |\, d\vec{r}\, ||\, d\vec{c}\, | + \Omega(f) \, |\, d\vec{r}\, ||\, d\vec{c}\, | \, dt \qquad （2.144）$$

式中，$\Omega(f)$ 为碰撞算子；$\Omega(f)|d\vec{r}||d\vec{c}|dt$ 为根据碰撞将被添加到相位（即空间和速度）的指定部分的粒子的数目。$f(\vec{r} + d\vec{r}, \vec{c} + d\vec{c}, dt)$ 在方程的左侧，可以用泰勒公式近似为

$$f(\vec{r} + d\vec{r}, \vec{c} + d\vec{c}, t + dt) = f(\vec{r}, \vec{c}, t) + d\vec{r} \cdot \overrightarrow{\nabla}_r f(\vec{r}, \vec{c}, t) + d\vec{c} \cdot \overrightarrow{\nabla}_c f(\vec{r}, \vec{c}, t) + dt \cdot \frac{\partial}{\partial t} f(\vec{r}, \vec{c}, t)$$
$$（2.145）$$

将此关系代入式（2.144），注意到 $d\vec{r} = \vec{c}dt$ 和 $d\vec{c} = \vec{F}dt/m$，得到的方程两边除以 $|d\vec{r}||d\vec{c}|dt$ 得到：

$$\vec{c} \cdot \vec{\nabla}_r f(\vec{r}, \vec{c}, t) + \frac{1}{m}\vec{F} \cdot \vec{\nabla}_c f(\vec{r}, \vec{c}, t) + \frac{\partial}{\partial t} f(\vec{r}, \vec{c}, t) = \Omega(f) \qquad （2.146）$$

这个方程被称为玻尔兹曼方程，是晶格玻尔兹曼方法的基础。有趣的是，可以从这个方程推导出 Navier-Stokes 方程。一般来说，求解这种非线性方程是一项复杂的、几乎不可能完成的任务，这主要是因为评估和计算诸如 $\vec{\nabla}_r f$、$\vec{\nabla}_c f$ 和 $\Omega(f)$ 等项并不简单。

3. 从玻尔兹曼方程到晶格玻尔兹曼方程

通过应用晶格并将粒子的可定位位置限制在晶格节点上，并将其速度矢量的方向限制在主晶格方向上，可以更容易地处理和求解玻尔兹曼方程。无外力域的离散形式玻尔兹曼方程（称为晶格玻尔兹曼方程）可以写成：

$$c_i \cdot \vec{\nabla} \overrightarrow{f_i}(\vec{r}, \vec{c}, t) + \frac{\partial}{\partial t} f_i(\vec{r}, \vec{c}, t) = \Omega(f_i) \qquad （2.147）$$

或者将时间、位置和速度离散为

$$f_i(\vec{r} + \vec{c}_i \Delta t, \vec{c}_i, t + \Delta t) = f_i(\vec{r}, \vec{c}_i, t) + \Delta t \Omega(f_i) \qquad （2.148）$$

方程（2.147）是一个线性偏微分方程（PDE）（与 Navier-Stokes 方程不同），可以很容易地处理。这个线性偏微分方程看起来像是一个带源项的 f 的平流传输方程 $\Omega(f)$。但在晶格玻尔兹曼方法中，式（2.148）更为著名，应用也更为广泛。在此方程中可以识别出流动和碰撞两部分。更具体地说，式（2.148）是通过实现两个连续的过程（即流动和碰撞）来解决的。这两个连续的过程用方程表示为式（2.149）及式（2.150）：

$$f_i^{temp}(\vec{r} + \vec{c}_i \Delta t, \vec{c}_i, t + \Delta t) = f_i(\vec{r}, \vec{c}_i, t) \qquad （2.149）$$

$$f_i(\vec{r} + \vec{c}_i \Delta t, \vec{c}_i, t + \Delta t) = f_i^{temp}(\vec{r} + \vec{c}_i \Delta t, \vec{c}_i, t + \Delta t) + \Delta t \Omega(f_i^{temp}) \qquad （2.150）$$

4. 晶格特征

在晶格玻尔兹曼方法中，晶格通常用 DnQm 编码来表示，其中 n 是晶格维数，m 表示粒子在晶格中运动的可能方向。例如，D2Q4 表示二维晶格，其中每个节点上的每个粒子可以经历 4 种不同的运动（东、北、西、南）；或 D2Q5 表示二维晶格，其中另一种类型的移动（即零移动或原地不动）也是可能的。图 2-30 描绘了从 1D 到 3D 的几个格子。

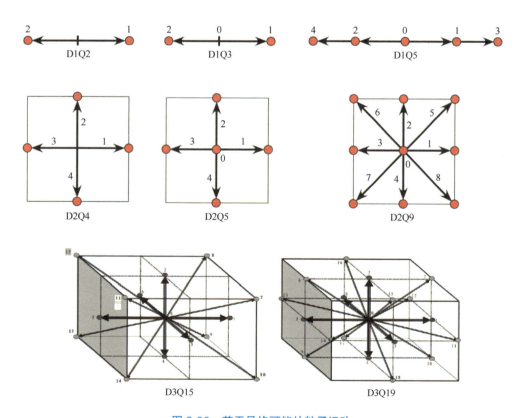

图 2-30　若干晶格可能的粒子运动

式（2.142）和式（2.143）定义的流动和碰撞过程可以求解不同维数的不同格，这取决于问题的本质及其相关的计算域。例如，用于解决扩散问题 $\dfrac{\partial \phi}{\partial t} = \alpha\left(\dfrac{\partial^2 \phi}{\partial x^2} + \dfrac{\partial^2 \phi}{\partial y^2}\right)$，其中 ϕ 是一个标量变量，或者在二维几何中平流问题 $\dfrac{\partial \phi}{\partial t} + u\dfrac{\partial \phi}{\partial x} + v\dfrac{\partial \phi}{\partial y} = 0$，D2Q4、D2Q5 和 D2Q9 都可以使用。然而，对于在这种几何中的流体流动问题 $\left[\text{即}\,\rho\left(\dfrac{\partial u}{\partial t} + u\dfrac{\partial u}{\partial x} + v\dfrac{\partial u}{\partial y}\right) = \mu\left(\dfrac{\partial^2 u}{\partial x^2} + \dfrac{\partial^2 u}{\partial y^2}\right) - \dfrac{\partial P}{\partial x}\;\text{和}\;\rho\left(\dfrac{\partial v}{\partial t} + u\dfrac{\partial v}{\partial x} + v\dfrac{\partial v}{\partial y}\right) = \mu\left(\dfrac{\partial^2 v}{\partial x^2} + \dfrac{\partial^2 v}{\partial y^2}\right) - \dfrac{\partial P}{\partial y}\right]$，这三个格中只能使用 D2Q9。

另一个重要的注意事项是，虽然增加 DnQm 中的 m 会提高精度，但也会导致晶格玻尔兹曼方法的计算成本增加。这种情况的原因可以通过考虑实现流的实际方程来更清楚地说明。考虑到实现流动过程和碰撞过程的方程实际上是两组方程，每组方程由 m 个方程组成，因此增加 m 意味着必须求解更多的方程。

5. 碰撞条件的处理

在方程（2.150）的右侧上有碰撞算子 Ω，是密度分布函数（DDF）f_i 的函数。为完成方程（2.150）的求解，Ω 和 f_i 必须被确定。然而，这不是一个简单的任务，在实践中，几个粒子的碰撞会导致许多复杂的情况。幸运的是，Bhatnagar、Gross 和 Krook[59] 提出了一个著名的假设，即 BGK 假设，这可以简化碰撞项的定义：

$$\Omega(f_i) = \omega(f_i^{eq} - f_i) = \frac{1}{\tau}(f_i^{eq} - f_i) \tag{2.151}$$

式中，ω 为碰撞频率；$\tau = 1/\omega$ 为弛豫时间；f_i^{eq} 为 i 方向上的平衡密度分布函数。由于在这种计算碰撞项时只出现一个弛豫时间，因此式（2.151）也被称为单弛豫时间（SRT）算子。计算这一平衡密度分布函数取决于内在问题。表 2-11 提供了计算 f_i^{eq} 的更多细节。

表 2-11 不同类型问题的平衡密度分布函数 f_i^{eq}

问题名称	线性偏微分方程问题	密度分布函数平衡	公式编号
ϕ 扩散	$\dfrac{\partial \phi}{\partial t} = \alpha\nabla^2\phi$	$f_i^{eq} = WF_i\phi$	（2.152）
ϕ 平流	$\dfrac{\partial \phi}{\partial t} + \vec{u}\cdot\vec{\nabla}\phi = 0$	$f_i^{eq} = WF_i\phi\left(\dfrac{\vec{c}_i\cdot\vec{u}}{c_s^2}\right)$	（2.153）
ϕ 扩散 – 平流	$\dfrac{\partial \phi}{\partial t} + \vec{u}\cdot\vec{\nabla}\phi = \alpha\nabla^2\phi$	$f_i^{eq} = WF_i\phi\left(1 + \dfrac{\vec{c}_i\cdot\vec{u}}{c_s^2}\right)$	（2.154）
流体流动（等温不可压缩）	$\rho\left(\dfrac{\partial u_x}{\partial t} + \vec{u}\cdot\vec{\nabla}u_x\right) = \mu\nabla^2 u_x - \dfrac{\partial P}{\partial x}$ $\rho\left(\dfrac{\partial u_y}{\partial t} + \vec{u}\cdot\vec{\nabla}u_y\right) = \mu\nabla^2 u_y - \dfrac{\partial P}{\partial y}$ $\rho\left(\dfrac{\partial u_x}{\partial t} + \vec{u}\cdot\vec{\nabla}u_x\right) = \mu\nabla^2 u_z - \dfrac{\partial P}{\partial z}$	$f_i^{eq} = WF_i\rho\left(1 + \dfrac{\vec{c}_i\cdot\vec{u}}{c_s^2} + \dfrac{1}{2}\dfrac{(\vec{c}_i\cdot\vec{u})^2}{c_s^4} - \dfrac{1}{2}\dfrac{\vec{u}\cdot\vec{u}}{c_s^2}\right)$	（2.155）

注意式（2.152）～式（2.154）中，右侧的 ϕ 为该变量在前一个时间步长的值。然而在完成流动和碰撞过程并求出所有晶格节点上的所有 f_is 值后，ϕ 在当前时间步长的值可由 $\phi = \sum_{i=0}^{m-1} f_i$ 计算。同样，在式（2.155）中，$\rho = \sum_{i=0}^{m-1} f_i$。另外，在这四个方程中，右侧的 $\vec{u}$ 为前一个时间点的速度向量。但在完成流动和碰撞过程并在所有晶格节点上找到 f_is 的所有值之后，当前时间步长的 $\vec{u}$ 值可由 $\vec{u} = \sum_{i=0}^{m-1} \vec{c}_i f_i / \sum_{i=0}^{m-1} f_i$ 确定。在上述方程中，c_s、$\vec{c}_i$ 和 WF_i 分别为晶格中的声速、沿方向 i 的粒子流动速度以及方向 i 的权重因子，这三个参数的值取决于晶格类型。保持原位的晶格也被视为移动选项（如 D1Q3、D2Q5、D2Q9、D3Q15、D3Q19），$c_s^2 = \frac{1}{3} \mathrm{lu}^2 \mathrm{ts}^{-2}$，而对于其他晶格（如 D1Q2、D2Q4 和 D3Q14），$c_s^2 = \frac{1}{2} \mathrm{lu}^2 \mathrm{ts}^{-2}$。注意在晶格玻尔兹曼方法框架中，使用了三个 LB 单位 lu、ts 和 lm，而不是常用的长度、时间和质量单位，如 m、s 和 kg 分别代表晶格单位、时间步长和晶格质量。这三种单位与普通单位之间的关系可以根据晶格单位的大小（晶格中两个相邻节点之间的距离，比如 δ_x）和扩散系数（方程中的 α、式（2.152）～式（2.154）或式（2.155）中 $\nu = \mu/\rho$）来建立。更具体地说，考虑 $1\mathrm{lu} \equiv \delta_x \mathrm{m}$（比如 $\delta_x = 10^{-3}\mathrm{m}$）。根据 Chapman-Enskog 扩展：

$$\alpha \text{ or } \nu = \frac{c_s^2 \delta_x^2}{\delta_t} \left(\tau - \frac{1}{2} \right) \tag{2.156}$$

因此，通过选择 τ 的值（其中 $1/2\mathrm{ts} < \tau \leq 1\mathrm{ts}$）并知道扩散系数，可以确定 δ_t。由于物理领域和晶格玻尔兹曼方法框架中变量值之间的关系令人困惑，在此通过一个例子来解释。

例 2.7 为了在 2D 顶盖驱动腔中执行流体流动的 LB 模拟，将使用具有 100×100 个节点的 D2Q9 晶格。假设空腔是一个长 10cm 的正方形，流体是运动黏度为 $1.5 \times 10^{-5}\mathrm{m}^2 \cdot \mathrm{s}^{-1}$ 的空气。确定每个时间步骤在晶格玻尔兹曼方法框架中占用多少时间。

解：

已知：空腔尺寸为 10cm×10cm，空气的运动黏度为 $1.5 \times 10^{-5}\mathrm{m}^2 \cdot \mathrm{s}^{-1}$。

假设：晶格玻尔兹曼方法的单一松弛时间为 1，晶格有 100×100 个节点。

分析：因为每 10cm 被 100 个晶格节点离散，$\delta_x = \frac{10}{100}\mathrm{cm} = 0.1\mathrm{cm} = 10^{-3}\mathrm{m}$。假设 $\tau = 1$ 是松弛时间最稳定的选择，由式（2.156）得到

$$1.5 \times 10^{-5}\mathrm{m}^2 \cdot \mathrm{s}^{-1} = \frac{\left(\frac{1}{3}\right)10^{-6}\mathrm{m}^2}{\delta_t}\left(1 - \frac{1}{2}\right) \Rightarrow \delta_t = 0.011\mathrm{s}$$

这表明晶格玻尔兹曼方法框架中的每个 ts 在物理域中等于 0.011s。

式（2.156）中的另外两个参数为晶格函数，分别是粒子沿 i 方向的流动速度 $\vec{c}_i$ 和 i 方向的权重因子 WF_i。各格下这两个参数的取值见表 2-12 和表 2-13。表 2-13 所示数据与图 2-30 一致。值得注意的是，在一些文献中矢量的编号与图 2-30 不同，因此流动速度矢

量可能与表 2-13 所示的不同。

表 2-12　典型晶格中的权重因子（表 2-11 所示方程中的 WF_i）

i	D1Q3	D2Q5	D2Q9	D3Q15	D3Q19
0	4/6	2/6	4/9	16/72	12/36
1	1/6	1/6	1/9	8/72	2/36
2	1/6	1/6	1/9	8/72	2/36
3		1/6	1/9	8/72	2/36
4		1/6	1/9	8/72	2/36
5			1/36	8/72	2/36
6			1/36	8/72	2/36
7			1/36	1/72	1/36
8			1/36	1/72	1/36
9				1/72	1/36
10				1/72	1/36
11				1/72	1/36
12				1/72	1/36
13				1/72	1/36
14				1/72	1/36
15					1/36
16					1/36
17					1/36
18					1/36

表 2-13　在典型晶格中的流动速度（表 2-11 所示方程中的 $\vec{c}_i$）

i	D1Q3	D2Q5	D2Q9	D3Q15	D3Q19
0	(0)	(0,0)	(0,0)	(0,0,0)	(0,0,0)
1	(1)	(1,0)	(1,0)	(1,0,0)	(1,0,0)
2	(−1)	(0,1)	(0,1)	(0,1,0)	(0,1,0)
3		(−1,0)	(−1,0)	(−1,0,0)	(−1,0,0)
4		(0,−1)	(0,−1)	(0,−1,0)	(0,−1,0)
5			(1,1)	(0,0,1)	(0,0,1)
6			(−1,1)	(0,0,−1)	(0,0,−1)
7			(−1,−1)	(1,1,1)	(1,1,0)
8			(1,−1)	(1,1,−1)	(−1,1,0)
9				(1,−1,−1)	(−1,−1,0)
10				(1,−1,1)	(1,−1,0)
11				(−1,1,1)	(1,0,1)
12				(−1,1,−1)	(1,0,−1)
13				(−1,−1,−1)	(−1,0,−1)
14				(−1,−1,1)	(−1,0,1)
15					(0,1,1)
16					(0,1,−1)
17					(0,−1,−1)
18					(0,−1,1)

6. 将力场项纳入晶格玻尔兹曼方法

流体流动可能受到外部力场（如重力、电场或磁场）的影响。在这里，我们将描述一种简单的方法，将一般的力项，如 $\vec{F}$，合并到 Navier-Stokes 方程的右侧中（见表 2-11 的最后一行）。根据式（2.155），计算平衡密度分布函数时必须使用流体流速矢量 $\vec{u}$。当有一个外力，比如 $\vec{F}$，在计算平衡密度分布函数时，必须使用 $\vec{u} + \dfrac{\tau \vec{F}}{\rho}$，而不是 $\vec{u}$。这种简单的改变是在晶格玻尔兹曼方法中加入外力所需要的唯一的修改。

要在平流扩散方程中加入强度为 S 的源项，在执行流和碰撞程序后，得到的密度分布函数必须通过 $S_i = WF_i\delta_t S$ 相加。

7. 从轨道交通到捷运

虽然应用式（2.151）计算碰撞项看起来很简单，但在数值求解过程中可能会导致一些不稳定性。另一种处理碰撞项的方法是多重松弛时间（MRT）法，该方法更加稳定和精确。在该方法中使用的是动量空间而不是速度空间，并且使用类似于几个松弛的预矩阵而不是式（2.151）中的单个预因子（即松弛时间的逆）。更多关于多重松弛时间法的细节可以在文献 [60] 中找到。

8. 边界条件的处理

要解物理域上的偏微分方程，必须知道该因变量或其导数在该域边界上的值（导数的阶数必须比线性偏微分方程的阶数至少小一阶）。这类问题也被称为边值问题。同样，在晶格玻尔兹曼方法中，边界上的密度分布函数值必须是已知的才能完成流动和碰撞过程。有一个问题：在流体流动问题中，传统的边界条件，如入口速度边界条件或无滑移壁边界条件与边界上的密度分布函数值之间的关系是什么？即如何在晶格玻尔兹曼方法中实现边界条件？答案取决于边界条件的类型。在本节中将更详细地描述两个典型的边界条件（无滑移壁和速度入口）的实现。

9. 无滑移壁边界条件，晶格玻尔兹曼方法处理复杂几何形状的杰出能力的根源

在文献中有一种众所周知的无滑移壁边界条件的植入，称为反弹实现。正如这个实现方法的名字所示，墙被认为是一个固体表面，粒子在上面撞击和反弹。例如，考虑一个具有流体流动的水平面（$y = 0$）。D2Q9 晶格中这种表面的反弹实现将是

$$
\begin{aligned}
f_2(x,0,t) &= f_4(x,0,t) \\
f_5(x,0,t) &= f_7(x,0,t) \\
f_6(x,0,t) &= f_8(x,0,t)
\end{aligned}
\tag{2.157}
$$

在文献中有几种形式的反弹实现。在最常见的一种情况即所谓的中途反弹中，前一个时间步数据由碰撞步骤提供（如果反弹所需的数据由流步骤提供，则会导致全程反弹边界条件）。根据回弹实现的中途形式，壁面的实际位置将放置在固体节点与其相邻流体节点之间的中间位置。

以类似的方式，在 D3Q19 晶格的水平无滑移壁上的 3D 流的反弹实现将是

$$f_2(x,y,0,t) = f_4(x,y,0,t)$$
$$f_7(x,y,0,t) = f_9(x,y,0,t)$$
$$f_{10}(x,y,0,t) = f_8(x,y,0,t) \tag{2.158}$$
$$f_{15}(x,y,0,t) = f_{17}(x,y,0,t)$$
$$f_{16}(x,y,0,t) = f_{18}(x,y,0,t)$$

10. 入口速度边界条件

Zou 和 He 首次提出，当流体的速度和密度在边界上已知时，通过假设边界处的平衡碰撞，可以找到未知的密度分布函数值（即朝向域内部的密度分布函数）[61]。通过一个例子可以更好地理解该方法的实现。考虑两个无限大的水平板之间的流体流动。水流从左（西）流向右（东）。根据速度 – 入口边界条件，已知区域左边缘（即矩形二维区域西侧垂直入口）的入口速度为 (u_x, u_y)。由于 $\rho = \sum_{i=0}^{m-1} f_i$ 和 $\vec{u} = \sum_{i=0}^{m-1} \vec{c}_i f_i / \sum_{i=0}^{m-1} f_i$，采用 D2Q9 晶格对流体流动进行 LB 模拟，可得：

$$\rho = f_0 + f_1^* + f_2 + f_3 + f_4 + f_5^* + f_6 + f_7 + f_8^*$$
$$\rho u_x = f_1^* + f_5^* + f_8^* - f_3 - f_6 - f_7 \tag{2.159}$$
$$\rho u_y = f_2 + f_5^* + f_6 - f_4 - f_7 - f_8^*$$

在这三个方程中有四个未知变量（ρ 和三个指向内部的密度分布函数，用上标 * 表示）。为了增加附加方程并求解方程组，Zou 和 He[61] 引入了等式：

$$f_1^* - f_1^{eq} = f_3 - f_3^{eq} \tag{2.160}$$

这是基于垂直于边界的碰撞平衡假设。将式（2.155）中的平衡项 f_1^{eq} 和 f_3^{eq} 代入式（2.160）中，可得求解式（2.159）中所示方程所需的第四个方程：

$$f_1^* = f_3 + \frac{6}{9}\rho u_x \tag{2.161}$$

通过求解上述方程组，我们得到了未知变量：

$$\rho = \frac{1}{1-u_x}[f_0 + f_2 + f_4 + 2(f_3 + f_6 + f_7)]$$
$$f_1^* = f_3 + \frac{6}{9}\frac{u_x}{(1-u_x)}[f_0 + f_2 + f_4 + 2(f_3 + f_6 + f_7)]$$
$$f_5^* = f_7 - \frac{1}{2}(f_2 - f_4) + \frac{1}{6}\rho u_x + \frac{1}{2}\rho u_y \tag{2.162}$$
$$f_8^* = f_6 + \frac{1}{2}(f_2 - f_4) + \frac{1}{6}\rho u_x - \frac{1}{2}\rho u_y$$

以类似的方式，如果流体通过一个三维管道的方形截面，从西到东，并且西面的速度入口边界条件为（u_x,0），那么通过使用 D3Q19 晶格，可以得到六个未知变量（ρ 和五个密度分布函数对齐域内部）。

$$\rho = \frac{1}{1-u_x}[f_0 + f_2 + f_4 + f_5 + f_6 + f_{15} + f_{16} + f_{17} + f_{18} + 2(f_3 + f_8 + f_9 + f_{13} + f_{14})] \quad （2.163）$$

然后：

$$f_1^* = f_3 + \frac{12}{36}\rho u_x$$

$$f_7^* = f_9 + \frac{1}{2}(f_4 + f_{17} + f_{18} - f_2 - f_{15} - f_{16}) + \frac{1}{6}\rho u_x$$

$$f_{10}^* = f_8 + \frac{1}{2}(f_2 + f_{15} + f_{16} - f_4 - f_{17} - f_{18}) + \frac{1}{6}\rho u_x \qquad （2.164）$$

$$f_{11}^* = f_{13} + \frac{1}{2}(f_6 + f_{16} + f_{17} - f_5 - f_{15} - f_{18}) + \frac{1}{6}\rho u_x$$

$$f_{12}^* = f_{14} + \frac{1}{2}(f_5 + f_{15} + f_{18} - f_6 - f_{16} - f_{17}) + \frac{1}{6}\rho u_x$$

还有周期性、对称性和压力出口等其他边界条件。针对这类边界条件提出的提取未知密度分布函数的方法可在文献 [62] 中找到。

11. 初始化 LB 问题

要解决瞬态流体流动问题（即包含时间导数的线性偏微分方程），必须知道初始时间 $t = 0$ 时因变量的值，这被称为初始条件。不可压缩等温流体流动问题的初始条件通常是初始时刻的密度（或压力）和速度分量的值。现在的问题是如何初始化晶格中的密度分布函数，使得到的初始密度和速度分量与所需的初始条件相同（根据 $\rho = \sum_{i=0}^{m-1} f_i$ 和 $\vec{u} = \sum_{i=0}^{m-1} \vec{c}_i f_i / \sum_{i=0}^{m-1} f_i$）。将式（2.155）中的平衡密度分布函数与密度分布函数代入这两个和，我们可以推断 $\rho = \sum_{i=0}^{m-1} f_i^{eq}$ 和 $\vec{u} = \sum_{i=0}^{m-1} \vec{c}_i f_i^{eq} / \sum_{i=0}^{m-1} f_i^{eq}$。因此可以选择密度分布函数的平衡值作为 LB 问题中密度分布函数的初始值。为此应使用式（2.155），而式（2.155）右侧中的 ρ 和 $\vec{u}$ 的值应等于其初始值。

由于 LB 方程本质上是暂态的，所以稳态问题不能直接用晶格玻尔兹曼方法求解。为了解决一个稳态问题，必须在晶格玻尔兹曼方法框架中建立该问题的暂态形式（这是一个更一般的形式），并且必须求解较长的时间（稳态问题的暂态形式的解达到稳态问题的解为 $t \to \infty$）。为了减少用晶格玻尔兹曼方法求解稳态问题的计算量，必须仔细选择初始条件。事实上，虽然理论上稳态问题的初始条件（即初始猜测）不影响解，但确实影响收敛速度。初始条件越接近最终解，计算代价越小。此外还有几种加速方法也可以加快解的收敛速度，降低计算成本。

12. 在晶格中定义几何

要在晶格玻尔兹曼方法框架中定义流体流动问题的几何形状，必须将所有晶格节点分为三类：流体节点、内部实体节点和界面实体节点（壁）。这些界面实体节点既与流体节点接触，又与内部实体节点接触，在无滑移的情况下对其进行回弹。这种定义节点与传统计算流体力学方法 [如有限体积法（FVM）] 中的定义节点截然不同，再加上无滑移壁的回弹实现，使晶格玻尔兹曼方法成为处理复杂几何形状的强大工具。

更清楚地解释这个关键区别如下：为了用有限体积法模拟流体流动，流体域必须独立于固体域进行网格划分。因此当流体域具有复杂的几何结构时，例如多孔介质微观结构中的孔隙空间，则需要具有精细细胞的复杂非结构化网格。然而在晶格玻尔兹曼方法中，简单晶格（作为结构化网格）可以应用于整个域（流体＋固体）。由于整个域通常有一个简单的几何形状，这种情况就容易很多。举个例子，考虑多孔碳纸气体扩散层，整个域的几何形状是一个细长的矩形立方体（这是一个简单的几何形状），而固体域由许多相交的纤维组成（这是一个复杂的几何形状），流体域是碳纤维之间的孔隙空间（这是一个相当复杂的几何形状）。在晶格玻尔兹曼方法中，点阵应用于整个域的简单几何。然而对于更复杂的流固界面，需要更精细的晶格。

13. 晶格玻尔兹曼方法的简单流体流动应用所需步骤

到目前为止，应用晶格玻尔兹曼方法解决一个简单的流体流动问题所有过程都已经准备就绪。这些连续的步骤如下：

1）在晶格中定义几何。

2）确定所需的输入参数，如黏度、松弛时间等。

3）初始化域内的密度分布函数。

4）按规定的时间步长启动晶格玻尔兹曼方法主回路：

① 碰撞。

② 流动。

③ 边界条件。

④ 为下一个时间步骤提取宏观变量。

5）结果的后处理。

14. 伴随传热的流体流动的 LB 模拟

如果要用晶格玻尔兹曼方法模拟非等温流体流动，首先必须区分对流换热机制的类型。如果热量是通过强制对流机制传递的，那么动量守恒方程和能量守恒方程将是独立的（假设密度和温度黏度特性恒定），因此可以被晶格玻尔兹曼方法独立处理。更具体地说，像 f_i 这样的密度分布函数可以用于速度场的 LB 模拟（就像前面描述的等温流体流动一样），另一个像 g_i 这样的密度分布函数可以用于模拟温度场，其由平流－扩散方程控制：

$$\frac{\partial T}{\partial t} + u\frac{\partial T}{\partial x} + v\frac{\partial T}{\partial y} = \frac{k}{\rho c}\left(\frac{\partial^2 T}{\partial x^2} + \frac{\partial^2 T}{\partial y^2}\right) \tag{2.165}$$

注意，该方程可以由式（2.22）导出，假设性质恒定，忽略单组分流体流动的黏性耗散和可压缩性效应产生的热量。将方程与表 2-11 第 4 行方程比较可知，式（2.158）为 $\alpha = \dfrac{k}{\rho c}$、$\phi = T$ 的平流扩散方程；因此式（2.152）可用于定义平衡密度分布函数，如 g_i^{eq}。在晶格玻尔兹曼方法框架中定义所需的速度 g_i^{eq} 流场的解可以采用 f_i 密度分布函数（回想一下，$\vec{u} = \sum_{i=0}^{m-1} \vec{c}_i f_i / \sum_{i=0}^{m-1} f_i$）。如果像 S_e 这样的源项也存在于式（2.158）的右侧中，则应在式（2.154）中使用 $\vec{u} + \tau S_e$ 而不是 $\vec{u}$。

当传热以自然对流机制为主时，动量守恒方程和能量守恒方程将耦合。在这种情况下，在 Navier-Stokes 方程的右侧（见表 2-11 的最后一行），由于浮力效应将出现以下源项（通过 Boussinesq 近似[24]）：

$$S_{m,x} = \rho g_x \beta(T - T_\infty), \quad S_{m,y} = \rho g_y \beta(T - T_\infty), \quad S_{m,z} = \rho g_z \beta(T - T_\infty) \qquad (2.166)$$

如前所述，这些源项可以通过修改速度场平衡密度分布函数定义中包含的速度 f_i^{eq} 来纳入速度场的 LB 模拟中。但这些源项的值强烈依赖于温度。因此在每个时间步长，速度场和温度场的 LB 方程必须同时求解。由于在 PEM 燃料电池中很少观察到自然对流，因此可以避免要提供更多细节。

对于强制对流或自然对流传热现象的最终求解过程，必须实现边界条件。本节将介绍两种著名的恒温和恒热流密度热边界条件的应用方法。如果以微滑壁为边界温度恒定，则可以根据平衡假设计算微滑壁上的密度分布函数值。根据这一假设，晶格中两个相反方向的密度分布函数之和等于壁面温度的分数，其中分数等于这两个方向的权重因子之和。例如，考虑具有常数的水平无滑移壁面上的三维非等温流动温度为 θ_w，晶格为 D3Q19。壁面上热密度分布函数的平衡假设是

$$
\begin{aligned}
g_2(x,y,0,t) &= -g_4(x,y,0,t) + (WF_2 + WF_4)\theta_w \\
g_7(x,y,0,t) &= -g_9(x,y,0,t) + (WF_7 + WF_9)\theta_w \\
g_{10}(x,y,0,t) &= -g_8(x,y,0,t) + (WF_8 + WF_{10})\theta_w \\
g_{15}(x,y,0,t) &= -g_{17}(x,y,0,t) + (WT_{15} + WF_{17})\theta_w \\
g_{16}(x,y,0,t) &= -g_{18}(x,y,0,t) + (WF_{16} + WF_{18})\theta_w
\end{aligned}
\qquad (2.167)
$$

如果对上述壁面施加恒定的热通量，而不是恒定的温度，通过傅里叶律对应于 $\left.\dfrac{\partial \theta}{\partial z}\right|_w$ 的温度梯度，则壁面的温度可以通过以下一阶近似来估计：

$$\left.\frac{\partial \theta}{\partial z}\right|_w \cong \frac{\theta(x,y,1,t) - \theta(x,y,0,t)}{\delta_z} \qquad (2.168)$$

由于（$x,y,1$）不是边界节点，因此其温度已知。所以通过上述近似，$\theta(x,y,0,t)$ 可以在每个时间步长计算到壁面上。然后设 θ_w 等于计算得到的 $\theta(x,y,0,t)$，可以采用式（2.167）中的关系式。

15. 多相流

对于多相流的 LB 模拟已经有了一些研究。近四十年来出现了几种多相模型，如颜色模型、SC 模型、自由能模型等。Rothman 和 Keller 进行了第一次尝试[63]。然而他们在晶格气体框架中定义的模型受到数值噪声的影响。之后，Gunstensen 等将 Rothman 和 Keller 模型转化为晶格玻尔兹曼方法框架[64, 65]，并加入了 Higuera 和 Jimenez 先前提出的线性化

碰撞算子[66]。得到的模型在文献中称为颜色模型，是第一个 LB 多相模型。然而由于其严格的热力学起源，该模型难以考虑微观尺度的物理现象[67]。

另一个著名的 LB 多相模型是 Shan 和 Chen（SC）模型[68, 69]（也称为伪势模型）。该模型由这两位研究者首次提出，之后又被其他研究者多次修改[70, 71]。在伪势模型中，考虑相邻粒子之间的相互作用伪势力。这些相互作用力具有距离依赖的内在特性（就像分子物理学中的范德华力），可以在 LB 框架中进行调整，最终产生所需的相。这个简单而强大的模型可以很容易地扩展到更复杂的情况。然而由于在这种方法中流体动量可能无法局部守恒，因此应注意其使用。1995 年，Swift 等发展了另一种 LB 多相模型，称为自由能模型[72, 73]。在该模型中，为了产生相，对平衡密度分布函数进行了修正。这个模型有坚实的热力学基础。然而，该模型在 Navier-Stokes 方程中存在黏性项的非物理非伽利略不变性。

这三种 LB 多相模型各有优缺点，虽然都不是直接来源于动力学理论[74]，但都被广泛用于质子交换膜燃料电池中流体流动的微观模拟（尤其是伪势模型和自由能模型）。近十年来，许多文献中提出了其他 LB 多相模型（Zhang 和 Chen[75]、He[76]、Lee 和 Lin[77]、Zheng[78] 等），这些模型直接从动力学理论推导出来，能够模拟大密度和大黏度比的多相流。然而这些模型只适用于几何形状简单的情况，用这些模型来处理质子交换膜燃料电池多孔电极孔隙体积的复杂几何形状并不容易。

根据质子交换膜燃料电池多孔介质中孔隙的平均大小，多相流主要受毛细力的控制[见式（2.97）及相关讨论]，因此采用前三种 LB 多相模型对质子交换膜燃料电池进行微尺度模拟是合理的。在这三种模型中，伪势模型（及其不同的版本）在质子交换膜燃料电池的 LB 仿真中得到了更广泛的应用，这主要是由于这种模型具有相当的通用性。因此，本节将描述这个多相模型。幸运的是，伪势模型可以适用于单种和多种流动。注意在晶格玻尔兹曼方法术语中，使用的不是单一和多物质短语，而是单一成分和多成分短语。之后将使用晶格玻尔兹曼方法术语。由于伪势模型的多组件类型是更一般的类型，为了简短起见，本节将只解释这种类型。然而通过将物种数量设置为 1，可以很容易地从多组分版本中获得单组分类型。

考虑多相流通过一个实用的吸气式质子交换膜燃料电池阴极。这种多相流至少由水、氧和氮三种成分组成。为了应用多分量伪势模型的一个简单版本来模拟这种流动，三个具有三个不同密度分布函数（例如 f_i^1、f_i^2 和 f_i^3）的 LB 方程被用来模拟上述三个分量。此外，在每个节点必须为每个组件定义具有伪势原点的相互内聚力，并通过修改该组件的平衡密度分布函数的定义（例如 $f_i^{eq,1}$、$f_i^{eq,2}$和 $f_i^{eq,3}$）将其纳入该组件的 LB 方程。

如果我们用 NC 来表示组分的数量，那么在位于 $\vec{r}$ 的晶格内部流体节点上，组件 p 的内聚力为

$$\vec{F}_{coh}^p = -\psi^p(\vec{r})\sum_{q=1}^{NC} G^{p,q} \sum_{i=1}^{m} WF_i \psi^q(\vec{r} + \vec{c}_i \Delta t) \qquad （2.169）$$

式中，$\psi^p(\vec{r})$ 为分量 p 在节点 $\vec{r}$ 处的伪势函数，也是该节点上分量 p 密度的函数；$G^{p,q}$ 为分量 p 和 q 之间的内聚因子，在伪势模型中起校准作用。

假设式（2.169）适用于 DnQm 晶格，则可以从表 2-12 和表 2-13 中分别选择 WF_i 和 $\vec{c}_i$。文献 [2] 中给出了伪势函数的几个适用定义。其中一个被研究人员广泛接受的定义是：

$$\psi^p[\rho^p(\vec{r})] = \rho^{ref,p}\left[1 - \exp\left(-\frac{\rho^p(\vec{r})}{\rho^{ref,p}}\right)\right] \qquad (2.170)$$

式中，$\rho^{ref,p}$ 为分量 p 的参考密度（注意 $0 \leqslant \psi^p \leqslant \rho^{ref,p}$，即伪势函数具有有限限制值）。对于通过质子交换膜燃料电池电极的流体流动的所有组分，该参考密度的推荐值为 2.0，而式（2.169）中 $G^{p,q}$ 的推荐值为

$$G^{1,1} = -1.85, G^{1,2} = 1.27, G^{2,1} = 1.27, G^{2,2} = 0.0 \qquad (2.171)$$

式中，上标 1 和 2 分别表示水和气体成分（气体可以是阴极侧的空气或阳极侧的氢气）。

黏附因子的负值类似于吸引相互作用，而正值类似于排斥相互作用。因此，$G^{1,1}$ 的负值加上 $G^{2,2}$ 的零值将导致只收缩气态的水粒子，并为该组分建立另一个相，即液态水。也就是说，在这种情况下，相分离只发生在水组分上，由于质子交换膜燃料电池的工作温度和压力，这是一个合理的事实。另外，通过增加 G^1 的绝对值可以获得更大的密度比，但发生数值不稳定的可能性更大。

关于这些内聚因素的另一个重要注意事项是，多相流的表面张力可以通过改变 $G^{p,q}$ 的值来改变。文献中有一种著名的通过伪势模型验证 LB 模拟的分析方法，称为液滴测试 [2]。在本实验中，通过改变液滴在气域中的初始半径，检验液滴半径的倒数与压差（即液滴内部压力减去其外部压力）之间的关系是线性关系，因为拉普拉斯定律占主导地位（根据该定律，$\Delta P = 2\sigma \times \dfrac{1}{R}$，其中 σ 为表面张力）。这种线性关系的斜率是表面张力 σ 的两倍，是上述内聚因素的函数。关于这个验证方法的更多细节可以在文献 [2] 中找到。

一旦从式（2.169）中计算出所有晶格流体节点和特定时间步的内聚力，就可以通过修改平衡密度分布函数立即纳入碰撞算子。平衡密度分布函数以前是由式（2.155）计算的，现在必须通过以下公式计算分量 p：

$$f_i^{eq,p} = WF_i \rho^p\left[1 + \frac{\vec{c}_i \cdot \vec{u}^{eq,p}}{c_s^2} + \frac{1}{2}\frac{(\vec{c}_i \cdot \vec{u}^{eq,p})^2}{c_s^4} - \frac{1}{2}\frac{\vec{u}^{eq,p} \cdot \vec{u}^{eq,p}}{c_s^2}\right] \qquad (2.172)$$

式中，$\rho^p = \sum_{i=0}^m f_i^p$ 为分量 p 的密度；$\vec{u}^{eq,p}$ 为分量 p 的平衡速度。对于流体内部节点，该速度定义为

$$\vec{u}^{eq,p} = \vec{u}_{com} + \frac{\tau^p \vec{F}_{coh}^p}{\rho^p} \qquad (2.173)$$

式中，τ^p 为分量 p 的弛豫时间；$\vec{F}^p$ 由式（2.169）求得；$\vec{u}_{com}$ 为复合速度（也称共速度）。这个复合速度不同于分量速度，而是显示了一种分量速度的结果：

$$\vec{u}_{com} = \frac{\sum_{p=1}^{NC} \dfrac{\rho^p \vec{u}^p}{\tau^p}}{\sum_{p=1}^{NC} \dfrac{\rho^p}{\tau^p}} \tag{2.174}$$

式中，$\vec{u}^p$ 为分量 p 的速度，$\vec{u}^p = \sum_{i=0}^{m} f_i^p \vec{c}_i / \sum_{i=0}^{m} f_i^p$。当对所有构件采用统一的松弛时间时，上述关系可简化为

$$\vec{u}_{com} = \frac{\sum_{p=1}^{NC} \rho^p \vec{u}^p}{\sum_{p=1}^{NC} \rho^p} \tag{2.175}$$

通过对各组分进行碰撞和流化程序计算出 f_i^p 后，混合物的宏观性质可由以下关系式确定[79]：

$$\rho_{mix} = \sum_{p=1}^{NC} \rho^p \tag{2.176}$$

$$\vec{u}_{mix} = \frac{1}{\rho_{mix}} \sum_{p=1}^{NC} \sum_{i=0}^{m} \left[f_i^p \vec{c}_i + \frac{\vec{F}_{coh}^p \Delta t}{2} \right] \tag{2.177}$$

$$P_{mix} = c_s^2 \sum_{p=1}^{NC} \rho^p + \frac{c_s^2 \Delta t^2}{2} \sum_{p=1}^{NC} \sum_{q=1}^{NC} G^{pq} \psi^p \psi^q \tag{2.178}$$

式中，ρ_{mix}、$\vec{u}_{mix}$ 和 P_{mix} 分别为多相混合物的密度、速度（也称为质心速度）和压力。

当区域内存在固体表面时，流体边界节点还必须考虑另一种相互作用力，称为粘合力。流体边界节点与内部流体节点的不同之处在于其既与固体节点接触，又与流体节点接触。因此在使用式（2.173）时必须小心。对于这些流体边界节点，计算平衡速度必须采用下式，而不是式（2.173）：

$$\vec{u}^{eq,p} = \vec{u}_{com} + \frac{\tau^p(\vec{F}_{coh}^p + \vec{F}_{adh}^p)}{\rho^p} \tag{2.179}$$

式中，$\vec{F}_{adh}^p$ 为作用在晶格节点上的 p 分量粒子从相邻实体节点上的附着力。这个力本质上是固体表面润湿性的函数，可以用下式计算：

$$\vec{F}_{adh}^p = -G_{adh}^p \psi^p(\vec{r}) \sum_{i=1}^{m} W F_i s(\vec{r} + \vec{c}_i \Delta t) \vec{c}_i \tag{2.180}$$

式中，$s(\vec{r} + \vec{c}_i \Delta t)$ 表示二进制值函数，称为实函数，定义为

$$s(\vec{r} + \vec{c}_i \Delta t) = \begin{cases} 1, & \vec{r} + \vec{c}_i \Delta t \text{ 是实节点} \\ 0, & \text{其他} \end{cases} \tag{2.181}$$

考虑一个流体边界节点。根据上述定义，如果 $\vec{r} + \vec{c}_i \Delta t$ 是一个流体节点，那么 $\vec{F}_{adh}^p = 0$。另一方面，对于这样的流体边界节点，如果 $\vec{r} + \vec{c}_i \Delta t$ 是实节点，那么 $\vec{F}_{coh}^p = 0$。

式（2.173）中，G_{adh}^p 为组分 p 与固体表面的黏附因子，事实上这个因子决定了表面的润湿性。正如本节前面所讨论的，润湿性被定义为固体表面附着在液态水相上的倾向水平。当一个表面具有较高的润湿性（即与气相相比，表面更倾向于黏附于液相）时，该表面被称为亲水表面。相反，疏水表面是具有低润湿性的表面（即与液相相比，表面倾向于黏附在气相上）。亲水表面的接触角小于 90°，疏水表面的接触角大于 90°。作为表征润湿性的定量指标，接触角的大小是 G_{adh}^p 的重要函数。更具体地说，对于双组分多相流，如质子交换膜燃料电池阴极中的水 / 空气流动，$G_{adh}^1 - G_{adh}^2$ 决定了表面的接触角，其中 1 表示水，2 表示空气。注意主要影响是由于这两种黏附因素的差异。因此可设 $G_{adh}^1 = -G_{adh}^2 \equiv G_{adh}$，则 $G_{adh}^1 - G_{adh}^2 = 2G_{adh}$。$G_{adh}$ 与表面接触角之间的关系可以从称为静态接触角测试的校准测试中提取出来。关于这个测试的更多细节可以在文献中找到（如文献 [80]）。

根据测试结果，对于通过质子交换膜燃料电池阴极电极的两相水 / 气流，对于式（2.164）所示的黏聚系数，对于不同的质子交换膜燃料电池组件及其典型接触角，G_{adh} 可选择表 2-14 中的值。注意表 2-14 中给出的数据是针对液滴内部水和空气的初始密度选择 5.25 和 0.01 的情况，而液滴外部这两种成分的初始密度分别选择 0.01 和 2.00 的情况。另外，两组分的参考密度均等于 2.0。

表 2-14 质子交换膜燃料电池组件表面的 G_{adh} 建议值

质子交换膜燃料电池组件	面积	碳纤维	聚四氟乙烯	微孔层
接触角 /（°）	85	80	105	150
G_{adh}	−1.215	−1.27	−0.71	+0.12

16. 单相和多组分流动

当存在通过质子交换膜燃料电池电极的单相和多组分流动时（比如通过干燥的质子交换膜燃料电池阴极的流动），可以通过两种不同的被动和主动方法来模拟流动。在被动方法中，种粒子由混合速度场驱动，而在主动方法中，种粒子由各自的速度场驱动。在被动方法中，通过求解物质质量守恒方程来模拟质量传递现象，见式（2.28）。式（2.28）为平流扩散方程，见表 2-11 第四行（其中 ϕ 为物质 i 的质量浓度，ρ_i 和 α 为混合物中组分 i 的扩散系数 $D_{i,m}$）。因此在晶格玻尔兹曼方法框架中，像 f_i 这样的密度分布函数可以用于模拟混合速度场（或溶质的速度场，溶质是浓度比其他物质浓度大得多的物质），而像 h_i^p 这样的一组其他密度分布函数可以用于求解物质质量的守恒方程。但确定 $D_{i,m}$ 可能不是一项简单的任务。更具体地说，如果多组分流是二元组分流，那么确定扩散系数将是直截了当的。但对于两个以上的组件，必须采用在表 2-5 后面提到的前三种方法中的一种来确定 $D_{i,m}$。

在主动方法中，采用多相多分量 LB 模型，如伪势模型，并将模型中的相数降至统一。例如在上节所述的伪势模型中，为了将相数减少到统一，只需要将内聚力和黏附力放在方程中。式（2.166）和式（2.172）等于零。当没有相互作用力时，不会发生相分离，混合物将保持单相。与被动方法相比，这种主动方法可以产生更好的准确性，特别是当所有成分的浓度彼此具有可比性 [62]。然而在主动方法中，不同部件的碰撞过程必须根据其运动黏度选择不同的松弛时间值，见式（2.149）。

17. 表面反应

当发生化学反应时，多组分流中组分的浓度会发生变化：反应物的浓度会降低，而生成物的浓度会升高。通过在式（2.28）的右侧中分别增加一个汇项和源项，可以将这些变化纳入物质质量守恒方程。汇/源项的强度（即 S^p，其中 p 为组件数量）可以根据系统动力学和整体反应速率来确定。这些汇/源项可以在质量传输平流扩散方程（即物质质量守恒方程）的 LB 解中考虑，方法是在每个时间步长进行碰撞和流处理后，在密度分布函数 h_i^p 中加入 $S_i^p = WF_i \delta_t S^p$。但这种方法仅适用于用被动方法模拟单相多组分流动的情况。

上述在晶格玻尔兹曼方法框架中处理化学反应的实现是关于体积反应的。但当有一个表面反应时，会有一个表面汇/源用于组成质量的守恒方程。这种表面汇/源可以被视为质量通量边界条件，非常类似于前面描述的在表面上应用热通量边界条件。但是必须注意该汇/源项可能的浓度变化，这将需要在每个时间步长更新源（即质量通量边界条件）。

如果想要对单相多组分流动的 LB 模拟使用主动方法，那么可以通过修改壁面上的反弹实现来处理固体壁面上的表面反应的质量传递的汇/源项。当固体壁面上没有反作用力时，一对相反方向上的分量密度分布函数相等，这代表了反弹实现的原始格式。但当构件与壁面发生反应时，其密度因表面反应而减小，则反弹的密度分布函数必须小于撞击的密度分布函数。另一方面，当构件在壁面上产生，其密度因表面反应而增大时，反弹的密度分布函数必须大于撞击的密度分布函数。这种命中密度分布函数的减少或增加可以通过一个被称为 LB 速率常数 k_{LB} 的参数来实现，该参数是表面反应速率常数 k 的函数。更具体地说，考虑在 D3Q19 晶格中发生表面反应的水平无滑移壁上的三维流动。如果组分 p 在表面发生 $p + \cdots \rightarrow q + \cdots$ 的反应（如果存在的话，假设这是一个基于 p 的一级反应和基于其他分量的零阶），则分量 p 的反弹密度分布函数可由下式决定：

$$
\begin{aligned}
f_2^p(x,y,0,t) &= (1-k_{LB})f_4^p(x,y,0,t) \\
f_7^p(x,y,0,t) &= (1-k_{LB})f_9^p(x,y,0,t) \\
f_{10}^p(x,y,0,t) &= (1-k_{LB})f_8^p(x,y,0,t) \\
f_{15}^p(x,y,0,t) &= (1-k_{LB})f_{17}^p(x,y,0,t) \\
f_{16}^p(x,y,0,t) &= (1-k_{LB})f_{18}^p(x,y,0,t)
\end{aligned}
\tag{2.182}
$$

相反，产生的分量 q 的反弹密度分布函数可由下式决定：

$$
f_2^q(x,y,0,t) = \frac{MW_q}{MW_p}k_{LB}f_4^p(x,y,0,t) + f_4^q(x,y,0,t)
$$

$$
f_7^q(x,y,0,t) = \frac{MW_q}{MW_p}k_{LB}f_9^p(x,y,0,t) + f_9^q(x,y,0,t)
$$

$$
f_{10}^q(x,y,0,t) = \frac{MW_q}{MW_p}k_{LB}f_8^p(x,y,0,t) + f_8^q(x,y,0,t)
\tag{2.183}
$$

$$f_{15}^q(x,y,0,t) = \frac{MW_q}{MW_p}k_{LB}f_{17}^p(x,y,0,t) + f_{17}^q(x,y,0,t)$$

$$f_{16}^q(x,y,0,t) = \frac{MW_q}{MW_p}k_{LB}f_{18}^p(x,y,0,t) + f_{18}^q(x,y,0,t)$$

LB 速率常数 k_{LB} 与表面反应速率常数 k 的关系为 [81]

$$k_{LB} = \frac{\dfrac{6k\delta_t}{\delta_z}}{1+\dfrac{k\delta_z}{2D^{p,m}}} \tag{2.184}$$

式中，$D^{p,m}$、δ_z 和 δ_t 分别为组件 p 在混合物表面附近的扩散系数、晶格在与表面垂直方向上的空间间隔和时间步长。Molaeimanesh 和 Akbari 证明了晶格空间间隔和时间步长的值必须满足下列关系 [82]：

$$\frac{\delta_z^2}{\delta_t} = 6D^{p,m} \tag{2.185}$$

18. 晶格玻尔兹曼方法的示例

如本节所述，在 LB 模拟过程中，根据几何形状（固体、流体和固体/流体界面三大类）定义晶格节点并初始化所使用的密度分布函数后，将启动主回路。在该循环的每个时间步长进行碰撞、流化、边界条件下密度分布函数的提取，并根据所得密度分布函数计算宏观变量。循环结束后，可以报告结果进行后处理。

为了更好地理解 LB 微尺度建模和仿真，本书提供了几个例子。在附录 A 中，我们提供了一份 Fortran 代码来求解每个例子。

例 2.8　假设质子交换膜燃料电池气体通道的一部分为 2D 矩形，长 2mm，宽 0.5mm。假设在这个通道的中心有一根直径为 50μm 的光纤，在二维域中可以看作是一个圆。确定进口（左边缘）和出口（右边缘）之间 0.001atm、0.005atm 和 0.01atm 三个压差在垂直对称线上的速度大小分布。气体是 80℃和 1atm 的空气。

解：已知空气温度（353.15K）和空气压力（1atm）。这个微通道上的压差（ΔP）也是已知的，可以有 0.001atm、0.005atm 和 0.01atm 三个值。因此，进口压力和出口压力分别为 $1 + \Delta P/2$ 和 $1 - \Delta P/2$。

试求：$x = 1000\mu m$ 线上的速度分布。

图解：

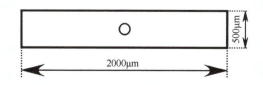

假设：气流稳定且等温。

性质：相对于空气温度和压力，其密度为 $0.9994kg \cdot m^{-3}$，运动黏度为 $2.097 \times 10^{-5} m^2 \cdot s^{-1}$。因此，通过选择松弛时间等于1，每个 LB 时间步长为 $1.987 \times 10^{-7} s$。

分析：选择具有 1000×100 节点的晶格来求解流场，每个晶格步长为 5μm。接口节点可以分为凹角、平壁和凸角三种类型。由于反弹密度分布函数的方向数取决于接口类型及其方向，因此每个接口节点必须由 12 个类型号中的一个来标识，D2Q19 点阵方案如下图所示：

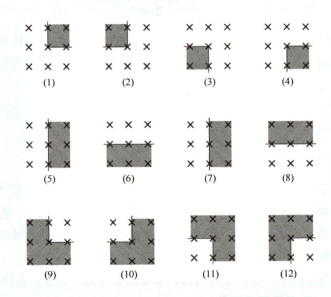

当出口边缘中部速度量级的时间变化小于 10^{-6} 时达到稳态。对于进出口定压边界条件（分别等于 $1 + \Delta P/2$ 和 $1 - \Delta P/2$），可采用 Zou 和 He 提出的方法[61]。例如，对于通道入口，因为 ρ 是已知的压力且 u_x 是未知的，这里只需要重写式（2.162）中的第一个关系式，将 u_x 表示为 ρ 的函数，等式中的其他三个关系不变。此示例的解决方案细节可在附录 A.2 中找到。下图描述了压差为 0.005atm 的模拟机箱的流线。

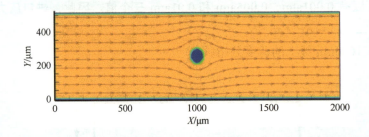

$x = 1000μm$ 线上的速度分布如下图所示。

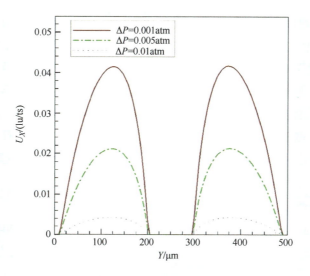

讨论:

这些结果是在 40000 个时间步长后得到的,表示 $t = 40000 \times 1.987 \times 10^{-7}\text{s} = 7.94 \times 10^{-3}\text{s} \cong 8\text{ms}$。由于晶格玻尔兹曼方法本质上是流场的非定常求解器,因此在模拟该稳态问题时必须经过足够的时间,以确保结果具有可接受的稳态水平。这就是为什么有些人认为使用晶格玻尔兹曼方法来解决稳态问题可能在计算上效率低下。在这个问题中,为了检查是否达到稳态条件,我们对位于 (2000μm, 125μm) 的一个出口节点的速度水平分量进行监测并绘制出下图。由于出口处流量波动的可能性较大,因此在出口处选择监测达到稳态的节点。如图所示,本研究的三个模拟案例都达到了稳态。

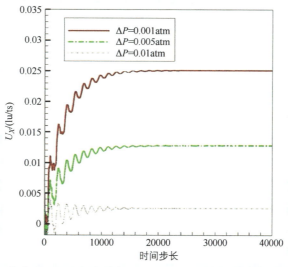

为了将 LB 中的速度与物理速度相关联,可以使用晶格空间步长和时间步长的大小进行单位转换。例如,如果在本例的 LB 框架中流速为 $0.01\text{lu} \cdot \text{ts}^{-1}$,则速度将等于

$$0.01\frac{\text{lu}}{\text{ts}} \times \frac{5 \times 10^{-6}\ \text{m}}{1\text{lu}} \times \frac{1\text{ts}}{1.987 \times 10^{-7}\ \text{s}} = 0.252\frac{\text{m}}{\text{s}}$$

例 2.9　考虑最初完全干燥的质子交换膜燃料电池气体扩散层的一部分。该域可设为 200μm×200μm 的二维正方形。几个不同直径的长纤维放置在这个正方形中。假设这些纤维垂直于二维平面域，分布均匀，如下图所示。中间的光纤直径为 5μm，内部的光纤直径稍大一些，为 6μm。这个二维区域从左垂直边缘与催化剂层接触，液态水在其上产生并随后进入气体扩散层区域。假设固体表面的接触角为 180°，这意味着纤维是极度疏水的。气体扩散层沿透面方向压降为 $10/3\text{lm}\cdot\text{lu}^{-1}\cdot\text{ts}^{-2}$。确定液 – 气界面的时间演化。使用在文献 [62] 中提出的伪势模型，这是一个单组分多相 SC 模型，在式（2.169）中 $\psi=\psi^{ref}\exp\left(-\dfrac{\rho}{\rho^{ref}}\right)$（其中 $\psi^{ref}=4$，$\rho^{ref}=200$），$G^{1,1}=-120$。通过该模型，得到的表面张力 σ 为 14.3，液相密度 ρ_l 为 542.390，气相密度 ρ_v 为 85.7042。此外，通过对式（2.180）选择 $G_{adh}=-327.79$、-187.16 和 -46.534，接触角将分别为 0°、90° 和 180°。

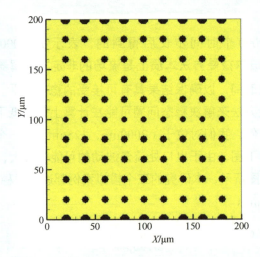

解：已知在水淹过程中，2D 多孔区域的几何形状是气体扩散层的一部分，$\theta=180°$ 和 $\Delta p=10/3\text{lm}\cdot\text{lu}^{-1}\cdot\text{ts}^{-2}$。

试求：在几个不同的时间步长的液 – 气界面。

分析：LB 仿真采用具有 200×200 节点的晶格，因此每个晶格步长为 1μm。区域的水平边缘被认为是周期边界条件，而垂直边缘被认为是定压边界条件。为了实现这些恒压边界条件，可以采用著名的 Zou 和 He 方法[61]。该实现的细节见附录 A.3。

在这个例子的解中，必须注意计算边界上的力。例如，考虑入口边界西面的节点为 $(0,j)$，对于该节点处的相互作用力计算，当需要邻西节点的伪势函数时，可根据液体密度 $\rho_l=524.3905$ 计算，即式（2.169）必须写成

$$\vec{F}_{coh}(0,j)=-\psi(0,j)G^{1,1}\{WF_0\psi(0,j)+WF_1\psi(1,j)+WF_2\psi(0,j+1)$$
$$+WF_3\psi_l+WF_4\psi(0,j-1)+WF_5\psi(1,j+1)+WF_6\psi_l$$
$$+WF_7\psi_l+WF_8\psi(0,j-1)\}$$

式中，$\psi_l = \psi^{ref} \exp\left(-\dfrac{\rho_l}{\rho^{ref}}\right)$ 为液相的伪势函数。

　　下图是 LB 仿真在 a）1000、b）2000、c）12000、d）22000 和 e）32000 五个不同时间步长的结果。如图所示，液相的渗透从几何形状的中间部分开始，那里的纤维更薄，因此之间的空间更宽。

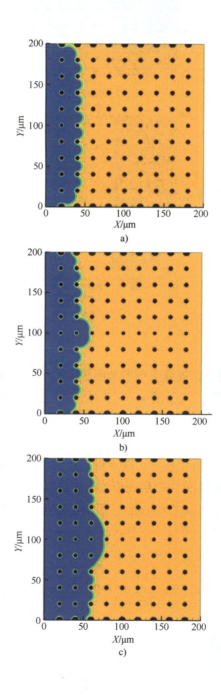

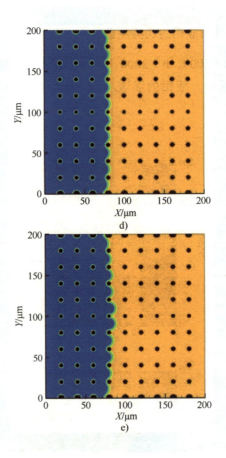

d)

e)

例 2.10　考虑高温质子交换膜燃料电池阴极中的一部分催化剂层，可以将其视为氧化还原反应发生的反应表面。为了简化，在催化剂层上没有多孔层（这是一个例子，不是一个实际的研究课题）。该催化剂层部分上方空间为 1mm×0.2mm×0.2mm（催化剂层面为 1mm×0.2mm 的矩形，为上述空间底面）。假设干燥空气进入催化剂层上方的空间，并随着催化剂层经历 0.001atm 的压降。确定稳态条件下三维区域最大垂直对称平面上氧和水蒸气的分布。同时，提供催化剂层表面的电流密度分布。

域内温度和压力分别为 110℃和 1atm，而阴极电极的活化过电位为 0.4V。为了计算阴极催化剂层上的反应速率，可以使用 Butler-Volmer 方程[83]：

$$j = aj^{ref} \left[\exp\left(\frac{\alpha F \eta}{R_u T} \right) - \exp\left(-\frac{(1-\alpha)F \eta}{R_u T} \right) \right] \left(\frac{\rho^o}{\rho^{o,ref}} \right)$$

方程右侧中使用的变量描述及可采用值如下：

变量	描述	值
A	催化剂层的粗糙度系数	2000
j^{ref}	交流电流密度	$0.013874 A \cdot m^{-2}$
α	正向反应的传递系数	0.5
η	激活超电势	0.4V（已知）
T	工作温度	383.15K
ρ^o	催化剂层上的氧密度	待求
$\rho^{o,ref}$	参考氧密度	$10.875 mol \cdot m^{-3}$

解：已知空气温度（383.15K）和空气压力（1atm），沿这部分催化剂层的压差 ΔP 也是已知的（0.001atm），阴极的活化过电位为 0.4V，进气干燥（无水蒸气存在）。

试求：氧和水蒸气摩尔分数在域的大垂直对称面上的分布和催化剂层表面的电流密度分布。

假设：

1）气流是稳定的等温气流。

2）催化剂层是发生电化学反应的反应表面。

3）由于混合物中水蒸气的比例相对小于其他组分，因此混合物中氧的扩散系数可假定为氧和氮的二元扩散系数。

性质：在 $T = 383.15K$ 和 $P = 1atm$ 时，水蒸气、氧气和氮气的运动黏度分别为 $2.678 \times 10^{-7} m^2 \cdot s^{-1}$、$2.490 \times 10^{-5} m^2 \cdot s^{-1}$ 和 $2.445 \times 10^{-5} m^2 \cdot s^{-1}$。根据上述第三个假设，在电极工作温度和压力 $D^{o,m}$ 下，混合物中氧的扩散系数为 $3.379 \times 10^{-5} m^2 \cdot s^{-1}$。

分析：将右侧除以 $4F$，重新排列上面的 Butler-Volmer 方程，可以得到单位面积催化剂层的耗氧量（r''）：

$$r'' = \left\{ \frac{a}{4F} \left(\frac{j^{ref}}{\rho^{o,ref}} \right) \left[\exp \left(\frac{\alpha_f F \eta}{R_u T} \right) - \exp \left(-\frac{\alpha_r F \eta}{R_u T} \right) \right] \right\} \rho^o$$

这个方程可以写成 $r'' = k\rho^o$，其中 k 是还原反应速率常数：

$$k = \frac{a}{4F} \left(\frac{j^{ref}}{\rho^{o,ref}} \right) \left[\exp \left(\frac{\alpha_f F \eta}{R_u T} \right) - \exp \left(-\frac{\alpha_r F \eta}{R_u T} \right) \right] = 2.833 \times 10^{-3}$$

计算 k 后，k_{LB} 可由式（2.184）计算。但必须事先计算空间间隔和时间步长。在这个例子中，我们应用了一个具有 200×40×40 节点的 3D D3Q19 晶格。因此每个空间间隔为 5μm。则由式（2.185）可计算出时间步长：

$$\delta_t = \frac{\delta_z^2}{6D^{o,m}} = \frac{(5 \times 10^{-6})^2}{6 \times 3.379 \times 10^{-5}} s = 1.233 \times 10^{-7} s$$

因此，由式（2.184）可得 $k_{LB} = 2.095 \times 10^{-3}$，进而得到式中修正后的反弹边界条件，式（2.182）和式（2.183）都可以使用。由式（2.156）可知，利用其在工作温度和压力下的运动黏度可以得到三个分量的松弛时间：

$$\tau^w = \frac{1}{2} + v^w \frac{\delta_t}{c_s^2 \delta_z^2} = \frac{1}{2}\left(1 + \frac{v^m}{D^{s,m}}\right) = 0.504$$

$$\tau^o = \frac{1}{2} + v^o \frac{\delta_t}{\zeta_s^2 \delta_z^2} = \frac{1}{2}\left(1 + \frac{v^o}{D^{s,m}}\right) = 0.868$$

$$\tau^n = \frac{1}{2} + v^n \frac{\delta_t}{c_s^2 \delta_z^2} = \frac{1}{2}\left(1 + \frac{v^n}{D^{s,m}}\right) = 0.862$$

要实现进口和出口的定压边界条件（分别等于 1 和 $1 - \Delta P$），可以使用 Zou 和 He 方法[61]。由于进气道内各组分的摩尔分数已知，因此只需计算进气道内各组分的分压，然后对各组分实施 Zou 和 He 法。但由于没有指定出口中组分的摩尔分数，这不是一个简单的任务。Molaeimanesh 和 Nazemian 提出每个出口节点的摩尔分数采用其前一个邻居节点的摩尔分数，并在每个时间步长更新[46]。这可以在当前示例的解决方案中使用。此示例的解决方案细节可在附录 A.4 中找到。本附录中给出的 Fortran 代码是用 OpenMP 接口编写的，采用共享内存并行处理。该代码的另一个宝贵特性是自动保存和通过存储的密度分布函数从最近的中断恢复启动功能。下图为区域最大垂直对称面上的水汽摩尔分数和氧摩尔分数等高线，以及催化剂层（红色矩形），都是在达到稳态后呈现的。

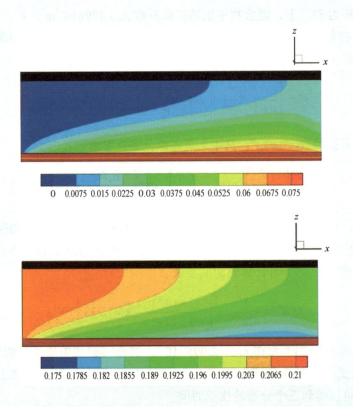

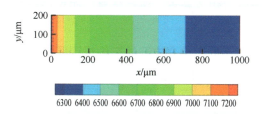

讨论：正如摩尔分数等高线所描述的那样，根据催化剂层上的电化学反应，随着气体沿正 x 轴流过通道，水蒸气摩尔分数增加，而氧气摩尔分数减少。此外，摩尔分数轮廓线垂直于通道的上部非反应表面（上图中的黑色矩形），在该表面上没有反应发生。然而在出口附近，摩尔分数的变化经历了一些不同的行为，这是由于在出口施加了压力 – 出口边界条件的假设，在最后和前一个节点的摩尔分数相等。

2.2.4　水运孔隙网络模拟

1. 孔隙网络建模（PNM）

该建模技术由 Fatt 等人于 1956 年首次提出[84]。用这种方法可以计算多孔介质的宏观传输性质，如相对渗透率和传质系数。这种方法的基础是假设多孔结构是由几个喉道相互连接的孔隙网络。对于多孔介质的实际微观结构而言，这个孔隙网络的构成元素、孔隙和喉道可以有很大范围的不同。通过孔隙网络法可以进行以下三个多相的分析：

1）通过采用 Laplace-Young 规则 [之前表示为式（2.91）] 确定气液界面的位置，以确定两相之间规定的初始压差，之后可以计算初始饱和度。

2）压差稍微增大找到新的界面位置，随后得到更新的饱和度。在这种分析中，可以通过一些简单的规则来执行捕获和断开等现象。这一步提供了饱和毛细管力数据点。通过重复这一步骤，可以计算出饱和毛细管力曲线（图 2-24）。

3）固定界面，增加多孔介质上的压差以引发多相流。利用供水管网分析中的水力关系，可以计算出各相的流量，因此可以提供一个饱和度 – 相对渗透率数据点。通过重复这一步骤，可以计算出饱和度 – 相对渗透率曲线（图 2-21）。

但是，在实现这些步骤之前，必须生成网络。生成的孔隙网络的质量对孔隙网络法的结果有很大的影响。在早期的工作中，通常是针对储层岩石（如砂岩样品）中石油行为的研究，使用的是简单的网络，如正立方或正六边形。通过删除少量喉道，增大或压缩少量喉道，并通过分布函数选择孔径，使网络具有一定程度的不规则性，因此对于大多数非均质和各向异性的实际多孔介质，这是一种更具代表性的网络。针对质子交换膜燃料电池的实际多孔介质，已经提出了具有代表性的孔隙网络，将在以下几节中简要介绍。

2. 气体扩散层孔隙网络生成

2011 年，Markicevic 和 Djilali 使用规则三角形网络通过圆形孔和矩形喉道的简单二维规则网络在燃料电池气体扩散层中输送液态水[85]。喉道的半径是随机选择的，这样从网络中获得的渗透率和毛细压力等于实验数据。遗憾的是，所采用的网络与实际气体扩散层中的孔隙结构相差甚远。

Kuttanikkad 等生成了具有不同大小立方孔的三维规则网络[86]。连接孔的喉道具有方形横截面。孔径 d_p 对应于孔内最大球体的直径，通过文献 [87] 中的 $[d_{p,\min}, d_{p,\max}]$ 范围内的概率函数随机选择，如下所示：

$$d_p = d_{p,\min} + (d_{p,\max} - d_{p,\min})\{\{-\delta\ln\{\lambda[1 - \exp(-1/\delta)] + \exp(-1/\delta)\}\}^{1/\gamma}\} \quad （2.186）$$

式中，在他们的研究中选择 δ 和 γ 分别等于 0.1 和 4.7；λ 从区间 [0,1] 随机生成。

孔隙形成后，形成横截面为方形的喉道。他们认为每个喉道的大小等于喉道两端两个孔中较小孔的大小。在他们的研究中，最终生成的孔隙网络的孔隙率为 77%。Pauchet 等人在研究中也使用了这种孔隙网络生成方法[43]。

Fazeli 等提出了气体扩散层合并微孔层的孔隙网络法[88]。第一步，他们假设气体扩散层由几个长圆柱体作为碳纸组成，并随机重建其微观结构。然后他们使用定制的分水岭算法从生成的微观结构中提取了孔隙网络[89]。为此，他们计算了每个空洞体素到最近的实体体素的距离，并创建了孔隙空间的距离图。然后根据距离图的分水岭对孔隙空间内的体素进行聚类。每个簇是一个球形孔或一组孔诞生的地方。然后对这些孔进行一些修改以完成网络。

Straubhaar 等提出了考虑各向异性和可压缩性的气体扩散层孔隙网络[90]。他们生成了一个三维网络，具有立方孔和方形横截面的短喉。然而他们在平面内和穿过平面的两个方向上选择了不同的网格步骤。其中，直插式喉道长度为 80μm，通平面喉道长度为 40μm。

气体扩散层压缩区域（例如肋下区域）的每个面内喉道直径在 16～27μm 之间随机选择。通平面喉管对应的值为 32～54μm[16-27]。对于气体扩散层的未压缩区域，将得到的喉道直径乘以 1.14，即气体扩散层的未压缩厚度与压缩厚度之比。Carrere 和 Prat 在他们的研究中也使用了这种网络生成方法[91]。

3. 催化剂层孔网络生成

Wu 等人假设阴极催化剂层由覆盖有一层 Nafion 薄膜的球形 Pt/碳团块组成[92]。主要考虑团聚体之间的大孔隙（称为次生孔隙）作为空隙空间，而忽略了在团块内部的小孔隙（称为原生孔隙）。将细胞之间的空隙空间定义为由连接的圆柱形喉部组成的规则网络，这些圆柱形喉部被一层薄薄的 Nafion 层和连接的球形孔所覆盖。根据文献 [93]，将所有喉部的长度都取为 100nm。但喉部半径并没有一个唯一的值，而是由下式选择：

$$r_p = r_{p,\min} + \lambda(r_{p,\max} - r_{p,\min}) \quad （2.187）$$

式中，λ 为 [0,1] 之间的随机数。

Hannach 等提出了阴极催化剂层多孔结构的孔隙网络[94]。该网络基于阴极催化剂层的团簇模型，该模型假设催化剂层由球形团簇和其中的空隙空间构成，这些空隙空间在文献中被称为次生孔隙。团聚体含有炭黑粒子、铂纳米粒子和离子单体。Hannach 等人提出的三维孔隙网络是一个孔隙间距为 150nm 的立方网络。每个孔是一个球体，通过六个圆柱形喉管与六个相邻的孔相连。这些喉管的半径 r_t 由实际阴极催化剂层的孔径分布来选择。孔径 r_p 的半径是根据与其相连的最大喉道的半径和最大孔隙率来选择的。更具体地说，他们选择的此半径为 $r_p = \max\{r_t\} + r_d$，其中 r_d 是根据催化剂层孔隙率确定的常数。他们用这个网络模拟了两相传输、电荷传输和热传输现象，还考虑了液态水的蒸发，最后研究了催化剂层内部的液态水分布和产液机制。本书将在本小节的其余部分更详细地描述孔隙网络法。

4. 如何用孔隙网络法模拟阴极催化剂层

为了全面地建立阴极催化剂层的孔隙网络法模型，必须通过相关的子模型来处理不同的传输现象以及电化学反应。对这些子模型的解释如下[93]。

（1）液态水传输子模型　孔隙中的液态水可以侵入邻近的喉道（或孔隙）。问题是哪个喉部首先被液态水填满。这个问题可以通过计算侵入每个部位（喉或孔）所需的毛细压力 P_{cth} 阈值来回答。该毛细压力阈值越高，侵入部位的难度越大。此压力可以用下面的公式来计算[94]：

$$P_{cth} = -\frac{4\sigma\cos\theta}{d_n} \tag{2.188}$$

式中，σ 为表面张力；对于喉道，d_n 总是等于 d_t（喉道直径）；对于一个孔，d_n 可以等于 d_p（孔径），这取决于孔隙润湿性条件：

$$\begin{cases} d_n = d_p, & \theta > 90° \\ d_n = d_p + \sum_{i=1}^{n} b_i \kappa_i d_{t,i}, & \theta < 90° \end{cases} \tag{2.189}$$

如文献 [94] 所述，给定的亲水孔隙入侵依赖于邻近喉道的条件，这就是上述双准则函数的原因。因为在亲水的情况下，侵入过程具有合作性质（即既受到邻近喉部弯月面生长的影响，也受到孔内弯月面生长的影响）。这种合作性质在上述函数的第二个准则中表现得很明显，Blunt 对此进行了表述[95]。根据式（2.189），n 为被空气填充的相邻喉道的个数。其中 κ_i 表示生成的从 0 到 1 的随机数。

孔隙网络法模拟液态水侵入的计算可概括为以下几个步骤：

1）在毛细压力最低阈值时，首先侵入喉部或孔隙。

2）在每个时间步，只有一个元素（喉道或孔隙）在每个液体团簇边界被界面力入侵。

3）选择时间步长，使液态水完全只占用一个元素。

关于这些步骤的更多细节以及实现这些步骤的两种动态和顺序方法见文献 [94]。

（2）气体扩散子模型　孔隙网络中的气体传输由文献 [94] 提出的基于 Stefan-Maxwell 方程的子模型模拟。根据这些方程，物质 i 的摩尔分数梯度 ∇x_i 取决于扩散系数 D_j（其中 j 表示物质 O_2、H_2O 和 N_2）和物质的摩尔通量 D_j[96]：

$$c\nabla x_i = \sum_j \left(\frac{x_i J_j}{D_j} - \frac{x_i J_i}{D_i} \right) \tag{2.190}$$

式中，c 为气相总浓度（$mol \cdot m^{-3}$）。

总气压梯度由下式求得[96]：

$$\nabla p = \frac{32\mu}{cd^2(1+Knp)} \frac{\sum_j \left(M_j^{\frac{1}{2}} J_j \right)}{\sum_j \left(x_j M_j^{\frac{1}{2}} \right)} \tag{2.191}$$

式中，Knp 与克努森数 Kn 的关系与物质的分子量有关：

$$Knp = \frac{128}{3\pi} \frac{\left[\sum_j (x_j M_j) \right]^{\frac{1}{2}}}{\sum_j \left(x_j M_j^{\frac{1}{2}} \right)} Kn \tag{2.192}$$

由于质子交换膜燃料电池中氮的惰性化学性质，可以假设在式（2.190）中 J_{N_2} 为零。为了考虑 Knudsen 效应，式（2.190）中施加的扩散系数必须按以下关系式计算：

$$D_i = \left(\frac{1}{D_b} + \frac{1}{D_{k,i}} \right)^{-1} \tag{2.193}$$

式中，D_b 为二元扩散；$D_{k,i}$ 为物质 i 的 Knudsen 扩散，计算公式为[96]

$$D_{k,i} = \frac{d}{3} \left(\frac{8R_u T}{\pi MW_i} \right)^{\frac{1}{2}} \tag{2.194}$$

式中，d 为阴极催化层中二次孔的平均直径。

利用这些等式，可以计算两个相邻的气态或半气态孔隙之间气体扩散的电导率（更多信息参见文献 [94]）。气体的传递受到孔隙中液态水存在的影响，因此气体扩散的电导需要修改。根据润湿性条件，对于亲水和疏水元件要有不同修改。在亲水元件中，液态水在其内壁周围形成一层。而在疏水元件中，液态水以球形液滴的形式分散在元件中。因此对于相同比例的液态水，当元件亲水时气体传递的可用空间更大。亲水孔和喉部的这种修改是饱和度的函数，可以分别表示为 $(1-s)^{2/3}$ 和 $(1-s)$。对于疏水元件，孔和喉部对应的因子分别为 $(1-s^{2/3})$ 和 $\max\{0,(1-3s/2)\}$。在文献 [94] 中，可以找到关于该子模型的更多信息。

（3）蒸发子模型 假设阴极催化层处团聚体表面的产出水为液相，则蒸发的速率可能取决于邻近孔隙中水蒸气的温度和分压条件。蒸发可以发生在两个不同的界面上，即团聚体与空隙空间的界面和水团与气体流动的界面。在第一界面上，当该界面处的水蒸发速率低于团聚体表面上的水产生速率时，液态水将开始侵入阴极催化层孔隙网络，这将以液态水团簇的产生而结束。在这个团簇和气流的界面处，蒸发也可以发生在更大的尺度上，减小了团簇的大小。为了计算这两个界面上的蒸发速率，可以使用 Schrage 最初提出的基于动能理论的关系式[97]：

$$J_{ev} = \frac{2\sigma_{acc}}{2 - \sigma_{acc}} \left(\frac{1}{2\pi RTMW_{H_2O}} \right)^{\frac{1}{2}} (P_{loc,sat} - P_{H_2O}) \tag{2.195}$$

式中，$P_{loc,sat}$ 为在温度 T 下的水的局部饱和压力；P_{H_2O} 为水蒸气在接触面上的分压；σ_{acc} 为调节系数。局部饱和压力取决于弯月面曲率，而弯月面曲率又是静态接触角 θ 和孔径 d_p 的函数。这种依赖关系可以通过使用开尔文方程来表示[98]：

$$P_{loc,sat}(T, d_p, \theta) = P_{sat}(T) \exp \left(-\frac{4\sigma MW_{H_2O}\cos\theta}{P_{H_2O}R_g T d_p} \right) \tag{2.196}$$

根据这个方程，弯月面更弯曲的较小孔隙与弯月面更平坦的较大孔隙相比，在相同的温度下将具有更大的局部饱和压力。

（4）电荷转移子模型　在描述电荷转移子模型之前，根据 Hannach 等人采用的催化剂层结构的图像，明晰孔隙和团聚体[94]。事实上，Hannach 等人考虑了两个不同的嵌套网络，即团聚网络和孔隙网络，两者为立方网络和规则网络，如图 2-31 所示。

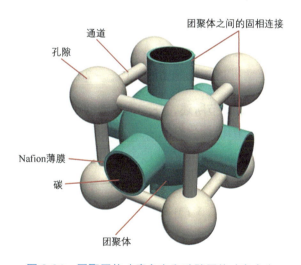

通道
团聚体之间的固相连接
孔隙
Nafion薄膜
碳
团聚体

图 2-31　团聚网络（青色）和孔隙网络（灰色）

在团聚网络中，每两个相邻团聚体之间的距离是常数且等于 δ。固相团聚体的几何特征有团聚体的表面积 A_{agg} 和 Nafion 膜的厚度 t_N，同时每个团聚体都被这种膜覆盖。这种团聚网络为电荷和热传递提供了路径，而孔隙网络为流体流动和物质传输提供了通道。

电荷转移子模型基于每个单个团聚体中电子势 ϕ_{e^-} 和质子势 ϕ_{H^+} 的计算，在团聚体网络中，每两个相邻团聚体之间的连接被认为是一个被 Nafion 覆盖的碳圆柱体，直径为

$$d_{link} = \left(4\frac{\delta^2}{\pi} - \sum_i \frac{d_{p,i}^2}{4} \right)^{1/2} \tag{2.197}$$

因此，直径 d_{link} 是团聚体距离和孔径的函数（孔隙越大，连接越薄）。尽管可以很容易地假设电子的电导率是恒定的，但质子的电导率取决于局部相对湿度：

$$\sigma_{H^+} = 100 \times \exp\left[(15.036 \times a_{H_2O} - 15.811)\frac{1000}{T} + (-30.726 \times a_{H_2O} + 30.481)\right]$$ （2.198）

然后确定电子电流密度 j_{e^-} 和质子转移通量 j_{H^+}，如下所示：

$$\begin{cases} j_{e^-} = -\sigma_{e^-}\nabla\phi_{e^-} \\ j_{H^+} = -\sigma_{H^+}\nabla\phi_{H^+} \end{cases}$$ （2.199）

团聚体的电荷平衡表示为

$$\begin{cases} \sum_i (A_{e^-,i} j_{e^-,i}) = -A_{agg} j_{orr} \\ \sum_i (A_{H^+,i} j_{H^+,i}) = -A_{agg} j_{orr} \end{cases}$$ （2.200）

式中，i 为相邻团聚体的指数；j_{orr} 为由氧化还原反应产生的电流密度（$A \cdot m^{-2}$）；$A_{e^-,i}$ 和 $A_{H^+,i}$ 分别为电子和质子分别通过的横截面积。上述横截面分别为圆形和环形，具有以下区域：

$$\begin{cases} A_{e^-} = (\pi/4)(d_{link} - 2t_N)^2 \\ A_{H^+} = (\pi/4)[d_{link}^2 - (d_{link} - 2t_N)^2] \end{cases}$$ （2.201）

（5）传热子模型　如第 2.1.2 节所述，在一个电池的不同部件中可以考虑几个产生热量的来源。Hannach 等人考虑了阴极催化剂层中产生热量的三个来源：欧姆损失、活化损失和熵增[94]，其中最后一个是可逆的，而另外两个是不可逆的。这三个来源出现在通过团聚体网络的传热方程的右端项上，如下所示：

$$\sum_i [A_{T,i}(-k_T\nabla T)] = Q_{ohmic} + Q_{activation} + Q_{entropy}$$ （2.202）

式中，$A_{T,i}$ 为相邻两个团聚体之间连接的横截面积：

$$A_{T,i} = \frac{\pi}{4}d_{link,i}^2$$ （2.203）

等式（2.202）右端项上的产热源可通过以下公式计算：

$$Q_{ohmic} = \frac{A_{e^-}}{\delta}\frac{(j_{e^-})^2}{\sigma_{e^-}} + \frac{A_{H^+}}{\delta}\frac{(j_{H^+})^2}{\sigma_{H^+}}$$ （2.204）

$$Q_{activation} = A_{agg} j_{orr}\eta$$ （2.205）

$$Q_{entropy} = A_{agg} j_{orr}\frac{T\Delta S_{orr}}{4F}$$ （2.206）

（6）电化学反应子模型 在 Hannach 等人提出的阴极催化层的孔隙网络模型以及在许多其他数值模型中，电化学反应是该模型的核心，耦合了不同的子模型[94]。这里假设这种电化学反应发生在团聚体的表面上。电化学反应子模型基于 Butler-Volmer 方程[99]，如下所示：

$$j_{orr} = j^0 (a_{O_2})^{\frac{1}{4}} (a_{H_2O})^{\frac{1}{2}} \left[\exp\left(2\frac{\alpha F}{RT}\eta \right) - \exp\left(-2\frac{(1-\alpha)F}{RT}\eta \right) \right] \quad （2.207）$$

式中，活化超电势 η 可以通过每个团聚体（即团聚体网络的每个节点）的电子和质子电势来计算：

$$\eta = \phi_{e^-} - \phi_{H^+} - E^0 \quad （2.208）$$

每个单个团聚体被八个孔隙包围（图 2-31）。根据式（2.207），每个团聚体表面上的氧和水蒸气活性为 a_{O_2} 和 a_{H_2O}，可以通过平均该团聚体周围孔隙中的相关活性来计算：

$$a_{O_2} = \frac{\sum_i a_{O_2,i}}{周围孔隙数} \quad （2.209）$$

$$a_{H_2O} = \frac{\sum_i a_{H_2O,i}}{周围孔隙数} \quad （2.210）$$

相反地，通过从式（2.207）中计算 j_{orr} 来计算每个团聚体表面的产水速率和耗氧速率，并将其均匀地用于周围的孔隙中，作为水蒸气产生和氧气消耗的来源。更多详细细节见文献[94]。

在本部分中定义了孔隙网络法模拟阴极催化层的上述子模型后，必须为每个子模型定义催化层与膜和催化层与气体催化层两个界面处的边界条件，随后通过迭代程序同时求解所有子模型，用来在两个嵌套网络的节点处提供所有未知参数。在每次迭代中，如果产生液态水，则必须采用侵入算法来确定液态水在阴极催化层内的分布，并更新气流的扩散路径。有关该孔隙网络法模型的边界条件和求解算法的更多详细信息，请参阅文献[94]。

2.2.5 水传输的流体体积法模型

如前所述，在第 2.1.2 节中，混合多相模型可以用于预测 PEM 燃料电池内部存在的液态水体积（饱和水）及其对电池性能的影响。然而该模型无法检测到气体通道中是否存在液滴、浓缩、散射、积聚的水层[100]。为了观察这些现象，需要具有界面跟踪能力的模型。其中一个模型是流体体积法模型，这是一种用于界面重建的高度保守的方法。可以使用流体体积法来模拟不混溶流体，以求解一系列动量方程，然后在整个域中跟踪每个流体中的体积分数，还可以考虑表面张力和壁面附着力的影响。此外，流体体积法像一个可访问的软件一样包含在许多计算流体力学软件包中，如 ANSYS Fluent、GFS 和 STAR-CCM。

通过流体体积法模型对 PEMFC 组件中液态水的微观模拟可以分为各种方法。对于水的初始分布，在一些研究中认为液态水最初在气体通道中，而在其他研究中认为液态水逐渐从气体扩散层进入气体通道。在一些研究中，气体通道与气体扩散层界面被认为是光滑的表面，而在其他研究中，气体扩散层微观结构也被考虑在内。在计算领域的研究中，有些将重点放在气体通道上，有些将重点放在阴极电极上，有些则将重点放在整个电池上。就模拟的维度而言，一些是在二维域中执行的，而其他是三维模拟[101]。

为了更好地理解质子交换膜燃料电池阴极电极中水的状态，只通过实验研究还不够充分，还需要诸如由流体体积法计算的数值模拟来提供更多的数据。通过从这些实验和数值模拟中收集数据，Ferreira 等人将 PEM 燃料电池阴极中的两相流过程描述为以下步骤：在催化层中产生的液态水，通过毛细管力经过催化层与气体扩散层孔转移，从优先区域（即不均匀出射）进入气体通道，从气体扩散层表面分离后，将形成气体通道中的液滴[101]。这些液滴以离散液滴的形式通过气体通道的气流向下移动，或者可能结合在一起形成浆状物或膜。研究表明，疏水性气体扩散层、亲水性气体通道以及气体通道横截面的矩形几何形状加速了这些步骤，从而减少了水淹的发生。

在特定的操作条件下，可视化实验揭示了水淹也可能出现在阳极气体通道中[102-104]。然而在阳极侧，液态水产生的来源是不同的，这是由于气体通道的上壁（气体通道与气体扩散层界面相对的壁）中水蒸气的冷凝。这表明液态水的行为在两个电极中可能会有很大的不同，这意味着两个电极需要两种不同的水管理策略。因此，Ferreira 等人在其综述论文中也建议对 PEM 燃料电池阳极侧的两相电流进行模拟[101]。

在流体体积法模型实现之前，必须考虑流体体积法的一些缺点。尽管该数值模型能够在气体通道下工作，但由于巨大的计算成本，无法完全考虑电极的微观结构（对于充分考虑电极微观结构，晶格玻尔兹曼方法是更好的选择。文献 [105] 中介绍了一项同时使用流体体积法和晶格玻尔兹曼方法的研究）。因此为了使用流体体积法通过电极进行水模拟，研究人员假设气体扩散通道是一种均匀和各向同性的多孔介质，也认为气体扩散层微观结构是更简单的几何形状。由于两相流体体积法模型和热传递及电化学反应的时间尺度不同，难以将流体体积法模型与热传递及化学反应耦合。为了解决上述问题，一种有效的方法是简化膜电极，并采用一个更简单的模型来描述膜电极中的传质、传热和电化学现象，同时使用流体体积法模型来描述气体通道中的两相流[101]。

如第 2.1.2 节所示，基于计算域里每个单元中每个相的体积分数计算两个不混溶相的流体体积法模型。当这些体积分数已知时，所有性质和变量都可以通过相之间的平均体积来确定。

为了确定相的体积分数并随后跟踪相之间的接触面，必须在每个计算单元中求解以下连续性方程[101]：

$$\frac{1}{\rho_q}\left[\frac{\partial}{\partial t}(\alpha_q \rho_q) + \nabla \cdot (\alpha_q \rho_q \vec{v}_q) = S_{\alpha q} + \sum_{p=1}^{n}(\dot{m}_{pq} - \dot{m}_{qp})\right] \tag{2.211}$$

式中，ρ_q、$\vec{v}_q$、$S_{\alpha q}$ 分别为 q 相的密度、速度、质量源项；$\dot{m}_{pq}$ 为从 p 相到 q 相的质量传递；

$\dot{m}_{qp}$ 为从 q 相到 p 相的质量传递。

在求解整个计算域的上述方程之前，应将该域离散成几个计算单元，这些计算单元也称为有限体积。这表明了一种被称为有限体积法（FVM）的数值框架，用于求解域中的流体体积方程。在第 2.3.2 节中会详细解释有限体积法框架。

在质子交换膜燃料电池的两相域计算单元中，j 相的体积分数通常用 $\propto_j$ 表示。如果下标 i 和 j 表示这两个相，则计算每个计算单元的黏度和密度如下 [101]：

$$\rho = \propto_i \rho_i + (1 - \propto_i) \rho_j \tag{2.212}$$

$$\mu = \propto_i \mu_i + (1 - \propto_i) \mu_j \tag{2.213}$$

对于动量守恒，只求解一个方程并且得到的速度分量可以考虑所有相位。由上面的 ρ 和 μ，可以解出如下方程：

$$\frac{\partial}{\partial t}(\rho \vec{V}) + \nabla \cdot (\rho \vec{V} \vec{V}) = -\nabla p + \nabla \cdot [\mu(\nabla \vec{V} + \nabla \vec{v} \vec{V}^{\mathrm{T}})] + \rho \vec{g} + \vec{F} \tag{2.214}$$

式中，$\vec{F}$ 为合并表面张力的影响。在本节中将解释这个力项的计算。能量守恒方程也可以用所有相的单位方程来表示 [101]：

$$\frac{\partial}{\partial t}(\rho e) + \nabla \cdot [\vec{v}(\rho e + p)] = \nabla \cdot (K_{eff} \nabla T) + S_h \tag{2.215}$$

式中，S_h 为包括辐射或其他热源的影响；e 为质量平均内能。更具体地说，e 可用下式计算：

$$e = \frac{\sum_{q=1}^{n} \propto_q \rho_q e_q}{\sum_{q=1}^{n} \propto_q \rho_q} \tag{2.216}$$

此外，K_{eff} 表示相之间共享的有效导热系数，其计算方法与式（2.212）中的 ρ 相似。

流体体积法模型的一个显著特征是其能捕获表面的张力效应，而表面张力效应在微通道流动中起着关键作用。为了捕捉流体体积模型中的表面张力效应，可以使用两种不同的方法：连续表面张力（CSS）方法和连续表面力（CSF）方法 [101]。

Brackbill 提出的连续表面力方法通过定义动量守恒方程的源项 [式（2.214）的右端项中的 $\vec{F}$] 来考虑表面张力对流场的影响 [106]。表面张力在压力跃过表面时出现。因此利用散度定理，表面上的给定力可以定义为连续表面力方法中计算的体积力 [101]，即

$$\vec{F} = \sum_{j=1}^{n} \sum_{i, i<j} \sigma_{ij} \frac{\propto_i \rho_i \kappa_i \vec{\nabla} \propto_j + \propto_j \rho_j \kappa_i \vec{\nabla} \propto_i}{\frac{1}{2}(\rho_i + \rho_j)} \tag{2.217}$$

式中，σ_{ij} 为 i 相和 j 相界面的表面张力；κ 为表面由单位法向量的散度计算的曲率 $\hat{n}(\kappa = \nabla \cdot \hat{n})$：

$$\hat{n} = \frac{\vec{n}}{|\vec{n}|} \qquad (2.218)$$

式中，$\vec{n}$ 为表面的法向量，由 q 相的体积分数梯度决定：

$$\vec{n} = \vec{\nabla} \propto_q \qquad (2.219)$$

若电池中只有两相，则 $\kappa_i = -\kappa_j$，$\nabla\alpha_i = -\nabla\alpha_j$，式（2.217）可表示为

$$\vec{F} = \sigma_{ij} \frac{\rho k_i \vec{\nabla} \propto_j}{\frac{1}{2}(\rho_i + \rho_j)} \qquad (2.220)$$

与连续表面力方法中的非守恒公式不同，连续表面张力方法对表面张力进行了保守建模。连续表面张力模型避免了显式曲率计算，可以根据表面应力定义为各向异性类型的毛细管力建模。因此，在这种方法中表面张力可以被视为[101]

$$\vec{F} = \vec{\nabla} \cdot \left[\sigma \left(|\vec{\nabla}\alpha|\vec{I} - \frac{\vec{\nabla}\alpha \otimes \vec{\nabla}\alpha}{|\vec{\nabla}\alpha|} \right) \right] \qquad (2.221)$$

式中，$\vec{I}$ 为单位张量；$\otimes$ 为两个向量的张量积。

与连续表面力方法相比，连续表面张力方法有一些额外的优势，特别是对于那些涉及可变溶液表面张力。在这种表面张力变化的情况下，根据表面张力，连续表面力模型在与界面相切的方向上需要增加一项。然而，在其保守性公式中，连续表面张力模型不需要额外的附加项。此外，连续表面张力技术不需要对曲率进行分析，因此其在像尖角这样未充分分辨的区域发挥重要的物理作用。

在流体体积法模型中还考虑了壁面黏附的影响。为此，壁面的接触角可以用来调节靠近壁面的电池中的表面法线，还可以调节靠近壁面的表面的曲率，这被称为动态边界条件。用 θ_w 表示壁的接触角，表面法线由下式计算[101]：

$$\hat{n} = \hat{t}_w \sin\theta_w + \hat{n}_w \cos\theta_w \qquad (2.222)$$

式中，$\hat{t}_w$ 和 $\hat{n}_w$ 分别为切向单位矢量和法向单位矢量。在本节的最后，值得一提的是 ANSYS Fluent 软件中的大多数流体体积模拟都是通过使用连续表面力方法进行的[101]。

2.3 PEMFC 的宏观建模与仿真

PEMFC 的宏观建模与仿真可以为实现 PEM 电池、堆或系统的优化设计和控制提供支持。当这些应用于更具挑战性的技术问题时，例如水管理和热管理，会更加重要。例如，当制造商希望生产具有最佳气体通道设计的双极板时（即气体在气体扩散层上的分布最均

匀，每个电池的气体交换压降最小，以及注水和气体通道堵塞的可能性最小），制造商可以受益于宏观尺度建模和模拟工具，并且避免建造几个双极板并对其进行多次测试以接近双极板的最佳流场设计的成本。在最先进的并行处理器帮助下，这个工具比以往任何时候都更强大。在本节的其余部分中，将描述该工具在从一个电池到整个系统各个级别的能力。

2.3.1　电池的一维建模

PEM 燃料电池的一维建模是一种计算成本最低的用于分析电池的强大工具。微小的计算成本使得这些一维模型成为通过预测控制方法对 PEMFC 进行最佳控制的有力选择。在这里解释一个简单而强大的燃料电池一维模型，该模型能够预测作为电流密度函数的电池电压（即能够将 PEM 燃料电池的极化曲线预测为 PEMFC 性能的最重要的特性曲线）。该模型基于电池中不同质量和电荷通量之间的关系，并从这些通量中提取电池中的三个主要电压损失，以找到特定电流密度下电池的最终可用电压，如图 1-21 所示。然而为了评估这些损失，需要知道其他五个输入参数，即 j_{leak}（燃料渗漏）、j_0 和 α（活化损失）、ASR（欧姆损失）和 j_L（浓度损失）。

考虑图 2-32 所示的 PEM 燃料电池。该模型的一维是沿着单元中的 z 轴建立的，即通过平面的通量是该模型的基础。考虑电池表面上的一个点 [即特定的 (x, y)]。由式（1.90）可得不同通量之间的等式：

$$\frac{i}{2F} = \frac{n_{H^+}}{2} = n_{H_2}^A = 2n_{O_2}^C = s_{H_2O}^C \qquad （2.223）$$

式中，i 为电流密度；n_{H^+}、$n_{H_2}^A$、$n_{O_2}^C$ 分别为质子、阳极处的氢和阴极处的氧通过膜的摩尔通量（在一些文献中摩尔通量用 $\overline{J}$ 而不是 n 表示，这里选择更简单的符号 n）。

注意，在图 2-32 中，膜与阳极和阴极的界面分别命名为截面 Ⅱ 和截面 Ⅲ。式（2.223）最后一项 $s_{H_2O}^C$ 是阴极处每面积的水生成速率（$mol \cdot m^{-2} \cdot s^{-1}$）（图 2-32 中的第 Ⅲ 部分）。现在如果将上述关系推广到整个电池而不仅仅是针对一个特定的点，必须将式（2.223）中提到的通量视为电池的净通量。因此对于氢和氧，$n_{H_2}^A$ 和 $n_{O_2}^C$ 可以写成：

$$n_{H_2}^A = \frac{N_{H_2,1} - N_{H_2,4}}{A_{elec}} \qquad （2.224）$$

$$n_{O_2}^C = \frac{N_{O_2,8} - N_{O_2,13}}{A_{elec}} \qquad （2.225）$$

式中，N 为某一物质通过某一特定流的摩尔流速。然而由于水出现在电池的所有组成部分，所以水的情况复杂。

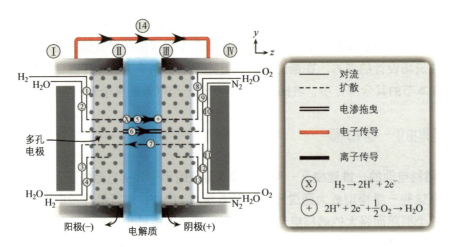

图 2-32　PEM 电池结构示意图及其构建一维的通量模型

基于水在阳极 – 膜界面和阴极 – 膜界面的物质摩尔守恒，可以写出如下关系：

$$N_{\mathrm{H_2O,2}} - N_{\mathrm{H_2O,3}} = N_{\mathrm{H_2O,6}} - N_{\mathrm{H_2O,7}} = N_{\mathrm{H_2O,12}} - N_{\mathrm{H_2O,9}} - N_{\mathrm{H_2O,5}} \tag{2.226}$$

式中，$N_{\mathrm{H_2O,5}} = s_{\mathrm{H_2O}}^{C} \times A_{elec}$。因此结合式（2.223），水摩尔通量的平衡可以表示为

$$n_{\mathrm{H_2O}}^{A} = n_{\mathrm{H_2O}}^{Mem} = n_{\mathrm{H_2O}}^{C} - \frac{i}{2F} \tag{2.227}$$

式中，$n_{\mathrm{H_2O}}^{A}$、$n_{\mathrm{H_2O}}^{Mem}$、$n_{\mathrm{H_2O}}^{C}$ 分别为进入阳极、穿过膜和离开阴极的净水通量。通过定义膜通量比 γ 为通过膜的水通量与通过膜的质子通量之比，有 $n_{\mathrm{H_2O}}^{Mem} = \gamma \dfrac{i}{2F}$。因此，从式（2.227）中，通过阴极的水净通量可以写成

$$n_{\mathrm{H_2O}}^{C} = (\gamma + 1)\frac{i}{2F} \tag{2.228}$$

现在将水通量代入式（2.223），建立最终的通量平衡方程：

$$\frac{i}{2F} = \frac{n_{\mathrm{H^+}}}{2} = n_{\mathrm{H_2}}^{A} = 2n_{\mathrm{O_2}}^{C} = \frac{n_{\mathrm{H_2O}}^{A}}{\gamma} = \frac{n_{\mathrm{H_2O}}^{Mem}}{\gamma} = \frac{n_{\mathrm{H_2O}}^{C}}{\gamma + 1} \tag{2.229}$$

注意，如果知道电流密度 i 和膜通量比 γ，那么从这个方程可以计算出电池的所有摩尔通量。通过这些通量来计算活化的电极中反应物种类的平面分布浓度损失。此外，通过膜中含水量的平面分布可以计算膜的欧姆电阻，进而计算 PEMFC 的欧姆损失。在详细介绍这些损失的计算过程之前，必须考虑以下假设：

1）电池中不存在液态水（当电流密度不大时成立）。

2）催化剂层可以看作是膜和电极之间的薄界面。通过比较实际催化剂层（大约 20μm）和气体扩散层（大约 300μm）的厚度，得出这也是一个合理的假设。

3）唯一考虑的传质机制是扩散，扩散只会发生在电极的通平面方向（或 z 轴方向），这

是一维模型的主要方向。这个假设源于这样一个事实，即主要由对流机制引起的通道和电极中物质浓度的平面内变化，与主要由扩散机制引起的电极中物质密度的穿透平面变化相比是可以忽略的。此外，由于在气体通道中对流机制占主导地位并已经被忽略，因此不考虑气体通道中的质量扩散。

4）为了计算阴极处氧气和水蒸气的质量扩散通量，可以将氮视为惰性物质，因为在电池中既不产生也不消耗氮，所以此假设合理。

5）与质子电阻相比，电池的电子电阻可以忽略不计（见前一章）。

6）电池的活化损失仅是由于阴极处的电化学反应造成的。阳极活化损失可以忽略不计。

现在尝试通过上述假设和通量平衡来公式化电池的所有电压损耗 [式（2.229）]，从活化损失开始。

1. 第一步，活化损失

由于阴极动力学先前表示为 Butler-Volmer 方程 [式（1.72）]，则电流密度可表示为

$$i = i_0 \left\{ \exp\left[-\frac{\alpha_{Re,c} F(E_c - E_{r,c})}{R_u T} \right] - \exp\left[\frac{\alpha_{Ox,c} F(E_c - E_{r,c})}{R_u T} \right] \right\} \tag{2.230}$$

假设阴极处的基本电荷转移步骤的反应级数为 $1^{[7]}$，则有

$$i_0 = i_{0,ref} \left(\frac{C_{O_2}}{C_{O_2,ref}} \right)^1 \tag{2.231}$$

式中，$i_{0,ref}$ 为参考交换电流密度；C_{O_2} 和 $C_{O_2,ref}$ 为反应表面和参考状态下氧气的摩尔浓度。因此，阴极电极的 Butler-Volmer 方程的更详细形式是

$$i = i_{0,ref} \left(\frac{C_{O_2}}{C_{O_2,ref}} \right) \left\{ \exp\left[-\frac{\alpha_{Re,c} F(E_c - E_{r,c})}{R_u T} \right] - \exp\left[\frac{\alpha_{Ox,c} F(E_c - E_{r,c})}{R_u T} \right] \right\} \tag{2.232}$$

假设阴极活化损失为 $\eta_{act,c} = E_{r,c} - E_c$，其值大小不可忽略，则关系式为

$$i = i_{0,ref} \left(\frac{C_{O_2}}{C_{O_2,ref}} \right) \exp\left[\frac{\alpha_{Re,c} F \eta_{act,c}}{R_u T} \right] \tag{2.233}$$

式中，$C_{O_2,ref}$ 为参考压力下氧的摩尔浓度，即 1atm 或 101325Pa 下氧的摩尔浓度 $\left(C_{O_2,ref} = \frac{1 \times 101325}{R_u T} \right)$，$C_{O_2} = \frac{X_{O_2} P^C \times 101325}{R_u T}$，$\eta_{act,c}$ 可由下式得出：

$$\eta_{act,c} = \frac{R_u T}{\alpha_{Re,c} F} \ln\left(\frac{i}{i_{0,ref}} \times \frac{101325}{P^C X_{O_2}^{\text{Ⅲ}}} \right) \tag{2.234}$$

式中，P^C 和 $X_{O_2}^{III}$ 分别为阴极压力（atm）和阴极催化剂层上的氧摩尔分数（图 2-32 第 III 部分）。

由于 $X_{O_2}^{III}$ 是未知的，必须通过氧气通过平面的通量来计算。根据假设 3）和 4），电池通过平面的通量可以用下面的菲克关系简单地表示：

$$n_{O_2}^C = -\frac{P^C D_{O_2,H_2O}^{eff}}{R_u T}\frac{dX_{O_2}}{dz} \tag{2.235}$$

式中，D_{O_2,H_2O}^{eff} 为氧和水蒸气的有效二元扩散系数。通过解上述微分方程可得

$$X_{O_2}(z) = X_{O_2}^{IV} - \frac{R_u T n_{O_2}^C}{P^C D_{O_2,H_2O}^{eff}}z \tag{2.236}$$

使 z 等于阴极电极厚度 t^C，$X_{O_2}^{III}$ 可以由下式计算：

$$X_{O_2}^{III} = X_{O_2}^{IV} - \frac{R_u T n_{O_2}^C}{P^C D_{O_2,H_2O}^{eff}}t^C \tag{2.237}$$

通过通量的平衡 [式（2.229）]，有

$$X_{O_2}^{III} = X_{O_2}^{IV} - \frac{R_u T i}{4F P^C D_{O_2,H_2O}^{eff}}t^C \tag{2.238}$$

将上述关系式代入式（2.234），得到

$$\eta_{act,c} = \frac{R_u T}{\alpha_{Re,c}F}\left[\ln\left(\frac{i}{i_{0,ref}}\right) - \ln\left(\frac{P^C}{101325}\left\{X_{O_2}^{IV} - \frac{R_u T i}{4F P^C D_{O_2,H_2O}^{eff}}t^C\right\}\right)\right] \tag{2.239}$$

通常，这个关系的右端项上的所有项都是已知的，因此可以计算 $\eta_{act,c}$。注意该关系的右端项中的第二对数项表示阴极电极上的浓度损失（即将氧摩尔分数从 $X_{O_2}^{IV}$ 降低到 $X_{O_2}^{III}$）对 PEMFC 的动力学特征的影响。这种浓度损失也对 PEMFC 的热力学特性有影响，可以通过能斯特方程进行计算。

2. 第二步，浓度损失

阴极电极的能斯特方程为

$$E_c = E_{rev,c} - \frac{R_u T}{2F}\ln\left(\frac{P_{O_2}^{0.5}}{P_{H_2O}}\right) \tag{2.240}$$

注意，之前在第 1 章中通过式（1.48）给出了整个电池的能斯特方程。由于传质限制，反应物的压力会低于参考状态，而生成物的压力会高于参考状态。因此，使用上述方程可以从热力学方面表示浓度损失：

$$\eta_{con,c} = E_c - E_{c,ref} = \left\{ E_{rev,c} - \frac{R_u T}{2F} \ln\left(\frac{P_{O_2}^{0.5}}{P_{H_2O}} \right) \right\} - \left\{ E_{rev,c} - \frac{R_u T}{2F} \ln\left(\frac{P_{O_2}^{0.5}}{P_{H_2O}} \right) \right\}_{ref} \tag{2.241}$$

由于第 Ⅳ 部分（即阴极通道中）的阴极情况与参考条件相同，则式（2.241）可以表示为

$$\eta_{con,c} = \frac{R_u T}{2F} \ln\left[\left(\frac{X_{O_2}^{\text{Ⅳ}}}{X_{O_2}^{\text{Ⅲ}}} \right)^{0.5} \left(\frac{X_{H_2O}^{\text{Ⅲ}}}{X_{H_2O}^{\text{Ⅳ}}} \right) \right] \tag{2.242}$$

注意，这里的参考条件是没有传质限制（即如果催化层上的氧浓度与通道中的氧浓度相同）的催化层的条件。在该式的右端项上出现的四个摩尔分数中，因为 $X_{H_2O}^{\text{Ⅳ}}$ 和 $X_{O_2}^{\text{Ⅳ}}$ 是模型的输入参数，所以是已知的。式（2.238）可用于计算 $X_{O_2}^{\text{Ⅲ}}$。可以导出类似的方程来计算 $X_{H_2O}^{\text{Ⅲ}}$。采用水蒸气通过阴极的菲克扩散公式，与推导式（2.237）的方法类似，可以得到

$$X_{H_2O}^{\text{Ⅲ}} = X_{H_2O}^{\text{Ⅳ}} + \frac{R_u T n_{H_2O}^C}{P^C D_{O_2,H_2O}^{eff}} t^C \tag{2.243}$$

注意，由于定义了 $n_{H_2O}^C$ 作为流出阴极的水通量，$n_{O_2}^C$ 为进入阴极的氧通量，因此式（2.238）右端项中的减号被式（2.243）的中的加号所取代。通过结合通量平衡 [式（2.229）]，有

$$X_{H_2O}^{\text{Ⅲ}} = X_{H_2O}^{\text{Ⅳ}} + \frac{\dfrac{R_u T i (\gamma + 1)}{2F}}{P^C D_{O_2,H_2O}^{eff}} t^C \tag{2.244}$$

同样，阳极电极两侧的水蒸气（图 2-32 中的 Ⅰ 和 Ⅱ 部分）可以通过以下方式相互关联：

$$X_{H_2O}^{\text{Ⅱ}} = X_{H_2O}^{\text{Ⅰ}} - \frac{\dfrac{R_u T i \gamma}{2F}}{P^A D_{O_2,H_2O}^{eff}} t^A \tag{2.245}$$

式中，t^A 为阳极厚度。

现在，式（2.242）可以被写为

$$\eta_{con,c} = \frac{R_u T}{2F} \ln\left[\left(\frac{X_{O_2}^{\text{Ⅳ}}}{X_{O_2}^{\text{Ⅳ}} - \dfrac{R_u T i}{4F P^C D_{O_2,H_2O}^{eff}} t^C} \right)^{0.5} \left(\frac{X_{H_2O}^{\text{Ⅳ}} + \dfrac{\dfrac{R_u T i (\gamma + 1)}{2F}}{P^C D_{O_2,H_2O}^{eff}} t^C}{X_{H_2O}^{\text{Ⅳ}}} \right) \right] \tag{2.246}$$

由于上式中出现了 γ，因此可以在找到 γ 的值后计算出该浓度损失的最终值，这将在下一步结束时实现。

3. 第三步，欧姆损耗

现在开始计算通过膜的欧姆损耗，这是最后一个为完成模型必须计算的损失，但这不是一项简单的任务。由于水通过膜的转移是由于电渗透的阻力而产生的反向扩散 [式（2.77）]，通过膜的水通量可以表示为

$$n_{H_2O}^{Mem} = c_{drag}^{SAT} \frac{\lambda}{22} \frac{i}{F} - \frac{\rho_{dry,Nafion}}{M_{Nafion}} D_{H_2O,Nafion} \frac{d\lambda}{dz} \tag{2.247}$$

式中，c_{drag}^{SAT} 为饱和 Nafion 的阻力系数，约为 2.5。通过结合通量的平衡 [式（2.229）]，有

$$\frac{\gamma i}{2F} = c_{drag}^{SAT} \frac{\lambda}{22} \frac{i}{F} - \frac{\rho_{dry,Nafion}}{M_{Nafion}} D_{H_2O,Nafion} \frac{d\lambda}{dz} \tag{2.248}$$

为了找到含水量与 z 的关系（需要这个关系来计算膜电阻和随后的欧姆损耗），必须解出上述常微分方程。注意，该方程中的 γ 是未知的，$D_{H_2O,Nafion}$ 是 λ 的函数，如先前在图 2-19 中所示。假设 $\lambda \geq 4$，λ 随 z 的变化不会太大，因此可以假设水在 Nafion 中的扩散系数为常数。因此可以从式（2.76）中计算并使用该系数的平均值如下：

$$
\begin{aligned}
D_{H_2O,Nafion} = &\frac{1}{14-4} \times \\
&\int_4^{14} \left\{ \exp\left[2416\left(\frac{1}{303}-\frac{1}{T}\right)\right] \times (2.563 - 0.33\lambda + 0.0264\lambda^2 - \right. \\
&\left. 0.000671\lambda^3) \times 10^{-10} d\lambda \right\} m^2 \cdot s^{-1} \\
= &1.3113 \times 10^{-10} \exp\left[2416\left(\frac{1}{303}-\frac{1}{T}\right)\right] m^2 \cdot s^{-1}
\end{aligned}
\tag{2.249}
$$

将此值代入式（2.248），求解一阶微分方程得到

$$\lambda(z) = \frac{11\gamma}{c_{drag}^{SAT}} + k\exp\left[\frac{ic_{drag}^{SAT}M_{Nafion}}{22F\rho_{dry,Nafion}1.3113\times10^{-10}\exp\left[2416\left(\frac{1}{303}-\frac{1}{T}\right)\right]}z\right] \tag{2.250}$$

方程中有两个未知变量，k 和 γ。这两个变量可以通过利用膜两侧的边界条件得到。也就是说，由式（2.5）可知 $\lambda(0)$ 和 $\lambda(t^{Mem})$，即

$$\lambda = \begin{cases} 0.043 + 17.18a_w - 39.85a_w^2 + 36.0a_w^3, & 0 < a_w \leqslant 1 \\ 14 + 4(a_w - 1), & 1 \leqslant a_w < 3 \end{cases} \tag{2.251}$$

式中，a_w 为水活度，等于膜边界上的下式的值：

$$a_w\big|_{z=0} = \frac{P_w\big|_{z=0}}{P_{sat}} = \frac{P^A X_{H_2O}^{II}}{P_{sat}} \tag{2.252}$$

$$a_w\big|_{z=t^{Mem}} = \frac{P_w\big|_{z=t^{Mem}}}{P_{sat}} = \frac{P^A X_{H_2O}^{III}}{P_{sat}} \tag{2.253}$$

注意 $X_{H_2O}^{II}$ 和 $X_{H_2O}^{III}$ 取决于电流密度，见式（2.244）和式（2.245）。一旦 $\lambda(0)$ 和 $\lambda(t^{Mem})$ 由式（2.251）计算，则必须将其设为等于式（2.250）的对应值，以查找两个未知变量 k 和 γ。在示例 2.11 中，这个查找过程将更加清楚。在得到 $\lambda(z)$ 后，通过式（2.3）和式（2.4）的组合得到 Nafion 质子电导率 $\sigma(T, z)$，如下：

$$\sigma(T, z) = [0.5193\lambda(z) - 0.326] \left[1268 \left(\frac{1}{303} - \frac{1}{T} \right) \right] \tag{2.254}$$

之后根据式（2.8），可以应用如下关系式计算欧姆损耗：

$$\eta_{ohmic} = iA^{cell}R^{Mem} = i \int_0^{t^{Mem}} \frac{\mathrm{d}z}{\sigma(T, z)} \tag{2.255}$$

最后，通过从电池可逆电压中减去式（2.239）、式（2.246）和式（2.255）所示的三个计算损失，可以计算出电池电压：

$$V^{cell} = E_{rev}^{cell} - \eta_{act,c} - \eta_{con,c} - \eta_{ohmic} \tag{2.256}$$

本节给出的一维模型的主输出是 V^{cell}，主输入是 i，这样就可以得到电池的极化曲线。如果由于燃料渗透等原因电池发生回漏电流 i_{leak}，则必须使用回漏电流 $i + i_{leak}$ 而不是 i 作为主输入。

该模型的其他输入包括操作条件（电池温度和电极压力）、几何性质（电极和膜的厚度）、热物理性质（如 P_{sat}、M_{Nafion}、$\rho_{dry,Nafion}$、c_{drag}^{SAT}、D_{O_2,H_2O}^{eff}、D_{H_2,H_2O}^{eff}）、阴极动力学性质（如 $i_{0,ref}$、$\alpha_{Re,c}$）以及气体通道中物质的摩尔分数。因此，阳极侧的 $X_{H_2}^{I}$ 和阴极侧的 $X_{O_2}^{IV}$ 和 $X_{H_2O}^{IV}$，以及阳极侧水蒸气和阴极侧氮的摩尔分数可以很容易地计算出来，注意物质的摩尔分数之和必须等于 1。

极化曲线并不是这个简单但实用的一维模型的唯一输出。催化剂层在膜和电极的界面，其上的物质摩尔分数也可以计算出来。这些输出可以为 PEM 燃料电池的设计和控制提供参考，以防止水淹和缺氧等不希望出现的现象。更具体地说，$X_{H_2O}^{II}$ 可由式（2.245）计算，$X_{H_2O}^{III}$ 可由式（2.244）计算，$X_{O_2}^{III}$ 可由式（2.238）计算。唯一剩余需要计算的摩尔分数是阳极催化层上的氢摩尔分数 $X_{H_2}^{II}$，可以通过菲克公式计算，公式如下：

$$X_{H_2}^{II} = X_{H_2}^{I} - \frac{\dfrac{R_u T i}{2F}}{P^A D_{H_2,H_2O}^{eff}} t^A \qquad (2.257)$$

图 2-33 举例说明了该模型从输入参数中获得输出的过程。

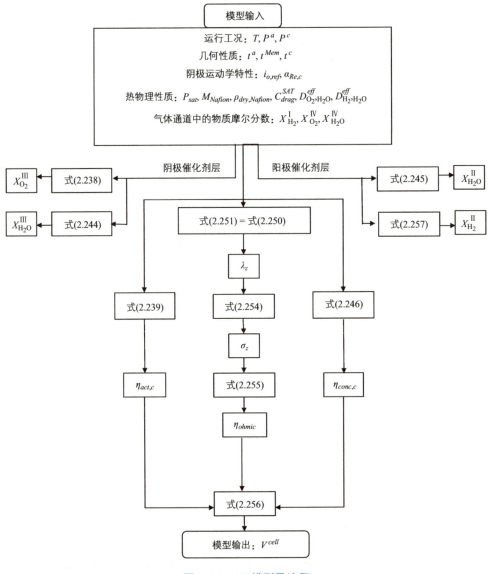

图 2-33　1D 模型及流程

例 2.11　应用本例中给出的一维模型绘制 PEMFC 的极化曲线，其特性见下表。同时，给出了电极上物质的摩尔分数随时间的分布。

物理性质	值
电池的可逆电压，E_{rev}^{cell}	1.0V
电池的电流密度，j	0.5A·cm^{-2}
阳极厚度，t^A	450μm
阴极厚度，t^C	450μm
电解液厚度，t^M	125μm
温度，T	343K
饱和蒸汽压力，P_{SAT}	0.307atm
入口氢的摩尔分数，X_{H_2}	0.9
入口氧的摩尔分数，X_{O_2}	0.19
入口水蒸气摩尔分数（阴极侧），X_{H_2O}	0.1
阴极压力，P^C	1.2atm
阳极压力，P^A	1.2atm
有效氢（或水）扩散系数，D_{H_2,H_2O}^{eff}	$1.49 \times 10^{-5} m^2 \cdot s^{-1}$
有效氧（或水）扩散系数，D_{O_2,H_2O}^{eff}	$2.95 \times 10^{-6} m^2 \cdot s^{-1}$
Nafion 的水扩散系数，D_λ	$3.81 \times 10^{-10} m^2 \cdot s^{-1}$
传递系数[①]，α	2
交换电流密度，j_0	0.0001A·cm^{-2}

① 该传递系数不同于对称系数，对称系数也用 α 表示，通常等于 0.5。

解：

假设：除了本节提到的六个假设（无液态水产生、极薄催化剂层、无对流传质、电极中二元菲克扩散、无电子电阻、无阳极活化损失）外，还假设水在 Nafion 中的扩散系数为常数，等于 $4 \leqslant \lambda \leqslant 14$ 含水率区间的平均值。

性质：干燥 Nafion 的密度为 1970kg·m^{-3}。Nafion 的分子量为 1kg/mol。

分析：必须执行图 2-33 所示的求解程序。但在此之前必须计算极限电流密度，以确定电流密度作为模型的主要输入的变化范围。极限电流密度可由下式计算得到：

$$i_L = \frac{4FP^C X_{O_2}^{IN} D_{O_2,H_2O}^{eff}}{R_u T t^C} = \frac{4 \times 96485 \times 1.2 \times 101325 \times 0.19 \times 2.95 \times 10^{-6}}{8.314 \times 343 \times 450 \times 10^{-6}} A \cdot m^{-2} = 20496 A \cdot m^{-2}$$

根据式（2.239）计算出电流密度的激活损耗后，计算欧姆损耗。要计算这个损失，必须找到式（2.250）中的 k 和 γ。这两个未知变量的值可以通过等号的右端项得到。式（2.250）和式（2.251）在膜的两侧（一个由两个方程和两个未知数组成的系统）。为此，通过设置式（2.250）中 $z=0$ 处的 λ 等于式（2.251）中第二部分处的 λ，可以将 k 计算为 γ 的函数。假设这一段的水活度（即水的相对湿度）小于 1，得到

$$k = 0.043 + 17.18a_{w,\mathrm{II}} - 39.85a_{w,\mathrm{II}}^2 + 36.0a_{w,\mathrm{II}}^3 - \frac{11\gamma}{c_{drag}^{SAT}}$$

其中，

$$a_{w,\mathrm{II}} = \frac{P^A X_{\mathrm{H_2O}}^{\mathrm{II}}}{P_{sat}} = \frac{P^A \left(X_{\mathrm{H_2O}}^{\mathrm{I}} - \dfrac{R_u Ti\gamma / 2F}{P^A D_{\mathrm{H_2,H_2O}}^{eff}} t^A \right)}{P_{sat}}$$

然后令式（2.251）在第Ⅲ部分和式（2.250）在 $z = t^{Mem}$ 处的右端项相等，并将 k 代入：

$$0.043 + 17.18a_{w,\mathrm{III}} - 39.85a_{w,\mathrm{III}}^2 + 36.0a_{w,\mathrm{III}}^3 - \frac{11\gamma}{c_{drag}^{SAT}} -$$

$$k\exp\left\{ \frac{ic_{drag}^{SAT} M_{Nafion}}{22F\rho_{dry,Nafion}1.3113\times10^{-10}\exp\left[2416\left(\dfrac{1}{303} - \dfrac{1}{T}\right)\right]} t^{Mem} \right\}$$

$$= 0$$

其中，

$$a_{w,\mathrm{II}} = \frac{P^A X_{\mathrm{H_2O}}^{\mathrm{III}}}{P_{sat}} = \frac{P^A \left[X_{\mathrm{H_2O}}^{\mathrm{IV}} + \dfrac{R_u Ti(\gamma+1) / 2F}{P^C D_{\mathrm{O_2,H_2O}}^{eff}} t^C \right]}{P_{sat}}$$

通过求解这个方程，可以计算 γ 然后计算 k。这个复杂的方程可以通过 MATLAB 或其他数学建模工具轻松求解。解决过程的详细信息见附录 B。

注意，如果阴极侧被淹没（即相对湿度大于 1），则两个方程和两个未知数的系统将是

$$k = 0.043 + 17.18a_{w,\mathrm{II}} - 39.85a_{w,\mathrm{II}}^2 + 36.0a_{w,\mathrm{II}}^3 - \frac{11\gamma}{c_{drag}^{SAT}}$$

$$13.373(a_{w,\mathrm{III}} - 1) - \frac{11\gamma}{c_{drag}^{SAT}} -$$

$$k\exp\left[\frac{ic_{drag}^{SAT} M_{Nafion}}{22F\rho_{dry,Nafion}1.3113\times10^{-10}\exp\left[2416\left(\dfrac{1}{303} - \dfrac{1}{T}\right)\right]} t^{Mem} \right]$$

$$= 0$$

　　得到 k 和 γ 后，欧姆损耗和浓度损耗可由式（2.256）和式（2.246）计算。催化剂层上的极化曲线和物质摩尔分数随电流密度的变化如下图所示。值得一提的是，在以下结果中，假设阴极侧相对湿度始终小于 1。关于这些图的另一个重要注意事项是，该图所示的活化损耗是由式（2.239）计算得出的，其本身具有一部分的浓差损耗。更具体地说，浓差损耗对电池电压有热力学和动力学两方面的影响[8]。热力学效应由式（2.246）表示，而动力学效应由式（2.239）隐式表示。

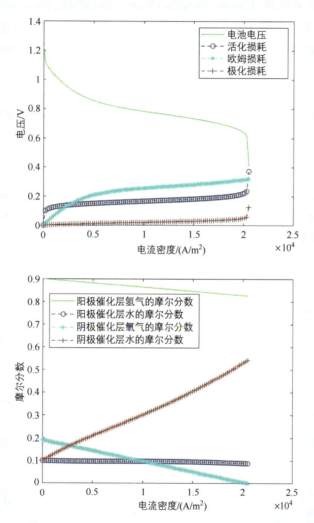

　　讨论：在使用本节中提出的一维模型时，必须注意所采用的假设及其有效性。例如，所提出的模型可以在低电流密度下提供更高的精度，其中产生液态水的可能性较小。此外，通过放宽这些假设可以获得更高精度的更先进的模型。例如，采用多组分扩散系数可以得到更精确的组分摩尔分数，或者通过结合电极表面上的反应物消耗和产物，也可以考虑沿气体通道的消耗效应。这样，文献 [16，19，107-109] 中提出的几种 PEMFC 一维模型更加可靠和准确，但需要更多的输入和更大的计算成本。

2.3.2　有限体积法框架

在传统计算流体力学中，有限差分法（FDM）、有限体积法（FVM）和有限元法（FEM）是模拟流体流动问题的三种主要方法。然而，有限差分法不能轻易地通过实际的几何形状来处理流体流动，这些几何形状不是均匀和简单的。有限元法也更适用于固体机械工程领域的问题。对 PEMFC 进行宏观模拟的最佳传统计算流体力学方法是有限体积法。著名的计算流体力学仿真工具如 ANSYS Fluent、COMSOL Multiphysics、OpenFOAM、STAR-CD 等都使用有限体积法对 PEMFC 进行仿真。因此在本节中将简要介绍用于流体流动问题数值模拟的有限体积法框架。关于有限体积法的更多细节可以在计算流体力学文献中找到，例如 [110，111]。

1. 标量传输数值模拟的有限体积法

由于 PEMFC 中的控制方程（见第 2.1.2 节）具有各种共性，从 ϕ 的传输方程开始：

$$\frac{\partial(\rho\phi)}{\partial t} + \vec{\nabla}\cdot(\rho\phi\vec{u}) = \vec{\nabla}\cdot(\alpha\vec{\nabla}\phi) + S_\phi \qquad (2.258)$$

式中，从左至右的四项分别表示标量 ϕ 增大的实现率、对流带来的 ϕ 减小（即控制体积外的对流通量带来的 ϕ 减小）、扩散带来的 ϕ 增大、发生源带来的 ϕ 增大。通过对控制体积（CV）的上述一般传输方程进行积分，得到

$$\int_{CV}\frac{\partial(\rho\phi)}{\partial t}\mathrm{d}V + \int_{CV}\vec{\nabla}\cdot(\rho\phi\vec{u})\mathrm{d}V = \int_{CV}\vec{\nabla}\cdot(\alpha\vec{\nabla}\phi)\mathrm{d}V + \int_{CV}S_\phi\mathrm{d}V \qquad (2.259)$$

在左端项的第二次积分（对流项）和右端项的第一次积分（扩散项）中，分别存在 $\rho\phi\vec{u}$ 和 $\alpha\vec{\nabla}\phi$ 散度，因此可以用高斯散度定理。根据此定理，可以将控制体积上的积分转换为控制表面上的积分：

$$\int_{CV}\frac{\partial(\rho\phi)}{\partial t}\mathrm{d}V + \int_{CS}\hat{n}\cdot(\rho\phi\vec{u})\mathrm{d}S = \int_{CS}\hat{n}\cdot(\alpha\vec{\nabla}\phi)\mathrm{d}S + \int_{CV}S_\phi\mathrm{d}V \qquad (2.260)$$

式中，$\hat{n}$ 为控制表面上指向外控制体积的单位法向量。然后通过改变左端项上第一项的微分和积分的顺序得到

$$\frac{\partial}{\partial t}\left(\int_{CV}\rho\phi\mathrm{d}V\right) + \int_{CS}\hat{n}\cdot(\rho\phi\vec{u})\mathrm{d}S = \int_{CS}\hat{n}\cdot(\alpha\vec{\nabla}\phi)\mathrm{d}S + \int_{CV}S_\phi\mathrm{d}V \qquad (2.261)$$

现在可以清楚地表示，上式中从左到右的四项如下：

控制体积 (CV) 内 ϕ 的增加率 + 控制面 (CS) 间对流通量导致的 ϕ 净递减率 =
控制面 (CS) 上扩散通量引起的 ϕ 净增率 + 控制体积 (CV) 内产生的 ϕ 净增率 　（2.262）

在有限体积法中，计算域被离散成几个有限的体积（也称为计算单元或简单的单元），然后为每个单元构造和编写式（2.261）。这将产生一个线性代数方程组，可以通过诸如三

对角矩阵算法（TDMA）之类的数值工具来求解。为了更好地解释这个过程，使用一个简单的示例来说明。考虑一个无源项的稳态一维扩散问题，如图 2-34 所示。从每个单元格的中心提取其表示的数据。所研究的电池在这里用 P 表示，而在东边和西边相邻的电池分别用 E 和 W 表示。

因为有一个没有源 ϕ 的稳态方程，式（2.261）的左端项上的第一项和右端项上的第二项将为零，因此单元格 P 的这个方程将为

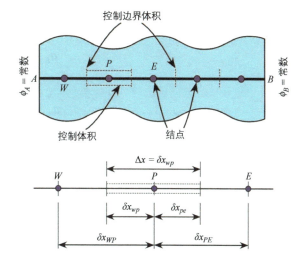

图 2-34　有限体积法中一维域的离散化

$$(\rho u A \phi)_e - (\rho u A \phi)_w = \left(\alpha A \frac{\mathrm{d}\phi}{\mathrm{d}x} \right)_e - \left(\alpha A \frac{\mathrm{d}\phi}{\mathrm{d}x} \right)_w$$

（2.263）

通过定义和合并 $F = \rho u$ 和 $D = \dfrac{\alpha}{\delta x}$ 两个参数，并假设 $A_e = A_w = A$，可将上式改写为

$$F_e \phi_e - F_w \phi_w = D_e \delta \phi_e - D_w \delta \phi_w = D_e (\phi_E - \phi_P) - D_w (\phi_P - \phi_W)$$

（2.264）

注意，速度场（这里是 u）在这一步假定是已知的。稍后将讨论速度场未知的情况（称为流体流动问题）。此外，这里的连续性方程（质量守恒）可以表示为 $F_e = F_w$。如果设 ϕ_e 和 ϕ_w 为单元 ϕ 值（即单元中心的 ϕ 值）的函数，则可得到该问题的最终离散化方程。为此可以采用中心法、逆风法、混合法、幂律法、QUICK 法等几种方法；对于数值方法所需的特性，如稳定性、准确性和计算成本，每种方法都有自己的优缺点。例如，当对流占主导地位时（$P_e \gg 1$，其中 $P_e = F/D$ 为佩莱特数），由于其更好的传输性，与中心法相比，逆风法可以提供更高的精度。然而，当扩散占主导地位时（$P_e \ll 1$），中心法的精度会高于逆风法的精度。又如：QUICK 法的准确率高于中心法，但由于其阶数较高，需要更多的计算成本。

如果使用中心法，那么 ϕ_e 和 ϕ_w 将是

$$\phi_e = \frac{\phi_E + \phi_P}{2}, \quad \phi_w = \frac{\phi_P + \phi_W}{2}$$

（2.265）

将这些方程代入式（2.264）进行一个简单的重排得到

$$\left(D_e - \frac{F_e}{2} \right) \phi_E + \left(D_w + \frac{F_w}{2} \right) \phi_W = \left[\left(D_e - \frac{F_e}{2} \right) + \left(D_w + \frac{F_w}{2} \right) + (F_e - F_w) \right] \phi_P$$

（2.266）

这个方程可以用更一般的形式来表述：

$$a_E \phi_E + a_W \phi_W = a_P \phi_P \qquad (2.267)$$

系数为

$$a_E = D_e - \frac{F_e}{2}$$

$$a_W = D_w + \frac{F_w}{2}$$

$$a_P = \left(D_e - \frac{F_e}{2} \right) + \left(D_w + \frac{F_w}{2} \right) + (F_e - F_w) = a_E + a_W + (F_e - F_w) \qquad (2.268)$$

当为一个计算域的所有 n 个单元编写式（2.267）时，将构造一个由 n 个线性代数方程组成的系统。与边界接触的第一个电池和最后一个电池具有特殊的作用。事实上这导致这个方程组有一个独特的解。稍后将讨论用于实现边界条件的适用技术。

若不取中心点，而是采用其他方法求 ϕ_e 和 ϕ_w，则所得方程的一般形式与式（2.267）相同，但系数与式（2.268）的系数不同。ϕ_e、ϕ_w 及其系数的不同确定方法见表 2-15。

注意，采用 QUICK 法时，用 5 个单元处的 ϕ 值构造最终离散方程，一般形式为

$$a_E \phi_E + a_W \phi_W + a_{EE} \phi_{EE} + a_{WW} \phi_{WW} = a_P \phi_P \qquad (2.269)$$

式中，WW 和 EE 分别为 W 以西和 E 以东的电池。如果在单元格 P 处有一个线性源项，如 $S_P \phi_P + S_u$，则 S_u 必须加到式（2.267）或式（2.269）的左端项中，而 S_P 必须加到表 2-15 最后一列 $a_P s$ 的定义中。

为了解释合并边界条件的方法，请考虑以下示例问题。我们要求解一维域 $0 \leqslant x \leqslant L$ 时 ϕ 的稳态对流扩散，边界条件为 $\phi(x=0) = \phi_0$，$\phi(x=L) = \phi_L$。如果我们将区域划分为五个相等的单元格，并从左到右用 1、2、3、4、5 标记它们，则中心电池（2、3 和 4）的式（2.267）将为

$$
\begin{aligned}
a_{E,2} \phi_3 + a_{W,2} \phi_1 &= a_{P,2} \phi_2 \\
a_{E,3} \phi_4 + a_{W,2} \phi_2 &= a_{P,3} \phi_3 \\
a_{E,4} \phi_5 + a_{W,4} \phi_3 &= a_{P,4} \phi_4
\end{aligned}
\qquad (2.270)
$$

式中，系数 $a_{E,2}$、$a_{W,2}$ 等可以很容易地得到差分格式（表 2-15）。问题是边界单元格 1 和 5 如何表示。如果写出单元格 1（假设 $A_e = A_w = A$）的式（2.263），那么

$$F_e \phi_{1-2} - F_w \phi_0 = D_e (\phi_2 - \phi_1) - D_w (\phi_1 - \phi_0) \qquad (2.271)$$

对于问题中的质量守恒，$F_e = F_w = F$，$D_e = \dfrac{\alpha}{\delta x} = D$，$D_w = \dfrac{\alpha}{\left(\dfrac{\delta x}{2} \right)} = 2D$。因此选择确定电

池 1 和 2 交界处 ϕ 值的中心方法（即 $\phi_{1-2} = \dfrac{\phi_1 + \phi_2}{2}$），有

$$\left(D - \frac{F}{2}\right)\phi_2 + (2D + F)\phi_0 = \left[\left(D - \frac{F}{2}\right) + (2D + F)\right]\phi_1 \tag{2.272}$$

表 2-15　确定 ϕ_e、ϕ_w 的不同方法及其系数

方法	ϕ_e 和 ϕ_w 的值	系数
中心法	$\phi_e = \dfrac{\phi_E + \phi_P}{2}$ $\phi_w = \dfrac{\phi_P + \phi_W}{2}$	$a_E = D_e - \dfrac{F_e}{2}$ $a_W = D_w + \dfrac{F_w}{2}$ $a_P = a_E + a_w + (F_e - F_w)$
逆风法	若 $F_e > 0$, 则 $\phi_e = \phi_P$ 若 $F_e < 0$, 则 $\phi_e = \phi_E$ 若 $F_w > 0$, 则 $\phi_w = \phi_W$ 若 $F_w < 0$, 则 $\phi_w = \phi_P$	$a_E = D_e + \max\{0, -F_e\}$ $a_W = D_w + \max\{0, F_w\}$ $a_P = a_E + a_w + (F_e - F_w)$
混合法	若 $F_e > 2D_e$, 则 $\phi_e = \phi_P$ 若 $F_e < -2D_e$, 则 $\phi_e = \phi_E$ 若 $-2D_e < F_e < 2D_e$, 则 $\phi_e = \dfrac{1}{2}\left(1 - \dfrac{2F_e}{D_e}\right)\phi_E + \dfrac{1}{2}\left(1 + \dfrac{2F_e}{D_e}\right)\phi_P$ 若 $F_w > 2D_w$, 则 $\phi_w = \phi_W$ 若 $F_w < -2D_w$, 则 $\phi_w = \phi_P$ 若 $-2D_w < F_w < 2D_w$, 则 $\phi_w = \dfrac{1}{2}\left(1 - \dfrac{2F_w}{D_w}\right)\phi_P + \dfrac{1}{2}\left(1 + \dfrac{2F_w}{D_w}\right)\phi_W$	$a_E = \max\left\{0, -F_e, \left(D_e - \dfrac{F_e}{2}\right)\right\}$ $a_W = \max\left\{0, F_w, \left(D_w + \dfrac{F_w}{2}\right)\right\}$ $a_P = a_E + a_w + (F_e - F_w)$
幂律法	若 $F_e > 10D_e$, 则 $\phi_e = \phi_P$ 若 $F_e < -10D_e$, 则 $\phi_e = \phi_E$ 若 $0 < F_e < 10D_e$, 则 $\phi_e = \phi_P + \left(1 - 0.1\dfrac{F_w}{D_w}\right)^5(\phi_P - \phi_E)$ 若 $-10D_e < F_e < 0$, 则 $\phi_e = \phi_E + \left(1 + 0.1\dfrac{F_w}{D_w}\right)^5(\phi_E - \phi_P)$ 若 $F_w > 10D_w$, 则 $\phi_w = \phi_W$ 若 $F_w < -10D_w$, 则 $\phi_w = \phi_P$ 若 $0 < F_w < 10D_w$, 则 $\phi_w = \phi_W - \left(1 - 0.1\dfrac{F_w}{D_w}\right)^5(\phi_P - \phi_W)$ 若 $-10D_w < F_w < 0$, 则 $\phi_w = \phi_P - \left(1 + 0.1\dfrac{F_w}{D_w}\right)^5(\phi_W - \phi_P)$	$a_E = \max\left\{0, D_e\left(1 - 0.1\left|\dfrac{F_e}{D_e}\right|\right)^5\right\} + \max\{0, -F_e\}$ $a_W = \max\left\{0, D_w\left(1 - 0.1\left|\dfrac{F_w}{D_w}\right|\right)^5\right\} + \max\{0, F_w\}$ $a_P = a_E + a_w + (F_e - F_w)$

（续）

方法	ϕ_e 和 ϕ_w 的值	系数
QUICK	若 $F_e > 0$，则 $\phi_e = \dfrac{6}{8}\phi_P + \dfrac{3}{8}\phi_E - \dfrac{1}{8}\phi_W$ 若 $F_e < 0$，则 $\phi_e = \dfrac{6}{8}\phi_E + \dfrac{3}{8}\phi_P - \dfrac{1}{8}\phi_{EE}$ 若 $F_w > 0$，则 $\phi_w = \dfrac{6}{8}\phi_W + \dfrac{3}{8}\phi_P - \dfrac{1}{8}\phi_{WW}$ 若 $F_w < 0$，则 $\phi_w = \dfrac{6}{8}\phi_P + \dfrac{3}{8}\phi_W - \dfrac{1}{8}\phi_E$	若 $F_e > 0$，则 $a_E = D_e - \dfrac{3}{8}F_e$，$a_{EE} = 0$ 若 $F_e < 0$，则 $a_E = D_e - \dfrac{6}{8}F_e - \dfrac{1}{8}F_{lw}$，$a_{EE} = \dfrac{1}{8}F_e$ 若 $F_w > 0$，则 $a_W = D_w + \dfrac{6}{8}F_w + \dfrac{1}{8}F_e$，$a_{WW} = 0$ $a_P = a_E + a_W + a_{EE} + a_{WW} + (F_e - F_w)$

同样，对于电池 5 可以写为

$$(2D - F)\phi_L + \left(D + \frac{F}{2}\right)\phi_4 = \left[(2D - F) + \left(D + \frac{F}{2}\right)\right]\phi_5 \tag{2.273}$$

在上述两个方程中，已知 ϕ_0 和 ϕ_L，因此可以假设对于电池 1 和 5 存在如下源：

$$S_1 = S_{p,1}\phi_1 + S_{u,1} = -(2D + F)\phi_1 + [(2D + F)\phi_0] \tag{2.274}$$

$$S_5 = S_{p,5}\phi_5 + S_{u,5} = -(2D - F)\phi_1 + [(2D - F)\phi_L] \tag{2.275}$$

将式（2.272）、式（2.273）与式（2.270）的三个方程相结合，得到一个由五个线性代数方程和五个未知数组成的方程组：

$$\begin{bmatrix} -\left[\left(D - \dfrac{F}{2}\right) + (2D + F)\right] & \left(D - \dfrac{F}{2}\right) & 0 & 0 & 0 \\ \left(D + \dfrac{F}{2}\right) & 2D & \left(D - \dfrac{F}{2}\right) & 0 & 0 \\ 0 & \left(D + \dfrac{F}{2}\right) & 2D & \left(D - \dfrac{F}{2}\right) & 0 \\ 0 & 0 & \left(D + \dfrac{F}{2}\right) & 2D & \left(D - \dfrac{F}{2}\right) \\ 0 & 0 & 0 & \left(D + \dfrac{F}{2}\right) & -\left[(2D - F) + \left(D + \dfrac{F}{2}\right)\right] \end{bmatrix} \times \tag{2.276}$$

$$\begin{bmatrix} \phi_1 \\ \phi_2 \\ \phi_3 \\ \phi_4 \\ \phi_5 \end{bmatrix} = \begin{bmatrix} -(2D + F)\phi_0 \\ 0 \\ 0 \\ 0 \\ -(2D - F)\phi_L \end{bmatrix}$$

注意，在 $a_E s = D - F/2$、$a_W s = D + F/2$、$a_P s = 0$ 三个方程中，根据中心差分格式，上述方程组可以很容易地用三对角矩阵算法求解。

如果有一个瞬态传输问题，那么式（2.261）也必须随时间积分如下：

$$\left[\left(\int_{CV} \rho\phi dV\right)_{t_0+\Delta t} - \left(\int_{CV} \rho\phi dV\right)_{t_0}\right] + \int_{t_0}^{t_0+\Delta t}\int_{CS} \hat{n}\cdot(\rho\phi\vec{u})dSdt$$
$$= \int_{t_0}^{t_0+\Delta t}\int_{CS} \hat{n}\cdot(\alpha\vec{\nabla}\phi)dSdt + \int_{t_0}^{t_0+\Delta t}\int_{CV} S_\phi dVdt \qquad (2.277)$$

因此在瞬态传输问题中，还需要进行时间和空间离散化（也称为网格或网格生成）。更具体地说，在网格生成之后，对于一维域的计算电池 P（图 2-34），结合 $F=\rho u$、$D=\dfrac{\alpha}{\delta x}$，假设 $A_e = A_w = A$，将上述方程改写为

$$[(\rho\phi_P\delta x)_{t_0+\Delta t} - (\rho\phi_P\delta x)_{t_0}] + \int_{t_0}^{t_0+\Delta t}[F_e\phi_e - F_w\phi_w]dt$$
$$= \int_{t_0}^{t_0+\Delta t}[D_e(\phi_E - \phi_P) - D_w(\phi_P - \phi_W)] + \delta x\int_{t_0}^{t_0+\Delta t}S_{\phi,P}dt \qquad (2.278)$$

现在的问题是如何计算上面的三个时间积分。在更一般的形式下，为了计算 $\int_{t_0}^{t_0+\Delta t} f(t)dt$，可以使用以下近似：

$$\int_{t_0}^{t_0+\Delta t} f(t)dt \cong xf(t_0) + (1-x)f(t_0+\Delta t) \qquad (2.279)$$

这种近似可用式（2.278）进一步在数值上求解。但如果 $x=1$，则得到的数值方程是显式的（即根据前一个时间步长的数据计算积分），而如果 $x=0$，则得到的数值方程是隐式的（即根据下一个时间步长的数据计算积分）。虽然显式求解需要较少的计算成本，但缺乏稳定性，特别是在时间步长不够小的情况下。因此所有商业软件通常在瞬态问题中使用隐式方案。有一些半隐式格式（如 $x=1/2$ 时的 Crank-Nicolson 格式）可以用来表示一个有间隙的特征。

2. 流体流动数值模拟的有限体积法

考虑通过 PEMFC 气体通道的流体流动。根据式（2.18）～式（2.22），稳态流的控制方程为

$$\frac{\partial(\rho u)}{\partial x} + \frac{\partial(\rho v)}{\partial y} + \frac{\partial(\rho w)}{\partial z} = 0 \qquad (2.280)$$

$$\frac{\partial(u\rho u)}{\partial x} + \frac{\partial(v\rho u)}{\partial y} + \frac{\partial(w\rho u)}{\partial z} = \frac{\partial}{\partial x}\left[\mu\left(\frac{\partial u}{\partial x}\right) + \mu\left(\frac{\partial u}{\partial y}\right) + \mu\left(\frac{\partial u}{\partial z}\right)\right] - \frac{\partial P}{\partial x} + S_x \qquad (2.281)$$

$$\frac{\partial(u\rho v)}{\partial x} + \frac{\partial(v\rho v)}{\partial y} + \frac{\partial(w\rho v)}{\partial z} = \frac{\partial}{\partial x}\left[\mu\left(\frac{\partial v}{\partial x}\right) + \mu\left(\frac{\partial v}{\partial y}\right) + \mu\left(\frac{\partial v}{\partial z}\right)\right] - \frac{\partial P}{\partial y} + S_y \qquad (2.282)$$

$$\frac{\partial(u\rho w)}{\partial x} + \frac{\partial(v\rho w)}{\partial y} + \frac{\partial(w\rho w)}{\partial z} = \frac{\partial}{\partial x}\left[\mu\left(\frac{\partial w}{\partial x}\right) + \mu\left(\frac{\partial w}{\partial y}\right) + \mu\left(\frac{\partial w}{\partial z}\right)\right] - \frac{\partial P}{\partial z} + S_z \qquad (2.283)$$

式中，S_x，S_y、S_z 为除了压力梯度的动量源项。

由于压力梯度是许多流体流动中动量传递的主要来源，因此需要特别注意。如果知道压力梯度，只需要在等式中处理 u、v、w，就可以求得速度场。式（2.281）~ 式（2.283）作为式（2.258）中的传递变量 ϕ。然而在大多数实际流体流动问题中，压力也是一个未知变量。如果流动是可压缩的（即密度发生局部变化），则可以使用连续性方程（2.280）求解密度场。通过求解能量守恒方程也可以得到温度场，再通过状态方程根据密度场和温度场计算压力场。然后计算压力梯度并将其代入式（2.281）~ 式（2.283）得到速度场。然而在 PEMFC 中，流体流动是不可压缩的，因此压力与密度无关。问题是如何从式（2.280）~ 式（2.283）这四个方程中找出 p、u、v、w 这四个未知变量。由于这四个方程通过速度分量和压力内在地相互耦合（甚至连续性方程也间接受到压力的影响），所以找出未知变量有一定困难。此外，动量守恒方程是非线性的。为了处理这些问题，通常使用迭代过程。第一个迭代过程是由 Patankar 和 Spalding 于 1972 年提出的，称为半隐式压力耦合方程（SIMPLE）。在此方法的第一步中，猜测了用于计算单位质量 F 对流通量的速度场，并猜测了压力场和压力梯度。现在离散的动量守恒方程可以用与本小节第 1 部分相同的方法求解（图 2-35）。然后由连续性方程求解压力修正方程，为改进初始猜测的压力值提供所需的修正。该压力修正方程的系数是通过求解上述离散动量守恒方程得到的速度来计算的。这些压力修正也用于修正得到的速度值。之后，对其他传输方程（如能量方程或物质守恒方程）也进行求解，并对其收敛性进行检验。

求解速度 – 压力耦合流体流动问题还有其他迭代程序，如 SIMPLER、SIMPLEC 和 PISO。在 SIMPLER（图 2-36）中，迭代循环从预处理步骤开始，这是 SIMPLE 和 SIM-PLER 之间唯一的区别。这个预处理步骤包含压力方程的解（而不是压力修正方程）。求解这个压力方程有助于我们更好地猜测求解前面在 SIMPLE 过程的描述中提到的离散动量方程。虽然由于这个额外的预处理步骤，与 SIMPLE 迭代相比，每次 SIMPLER 迭代需要更多的计算成本，但由于实现收敛所需的迭代次数要少得多，因此 SIMPLER 的总体计算成本通常低于 SIMPLE 的计算成本。

SIMPLEC 也可以看作是 SIMPLE 的扩展。SIMPLEC 与 SIMPLE 的唯一区别在于求解离散动量守恒方程时省略了不太重要的项以减少计算成本。在 PISO 过程中，每次迭代进行两次 SIMPLE 描述中提到的压力校正，以加快收敛速度。然而在数值问题中，当所采用的过程不能收敛到特定解时，避免数值发散的第一个方法是对收敛性不合适的变量采用松弛因子（收敛性可以通过分析残差与迭代的关系图来实现，由商业软件包在数值求解过程中提供）。例如，在数值问题中，速度分量 v 不具有适当的收敛性，则在一次迭代（如迭代 n）中找到其值后，下一次迭代（迭代 $n+1$）的输入值将由下式获取：

$$v^{n+1} = \alpha v^n + (1-\alpha)v^{n-1} \qquad (2.284)$$

式中，v^{n-1} 为迭代 $n-1$ 结束时 v 的值；α 为松弛因子，$0 < \alpha < 1$。在一些严苛的数值情况下，可以选择小到 0.001 的松弛因子值来规避发散。

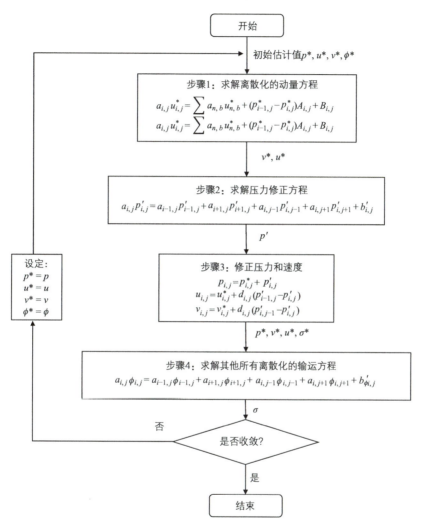

图 2-35　SIMPLE 程序示意图

现在的问题是，这四种程序哪一种更适合。这个简单的问题并没有唯一的答案。实际上，许多事实如速度场和压力场（或其他标量场）之间的内在耦合程度、插值方法（中心、逆风、混合、QUICK 等）、下松弛因子的数量等都有影响作用，并且所讨论的问题的答案因情况而异。然而在文献中提出了一些一般的观点。例如，SIMPLE 方法虽然更简单，但计算成本更低，特别是压力场的获取是 SIMPLE 方法的一个挑战。当不同时求解标量（即只求解流体流动）时，PISO 算法的计算代价最小。值得一提的是，在像 SIMPLE 这样的瞬态过程中，本节给出的稳态过程必须在每个时间步上实现，每个时间步骤的结果作为下一个时间步骤的初始猜测。然而，在压力修正方程中有一个新的源项，是时间步长的函数。该源项使流体流动的瞬态行为在数值结果中可见。关于这些过程的更多细节可以在文献 [110] 中找到。

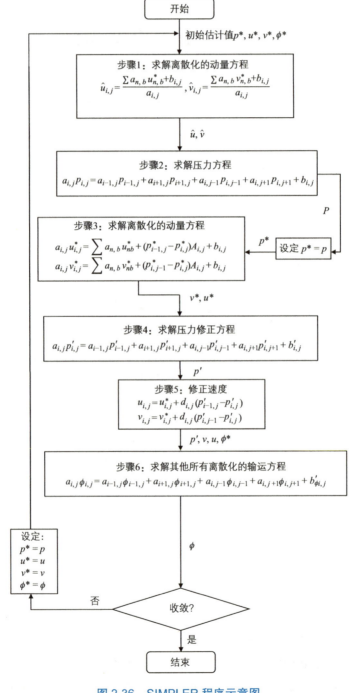

图 2-36　SIMPLER 程序示意图

本节的最后说明一点，有两种类型的交错和并置网格适用于这四个算法。在并列网格中，所有变量的数据都存储在计算单元的中心，而在交错网格中，只有压力和其他标量存储在计算单元的中心，速度分量存储在计算单元的表面上。处理并置网格似乎更直接，并且需要更少的计算内存。然而，从历史的角度来看，普通的并置网格有时会导致错误的解决方案，例如，对于具有高振荡压力的流体流动（参见文献 [110] 中的棋盘问题）。这就是计算研究人员在一段时间内采用交错网格的动机。然而，这个问题可以通过在一个共存的网格中为每个计算单元合并逆变坐标系统来克服。因此，目前大多数商用计算流体力学软件包（如 ANSYS Fluent 和 COMSOL）都使用上述坐标系的并置网格。

2.3.3　电池的 2D/3D 建模

到目前为止，文献中已经针对单个 PEM 燃料电池提出了几种基于有限体积法的二维与三维模型，其复杂性、准确性和可靠性各不相同。然而，所有这些模型都由以下传输子模型组成：气体传输子模型；水传输子模型；质子传输子模型；电子传输子模型；热传递子模型。

所有传输子模型之间存在耦合，即电化学反应子模型，如 PEM 燃料电池的炉膛。在本节中，我们将介绍有关这些子模型的更多细节。但是在此之前，最好先查看图 2-16 和表 2-3。

1. 气体传输子模型

气体传输子模型如 2.1.2 节所述，反应气体和产物气体（通常是阳极中的氢和水蒸气以及阴极中的潮湿空气的混合物）必须在气体通道和反应位点（即阳极和阴极三相反应界面）之间交换。该流体路径由多孔和非多孔两部分组成。为了模拟这种气体传输，2.1.2 节给出的控制方程必须用有限体积法对气体混合物进行求解。为此，必须使用 SIMPLE 等速度压力耦合方法。注意，多孔部件（如气体扩散层和微孔层）的控制方程具有额外的源项，就像方程（2.55）~ 方程（2.57）的右端项上的那些一样。速度分量在这些控制方程中是表面分量。此外，还必须求解具有有效扩散系数的传质方程（2.65）以确定每种物质的浓度。在简单的气体传输子模型中考虑二元扩散，而在更高级的子模型中则使用多组分扩散系数甚至 Stefan-Maxwell 方程。在最近的一些高级子模型中（如 ANSYS Fluent 商业软件中采用的 PEMFC 模型），还考虑了氧通过 Nafion 的扩散阻力和每个阴极 Pt 颗粒周围的液态水（从气体进口到阴极三相反应界面的路径的一部分）。

在等温 PEMFC 模型中，诸如黏度和扩散系数等传输系数是在特定温度下确定的，不经历时间变化。然而在非等温 PEMFC 模型中，这些系数和所有其他属性在每个时间步和每个计算单元中都会根据该时刻和位置的温度进行更新。

2. 水传输子模型

水是唯一可以经历多个相的物质，存在于 PEMFC 的所有组成部分中。作为最简单的情况（如在高温 PEMFC 中），水存在于至少两相：蒸汽（阳极和阴极电极）和液体（膜），因此被视为一个独立的子模型，而不是气体传输子模型。尽管在高温 PEMFC 中液态水和单相计算流体力学模型（电极中的水经历单相蒸汽）不具有代表性，但在低温 PEMFC 中，特别是在高电流密度下，液态水的存在是很有可能的，因此必须结合多相模型。混合模型和流体体积法模型等几种多相模型可以在有限体积法框架中实现。混合模型（有时用 M^2 表示）需要较少的计算成本，因此更适用于大型 PEM 燃料电池和电池组。然而流体体积法模型的优势在于其可以捕获液 – 气界面，这有助于研究人员更好地研究电池（例如气体通道的一部分）中的液态水行为。

3. 质子传输子模型

如 2.1.2 节所述，通过 Nafion 相的质子传输主要通过电位梯度进行，存在于膜和催化剂层中。质子浓度梯度也起着次要的作用。在大多数质子传输子模型中，唯一的驱动力是电位梯度。假设质子浓度是均匀的（没有浓度梯度），根据这个假设，必须解出以下方程：

$$\vec{\nabla} \cdot (\sigma_N \vec{\nabla} \phi_N) + i'_N = 0 \qquad (2.285)$$

式中，σ_N 为质子通过 Nafion 或其他膜材料的电导率；ϕ_N 为 Nafion 相的电势；i'_N 为通过 Nafion 的电流体积密度（$A \cdot m^{-2}$）。由于质子在阳极催化剂层中产生而在阴极催化剂层中消耗，因此该电流体积密度在阳极催化剂层中必须为正，在阴极催化剂层中必须为负。此外，其值通过 ϱ 因子与电极电流密度成正比，ϱ 为比活性表面积（$m^2 \cdot m^{-3}$）：

$$i'_N = \begin{cases} \varrho i_{anode}, & \text{阳极催化剂层} \\ -\varrho i_{cathode}, & \text{阴极催化剂层} \end{cases} \qquad (2.286)$$

式中，i_{anode} 和 $i_{cathode}$ 可以通过对阳极和阴极电极分别应用 Butler-Volmer 方程来计算，如第 1 章所述。

注意，根据式（2.285）中出现的拉普拉斯算子，该方程是一个椭圆偏微分方程，其数值本征不同于标量 ϕ 的一般瞬态传输方程，正如之前 2.3.2 节所述。然而这种类型的方程具有平滑的行为，其求解是一项更简单的任务。其行为类似于有热源的传导传热问题的稳态能量方程。实际上这样的方程是一个稳定扩散问题，可以通过式（2.258）中省略非定常项使速度等于零（去掉平流项）来实现。得到的离散方程 [代数方程，先前由式（2.267）表示] 的系数可以很容易地通过使速度分量（即 Fs）等于零来获得。

4. 电子传输子模型

在某些 PEMFC 模型中不考虑 PEMFC 中的电子传递，即假设各电极的固相电势恒定。这里的固相包括催化剂层中的炭黑或铂、微孔层中的碳颗粒、气体扩散层中的碳纤维和收集器。但是为了获得更高的精度，建议求解与式（2.285）相似的下式：

$$\vec{\nabla} \cdot (\sigma_{SM} \vec{\nabla} \phi_{SM}) + i'_{SM} = 0 \qquad (2.287)$$

式中，σ_{SM} 为电子通过催化剂层等多孔层固体基体的电导率；ϕ_{SM} 为固相电势；i'_{SM} 为通过固体基体的电流的体积密度，$(A \cdot m^{-2})$。

一个电子在阳极催化剂层中产生，在阴极催化剂层中消耗。但由于通常是根据正电荷位移的方向来确定电流的方向，所以 i'_{SM} 在阳极催化剂层中为负值，在阴极催化剂层中为正值，在没有电子产生或消耗的其他电极多孔层中为零。该体积电流密度在阳极催化剂层中必须为正，在阴极催化剂层中必须为负。此外，其在催化剂层中的值与电极电流密度通过比有效表面积 ϱ 成正比：

$$i'_{SM} = \begin{cases} \varrho i_{anode}, & \text{阳极催化剂层} \\ -\varrho i_{cathode}, & \text{阴极催化剂层} \end{cases} \tag{2.288}$$

必须求解方程（2.285）和方程（2.287）以确定质子和电子通过该区域的传输。然而这两个方程通过其源项相互耦合，见式（2.286）和式（2.288），这两个方程在 PEMFC 的模拟中起着重要的作用。实际上，得到的电解液相（Nafion）和固相（固体基质）在催化剂层的每个计算槽内的电位差决定了该槽内的活化过电位：

$$\eta = \begin{cases} \phi_{SM} - \phi_N - E_{anode}, & \text{阳极催化剂层} \\ \phi_{SM} - \phi_N - E_{cathode}, & \text{阴极催化剂层} \end{cases} \tag{2.289}$$

这种活化过电位会影响电化学反应速率（参见电极的 Butler-Volmer 方程），电化学反应速率会影响气体传输和水传输子模型中的质量源以及热传输子模型中的热源。

求解方程（2.285）和方程（2.286）所需的另一项是确定求解这两个方程的边界条件。考虑图 2-16 所示的三维计算域，由于这个计算域的所有外壁都没有质子交换，所以这个域的所有外表面都是 $\dfrac{\partial \phi_N}{\partial n} = 0$（这里 n 代表朝向域外的法线方向）。在这个域的垂直外表面，$\dfrac{\partial \phi_{SM}}{\partial n} = 0$ 是一个合理的边界条件。然而在区域的水平上下外表面上电流被交换，因此无法实现简单的纽曼边界条件 $\dfrac{\partial \phi_{SM}}{\partial n} = 0$。通常这两个面有两种不同的边界条件。

如果电池电压 V_{cell} 已知，则阳极侧（图 2-16 上水平面）采用 $\phi_{SM} = 0$ 条件，阴极侧（图 2-16 下水平面）采用 $\phi_{SM} = V_{cell}$ 条件。

如果电池电流密度是已知的，则阴极外表面使用 $\dfrac{\partial \phi_{SM}}{\partial n} = \dfrac{i_{cell}}{\sigma_{BP}}$，阳极外表面使用 $\dfrac{\partial \phi_{SM}}{\partial n} = -\dfrac{i_{cell}}{\sigma_{BP}}$。

5. 热传递子模型

在非等温 PEMFC 模型中，也求解了能量方程。该控制方程已在 2.1.2 节第 1 部分 [非多孔流体区方程（2.22）] 和第 2 部分 [多孔流体区方程（2.62）] 中给出，并附有表 2-9 和式（2.126）～式（2.132）作为方程的源项。固体区域（如图 2-16 所示为膜和两个集流器）的控制能量方程可以简单地通过在式（2.22）中设置速度分量为零来实现。可以推出以下等式：

$$\frac{\partial(\rho c_p T)}{\partial t} = \left[\frac{\partial}{\partial x}\left(k\frac{\partial T}{\partial x}\right) + \frac{\partial}{\partial y}\left(k\frac{\partial T}{\partial y}\right) + \frac{\partial}{\partial z}\left(k\frac{\partial T}{\partial z}\right)\right] + S \tag{2.290}$$

若要对该方程进行数值求解，则在有限体积法框架中必须将温度作为标量 ϕ。采用此子模型将使我们能够捕获 PEMFC 中的温差（通常收集器是最冷的部分，而催化剂层特别是阴极催化剂层是最热的层），这使得 PEMFC 的热管理系统设计更加可行。此外，黏度、扩散率和电导率等传输性质本质上取决于温度，可以在每个时间步和每个计算单元更新。这将提高数值结果的可信度。

2.3.4 堆栈的建模

在 2.3.1 节中给出了单个 PEM 燃料电池的一维模型，通过该模型可以确定电池上活性物质的极化曲线和平均浓度随电池电流密度的变化。然而该模型不包括气体耗竭效应，而气体耗竭效应是从单元的一维模型过渡到堆栈的一维模型的关键因素。幸运的是，考虑气体损耗效应并不困难。只需要通过电池的电流密度将入口的反应物浓度（更具体地说是反应物通量）和出口的反应物浓度联系起来。例如，对于氧：

$$n_{O_2}^{C,inlet} - n_{O_2}^{C,outlet} = \frac{i}{4F} \tag{2.291}$$

阴极处产生的水蒸气也可以写成类似的关系：

$$n_{H_2O}^{C,outlet} - n_{H_2O}^{C,inlet} = (\gamma + 1)\frac{i}{2F} \tag{2.292}$$

借助上述关系，我们可以很容易地将一维单元模型推广到一维堆栈模型。例如，如果电池连续排列（图 2-37），则第一个电池出口处的浓度与第二个电池进口处的浓度相同。如果平行排入电池，那么所有电池入口的浓度将是相同的。如图 2-37 所示，有两种类型的平行进料，Z 型（燃料和空气从电堆的两个相反的侧面进料）和 U 型（燃料和空气都从电堆的一侧进料）。在 Z 型中，由于所有单元从进口到出口的水力阻力相同，因此所有单元的燃料和空气的进口流速相似。然而在 U 型中进口流量不相似，靠近入口的电池将具有较大的入口流速。为了确定燃料和空气在电池组中并联或串联配置的电池组中的流量，可以使用水力等效回路的概念。

与单个电池的二维与三维模拟相比，以二维与三维方式模拟 PEMFC 堆栈只需要更多的计算成本。因此在 PEMFC 堆栈的三维仿真中，最好采用计算成本更低的子模型。这里必须注意的是气体耗竭效应可以起到显著的作用。因此气体与水传输子模型必须具有足够的准确性，以捕获收集器上沿气体通道的物质浓度变化。但这些通道太长，当在模拟过程中有几个电池时，这些通道可能更长。

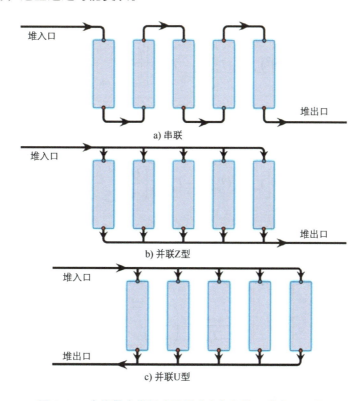

图 2-37　在堆叠中供料（燃料或空气）的三种主要配置

2.3.5　PEMFC 系统的建模与控制

回顾图 2-15，PEMFC 系统包括加湿器、供气、热管理系统等子系统。主要子系统是电池组，其一维模型在前面已经给出。添加每个子系统的模型使得为系统构建更通用的模型成为可能。下面将介绍这些子系统的一维建模。

1. 气体供应子系统

如 2.1.1 节所述，PEM 燃料电池的氢气和空气（或纯氧）的供应通常通过风扇（在具有少量电池的常压燃料电池中）或压缩机（在高压燃料电池或具有大量电池的燃料电池中）进行。轴流、离心式等不同类型的风机，活塞式、螺杆式、涡旋式等不同类型的压缩机，都是不同类型的涡轮机器，以流体流的形式获取机械动力，并以特定的流量和压力传递液压动力。在热力学中对于这样的涡轮机，效率定义为

$$\eta_{tm} = \frac{W_{ideal}}{W_{act}} \tag{2.293}$$

其中理想功（也称为等熵功）和实际功可以根据热力学第一定律写为

$$W_{ideal} = (\rho\dot{V})_{in}\left\{(h_{out,ideal} - h_{in}) + \left[\left(\frac{U^2}{2}\right)_{out} - \left(\frac{U^2}{2}\right)_{in}\right]\right\}$$

$$= (\rho\dot{V})_{in}\left\{c_p(T_{out,ideal} - T_{in}) + \left[\left(\frac{U^2}{2}\right)_{out} - \left(\frac{U^2}{2}\right)_{in}\right]\right\} \tag{2.294}$$

$$W_{act} = (\rho\dot{V})_{in}\left\{(h_{out,act} - h_{in}) + \left[\left(\frac{U^2}{2}\right)_{out} - \left(\frac{U^2}{2}\right)_{in}\right]\right\}$$

$$= (\rho\dot{V})_{in}\left\{c_p(T_{out,act} - T_{in}) + \left[\left(\frac{U^2}{2}\right)_{out} - \left(\frac{U^2}{2}\right)_{in}\right]\right\} \tag{2.295}$$

式中，$\dot{V}$ 为燃料或空气的体积流量；h 为焓；U 为速度大小；$(\rho\dot{V})_{in}$ 为燃料电池质量流量，$(\rho\dot{V})_{in} = (\rho\dot{V})_{out}$。注意，式（2.294）和式（2.295）的右端项主要的不同参数是输出温度（焓）。

另一方面，对于等熵压缩功，可以写为

$$\frac{T_{out,ideal}}{T_{in}} = \left(\frac{P_{out}}{P_{in}}\right)^{\frac{\gamma-1}{\gamma}} \tag{2.296}$$

式中，γ 为流体等速比热与等容比热之比。结合给出的式（2.293）~ 式（2.296），如果知道压缩机的效率（有时一些供应商会提供压缩机效率相对于压力增量的图表），那么可以写出

$$W_{act} = (\rho\dot{V})_{in}\left\{c_p(T_{out,act} - T_{in}) + \left[\left(\frac{U^2}{2}\right)_{out} - \left(\frac{U^2}{2}\right)_{in}\right]\right\} = \eta_{tm}W_{ideal}$$

$$= \eta_{tm}(\rho\dot{V})_{in}\left\{c_p\left[T_{in}\left(\frac{P_{out}}{P_{in}}\right)^{\frac{\gamma-1}{\gamma}} - T_{in}\right] + \left[\left(\frac{U^2}{2}\right)_{out} - \left(\frac{U^2}{2}\right)_{in}\right]\right\} \tag{2.297}$$

因此流体的实际出口温度是

$$T_{out,act} = \left[1 - \eta_{tm} + \eta_{tm}\left(\frac{P_{out}}{P_{in}}\right)^{\frac{\gamma-1}{\gamma}}\right]T_{in} - \frac{(1-\eta_{tm})}{c_p}\left[\left(\frac{U^2}{2}\right)_{out} - \left(\frac{\rho U^2}{2}\right)_{in}\right] \tag{2.298}$$

有时出口温度是已知的，而效率是未知的参数。在这种情况下，可以用下式作为模型的效率计算器：

$$\eta_{tm} = \frac{\left\{c_p(T_{out,ideal} - T_{in}) + \left[\left(\frac{U^2}{2}\right)_{out} - \left(\frac{U^2}{2}\right)_{in}\right]\right\}}{\left\{c_p(T_{out,act} - T_{in}) + \left[\left(\frac{U^2}{2}\right)_{out} - \left(\frac{U^2}{2}\right)_{in}\right]\right\}} \tag{2.299}$$

2. 加湿子系统

在热力学中，空气的比湿度 ω（干空气和水蒸气的混合物，也称为绝对湿度或湿度比）定义为水蒸气质量与干空气质量之比。空气的相对湿度 ϕ 定义为该温度下的蒸汽压与水饱和压力之比 P_{sat}。这两种湿度由下式相互联系：

$$\phi = \frac{\omega P_a}{\left(\dfrac{MW_{H_2O}}{MW_{DryAir}}\right)P_{sat}} = \frac{\omega P_a}{0.622 P_{sat}} \tag{2.300}$$

式中，P_a 为干空气分压（干空气分压与水蒸气分压之和为空气总压）。如果把 $\phi=1$ 代入方程，则可求得平衡条件下可达到的最大比湿度，通常称为饱和比湿度 ω_s：

$$\omega_s = \frac{\left(\dfrac{MW_{H_2O}}{MW_{DryAir}}\right)P_{sat}}{P_a} \tag{2.301}$$

然而在 PEMFC 中，氢气流通常是加湿的，而气流是干燥的。因此与定义空气的特定湿度类似，可以为加湿氢定义此参数。更具体地说，加湿氢的饱和比湿度（在平衡条件下不能达到饱和）如下：

$$\omega_{h,s} = \frac{\left(\dfrac{MW_{H_2O}}{MW_{DryH_2}}\right)P_{sat}}{P_{H_2}} = \frac{8.937 P_{sat}}{P_{H_2}} \tag{2.302}$$

式中，P_{H_2} 为干燥氢气的分压。

设计一个加湿器用于加湿干燥的氢气流，其质量流量为 $\dot{m}_{H_2,in}$，在已知条件 $P_{H_2,in}$ 和 $T_{H_2,in}$ 下，如果加湿过程完全有效地进行［即达到式（2.302）所示的最大比湿度且不产生冷凝水］，那么该加湿器所需的水质量流量 $\dot{m}_{water}$ 是多少（假设水状态 $T_{water,in}$ 已知）？此外，这个系统输出加湿氢气的条件是什么（假设系统有绝热边界）？要回答第一个问题，可以使用式（2.302）：

$$\dot{m}_{water} = \omega_{h,s}\dot{m}_{H_2,in} = \frac{8.937 P_{sat}\dot{m}_{H_2,in}}{P_{H_2,in}} \tag{2.303}$$

为了回答第二个问题，可以写出加湿器的质量平衡和能量平衡作为控制体积，具体为

$$\dot{m}_{H_2\&vapor,out} = \dot{m}_{H_2,in} + \dot{m}_{water} \tag{2.304}$$

$$\dot{m}_{H_2\&vapor,out}h_{H_2\&vapor,out} = \dot{m}_{H_2,in}h_{H_2,in} + \dot{m}_{water}h_{water} \tag{2.305}$$

由于出口氢气中含有水蒸气和干氢，故上式可改写为

$$\dot{m}_{H_2,in} c_{p,H_2} (T_{out} - T_{H_2,in}) = \dot{m}_{water}(h_{water} - h_{vapor}) \tag{2.306}$$

式中，由于加湿氢是饱和的，所以 $h_{vapor} = h_g @ T_{out}$，因此方程中唯一的未知参数是 T_{out}。通过求解式（2.306）可以计算出加湿氢气的温度。

3. 热管理子系统

在液冷式 PEMFC 堆中，离开堆后的液态水是热的（根据堆中产生的热量，可以通过调节水的质量流量来控制水的热程度），需要对其进行冷却。通常需要一个热交换器（HEX），如散热器来冷却从 $T_{h,in}$ 进入 $T_{h,out}$ 流出的水（这里下标 h 表示作为热交换器中的热流体的水）。冷却过程是通过与周围空气以特定的温度和质量流量（即 $T_{c,in}$ 和 $\dot{m}_c$）进行对流换热来完成的。下标 c 表示冷流体，这里是空气。为了设计这种冷却过程的换热器，必须找出三个未知参数 $\dot{Q}$、UA 和 $T_{c,out}$，分别是热交换器换热率、热交换器热阻逆（U 是热交换器的总体换热系数）和热交换器出口的空气温度（根据堆栈条件，假设水流量是已知的，取决于堆栈中的产热率）。可以很容易地计算出第一个和最后一个未知参数：

$$\dot{Q} = (\dot{m}c)_h (T_{h,in} - T_{h,out}) \tag{2.307}$$

$$T_{c,out} = T_{c,in} + \frac{\dot{Q}}{(\dot{m}c)_h} \tag{2.308}$$

然而计算变量 UA 难度较大。文献中提出了几种分析 HEX 和计算变量 UA 等参数的方法。这些方法包括对数平均温差（LMTD）、ε-NTU、P-NTU_c 以及 ψ-NTU。其中平均温差仅适用于并、逆流并联热交换器。实际上，ε-NTU 在热交换器分析中应用更为广泛。在 ε-NTU 方法中有 3 个相互关联的参数：ε、NTU 和 C_{rel}。也就是说，如果已知特定类型热交换器的其中两个参数，则可以通过热交换器文献中呈现的关系或图表获得第三个参数[112, 113]。这三个参数定义为

$$\varepsilon = \frac{\dot{Q}}{\dot{Q}_{max}} = \frac{\dot{Q}}{(\dot{m}c)_{min}(T_{h,in} - T_{c,in})} \tag{2.309}$$

$$C_{rel} = \frac{(\dot{m}c)_{min}}{(\dot{m}c)_{max}} \tag{2.310}$$

$$NTU = \frac{UA}{(\dot{m}c)_{min}} \tag{2.311}$$

式中，$(\dot{m}c)_{min} = \min\{(\dot{m}c)_c, (\dot{m}c)_h\}$；$(\dot{m}c)_{max} = \max\{(\dot{m}c)_c, (\dot{m}c)_h\}$。

为了计算 PEMFC 电堆热管理系统中热交换器的热交换系数 UA，可以通过式（2.309）和式（2.310）确定 ε 和 C_{rel}。为确定 NTU，必须事先选择热交换器类型和热交换系数 UA。

横流热交换器广泛应用于 PEMFC 的热管理系统中。对于未混合流体的热交换器和在单次通过情况下，必须求解以下等式以确定 NTU：

$$\varepsilon = 1 - \exp\left[\left(\frac{1}{C_{rel}}\right)(NTU)^{0.22}\{\exp[-C_{rel}(NTU)^{0.78}] - 1\}\right] \quad (2.312)$$

得到 NTU 后，热交换系数 UA 可由式（2.311）计算。

尽管上述用于 PEMFC 热管理系统分析的一维模型非常有优势，但为了对热交换器进行更详细的分析，也进行了热交换器的流体动力学模拟。ANSYS Fluent 提供了两个特定的模型，称为宏模型（未分组和分组）和双单元模型。在这些模型中，上述热交换器分析方法（如 ε-NTU）是针对小计算单元执行的，而不是针对整个热交换器。此外，热交换器芯（由紧凑的翅片和管组成）被认为是多孔介质，以减少紧凑热交换器的模拟计算成本[18]。

2.3.6　PEMFC 冷启动建模

由于汽车用 PEMFC 可以承受零度以下的温度，在寒冷的气候下设备可能会结冰。事实上，在一些极端寒冷的条件下，当干燥的 PEMFC 开始发电时，几分钟后阴极催化剂层中会产生水并形成冰，这导致催化剂层孔被冰堵塞，从而突然降低功率。

在 PEMFC 冷启动过程的仿真中，主要对水传输子模型进行修改，然后对热传输子模型进行修改。在 PEMFC 中，正常工作条件下孔隙空间和气相或液相中的自由水，以及电解质材料和非冷冻相中的溶解水都可以存在。然而对于冷启动期间的 PEMFC，会存在其他水相，如在多孔电极和气体流道中的冰或溶解在膜中的冷冻水，如图 2-38 所示。

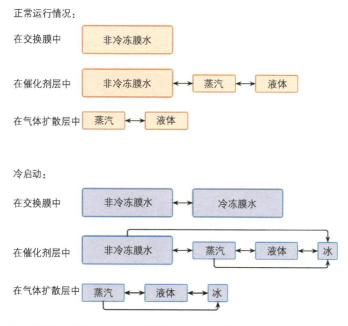

图 2-38　标准工况下 PEMFC 不同部位与冷启动时可能存在的不同水相[114]

当 PEMFC 在冷工况下启动时，Jiao 和 Li 提出了 PEMFC 冷启动时的流体动力学模型[114]。在他们的模型中出现了冰饱和面 S_{ice}，代表了由固体冰填充的空隙空间的比例，S_{lq} 表示液体饱和度。因此，气体传输的可用空隙率为 $1-S_{ice}-S_{lq}$。他们的模型的控制方程见表 2-16，而这些方程所使用的源见表 2-17[114]。

下标 g、*mem*、*nf*、*nmw*、*f*、*fmw*、*ele*、*ion*、*fl*、*sl* 分别表示气体、膜、非冷冻、非冷冻膜水、冷冻、冷冻膜水、电子、离子、液相和固相，包括电解质材料和固体冰。

表 2-16　Jiao 和 Li 提出的冷启动模型中的控制方程[114]

特性	守恒方程	解析域
质量	$\dfrac{\partial}{\partial t}[\varepsilon(1-s_{lq}-s_{ice})\rho_g]+\nabla\cdot(\rho_g\vec{u}_g)=S_m$	流动沟道，气体扩散层，催化剂层
动量	$\dfrac{\partial}{\partial t}\left[\dfrac{\rho_g\vec{u}_g}{\varepsilon(1-s_{lq}-s_{ice})}\right]+\nabla\cdot\left[\dfrac{\rho_g\vec{u}_g\vec{u}_g}{\varepsilon^2(1-s_{lq}-s_{ice})^2}\right]$ $=-\nabla p_g+\mu_g\nabla\cdot\left\{\nabla\left[\dfrac{\vec{u}_g}{\varepsilon(1-s_q-s_ex)}\right]+\nabla\left[\dfrac{\vec{u}_g}{\varepsilon(1-s_q-s_ex)}\right]\right\}-$ $\dfrac{2}{3}\mu_g\nabla\left\{\nabla\cdot\left[\dfrac{\vec{u}_g}{\varepsilon(1-s_{lq}-s_{ice}x)}\right]\right\}+S_u$	流动沟道，气体扩散层，催化剂层
气体种类 i：氢气，氧气，水蒸气	$\dfrac{\partial}{\partial t}\left[\varepsilon(1-s_{lq}-s_{ice})\rho_gY_i\right]+\nabla\cdot(\rho_g\vec{u}_gY_i)=\nabla\cdot(\rho_gD_i^{eff}\nabla Y_i)+S_i$	流动沟道，气体扩散层，催化剂层
液态水	$\dfrac{\partial(\varepsilon s_{lq}\rho_{lq})}{\partial t}+\nabla\cdot(\iota\rho_{lq}\vec{u}_g)=\nabla\cdot(\rho_{lq}D_{lq}\nabla s_{lq})+S_{lq}$	气体扩散层，催化剂层
冰	$\dfrac{\partial(\varepsilon s_{ice}\rho_{ice})}{\partial t}=S_{ice}$	气体扩散层，催化剂层
非冻结膜水含量	$\dfrac{\rho_{mem}}{EW}\dfrac{\partial(\omega\lambda_{nf})}{\partial t}=\dfrac{\rho_{mem}}{EW}\nabla\cdot(\omega^{1.5}D_{nmw}\nabla\lambda_{nf})+S_{nmw}$	膜，催化剂层
冻结膜水含量	$\dfrac{\rho_{mem}}{EW}\dfrac{\partial(\omega\lambda_f)}{\partial t}=S_{fmw}$	膜
电子电位	$0=\nabla\cdot(\kappa_{ele}^{eff}\nabla\phi_{ele})+S_{ele}$	BP，气体扩散层，催化剂层
离子势	$0=\nabla\cdot(\kappa_{ion}^{eff}\nabla\phi_{ion})+S_{ion}$	膜，催化剂层
能量	$\dfrac{\partial}{\partial t}[(\rho C_p)_{fl,sl}^{eff}T]+\nabla\cdot[(\rho C_p)_{fl}^{eff}\vec{u}_gT]=\nabla\cdot(k_{fl,sl}^{eff}\nabla T)+S_T$	所有域

表 2-17　表 2-16 中方程的源项[114]

源项	单位
$S_m = S_{H_2} + S_{O_2} + S_{vp}$	$kg \cdot m^{-3} \cdot s^{-1}$
$S_u = \begin{cases} -\dfrac{\mu_g}{K_g}\vec{u}_g, & \text{在催化剂层和气体扩散层} \\ 0, & \text{其他} \end{cases}$	$kg \cdot m^{-3} \cdot s^{-1}$
$S_{H_2} = \begin{cases} -\dfrac{j_a}{2F}M_{H_2}, & \text{在阳极催化剂层} \\ 0, & \text{其他} \end{cases}$ $S_{O_2} = \begin{cases} -\dfrac{j_a}{4F}M_{O_2}, & \text{在阴极催化剂层} \\ 0, & \text{其他} \end{cases}$	$kg \cdot m^{-3} \cdot s^{-1}$
$S_{vp} = \begin{cases} -S_{v-l} - S_{v-i} + S_{n-v}M_{H_2O}, & \text{在催化剂层} \\ -S_{v-l} - S_{v-i}, & \text{其他} \end{cases}$	$kg \cdot m^{-3} \cdot s^{-1}$
$S_{lq} = S_{v-l} - S_{l-i},\ S_{ice} = \begin{cases} S_{v-l} + S_{l-i} + S_{n-i}M_{H_2O}, & \text{在催化剂层} \\ S_{v-l} + S_{l-i}, & \text{其他} \end{cases}$	$kg \cdot m^{-3} \cdot s^{-1}$
$S_{nmw} = \begin{cases} -S_{n-f}, & \text{在膜} \\ \dfrac{j_c}{2F} - S_{n-v} - S_{n-i} + S_{EOD}, & \text{在阴极催化剂层} \\ -S_{n-v} - S_{n-i} + S_{EOD}, & \text{在阳极催化剂层} \end{cases}$ $S_{fmw} = S_{n-f}$	$kmol \cdot m^{-3} \cdot s^{-1}$
$S_{ele} = \begin{cases} -j_a, & \text{在阳极催化剂层} \\ j_c, & \text{在阴极催化剂层}, \\ 0, & \text{其他} \end{cases}$ $S_{ion} = \begin{cases} j_a, & \text{在阳极催化剂层} \\ -j_c, & \text{在阴极催化剂层} \\ 0, & \text{其他} \end{cases}$	$A \cdot m^{-3}$
$S_T = \begin{cases} j_a|\eta_{act}| + \|\nabla\phi_{ele}\|^2\kappa_{ele}^{eff} + \|\nabla\phi_{ion}\|^2\kappa_{ion}^{eff} + S_{pc}, & \text{在阳极催化剂层} \\ -\dfrac{j_cT\Delta S}{2F} + j_c|\eta_{act}| + \|\nabla\phi_{ele}\|^2\kappa_{ele}^{eff} + \|\nabla\phi_{ion}\|^2\kappa_{ion}^{eff} + S_{pc}, & \text{在阴极催化剂层} \\ \|\nabla\phi_{ele}\|^2\kappa_{ele}^{eff} + S_{pc}, & \text{在气体扩散层} \\ \|\nabla\phi_{ele}\|^2\kappa_{ele}^{eff}, & \text{在双极板} \\ \|\nabla\phi_{ion}\|^2\kappa_{ion}^{eff} + S_{pc}, & \text{在膜} \\ 0, & \text{其他} \end{cases}$	$W \cdot m^{-3}$

2.4　本章小结

在本章中，我们详细解释了从电池级到堆栈和系统级 PEMFC 的组件和结构，以及这些组件中的传输现象，此外还介绍了不同的制氢和储氢方法。在此基础上，提出了 PEMFC 组件中传输现象的微观模拟方法。特别注意到晶格玻尔兹曼方法是 PEMFC 微尺度模拟最有效的数值工具之一；本章通过几个例子阐述了该方法在提取传输性质、研究电极中液态水行为以及深入分析催化剂层上电化学反应方面的能力（解决这些例子的应用代码也在附录 A 中提供）。此外，本章还很好地描述了对 PEMFC 中气体扩散层微观结构的随机重建，这是大多数 PEMFC 微观模拟的必然要求。本章还介绍了孔隙网络建模的实现方法和用于 PEMFC 微尺度模拟的液体体积测试方法。

针对 PEMFC 中单个电池的宏观模拟，阐述了基于有限体积法的一维模型和流体动力学模型，并介绍了它们的子模型。在此基础上，对气体供应系统、加湿器和热管理系统等辅助平衡系统元件进行了建模。最后，对冷启动过程中单个电池的流体动力学模拟进行了讨论。

1）电极的关键部分是什么？解释每个部件的作用。

2）提出一个更符合成本效益的铂族金属使用方案。

3）解释质子通过 Nafion 膜的传导机制。

4）讨论不同流场的优缺点。

5）辅助平衡系统的主要子系统是什么？用表格的形式给出各子系统的功能和组成部分。

6）解释温度对下列材料在室温下导热性的作用：①离子；②铝；③汞；④氧化铝；⑤氢；⑥水蒸气；⑦液态水。

7）解释氢在未来世界作为能源容器的潜在作用。提供氢和电作为两种主要清洁能源载体的比较。

8）电解水作为一种制氢技术的优缺点是什么？如果你要在干燥的沙漠中生产氢气，你会选择这种技术吗？为什么或者为什么不呢？

9）提供一个表格，比较不同储氢技术的优缺点。

10）提供一个表格，并介绍 5 种不同版本的伪势函数，用于多相流晶格玻尔兹曼模拟。你能说出每一个的优缺点吗？

11）从传输现象方面描述 PEMFC 冷启动过程中可能发生的事件。

12）描述表 2-17 中给出的源项。

难题：

13）对于二元混合物，用菲克定律和 Maxwell-Stefan 方程写出质量扩散通量。比较分析两种方法得到的通量。

14）估计在 80℃下，在部分淹没的 PEMFC 中，氧气穿透和扩散穿过催化剂层中三项边界上 2μm 液体膜所需的时间。提示：所需时间 τ_D 可由 $\tau_D = \dfrac{\delta^2}{D_{O_2,liquid\ water}}$ 计算，其中 δ 和 $D_{O_2,liquid\ water}$ 分别为膜厚和氧扩散系数。

15）毛细压力可通过下式计算：

$$P_c = \sigma |\cos\theta| \left(\frac{\phi}{k_{abs}}\right)^{\frac{1}{2}} J(s)$$

其中，$J(s)$ 为 Leverett 函数，对于疏水气体扩散层：

$$J(s) = 1.417s - 2.120s^2 + 1.263s^3$$

使用此函数，在 $s=0.4$ 时，确定下表中的气体扩散层性能在 80℃ 时的毛细压力。

气体扩散层性质	值
接触角	115°
孔隙率	0.75
渗透率	$2.25 \times 10^{-12} \text{m}^2$

此外，简要说明以下内容：

① 如果将接触角从 115° 改变为 130°，毛细压力将如何变化？解释原因。

② 如果孔隙率增加到 0.85，毛细压力会发生怎样的变化？

③ 如果温度降低，对毛细压力的影响是什么？

16）在 PEMFC 中，气体流道截面为 0.5mm×2mm 的矩形。如果 350K 和 1.5atm 的空气流经气相色谱，则确定以下三种情况下的平均 Nu 和传热系数：① $Re_{Dh}=1000$；② $Re_{Dh}=15000$；③ $Re_{Dh}=5000$。

17）编写对于 D2Q9 晶格中二维驱动方格的四面无滑移边界条件的反弹实现。

18）证明方程（2.185）。

19）通过扩展附录 A.2 中给出的二维等温盖驱动腔体的晶格玻尔兹曼代码，推导出在 Re 数为 10、100 和 1000 的情况下，盖驱动腔体从底部边缘加热和从顶部运动边缘冷却（而垂直边缘是绝热的）的温度分布。考虑底部和顶部边缘的标准化温度分别等于 1 和 0。

20）重做例 2.8，但假设在通道中有一束光纤，而不是单个光纤。该束由 4×4 纤维组成，其直径为 D，相邻的两根纤维中心之间的间距为 $2D$。

21）对于例 2.9，考察其中纤维直径和接触角对水侵行为的影响。

22）生成 Toray 090 碳纸样品（1.0mm×0.2mm×0.2mm）的微观结构，并将其作为例 2.10 中催化剂层以上的气体扩散层。现在使用附录 A.4 进行 LB 模拟，提取催化剂层上的电流密度分布。将结果与例 2.10 的结果进行比较。

23）使用附录 A.1 生成 Toray 090 样品的微观结构。然后通过 Kuttanikkad 提出的方法为其生成孔隙网络[86]。你能通过生成的网络预测干燥的 Toray 90 的总面内和面外渗透率吗？这些值和表 2-2 中的实验数据之间的差别是多少？为什么？你能提出一个减少差别的解决方案吗？

24）修改附录 B 中的代码，以提供实施例 2.11 中所述的 PEMFC 在 $i=0.5i_L$ 时在整个阳极和阴极电极上的物质摩尔分数分布。其中，i_L 为电池的极限电流。

25）如果我们想使用 2.1.2 节给出的多物质扩散系数而不是简单的二元扩散系数，可以通过修改附录 B 提供一维模型。

 参考文献

[1] S. Salari, J. Stumper, M. Bahrami, Direct measurement and modeling relative gas diffusivity of PEMFC catalyst layers: The effect of ionomer to carbon ratio, operating temperature, porosity, and pore size distribution, International Journal of Hydrogen Energy 43 (2018) 16704–16718, https://doi.org/10.1016/j.ijhydene.2018.07.035.

[2] G.R. Molaeimanesh, LBM simulations of PEM fuel cells, in: Lattice Boltzmann Modeling for Chemical Engineering, vol. 55, 2020, p. 143.

[3] A. El-kharouf, T.J. Mason, D.J.L. Brett, B.G. Pollet, Ex-situ characterisation of gas diffusion layers for proton exchange membrane fuel cells, Journal of Power Sources 218 (2012) 393–404, https://doi.org/10.1016/j.jpowsour.2012.06.099.

[4] W. Chen, F. Jiang, Impact of PTFE content and distribution on liquid e gas flow in PEMFC carbon paper gas distribution layer: 3D lattice Boltzmann simulations, International Journal of Hydrogen Energy 41 (2016) 8550–8562, https://doi.org/10.1016/j.ijhydene.2016.02.159.

[5] G.R. Molaeimanesh, M.H. Akbari, Impact of PTFE distribution on the removal of liquid water from a PEMFC electrode by lattice Boltzmann method, International Journal of Hydrogen Energy 39 (2014) 8401–8409, https://doi.org/10.1016/j.ijhydene.2014.03.089.

[6] A.H. Kakaee, G.R. Molaeimanesh, M.H.E. Garmaroudi, Impact of PTFE distribution across the GDL on the water droplet removal from a PEM fuel cell electrode containing binder, International Journal of Hydrogen Energy 43 (2018) 15481–15491.

[7] M.M. Mench, Fuel Cell Engines, 2008, https://doi.org/10.1002/9780470209769.

[8] R. O'hayre, S.-W. Cha, W. Colella, F.B. Prinz, Fuel Cell Fundamentals, John Wiley & Sons, 2016.

[9] J. Larminie, A. Dicks, Fuel Cell Systems Explained, 2nd ed., Wiley, New York, 2003.

[10] E.L. Cussler, Diffusion: Mass Transfer in Fluid Systems, Cambridge University Press, 2009.

[11] A.Z. Weber, J. Newman, Effects of microporous layers in polymer electrolyte fuel cells, Journal of the Electrochemical Society 152 (2005) A677.

[12] H.S. Salem, G.V. Chilingarian, Influence of porosity and direction of flow on tortuosity in unconsolidated porous media, Energy Sources 22 (2000) 207–213.

[13] H.C. Brinkman, The viscosity of concentrated suspensions and solutions, Journal of Chemical Physics 20 (1952) 571.

[14] H.C. Brinkman, A calculation of the viscous force exerted by a flowing fluid on a dense swarm of particles, Flow, Turbulence and Combustion 1 (1949) 27–34.

[15] W.-P. Breugem, The effective viscosity of a channel-type porous medium, Physics of Fluids 19 (2007) 103104.

[16] D.M. Bernardi, M.W. Verbrugge, A mathematical model of the solid-polymer-electrolyte fuel cell, Journal of the Electrochemical Society 139 (1992) 2477–2491.

[17] A. Parthasarathy, S. Srinivasan, A.J. Appleby, C.R. Martin, Temperature dependence of the electrode kinetics of oxygen reduction at the platinum/Nafion interface − a microelectrode investigation, Journal of the Electrochemical Society 139 (1992) 2530–2537.

[18] ANSYS Fluent Theory Guide 2020.

[19] T.E. Springer, T.A. Zawodzinski, S. Gottesfeld, Polymer electrolyte fuel cell model, Journal of the Electrochemical Society 138 (1991) 2334, https://doi.org/10.1149/1.2085971.

[20] P.P. Mukherjee, C.Y. Wang, Q. Kang, Mesoscopic modeling of two-phase behavior and flooding phenomena in polymer electrolyte fuel cells, Electrochimica Acta 54 (2009) 6861–6875, https://doi.org/10.1016/j.electacta.2009.06.066.

[21] R.P. Ewing, B. Berkowitz, Stochastic pore-scale growth models of DNAPL migration in porous media, Advances in Water Resources 24 (2001) 309–323, https://doi.org/10.1016/S0309-1708(00)00059-2.

[22] R. Lenormand, E. Touboul, C. Zarcone, Numerical models and experiments on immiscible dis-

placements in porous media, Journal of Fluid Mechanics 189 (1988) 165–187, https://doi.org/10.1017/S0022112088000953.

[23] A.D. Canonsburg, ANSYS Fluent User's Guide, 2020.

[24] F.P. Incropera, A.S. Lavine, T.L. Bergman, D.P. DeWitt, Fundamentals of Heat and Mass Transfer, Wiley, 2007.

[25] M. Khandelwal, M.M. Mench, Direct measurement of through-plane thermal conductivity and contact resistance in fuel cell materials, Journal of Power Sources 161 (2006) 1106–1115, https://doi.org/10.1016/j.jpowsour.2006.06.092.

[26] W.M. Kays, M.E. Crawford, Convective Heat and Mass Transfer, McGraw-Hill, 1993.

[27] A. Chambers, C. Park, R.T.K. Baker, N.M. Rodriguez, Hydrogen storage in graphite nanofibers, Journal of Physical Chemistry. B 102 (1998) 4253–4256, https://doi.org/10.1021/jp980114l.

[28] G.R. Molaeimanesh, M.H. Akbari, Agglomerate modeling of cathode catalyst layer of a PEM fuel cell by the lattice Boltzmann method, International Journal of Hydrogen Energy 40 (2015) 5169–5185, https://doi.org/10.1016/j.ijhydene.2015.02.097.

[29] L. Chen, Y.-L. Feng, C.-X. Song, L. Chen, Y.-L. He, W.-Q. Tao, Multi-scale modeling of proton exchange membrane fuel cell by coupling finite volume method and lattice Boltzmann method, International Journal of Heat and Mass Transfer 63 (2013) 268–283, https://doi.org/10.1016/j.ijheatmasstransfer.2013.03.048.

[30] D.H. Jeon, H. Kim, Effect of compression on water transport in gas diffusion layer of polymer electrolyte membrane fuel cell using lattice Boltzmann method, Journal of Power Sources 294 (2015) 393–405, https://doi.org/10.1016/j.jpowsour.2015.06.080.

[31] K.N. Kim, J.H. Kang, S.G. Lee, J.H. Nam, C.J. Kim, Lattice Boltzmann simulation of liquid water transport in microporous and gas diffusion layers of polymer electrolyte membrane fuel cells, Journal of Power Sources 278 (2015) 703–717, https://doi.org/10.1016/j.jpowsour.2014.12.044.

[32] P. Zhou, C.W. Wu, Liquid water transport mechanism in the gas diffusion layer, Journal of Power Sources 195 (2010) 1408–1415, https://doi.org/10.1016/j.jpowsour.2009.09.019.

[33] B. Han, H. Meng, Numerical studies of interfacial phenomena in liquid water transport in polymer electrolyte membrane fuel cells using the lattice Boltzmann method, International Journal of Hydrogen Energy 38 (2013) 5053–5059, https://doi.org/10.1016/j.ijhydene.2013.02.055.

[34] Y. Tabe, Y. Lee, T. Chikahisa, M. Kozakai, Numerical simulation of liquid water and gas flow in a channel and a simplified gas diffusion layer model of polymer electrolyte membrane fuel cells using the lattice Boltzmann method, Journal of Power Sources 193 (2009) 24–31, https://doi.org/10.1016/j.jpowsour.2009.01.068.

[35] M.H. Shojaeefard, G.R. Molaeimanesh, M. Nazemian, M.R. Moqaddari, A review on microstructure reconstruction of PEM fuel cells porous electrodes for pore scale simulation, International Journal of Hydrogen Energy 41 (2016) 20276–20293, https://doi.org/10.1016/j.ijhydene.2016.08.179.

[36] V.P. Schulz, J. Becker, A. Wiegmann, P.P. Mukherjee, C.-Y. Wang, Modeling of two-phase behavior in the gas diffusion medium of PEFCs via full morphology approach, Journal of the Electrochemical Society 154 (2007) B419–B426.

[37] K. Schladitz, S. Peters, D. Reinel-Bitzer, A. Wiegmann, J. Ohser, Design of acoustic trim based on geometric modeling and flow simulation for non-woven, Computational Materials Science 38 (2006) 56–66, https://doi.org/10.1016/j.commatsci.2006.01.018.

[38] D. Stoyan, J. Mecke, S. Pohlmann, Formulas for stationary planar fibre processes II- partially oriented-fibre systems, Series Statistics 11 (1980) 281–286, https://doi.org/10.1080/02331888008801540.

[39] J. Becker, C. Wieser, S. Fell, K. Steiner, A multi-scale approach to material modeling of fuel cell diffusion media, International Journal of Heat and Mass Transfer 54 (2011) 1360–1368, https://doi.org/10.1016/j.ijheatmasstransfer.2010.12.003.

[40] N. Zamel, J. Becker, A. Wiegmann, Estimating the thermal conductivity and diffusion coefficient of the microporous layer of polymer electrolyte membrane fuel cells, Journal of Power Sources 207 (2012) 70–80, https://doi.org/10.1016/j.jpowsour.2012.02.003.

[41] A. Nabovati, J. Hinebaugh, A. Bazylak, C.H. Amon, Effect of porosity heterogeneity on the permeability and tortuosity of gas diffusion layers in polymer electrolyte membrane fuel cells, Journal of Power Sources 248 (2014) 83–90, https://doi.org/10.1016/j.jpowsour.2013.09.061.

[42] A. Rofaiel, J.S. Ellis, P.R. Challa, A. Bazylak, Heterogeneous through-plane distributions of polytetrafluoroethylene in polymer electrolyte membrane fuel cell gas diffusion layers, Journal of Power Sources 201 (2012) 219–225, https://doi.org/10.1016/j.jpowsour.2011.11.005.

[43] J. Pauchet, M. Prat, P. Schott, S.P. Kuttanikkad, Performance loss of proton exchange membrane fuel cell due to hydrophobicity loss in gas diffusion layer: Analysis by multiscale approach combining pore network and performance modelling, International Journal of Hydrogen Energy 37 (2012) 1628–1641, https://doi.org/10.1016/j.ijhydene.2011.09.127.

[44] R.J.F. Kumar, V. Radhakrishnan, P. Haridoss, Enhanced mechanical and electrochemical durability of multistage PTFE treated gas diffusion layers for proton exchange membrane fuel cells, International Journal of Hydrogen Energy 37 (2012) 10830–10835.

[45] H. Ito, K. Abe, M. Ishida, C.M. Hwang, A. Nakano, Effect of through-plane polytetrafluoroethylene distribution in a gas diffusion layer on a polymer electrolyte unitized reversible fuel cell, International Journal of Hydrogen Energy 40 (2015) 16556–16565.

[46] G.R. Molaeimanesh, M. Nazemian, Investigation of GDL compression effects on the performance of a PEM fuel cell cathode by lattice Boltzmann method, Journal of Power Sources 359 (2017) 494–506, https://doi.org/10.1016/j.jpowsour.2017.05.078.

[47] U.R. Salomov, E. Chiavazzo, P. Asinari, Pore-scale modeling of fluid flow through gas diffusion and catalyst layers for high temperature proton exchange membrane (HT-PEM) fuel cells, Computers & Mathematics with Applications 67 (2014) 393–411, https://doi.org/10.1016/j.camwa.2013.08.006.

[48] G.R. Molaeimanesh, M. Dahmardeh, Pore-scale analysis of a PEM fuel cell cathode including carbon cloth gas diffusion layer by lattice Boltzmann method, Fuel Cells 21 (2021) 208–220, https://doi.org/10.1002/fuce.202000191.

[49] G. Wang, P.P. Mukherjee, C.-Y. Wang, Direct numerical simulation (DNS) modeling of PEFC electrodes: Part I. Regular microstructure, Electrochimica Acta 51 (2006) 3139–3150, https://doi.org/10.1016/j.electacta.2005.09.002.

[50] G. Wang, P.P. Mukherjee, C.-Y. Wang, Optimization of polymer electrolyte fuel cell cathode catalyst layers via direct numerical simulation modeling, Electrochimica Acta 52 (2007) 6367–6377.

[51] S.H. Kim, H. Pitsch, Reconstruction and effective transport properties of the catalyst layer in PEM fuel cells, Journal of the Electrochemical Society 156 (2009) B673–B681.

[52] K.J. Lange, P.-C. Sui, N. Djilali, Determination of effective transport properties in a PEMFC catalyst layer using different reconstruction algorithms, Journal of Power Sources 208 (2012) 354–365.

[53] K.J. Lange, P.-C. Sui, N. Djilali, Pore scale simulation of transport and electrochemical reactions in reconstructed PEMFC catalyst layers, Journal of the Electrochemical Society 157 (2010) B1434.

[54] K.J. Lange, P.-C. Sui, N. Djilali, Pore scale modeling of a proton exchange membrane fuel cell catalyst layer: Effects of water vapor and temperature, Journal of Power Sources 196 (2011) 3195–3203, https://doi.org/10.1016/j.jpowsour.2010.11.118.

[55] N.A. Siddique, F. Liu, Process based reconstruction and simulation of a three-dimensional fuel cell catalyst layer, Electrochimica Acta 55 (2010) 5357–5366.

[56] L. Chen, G. Wu, E.F. Holby, P. Zelenay, W.-Q. Tao, Q. Kang, Lattice Boltzmann pore-scale investigation of coupled physical-electrochemical processes in C/Pt and non-precious metal cathode catalyst layers in proton exchange membrane fuel cells, Electrochimica Acta 158 (2015) 175–186, https://doi.org/10.1016/j.electacta.2015.01.121.

[57] W. Wu, F. Jiang, Microstructure reconstruction and characterization of PEMFC electrodes, International Journal of Hydrogen Energy 39 (2014) 15894–15906, https://doi.org/10.1016/j.ijhydene.2014.03.074.

[58] M. El Hannach, R. Singh, N. Djilali, E. Kjeang, Micro-porous layer stochastic reconstruction and transport parameter determination, Journal of Power Sources 282 (2015) 58–64.

[59] P.L. Bhatnagar, E.P. Gross, M. Krook, A model for collision processes in gases. I. Small amplitude processes in charged and neutral one-component systems, Physical Review 94 (1954) 511–525, https://doi.org/10.1103/PhysRev.94.511.

[60] A.A. Mohamad, Lattice Boltzmann Method, vol. 70, Springer, 2011.

[61] Q. Zou, X. He, On pressure and velocity boundary conditions for the lattice Boltzmann BGK model, Physics of Fluids 9 (1997) 1591–1598, https://doi.org/10.1063/1.869307.

[62] D.T. Sukop, M.C. Thorne Jr., Lattice Boltzmann Modeling, An Introduction for Geoscientists and Engineers, Springer, 2006.

[63] D.H. Rothman, J.M. Keller, Immiscible cellular-automaton fluids, Journal of Statistical Physics 52 (1988) 1119–1127.

[64] A.K. Gunstensen, D.H. Rothman, S. Zaleski, G. Zanetti, Lattice Boltzmann model of immiscible fluids, Physical Review A 43 (1991) 4320–4327, https://doi.org/10.1103/PhysRevA.43.4320.

[65] A.K. Gunstensen, D.H. Rothman, Microscopic modeling of immiscible fluids in three dimensions by a lattice Boltzmann method, Europhysics Letters 18 (1992) 157.

[66] F.J. Higuera, J. Jiménez, Boltzmann approach to lattice gas simulations, Europhysics Letters 9 (1989) 663.

[67] X. He, G.D. Doolen, Thermodynamic foundations of kinetic theory and lattice Boltzmann models for multiphase flows, Journal of Statistical Physics 107 (2002) 309–328.

[68] X. Shan, H. Chen, Lattice Boltzmann model for simulating flows with multiple phases and components, Physical Review E 47 (1993) 1815.

[69] X. Shan, H. Chen, Simulation of nonideal gases and liquid-gas phase transitions by the lattice Boltzmann equation, Physical Review E 49 (1994) 2941.

[70] X. Shan, G. Doolen, Diffusion in a multicomponent lattice Boltzmann equation model, Physical Review E 54 (1996) 3614.

[71] N.S. Martys, J.F. Douglas, Critical properties and phase separation in lattice Boltzmann fluid mixtures, Physical Review E 63 (2001) 31205.

[72] M.R. Swift, E. Orlandini, W.R. Osborn, J.M. Yeomans, Lattice Boltzmann simulations of liquid-gas and binary fluid systems, Physical Review E 54 (1996) 5041–5052, https://doi.org/10.1103/PhysRevE.54.5041.

[73] M.R. Swift, W.R. Osborn, J.M. Yeomans, Lattice Boltzmann simulation of nonideal fluids, Physical Review Letters 75 (1995) 830–833, https://doi.org/10.1103/PhysRevLett.75.830.

[74] Y. Gao, X. Zhang, P. Rama, R. Chen, H. Ostadi, K. Jiang, Lattice Boltzmann simulation of water and gas flow in porous gas diffusion layers in fuel cells reconstructed from micro-tomography, Computers & Mathematics with Applications 65 (2013) 891–900, https://doi.org/10.1016/j.camwa.2012.08.006.

[75] R. Zhang, H. Chen, Lattice Boltzmann method for simulations of liquid-vapor thermal flows, Physical Review E 67 (2003) 66711.

[76] X. He, S. Chen, R. Zhang, A lattice Boltzmann scheme for incompressible multiphase flow and its application in simulation of Rayleigh–Taylor instability, Journal of Computational Physics 152 (1999) 642–663.

[77] T. Lee, C.-L. Lin, A stable discretization of the lattice Boltzmann equation for simulation of incompressible two-phase flows at high density ratio, Journal of Computational Physics 206 (2005) 16–47.

[78] H.W. Zheng, C. Shu, Y.-T. Chew, A lattice Boltzmann model for multiphase flows with large density ratio, Journal of Computational Physics 218 (2006) 353–371.

[79] X. Shan, G. Doolen, Multicomponent lattice-Boltzmann model with interparticle interaction, Journal of Statistical Physics 81 (1995) 379–393.

[80] G.R. Molaeimanesh, M.H. Akbari, Role of wettability and water droplet size during water removal from a PEMFC GDL by lattice Boltzmann method, International Journal of Hydrogen Energy 41 (2016) 14872–14884.

[81] M.R. Kamali, S. Sundaresan, H.E.A Van den Akker, J.J.J. Gillissen, A multi-component two-phase lattice Boltzmann method applied to a 1-D Fischer–Tropsch reactor, Chemical Engineering Journal 207–208 (2012) 587–595, https://doi.org/10.1016/j.cej.2012.07.019.

[82] G.R. Molaeimanesh, M.H. Akbari, A three-dimensional pore-scale model of the cathode electrode in polymer-electrolyte membrane fuel cell by lattice Boltzmann method, Journal of Power Sources 258 (2014) 89–97, https://doi.org/10.1016/j.jpowsour.2014.02.027.

[83] X. Li, Principles of Fuel Cells, 1st ed., CRC Press, New York, 2005.

[84] I. Fatt, The network model of porous media, Transactions of AIME 207 (1956) 144–181, https://doi.org/10.2118/574-g.

[85] B. Markicevic, N. Djilali, Analysis of liquid water transport in fuel cell gas diffusion media using two-mobile phase pore network simulations, Journal of Power Sources 196 (2011) 2725–2734, https://doi.org/10.1016/j.jpowsour.2010.11.008.

[86] S.P. Kuttanikkad, M. Prat, J. Pauchet, Pore-network simulations of two-phase flow in a thin porous layer of mixed wettability: Application to water transport in gas diffusion layers of proton exchange membrane fuel cells, Journal of Power Sources 196 (2011) 1145–1155, https://doi.org/10.1016/j.jpowsour.2010.09.029.

[87] J.T. Gostick, M.A. Ioannidis, M.W. Fowler, M.D. Pritzker, Pore network modeling of fibrous gas diffusion layers for polymer electrolyte membrane fuel cells, Journal of Power Sources 173 (2007) 277–290.

[88] M. Fazeli, J. Hinebaugh, A. Bazylak, Incorporating embedded microporous layers into topologically equivalent pore network models for oxygen diffusivity calculations in polymer electrolyte membrane fuel cell gas diffusion layers, Electrochimica Acta 216 (2016) 364–375, https://doi.org/10.1016/j.electacta.2016.08.126.

[89] M. Fazeli, J. Hinebaugh, A. Bazylak, Investigating inlet condition effects on PEMFC GDL liquid water transport through pore network modeling, Journal of the Electrochemical Society 162 (2015) F661–F668, https://doi.org/10.1149/2.0191507jes.

[90] B. Straubhaar, J. Pauchet, M. Prat, Pore network modelling of condensation in gas diffusion layers of proton exchange membrane fuel cells, International Journal of Heat and Mass Transfer 102 (2016) 891–901, https://doi.org/10.1016/j.ijheatmasstransfer.2016.06.078.

[91] P. Carrere, M. Prat, Liquid water in cathode gas diffusion layers of PEM fuel cells: Identification of various pore filling regimes from pore network simulations, International Journal of Heat and Mass Transfer 129 (2019) 1043–1056, https://doi.org/10.1016/j.ijheatmasstransfer.2018.10.004.

[92] R. Wu, Q. Liao, X. Zhu, H. Wang, Pore network modeling of cathode catalyst layer of proton exchange membrane fuel cell, International Journal of Hydrogen Energy 37 (2012) 11255–11267,

https://doi.org/10.1016/j.ijhydene.2012.04.036.

[93] S.-D. Yim, Y.-J. Sohn, S.-H. Park, Y.-G. Yoon, G.-G. Park, T.-H. Yang, et al., Fabrication of microstructure controlled cathode catalyst layers and their effect on water management in polymer electrolyte fuel cells, Electrochimica Acta 56 (2011) 9064–9073, https://doi.org/10.1016/j.electacta.2011.05.123.

[94] M. El Hannach, J. Pauchet, M. Prat, Pore network modeling: Application to multiphase transport inside the cathode catalyst layer of proton exchange membrane fuel cell, Electrochimica Acta 56 (2011) 10796–10808, https://doi.org/10.1016/j.electacta.2011.05.060.

[95] M.J. Blunt, Physically-based network modeling of multiphase flow in intermediate-wet porous media, Journal of Petroleum Science & Engineering 20 (1998) 117–125, https://doi.org/10.1016/S0920-4105(98)00010-2.

[96] J.B. Young, B. Todd, Modelling of multi-component gas flows in capillaries and porous solids, International Journal of Heat and Mass Transfer 48 (2005) 5338–5353.

[97] R. Schrage, A Theoretical Study of Interphase Mass Transfer, Columbia University Press, New York, 1953.

[98] S. Siboni, C. Della Volpe, Some mathematical aspects of the Kelvin equation, Computers & Mathematics with Applications 55 (2008) 51–65, https://doi.org/10.1016/J.CAMWA.2007.03.008.

[99] R.F. Mann, J.C. Amphlett, B.A. Peppley, C.P. Thurgood, Application of Butler–Volmer equations in the modelling of activation polarization for PEM fuel cells, Journal of Power Sources 161 (2006) 775–781, https://doi.org/10.1016/J.JPOWSOUR.2006.05.026.

[100] A.D. Le, B. Zhou, H.R. Shiu, C.I. Lee, W.C. Chang, Numerical simulation and experimental validation of liquid water behaviors in a proton exchange membrane fuel cell cathode with serpentine channels, Journal of Power Sources 195 (2010) 7302–7315, https://doi.org/10.1016/J.JPOWSOUR.2010.05.045.

[101] R.B. Ferreira, D.S. Falcão, V.B. Oliveira, A.M.F.R. Pinto, Numerical simulations of two-phase flow in proton exchange membrane fuel cells using the volume of fluid method – A review, Journal of Power Sources 277 (2015) 329–342, https://doi.org/10.1016/J.JPOWSOUR.2014.11.124.

[102] S. Ge, C.-Y. Wang, Liquid water formation and transport in the PEFC anode, Journal of the Electrochemical Society 154 (2007) B998, https://doi.org/10.1149/1.2761830/XML.

[103] J.M. Sergi, S.G. Kandlikar, Quantification and characterization of water coverage in PEMFC gas channels using simultaneous anode and cathode visualization and image processing, International Journal of Hydrogen Energy 36 (2011) 12381–12392, https://doi.org/10.1016/J.IJHYDENE.2011.06.092.

[104] D. Lee, J. Bae, Visualization of flooding in a single cell and stacks by using a newly-designed transparent PEMFC, International Journal of Hydrogen Energy 37 (2012) 422–435, https://doi.org/10.1016/J.IJHYDENE.2011.09.073.

[105] L. Chen, H. Luan, Y. Feng, C. Song, Y.-L. He, W.-Q. Tao, Coupling between finite volume method and lattice Boltzmann method and its application to fluid flow and mass transport in proton exchange membrane fuel cell, International Journal of Heat and Mass Transfer 55 (2012) 3834–3848, https://doi.org/10.1016/j.ijheatmasstransfer.2012.02.020.

[106] J.U. Brackbill, D.B. Kothe, C. Zemach, A continuum method for modeling surface tension, Journal of Computational Physics 100 (1992) 335–354, https://doi.org/10.1016/0021-9991(92)90240-Y.

[107] T.F. Fuller, J. Newman, Water and thermal management in solid-polymer-electrolyte fuel cells, Journal of the Electrochemical Society 140 (1993) 1218–1225, https://doi.org/10.1149/1.2220960.

[108] V. Gurau, F. Barbir, H. Liu, An analytical solution of a half-cell model for PEM fuel cells, Journal of the Electrochemical Society 147 (2000) 2468, https://doi.org/10.1149/1.1393555.

[109] T.V. Nguyen, R.E. White, A water and heat management model for proton-exchange-membrane fuel cells, Journal of the Electrochemical Society 140 (1993) 2178–2186, https://doi.org/10.1149/1.2220792.

[110] H.K. Versteeg, W. Malalasekera, An Introduction to Computational Fluid Dynamics: The Finite Volume Method, Pearson Education, 2007.

[111] J.H. Ferziger, M. Perić, R.L. Street, Computational Methods for Fluid Dynamics, vol. 3, Springer, 2002.

[112] S. Kakac, H. Liu, A. Pramuanjaroenkij, Heat Exchangers: Selection, Rating, and Thermal Design, CRC Press, 2002.

[113] R.K. Shah, D.P. Sekulic, Fundamentals of Heat Exchanger Design, John Wiley & Sons, 2003.

[114] K. Jiao, X. Li, Three-dimensional multiphase modeling of cold start processes in polymer electrolyte membrane fuel cells, Electrochimica Acta 54 (2009) 6876–6891, https://doi.org/10.1016/j.electacta.2009.06.072.

第**3**章

固体氧化物燃料电池

3.1 引言

固体燃料电池作为一种典型的燃料电池，被认为是电化学反应器，其中燃料的氧化发生在阳极侧。考虑到这一因素，可以通过热力学关系来分析固体燃料电池。除了电化学反应外，固体氧化物燃料电池中还涉及一些其他物理现象。例如，质量传输、热传输和化学物质的守恒这些重要的物理现象。因此，在开始模拟固体燃料电池之前，对其主要组成部分和所涉及的现象进行简要介绍非常重要。

3.1.1 部件及结构

固体燃料电池的基本结构与其他燃料电池相同。由阳极和阴极与中间的固态分离器组成主反应器。在大多数低温燃料电池中，氢气在适当的催化剂层上转化为氢离子 H^+，而后 H^+ 穿过薄膜到达阴极表面。因此，在低温燃料电池中移动离子是氢离子 H^+。与这种现象相反，在高温固体燃料电池中，移动离子是形成于阴极催化剂层的 O^{2-}。因此，这种燃料电池的膜必须能够传导氧离子。

固体燃料电池的原理图如图 3-1 所示。可以看出，氧离子通过以下电化学反应在阴极表面形成：

$$\frac{1}{2}O_2 + 2e^- \longrightarrow O^{2-} \qquad (3.1)$$

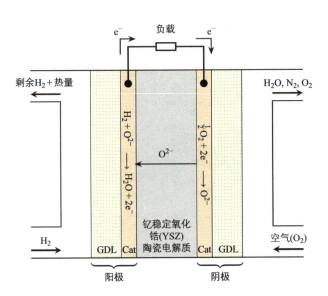

图 3-1　固体燃料电池原理图

氧气还原得到的氧离子 O^{2-} 穿过固态膜到达阳极后与氢气反应生成水：

$$H_2 + O^{2-} \longrightarrow H_2O + 2e^-$$ （3.2）

虽然该电池中的电化学反应与低温下的燃料电池不同，但最终结果是相同的。固体燃料电池的总反应为

$$H_2 + \frac{1}{2}O_2 \longrightarrow H_2O + 能量 + 热量$$ （3.3）

固体燃料电池的优势之一是其可以使用一氧化碳作为燃料。在这种情况下，阳极反应变成

$$CO + O^{2-} \longrightarrow CO_2 + 2e^-$$ （3.4）

这使得总体反应为

$$CO + \frac{1}{2}O_2 \longrightarrow CO_2 + 能量 + 热量$$ （3.5）

固体燃料电池可以同时消耗氢气和一氧化碳，这一特点有助于其使用转化器（内部或外部类型）来转化几乎所有类型的碳氢化合物来生产燃料。转化过程会从碳氢化合物中产生氢和一氧化碳，对于低温燃料电池来说，一氧化碳是无用的，但高温固体燃料电池使用一氧化碳作为燃料。因此，固体燃料电池的燃料可以以任何碳氢化合物的形式储存，这种燃料较容易储存和传输。例如，天然气、甲醇等都可以作为固体燃料电池的燃料，与氢气相比，这些燃料更容易传输和储存。

在图 3-1 中，展示了固体燃料电池的主反应器。然而，不同的操作需要不同的组件，如图 3-2 所示。需要注意的是，图只是一个说明，在实践中，有许多不同的设计与不同的组件。通常，这些子系统对于电池平稳运行非常重要。

如图 3-2 所示，不同的子系统组合在一起。本节将简要讨论每个子系统。

1. 主反应堆

图 3-1 所示的主反应堆是燃料电池的核心，燃料和氧气在这里发生反应并产生水、二氧化碳、能量和热量。但主反应堆不能在没有其他子系统的情况下单独工作。

2. 燃料处理单元

燃料处理单元对燃料进行处理，使其在合适的状态下转移到主反应堆。根据储存燃料的不同，该单元可能由不同的部分组成。

如果燃料是由氢气和一氧化碳组成的，那么该单元只需要在燃料转移到主反应堆之前对其进行加热。系统运行时最初的预热是必不可少的，因为如果进口燃料的温度明显低于主反应堆，那么热应力就会变得过高，进而导致电池损坏。

如果燃料中含有富含碳氢化合物的物质，如天然气或酒精，则需要一种转化炉。转化炉将碳氢化合物转化为氢气和一氧化碳以供反应堆使用。固体燃料电池产业中有不同类型的转化装置，它可以是外部的，也可以是内部的。在外部转化器中，燃料在一个完全独立的单元中转化，转化完成后送入燃料电池主反应堆。在内部转化器中，燃料在燃料电池阳

极内的内置隔层中转化为氢气和一氧化碳。这两种情况，都需要主反应堆提供的热量和蒸汽。这种设计提高了燃料电池的整体效率，也被称为热电联产。

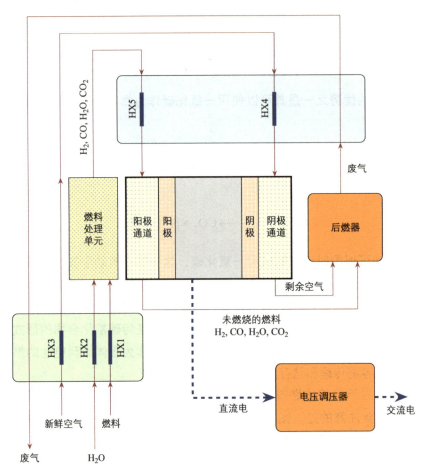

图 3-2　固体燃料电池系统及其子系统示意图

3. 有效传热组件

燃料电池许多部分都需要传热元件。这些热活性部件可以是热交换器或燃烧器。

首先，需要把燃料加热到主反应堆的温度水平。否则，进入的冷燃料会在阳极通道内产生温度梯度。温度梯度在燃料电池子系统中导致不同程度的膨胀，这反过来又在阳极材料、膜和阴极材料上产生机械应力。电池在非常高的温度下工作，意味着电池的所有组件都发生了很大程度的膨胀。由于反应器的不同部件材料不同，其热膨胀系数也不同，因此部件本身具有不同的伸长量，并产生机械应力。这是一种自然的现象，电池设计者会考虑不同部分的正常扩展。但如果冷燃料进入电池，那么它会对部件产生大量的机械应力。应力超出容忍阈值，导致电池损坏。

阴极也是同样的，氧气在进入阴极通道前必须加热，否则，会产生机械应力。加热进气所需的热量来自于反应热，以提高系统的效率。需要在阳极和阴极两侧安装热交换器来调节进口流体。因此，有效传热组件在固体燃料电池的设计和制造中至关重要。除了这些组件，还需要其他热活性组件。例如，需要燃烧器来燃烧主反应堆中未使用的燃料和氧气。这个重要的组件有两个优点：①可以防止有毒的一氧化碳和有害氢气的排放；②所产生的热量可用于不同的处理装置，如燃料转化等。

这些功能表明燃烧室在固体燃料电池设计中非常重要，必须在设计时进行充分考量。

上述热活性组件在整个系统中是非常关键的。有一些可选组件在提高效率方面发挥重要作用。即使忽略这一部分，系统也会正常工作，但效率会降低。具体来说，在系统设计中使用热电联产，可以通过利用系统的废热来提高效率。目前有很多不同的热电联产设计，一些使用固体燃料电池的废热进行空间升温，一些将热量用于另一个反应过程，一些将系统与脱盐目的结合起来，还有其他类似的组合存在，来利用固体燃料电池的废热。这些组合很有发展前景，因为固体燃料电池发电站的温度非常高，可以处理许多不同的过程。由于热电联产应用的重要性，第 7 章将专门讨论这个主题。

4. 电源调节器子系统

电压调节部分是固体燃料电池系统的另一部分。固体燃料电池产生直流电，必须将其产生的功率转换成合适频率的交流电。

世界各国的电网频率并不都相同，有的国家电网频率是 50Hz，有的则是 60Hz。根据电网规格，必须设计适当的转化装置。

5. 控制器

除了上述所有组件外，还需要控制和监控子系统来保证系统的平稳运行和安全。这些设施可以用来监控以下参数：①电池温度；②产生的电压和功率；③控制燃料和氧化剂的质量与流量；④调节进口流体的压力和温度。

3.1.2　固体燃料电池系统中的传输现象

固体燃料电池系统是一个多学科系统，其中存在许多不同的物理现象。如上所述，在整个系统中有各种组件。在每个组件中，各种类型的物理现象都很重要。因此，要分析整个系统，需要对所涉及的现象有一定的了解。

一般来说，主要涉及的传输现象有：①电荷传输；②质量传输；③热传输。

每种现象都很重要，主反应堆包含上述所有现象，热交换器主要用于传热，不考虑化学物质的质量传输。但质量传输在主反应器以及燃烧室中是至关重要的。本节将对所涉及的物理现象进行研究。

1. 电荷传输

电荷传输现象只发生在主反应堆。由于电化学反应发生在阳极和阴极表面，并且只有氧离子穿过膜，因此电荷传输不会发生在其他组件上。

任何导体都有电荷传输的固有阻力。无论电荷载体是电子还是离子，介质都会阻碍它们的运动，这种阻碍会导致电池中的电压下降。固体燃料电池由不同的多孔元件组成，包括阳极、膜和阴极。这些组件具有不同孔隙率，由于这些组件是多孔的，因此它们的电阻高于固体材料。电荷转移引起的电压降由下式求得：

$$v_{ohmic} = IR_{ohmic} = I(R_{elec} - R_{ion}) \tag{3.6}$$

式中，R_{elec} 为固体多孔电极对电子运动的阻力；R_{ion} 为介质对氧离子运动的阻力。离子电阻远高于电子电阻；因此，在大多数计算中，可以忽略 R_{elec}。

导体的电阻取决于介质的导电性、横截面积和它的长度。第 1 章中讨论了这种关系，即

$$R = \frac{L}{\sigma A} \tag{3.7}$$

式中，σ 为电导率（$\Omega^{-1} \cdot cm^{-1}$）；$L$ 为长度；A 为介质截面。知道了介质的导电性，就可以很容易地估计出电阻。对于大多数材料，这个特性可以用下面的公式来计算：

$$\sigma = nq\frac{v}{\xi} \tag{3.8}$$

这里定义了一个新的术语，称为迁移率，用 u_i 表示。它是电场 ξ 中的载流子的速度。根据此定义，流动性为

$$u_i = \frac{v}{\xi} \tag{3.9}$$

这一因素很重要，因为它清楚地定义了介质的电导率。另一种用于计算大多数介质电导率的定义表达式如下：

$$\sigma = F\sum|z_i|c_i u_i \tag{3.10}$$

式中，u_i 为式（3.8）定义的迁移率；c_i 为单位体积载流子的摩尔数；z_i 为移动载流子的电荷数。

对于固体燃料电池中的陶瓷膜，移动离子为 O^{2-}。氧离子的传输发生在氧化钇稳定的氧化锆（YSZ）陶瓷中，这是一种良好的高温导体。用氧化钇掺杂氧化锆可以产生足够的氧空位，从而形成良好的导体。增加钇会增加氧空位；但如果掺杂量高于 8%，则会达到饱和。

根据爱因斯坦方程 [2]，在陶瓷膜中离子的迁移率与膜的扩散系数有关：

$$u_i = \frac{z_i D}{kT} \tag{3.11}$$

其中，k 为玻尔兹曼常数（$k=8.61\times10^{-5} eV/K$）。将此关系与式（3.11）比较，得到氧化锆膜离子电导率的定义如下：

$$\sigma = \frac{\left|z_i\right|^2 c_i D}{kT} \tag{3.12}$$

利用该方程，根据式（3.7）可以计算出电池的离子电阻。接着将结果代入式（3.6）可以得到电压降。

2. 质量传输

质量传输的形式分为扩散和对流。扩散传质在主反应堆和燃烧室中起着重要的作用。不同的物质相互反应，导致浓度的变化，浓度梯度形成扩散的质量传输。相反，对流质量传输几乎发生在所有组件中。利用流体力学关系，以 Navier-Stokes 方程的形式研究了对流质量传输。

特别是在燃料和氧化剂从进口流向出口的燃料电池通道中，通道内的压降变得明显。压降导致沿通道的浓度下降，影响扩散质量传输。

为了解释上述现象，参考图 3-3，图中显示了通道、气体扩散层和催化剂层。对一般燃料电池的讨论参见第 1 章，本节进一步对固体燃料电池的情况进行研究。假设一种物质沿着通道流动时的体积浓度为 c_i。由于这些物质是在 CL 消耗或生产的，因此其浓度与主体部分的浓度值不同。由此出现了扩散质量通量，它受菲克斯定律的支配：

$$\dot{m} = -D\nabla c \tag{3.13}$$

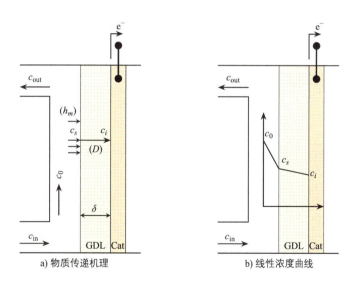

a) 物质传递机理　　　　b) 线性浓度曲线

图 3-3　从通道到催化剂层的传质机理

式中，$\dot{m}$ 为扩散质量；c 为物质浓度；∇c 为浓度梯度。对于一个简单的一维扩散，这个方程可以化为

$$\dot{m} = -D\frac{\mathrm{d}c}{\mathrm{d}x} \tag{3.14}$$

我们可以用这个方程来解释质量传输现象。

在式（3.13）和式（3.14）中，D 为体扩散系数，在通道处有效。但从图中可以看出，气体扩散层和催化剂层均为多孔介质。多孔介质中的扩散与一般介质不同，因为在多孔介质中，介质的固体部分起障碍作用，阻碍了扩散。

考虑到多孔介质效应的影响，通常需要修正扩散系数。修正扩散系数的传统方法主要是布鲁格曼方程，该方程将多孔介质中的有效扩散系数定义为

$$D^{eff} = D\varepsilon^{1.5} \tag{3.15}$$

因此，对于多孔电极，将式（3.14）修改为

$$\dot{m} = -D^{eff}\frac{dc}{dx} \tag{3.16}$$

可以利用式（3.16）来理解质量扩散这一物理现象。由于多孔电极和催化层都很薄，可以假设浓度梯度是线性的。因此可以用下面这个方程来估计式（3.16）。

$$\dot{m} = -D^{eff}\frac{c_i - c_s}{\delta} \tag{3.17}$$

式中，c_s 和 c_i 分别为气体扩散层 / 流道和气体扩散层 / 催化剂层界面处的物质浓度；δ 为平均扩散长度，即气体扩散层厚度。这些参数在图 3-3 中展示。

可以明显地看出，c_s 与通道中浓度 c_0 有细微的差别。这种差异可以看作是对流质量从通道输送到气体扩散层表面的结果，这种现象类似于对流传热。利用这种相似性，可以通过以下关系将 c_s 与 c_0 联系起来：

$$\dot{m} = h_m(c_0 - c_s) \tag{3.18}$$

式中，$\dfrac{1}{h_m}$ 为对流传质阻力。结合式（3.18）和式（3.17）可知，通道到催化剂表面的传质为

$$\dot{m} = \frac{c_0 - c_i}{\dfrac{1}{h_m} + \dfrac{\delta}{D^{eff}}} \tag{3.19}$$

该方程类似于通过传导和对流机制进行的传热，其中 $\dfrac{1}{h_m}$ 为对流阻力；$\dfrac{\delta}{D^{eff}}$ 为传导阻力。

由式（3.19）可知，质量扩散取决于流道内的物质浓度。注意，扩散质量传输的方向垂直于通道方向，其中对流质量传输占主导地位。

从电化学的角度来看，传质 $\dot{m}$ 是由消耗和产生物质的电化学反应引起的。因此，根据法拉第方程，$\dot{m}$ 的量与电流 i 成正比：

$$i = nF\dot{m} \tag{3.20}$$

将式（3.19）与式（3.20）结合，可以将通道中物质浓度与电流密度联系起来：

$$i = nF\frac{c_0 - c_i}{\dfrac{1}{h_m} + \dfrac{\delta}{D^{eff}}} \tag{3.21}$$

由这个方程可以求出固体燃料电池的极限电流。它发生在催化剂表面的物质浓度为零时，因此，电池不能再产生任何电流。利用这一概念并将其应用于式（3.20），固体燃料电池的极限电流为

$$i_L = nF\frac{c_0 - c_i}{\dfrac{1}{h_m} + \dfrac{\delta}{D^{eff}}} \tag{3.22}$$

极限电流不仅体现了电池产生电流的最大能力，而且还可用于测定由于浓度引起的电压损失。由浓度引起的电压降定义为

$$v_{conc} = \frac{RT}{nF}\ln\left(\frac{i_L}{i_L - i}\right) \tag{3.23}$$

式（3.19）表明，通道中物质浓度沿通道变化。这是因为，随着燃料的移动，物质在催化剂层被消耗（或产生）。同样，由式（3.22）可知，浓度变化取决于燃料电池的电流密度。电流密度越高，消耗的材料越多，导致浓度变化越大。

由于浓度的变化，扩散质量传输在通道入口和出口之间是不同的。因此，沿着通道有不同的电流密度。

通道内流动的运动模拟，以及通道内对流质传输与气体扩散层和催化剂层内部扩散质量传输的结合比较复杂。因此，对整个总成的流场模拟进行了大量的研究。在本章中，使用晶格玻尔兹曼方法（LBM）来模拟这种复杂的现象。结果表明，使用晶格玻尔兹曼方法可以较容易地对气体扩散层特性进行建模。

3. 热传输

在固体燃料电池系统的所有不同组件中，传热几乎占主导地位。

它发生在所有的热交换器中。此外，燃烧室和主反应堆也受传热的严重影响。为了分析热传输，需要一些热源和散热器的信息。在固体燃料电池中，热源有：

1）燃料和氧气发生反应产生热量和电力的主反应堆。

2）燃烧未消耗材料的后燃器。

3）负责调节电力的电子装置。

其他部件不参与热量产生，但它们在将热量传递到不同部件方面发挥着重要作用。

3.2　固体燃料电池的微观建模与仿真

3.2.1　微观结构重建方法

在固体燃料电池微尺度建模和仿真之前的关键步骤是实现电极微结构的几何形状。这个过程被称为微观结构重建，可以通过三种主要技术来完成：

1）随机重建技术。

2）聚焦离子束（FIB）/扫描电镜技术。

3）X 射线计算机断层扫描技术。

第一种技术是基于随机方法，而另外两种技术是基于图像组合方法。固体燃料电池电极的平均孔径小于 1μm。因此不推荐使用 X 射线 CT 技术，因为其分辨率不够，也缺乏区分氧化钇稳定氧化锆和镍两种固相的能力。文献中提出的大多数电极微观结构重建都是通过随机重建技术或聚焦离子束（FIB）/扫描电镜技术进行的。因此，在本节的其余部分中，将只解释这两种技术。

1. 随机重构技术

在该技术中，电极（通常是阳极）的微观结构是基于随机模型重构的，该模型的灵感来自于制造过程。模型的调谐参数从实际电极的二维图像中选择。文献 [1, 5, 6, 10, 12] 中提出了一些二维和三维的随机重建。

固体燃料电池阳极的微观结构由两种不同的固相组成：

1）氧化钇稳定氧化锆（YSZ）（作为离子导体相）。

2）镍（Ni）（作为电子导体相）。

在现有的一些随机重建中，这两个相被认为是一个单一的致密相，这与现实相去甚远。在其他一些方法中，采用了粒度法；根据这一规律，多孔阳极由具有固定形状的规则晶粒（YSZ 晶粒或 Ni 晶粒）组成。这种重构不考虑相邻信息。然而，最近提出了使用多点统计的更先进的随机技术，它可以考虑到这些信息并提供更高水平的可靠性。在这里，将解释其中一种由 Suzue 等人提出的技术 [12]。该技术需要两个前置步骤，即样品制备和样品的二维成像。

他们将 YSZ 与氧化镍（NiO）粉末混合制备阳极样品，YSZ 与 NiO 的重量比为 1∶1.5；YSZ 与 Ni 的最终体积比为 1.0∶1.358，通过挤压成型把样品制成棒状，在 1000℃下将三组样品放置 180min，随后在 1300℃、1350℃或 1400℃三种不同温度中的一种下烧结每个样品 180min。然后用 2∶1 摩尔比的氢/氮混合物在 750℃下还原样品 10h。得到的样品孔隙率分别为 0.450、0.393 和 0.335。用环氧树脂处理三个样品，并用金刚石膏抛光它们，以产生高度平坦的样品表面，表面粗糙度较小，小于 80nm，与晶粒尺寸相比可以忽略不计。然后，通过 41nm 分辨率的共聚焦激光显微镜提供了抛光样品的光学图像（图 3-4）。图中白色、灰色和黑色区域分别为 Ni 相、YSZ 相和孔隙相。结果表明，随着烧结温度的升高，晶粒尺寸增大，尤其是 Ni 晶粒尺寸增大。

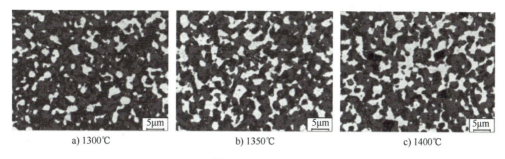

a) 1300℃　　　　　b) 1350℃　　　　　c) 1400℃

图 3-4　Suzue 等人[12] 在三种烧结温度下制备的三种样品

在提供这些二维图像后，分析了样本的亮度值分布，并通过加权差分滤波器锐化了相位之间的亮度边界；随后，使用 Lee 等人[7] 提出的方案来区分相位，使用孔隙率和 YSZ/Ni 体积比来验证最终的 2D 图像，其中相明显可区分（对于 1400℃烧结的样品，该图像如图 3-5 所示）。

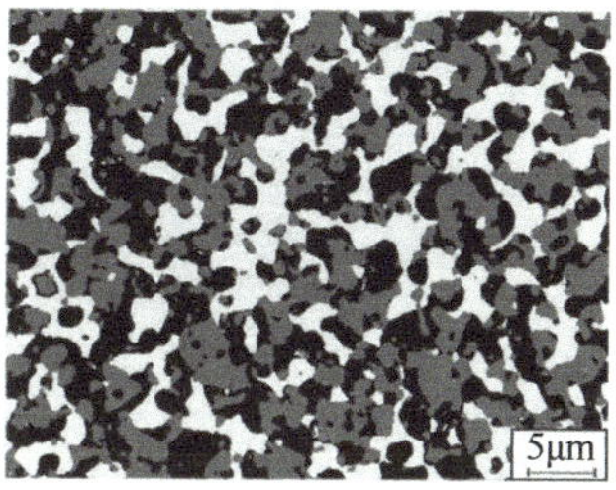

然后，根据上一步得到的二维图像在每个像素 x 处定义相函数 $Z(\vec{r})$ 如下：

$$Z(\vec{r}) = \begin{cases} 0, & \text{如果在} \vec{r} \text{处像素处于孔隙相（像素颜色是黑色）} \\ 1, & \text{如果在} \vec{r} \text{处像素处于YSZ相（像素颜色是灰色）} \\ 2, & \text{如果在} \vec{r} \text{处像素处于Ni相（像素颜色是白色）} \end{cases}$$

（3.24）

图 3-5　Suzue 等人[12] 在 1400℃下烧结样品的最终 2D 图像

注：白色、灰色和黑色区域分别表示 Ni 相、YSZ 相和孔隙相。

利用这个相函数，可以定义如下两点统计函数：

$$R_{ij}(s) = R_{ij}(|\vec{s}|) = \frac{\overline{\delta(Z(\vec{r}), i)\delta(Z(\vec{r}+\vec{s}), j)}}{\delta(Z(\vec{r}), i)}$$

（3.25）

式中，δ 为克罗内克函数。基于这一定义，Suzue 等人[12] 找到了 YSZ-YSZ 和 Ni-Ni [即 $R_{11}(s)$ 和 $R_{22}(s)$] 的两点统计函数。

随后，采用 Yeong 和 Torquato[13] 提出的迭代方案，在 150×150×150 节点（即体素）的晶格中进行阳极微观结构的三维随机重建。每个方向的晶格间距为 0.178μm，约为平均晶粒直径的 0.1。作为该迭代方案的第一步，考虑到孔隙率和 YSZ/Ni 体积比，每个晶格体素被随机相位占用，其代价函数 E 可表示为

$$E = \sum_{i,j} \int_0^{s_0} [R_{ij}^{2D}(s) - R_{ij}^{3D}(s)]^2 ds$$

（3.26）

其中，对样本的可分辨二维图像（图 3-5）计算 $R_{ij}^{2D}(s)$，对重构三维图像在迭代步骤计算 $R_{ij}^{3D}(s)$。通过假设阳极微观结构是各向同性的，计算了式（3.26）中的积分（通过考虑任意方向以减少式（3.26）中的计算成本），在研究中等于 7μm。

最后一步，使用一种表面校正方案[3]来去除物理上不可能存在的亚几何形状，例如悬浮在孔隙区域中没有固体连接的固体部分。还通过将重建的三维图像的两点统计函数和线径函数 $L(s)$ 与实际样品的二维图像的两点统计函数和线径函数 $L(s)$ 进行比较，验证了重建微观结构的有效性。将直线路径函数定义为

$$L_i(s) = \frac{l_i(s)}{N_{voxel}} \tag{3.27}$$

式中，$l_i(s)$ 为位于晶格相 i 的长度为 s 的线段个数；N_{voxel} 为晶格体素个数。在上述三种烧结温度下，最终重建的阳极样品如图 3-6 所示。

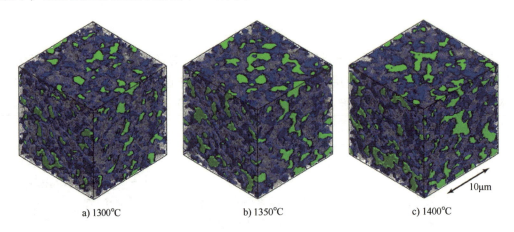

a) 1300℃   b) 1350℃   c) 1400℃

图 3-6　Suzue 等[12]随机重构多孔阳极的最终样品

2. FIB/SEM 重构技术

在开始重建技术之前，样品制备必须以与随机重建技术（包括成型、烧结、环氧树脂处理和抛光）类似的方式完成。

FIB/SEM 观察装置用于提供样品连续横截面的若干二维图像。这些连续的横截面由聚焦离子束（FIB）提供，如图 3-7 所示。

在每次观察时，通过 FIB 铣削从目标体积的正面去除一层。此外，气体喷射系统用于在目标体积的外表面沉积碳，使其免受不必要的铣削。然后，从铣削表面获得 SEM 图像；重复这一切割观察过程，直到获得足够的二维图像进行三维重建。

由于这些二维图像在采集过程中不可避免地会出现漂移，因此需要使用参考标记。为了创建参考标记，FIB 可以用来在碳涂层上做标记。获取二维图像后，所有图像必须对齐并且增强相的可分辨性。对齐是通过图像中参考标

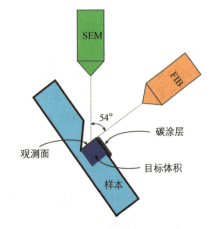

图 3-7　典型 FIB/SEM 观察装置示意图

记的位置完成的，该位置必须是固定的。通过分析图像中的亮度值分布，并通过类似于随机重建技术的加权差分滤波器锐化相位之间（特别是 YSZ 和 Ni 相位之间）的亮度边界，增强了相位可分辨性。最后一步，将这些二维图像整合成三维图像，就重建了的阳极电极的微观结构。

3.2.2 反应气体流动的晶格玻尔兹曼模拟

为了利用 LBM 对固体燃料电池电极进行模拟，首先必须识别重构微观结构中的三相边界边缘。这可以通过检查 3D 图像中的所有边缘来完成。这些三相边界边缘直接与 YSZ（O^{2-} 离子导体）、Ni（电子导体）和孔隙（气体传输路径）三个相接触，在这些三相边界上发生电化学反应。三相边界 s 上的电化学反应速率（即电化学反应产生的体积电流密度 i_{er}）是活化过电位的函数，而活化过电位又取决于电子导电相（Ni）和离子导电相（YSZ）之间的电位差。通过分别求解 Ni 相和 YSZ 相的电荷转移方程，可以得到这些相上的电势：

$$\frac{\partial}{\partial x}\left(\frac{\sigma_e}{F}\frac{\partial \eta_e}{\partial x}\right) + \frac{\partial}{\partial \gamma}\left(\frac{\sigma_e}{F}\frac{\partial \eta_e}{\partial \gamma}\right) + \frac{\partial}{\partial z}\left(\frac{\sigma_e}{F}\frac{\partial \eta_e}{\partial z}\right) = -i_{er} \tag{3.28}$$

$$\frac{\partial}{\partial x}\left(\frac{\sigma_i}{2F}\frac{\partial \eta_i}{\partial x}\right) + \frac{\partial}{\partial y}\left(\frac{\sigma_i}{2F}\frac{\partial \eta_i}{\partial \gamma}\right) + \frac{\partial}{\partial z}\left(\frac{\sigma_i}{2F}\frac{\partial \eta_i}{\partial z}\right) = i_{er} \tag{3.29}$$

其中，σ_e 和 σ_i 分别为电子电导率和离子电导率；η_e 和 η_i 分别为电子电位和离子电位。此外，还必须求解如下气体在孔隙相中的扩散方程：

$$\frac{\partial}{\partial x}\left(D\frac{\partial C_{H_2}}{\partial x}\right) + \frac{\partial}{\partial \gamma}\left(D\frac{\partial C_{H_2}}{\partial \gamma}\right) + \frac{\partial}{\partial z}\left(D\frac{\partial C_{H_2}}{\partial z}\right) = \frac{i_{er}}{2F} \tag{3.30}$$

以上三个方程均为带源项的简单扩散方程形式，对于表 2-11 的第一行，可采用第 2 章给出的 LB 过程求解。

体积电流密度可由下式计算[11, 12]：

$$i_{er} = i_0 l_{TPB}\left\{\exp\left(\frac{2F\eta_{act}}{RT}\right) - \exp\left(\frac{F\eta_{act}}{RT}\right)\right\} \tag{3.31}$$

式中，i_0 为线性交换电流密度[4]：

$$i_0 = 31.4 P_{H_2}^{-0.03} P_{H_2O}^{0.4} \exp\left(-\frac{1.52 \times 10^5}{RT}\right) \tag{3.32}$$

为计算式（3.31），可使用以下关系[3]：

$$\eta_{act} = -\frac{1}{2F}\left\{2\eta_e - \eta_i + \Delta G^0 + RT\ln\left(\frac{P_{H_2O}}{P_{H_2}}\right)\right\} \tag{3.33}$$

3.3 固体燃料电池的宏观建模与仿真

3.3.1 一维建模

本节给出的固体燃料电池的一维模型是基于通量平衡的概念，类似于 2.3.1 节给出的一维模型。由于这两个模型的相似性，为了简洁，在这里不提及所有细节。在学习本节之前，建议读者先阅读 2.3.1 节。值得一提的是，在固体燃料电池中，通过电解质转移的唯一物质是氧离子 O^{2-}，而在 PEMFC 中，质子离子 H^+ 和水分子 H_2O 都通过电解质转移。这使得固体燃料电池的建模非常简单。此外，由于工作温度高，固体燃料电池中的水始终处于气态，不需要纳入复杂的多相模型。但固体燃料电池热方面的建模并不像 PEMFC 那么容易。

现在考虑如图 3-8 所示的固体燃料电池单电池。模型的一维是基于通过平面的通量。对于某一点 (x, y)，通量的平衡可以写成

$$\frac{i}{2F} = n^E_{O^{2-}} = n^A_{H_2} = 2n^C_{O_2} = -n^A_{H_2O} \qquad (3.34)$$

式中，i 为电流密度；$n^E_{O^{2-}}$、$n^A_{H_2}$、$n^C_{O_2}$ 和 $n^A_{H_2O}$ 分别为 O^{2-} 通过电解液、阳极氢、阴极氧和阳极水蒸气的摩尔通量（在一些文献中，摩尔通量用 J 而不是 n 表示）。

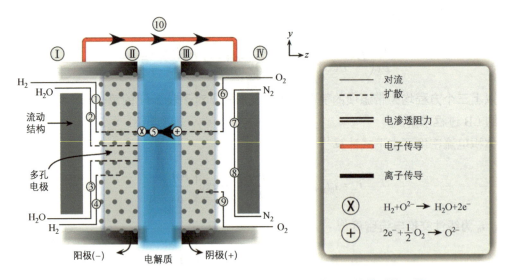

图 3-8　固体燃料电池胞体结构示意图及用于构建一维模型的通量

注意，电解质与阳极和阴极电极的界面在图 3-8 中分别被标记为 Ⅱ 和 Ⅲ。这里假定固体燃料电池不是阳极支持的固体燃料电池。因此，可以考虑以下假设：

1）电化学反应发生在电解质和电极之间的薄界面上。

2）唯一的传质机制是扩散，扩散只发生在电极穿过平面方向（或 z 轴）上，这是一维

模型的主要方向。

3）为了计算氧和水蒸气在阴极处的质量扩散通量，可以认为氮是一种惰性物质。

4）电池的电子电阻与其离子电阻相比可以忽略不计。

5）电池的活化损失仅由阴极的电化学反应引起；阳极活化损失可以忽略不计。

现在尝试通过上述假设和通量平衡 [式（2.229）] 来制定电池的所有电压损失。从活化损失开始。

1. 第一步，激活损失

利用巴特勒 – 沃尔默方程的简化形式，可以写为

$$\eta_{act,c} = \frac{R_u T}{4\alpha_c F} \ln\left(\frac{i}{i_{0,ref}} \times \frac{101325}{P^C X_{O_2}^{III}} \right) \tag{3.35}$$

式中，P^C 和 $X_{O_2}^{III}$ 分别为阴极压力（atm）和阴极 / 电解质界面上的氧摩尔分数（图 3-8 第 III 部分）。由于 $X_{O_2}^{III}$ 是未知的，它必须由氧通过平面通量来计算。根据假设 3）和假设 4），物质通过平面的通量可以简单地用下面的菲克定律表示：

$$n_{O_2}^C = -\frac{P^C D_{O_2,N_2}^{eff}}{R_u T} \frac{dX_{O_2}}{dz} \tag{3.36}$$

式中，D_{O_2,N_2}^{eff} 为氧和水蒸气的有效二元扩散系数。因此，通过求解上述微分方程，得到

$$X_{O_2}(z) = X_{O_2}^{IV} - \frac{R_u T n_{O_2}^C}{P^C D_{O_2,N_2}^{eff}} z \tag{3.37}$$

设 z 等于阴极电极厚度 t^C，由上式可以计算得到

$$X_{O_2}^{III} = X_{O_2}^{IV} - \frac{R_u T n_{O_2}^C}{P^C D_{O_2,N_2}^{eff}} t^C \tag{3.38}$$

此时利用通量的平衡 [式（2.229）] 得到

$$X_{O_2}^{III} = X_{O_2}^{IV} - \frac{R_u T i}{4 F P^C D_{O_2,N_2}^{eff}} t^C \tag{3.39}$$

将上述关系代入式（3.12），得到

$$\eta_{act,c} = \frac{R_u T}{\alpha_{Re,c} F}\left[\ln\left(\frac{i}{i_{0,ref}} \right) - \ln\left(\frac{P^C}{101325}\left\{ X_{O_2}^{IV} - \frac{R_u T i}{4 F P^C D_{O_2,N_2}^{eff}} t^C \right\} \right) \right] \tag{3.40}$$

通常，这种关系的右端的所有项都是已知的，因此可以计算出 $\eta_{act,c}$。右端的第二个对数项表示阴极电极上的浓度损失（即将氧摩尔分数从 $X_{O_2}^{IV}$ 降低到 $X_{O_2}^{III}$）对固体燃料电池动力学特征的影响。这种浓度损失对固体燃料电池的热力学特性也有影响，可以通过 Nernst 方

程来计算。

2. 第二步，浓度损失

阴极电极的能斯特方程为

$$E_c = E_{rev,c} - \frac{R_u T}{2F} \ln\left(\frac{P_{O_2}^{0.5}}{1}\right) \tag{3.41}$$

在第 1 章中为整个电池给出了能斯特方程 [式（1.48）]。由于传质的限制，反应物的压强会小于参考状态，而生成物的压强大于参考状态。

因此，利用式（3.41），可以从热力学的角度来表示浓度损失：

$$\eta_{con,c} = E_c - E_{c,ref} = \left\{ E_{rev,c} - \frac{R_u T}{2F} \ln\left(\frac{P_{O_2}^{0.5}}{1}\right) \right\} - \left\{ E_{rev,c} - \frac{R_u T}{2F} \ln\left(\frac{P_{O_2}^{0.5}}{1}\right) \right\}_{ref} \tag{3.42}$$

由于第 Ⅳ 部分（即阴极通道内）的阴极情况与参考条件相同，故式（3.42）可表为

$$\eta_{con,c} = \frac{R_u T}{2F} \ln\left[\left(\frac{X_{O_2}^{Ⅳ}}{X_{O_2}^{Ⅲ}}\right)^{0.5} \right] \tag{3.43}$$

需要注意的是，这里的参考条件是没有传质限制时阴极/电解质界面的氧浓度，即提到的界面上的氧浓度与通道中的氧浓度相同。在这个方程的右端出现的两个摩尔分数中，$X_{O_2}^{Ⅳ}$ 是已知的，它是模型的输入参数。式（3.16）可用于计算 $X_{O_2}^{Ⅲ}$：

$$\eta_{con,c} = \frac{R_u T}{2F} \ln\left[\left(\frac{X_{O_2}^{Ⅳ}}{X_{O_2}^{Ⅳ} - \dfrac{R_u T i}{4 F P^C D_{O_2,N_2}^{eff}} t^C} \right)^{0.5} \right] \tag{3.44}$$

与导出式（3.16）类似，阳极电极两侧的水蒸气和氢气（图 3-8 中第 Ⅰ 部分和第 Ⅱ 部分）可以由式（3.45）和式（3.46）得出：

$$X_{H_2O}^{Ⅱ} = X_{H_2O}^{Ⅰ} + \frac{\dfrac{R_u T i}{2F}}{P^A D_{H_2,H_2O}^{eff}} t^A \tag{3.45}$$

$$X_{H_2}^{Ⅱ} = X_{H_2}^{Ⅰ} - \frac{\dfrac{R_u T i}{2F}}{P^A D_{H_2,H_2O}^{eff}} t^A \tag{3.46}$$

式中，t^A 为阳极的厚度。

3. 第三步，欧姆损耗

电解质的导热系数 $\sigma(T)$ 为

$$\sigma(T) = \frac{A_{SOFC} \exp\left(-\dfrac{\Delta G_{act}}{RT}\right)}{T} \tag{3.47}$$

之后，利用式（2.8），可以用下式计算欧姆损耗：

$$\eta_{ohmic} = iA^{cell}R^{Mem} = i\left(\frac{t^{Mem}}{\sigma(T)}\right) \tag{3.48}$$

减去三个损失：式（3.40）、式（3.44）、式（3.48），可由电池可逆电压得到电池电压为

$$V^{cell} = E_{rev}^{cell} - \eta_{act,c} - \eta_{con,c} - \eta_{ohmic} \tag{3.49}$$

本节给出的 1D 模型的主输出是 V^{cell}，主输入是 i，这样就可以提取电池极化曲线。如果由于燃料交叉等原因导致电池发生电流泄漏 i_{leak}，则必须使用 $i+i_{leak}$ 代替 i 作为模型的主输入。

模型的其他输入包括操作条件（电池温度和电极压力）、几何性质（电极和膜的厚度）、热物理性质（如 D_{O_2,N_2}^{eff}，然后是 D_{H_2,H_2O}^{eff}）、阴极动力学性质（如 $i_{0,ref}$ 和 α）以及气体通道中物质的摩尔分数，比如阳极的 $X_{H_2}^{I}$ 和阴极的 $X_{O_2}^{IV}$。阳极侧水蒸气的摩尔分数和阴极侧氮气的摩尔分数可以很容易地计算出来，但要注意物质的摩尔分数之和必须等于 1。

偏振曲线并不是这个简单一维模型的唯一输出。电解质 / 电极界面上的物质摩尔分数也可以计算出来。这些输出可以深入了解固体燃料电池单电池的设计和控制。图 3-9 给出了该模型从输入参数中获取输出的过程。

3.3.2　固体燃料电池单元、堆栈和系统的 2D/3D 模型

利用传统的流体动力学方法，特别是有限体积法，对固体燃料电池进行建模。在第 2 章中讨论了有限体积法的框架以及 PEMFC 的控制方程，这些方程被电化学反应子模型耦合为五个传输子模型。传输子模型包括气体传输、水传输、离子传输、电子传输和热传输；固体燃料电池中不存在液态水，也不存在电渗透阻力；即固体燃料电池建模中不需要复杂的水运子模型，这使得固体燃料电池的模拟非常简单。在固体燃料电池的不同流体动力学模型中，将简要介绍 ANSYS Fluent 软件[8] 的分解电解质模型，这是一种低成本的功能强大的流体动力学模型。根据该模型，将非多孔电解质及其两侧的多孔中间层（图 3-10）视为一对壁面和壁影面，称为"电解质界面"（即假设这三层厚度为零）。

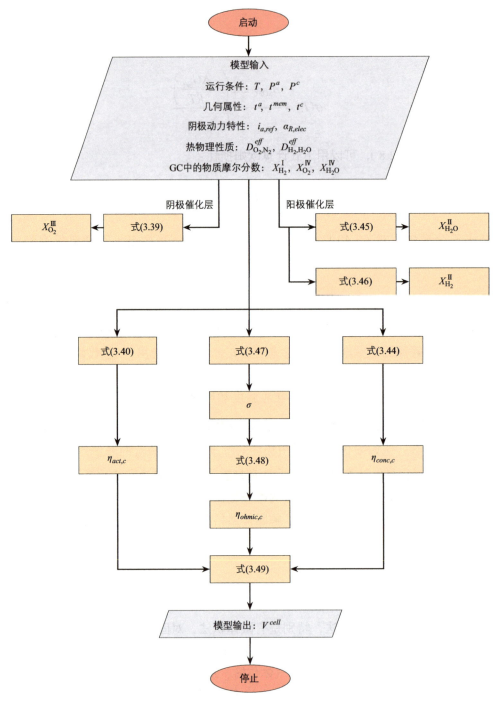

图 3-9　1D 模型及制作流程

通过这种方式，由电化学反应产生的物质和能量被添加到相邻的计算单元中。电气互连用于串联单元并且构建固体燃料电池堆。平面固体燃料电池堆叠的电气互连是双极板，在图 3-10 中标记为集电器。

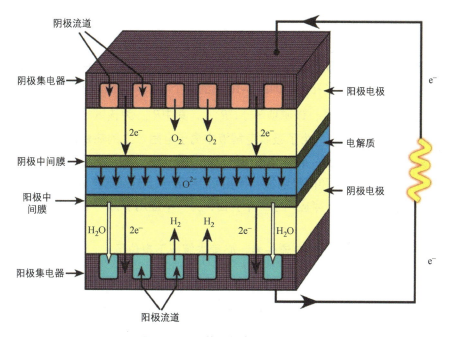

阴极流道

阴极集电器 →

阳极电极

2e⁻　　O₂　　O₂　　2e⁻

电解质

阴极中间膜 →

O²⁻

阴极电极

阳极中间膜 →

H₂O　2e⁻　　H₂　　H₂　　2e⁻　H₂O

阳极集电器 →

e⁻

e⁻

阳极流道

图 3-10　固体燃料电池及其组成

在固体燃料电池未解析电解质的模型中，必须求解流体流动以及通过阳极、阴极两侧多孔电极和气体流道的传热和传质，这可以通过第 2 章中质子交换膜燃料电池气体和热传输子模型中类似的流体动力学技术来实现。此外，电荷传输必须通过求解电势场方程来确定（注意只需确定电子传输，由于电解质厚度为零，不需要求解离子传输方程）。作为最后一步，必须对发生在三相边界上的电化学反应进行建模。因此，固体燃料电池单电池的 2D/3D 模拟需要以下子模型：①气体传输子模型；②热传递子模型；③电子传输子模型；④电化学反应子模型。

然而，在解出的电解质子模型中，这些子模型是在电解质和中间层没有体积的情况下解出的，以下将详细介绍这些子模型。

1. 气体传输子模型

反应物和产物气体（通常是阳极中氢和水蒸气的混合物，阴极中氧和氮的混合物）必须在气相色谱和反应位点（即阳极和阴极三相边界）之间交换。该流体路径由多孔和非多孔两部分组成。为了模拟这种气体传输，2.1.2 节中给出的控制方程必须用有限体积法对气体混合物进行求解。多孔区域的控制方程有额外的源项，如方程（2.55）～方程（2.57）的右端所示，速度分量在这些控制方程中是表面分量。此外，必须求解具有有效扩散系数的传质方程 [式（2.65）]，以确定每种物质的浓度。在 ANSYS Fluent 求解器中，采用多分量扩散系数；有效扩散系数通过 ε/τ 因子与普通扩散系数相关，其中 ε 和 τ 分别为多孔电极的孔隙度和弯曲度。在阳极层间 / 阳极电极界面上，必须考虑氢汇项（等于 $-i/2F$）和水蒸气源项（等于 $i/2F$）（假设纯氢为燃料），而在阴极层间 / 阴极电极界面上，必须考虑氧汇项（$-i/4F$）。

2. 热传递子模型

在此子模型中求解能量方程。该方程在 2.3.3 节 [式（2.290）] 中针对固体区（即图 3-10 中的两个集流器），在 2.1.2 节 [式（2.22）] 中针对流体区（即图 3-10 中两侧的 GC），以及在 2.1.2 节 [式（2.62）] 中针对多孔区（即图 3-10 中的两个电极）给出。求解该方程时，必须在固体区和多孔区加上一个源项，该源项等于 $i^2 R_{ohmic}$，其中 R_{ohmic} 为该区域的面积比欧姆电子电阻 [见式（3.6）及相关讨论]。为了吸收电解液中离子电阻产生的热量以及阳极和阴极中间层中其他可逆和不可逆的热量，必须将相应的热源加在一起。随后，必须在两侧的两个界面（即阳极电极 / 阳极间层界面和阴极电极 / 阴极间层界面）上施加这些源的和；ANSYS Fluent 分解电解质模型将该总和的一半应用于一个界面，另一半应用于另一个界面[8]。

3. 电子传输子模型

为了确定固体和多孔区域的电流矢量，必须求解以下电位场：

$$\vec{\nabla} \cdot (\sigma \vec{\nabla} \phi) = 0 \qquad (3.50)$$

式中，σ 为区域的电子电导率（等于电极区域中多孔层的固体基质的电导率和集流器中电气互连体的固体材料的电导率）。得到的 $\sigma \vec{\nabla} \phi$ 表示当前向量。为了求解式（3.50），必须确定两边的边界条件。对于单元格的外表面（即图 3-10 中的水平面），适用两种不同的边界条件：

1）如果电池电压（V_{cell}）已知，则阳极侧（图 3-10 中的底部水平面）使用 $\phi=0$ 条件，阴极侧（图 3-10 中的顶部水平面）使用 $\phi=V_{cell}$ 条件。

2）如果电池电流密度（i_{cell}）已知，则条件 $\dfrac{\partial \phi}{\partial n} = \dfrac{i_{cell}}{\sigma_{CC}}$ 用于阴极外表面，$\dfrac{\partial \phi}{\partial n} = -\dfrac{i_{cell}}{\sigma_{CC}}$ 用于阳极外表面（σ_{CC} 为集流器电导率）。

在分解电解质模型的两个界面（阳极侧电极 / 中间层界面和阴极侧电极 / 中间层界面）之间，必须考虑电位跳变：

$$\phi_{intf,c} = \phi_{intf,a} + \phi_{jump} \qquad (3.51)$$

$$\phi_{jump} = E - \eta_{act}^{anode} - \eta_{act}^{cathode} - \eta_{ohmic}^{elec} \qquad (3.52)$$

式中，E 为电池的可逆电压；η_{act}^{anode}、$\eta_{act}^{cathode}$ 和 η_{ohmic}^{elec} 分别为阳极活化过电位、阴极活化过电位和电解液欧姆损耗。实际上，φ_{jump} 与电池实际电压的差值等于电极和集流器的欧姆损耗，当集流器上的电池电流密度已知时，通过求解式（3.50）即可确定。

4. 电化学反应子模型

ANSYS Fluent 分解电解质模型求解了电化学反应子模型[8] 中两个电极的完整版 Butler-Volmer 方程。根据该模型，电流密度与阳极和阴极活化过电位的关系为

$$i = i_{0,ref}^{a} \left(\frac{X_{H_2}}{X_{H_2,ref}}\right)^{\gamma_{H_2}} \left(\frac{X_{H_2O}}{X_{H_2O,ref}}\right)^{\gamma_{H_2O}} \times \left[\exp\left(\frac{2\alpha_a^{anode} F \eta_{act}^{anode}}{RT}\right) - \exp\left(-\frac{2\alpha_c^{anode} F \eta_{act}^{anode}}{RT}\right)\right] \qquad (3.53)$$

$$i = i_{0,ref}^c \left(\frac{X_{O_2}}{X_{O_2,ref}} \right)^{\gamma_{O_2}} \left[\exp\left(\frac{4\alpha_a^{cathode} F \eta_{act}^{cathode}}{RT} \right) - \exp\left(-\frac{4\alpha_c^{cathode} F \eta_{act}^{cathode}}{RT} \right) \right] \qquad (3.54)$$

式中，α_a 和 α_c 为正、逆反应的传递系数；X_s 为物质摩尔分数；γ_s 为物质浓度指数。

在电化学反应子模型中，电流密度 i 是已知的，而阳极和阴极活化过电位是未知的。为了确定这些过电位，式（3.53）和式（3.54）可以通过牛顿法等寻根过程求解。

有学者提出了以纯氢为固体燃料电池燃料的电化学反应子模型。然而，固体燃料电池的关键优势之一是燃料适应性。如果在阳极侧引入氢和一氧化碳的混合物，则可以定义如下的氢含量比：

$$\beta = \frac{X_{H_2}}{X_{H_2} + X_{CO}} \qquad (3.55)$$

这个氢含量比可以用来修改质量传输方程中物质质量的源 / 汇项。通过这个比值，氢气和一氧化碳的吸收以及阳极侧水蒸气和二氧化碳的来源与电流密度相关，见表 3-1。

表 3-1　由 H_2-CO 混合物提供的阳极电极的电解池或源项

种类	H_2	CO	H_2O	CO_2
沉 / 源	$-\dfrac{\beta}{2F_i}$	$-\dfrac{(1-\beta)}{2F_i}$	$\dfrac{\beta}{2F_i}$	$\dfrac{(1-\beta)}{2F_i}$

阳极电极中的一氧化碳氧化反应由式（3.4）定义。这种氧化反应的动力学可以用类似于式（3.53）的 Butler-Volmer 方程来考虑。

如果多个固体燃料电池单元堆叠在一起，则必须为每个单元实现本节中提到的子模型。但是，这会导致计算成本的增加，因此可以采用以下方法来降低计算成本：

1）在气体传输子模型中使用二元扩散系数（在阳极侧为 D_{H_2,H_2O}，在阴极侧为 D_{H_2,N_2}）。

2）忽略电子欧姆损失，因为电子欧姆损失比离子欧姆损失小（即对每侧电极和集流器采用恒定的均匀电势，而不采用电子传输子模型）。

3）在电化学反应子模型中使用更简单形式的 Butler-Volmer 方程。

为了进一步降低计算成本并建立可用于预测和控制固体燃料电池堆栈的堆栈模型，可以使用一维单元模型代替基于 2D/3D 流体动力学的单元模型。但是与基于流体动力学的模型相比，这些 1D 模型提供的输出信息不太详细。

叠层中的气体损耗比单个单元中的气体损耗要高得多，因此，当使用 2D/3D 模型时，气体传输子模型必须具有足够的精度，而当使用 1D 模型时，1D 模型必须能够包含气体损耗效应。电池在堆中的排列以及燃料和空气歧管的类型改变了气相色谱中气体消耗的程度。这些参数对气体消耗的影响与之前在 2.3.4 节中讨论的质子交换膜燃料电池堆的情况非常相似。

3.3.3 固体燃料电池系统建模

仅采用固体燃料电池堆栈不足以提供电源。事实上，固体燃料电池系统的正常运行需要辅助子系统，如供气子系统、电力变换器、系统控制器和热管理子系统，这被称为辅助系统（BOP）（图 3-11）。这些系统大多类似于质子交换膜燃料电池辅助子系统。然而，由于固体燃料电池的高温运行，其热管理系统本质上更为复杂。因此，在本节的其余部分中，只讨论这个固体燃料电池辅助子系统。

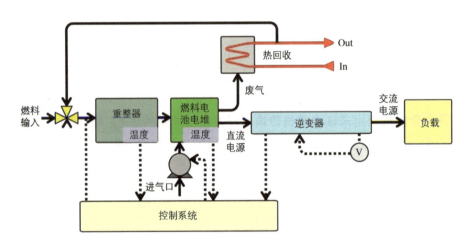

图 3-11　固体燃料电池辅助系统原理图

为了使固体燃料电池的 YSZ 电解质具有离子导电性，其温度应达到最小值。因此，在固体燃料电池系统的热管理子系统中，预燃器等预热系统是强制性的。

在开始操作时，由于固体燃料电池总反应的放热性质和电压损失，热量在电池中产生。特别是在大型堆叠中，电池中产生的热量必须从电池中主动排出，以防止热滥用。在 CHP 系统中，这些热量具有高质量，并且可以有效地回收，这将在第 7 章中解释。热管理子系统在固体燃料电池系统中的另一个功能是减小堆栈中的温度梯度。由于固体燃料电池电解质的脆性特性，这样的温度梯度会产生破坏性应力，导致系统出现裂纹和耐久性能的衰退。在一些传统的固体燃料电池系统中，大量多余的空气被输送到堆中以减少这些梯度，这增加了鼓风机和压缩机的寄生负载。采用高温热管等高效传热元件，可以增强堆向环境的传热，使堆内的温度分布更加均匀。

固体燃料电池堆的热回收有几个冷流和热流，特别是当固体燃料电池配备了重整器时，通常会经历放热反应。这使得热管理子系统的分析有点复杂。定点分析是一种著名的数值评价工具。该分析包括以下步骤 [9]：

1）识别冷气流和热气流。

2）各流热数据采集。

3）在冷热流之间设置可接受的最小温差 $\Delta T_{\min,set}$（通常，3~40℃的温差被认为是可接受的范围）。

4）构建温度 – 焓图，检查冷热流之间是否观察到临界温度（$\Delta T_{\min} \geq \Delta T_{\min,set}$）。

5）如果 $\Delta T_{\min} < \Delta T_{\min,set}$，则改变热交换器的方向。

6）对热交换器方向进行场景分析，直到 $\Delta T_{\min} \geq \Delta T_{\min,set}$。

关于这个方法的更多细节可以在参考文献 [9] 中找到。

3.4　固体氧化物电解槽的建模

目前，固体氧化物电解槽（SOEC）被广泛用于高压氢气的纯净、清洁生产。SOEC 的组成与固体燃料电池的组成相同。但是，SOEC 是一种耗电器件，而不是供电器件。事实上，在 SOEC 中，电化学半反应是相反进行的。对于 SOEC，过电位是负的，即电池上的施加电压大于热力学的可逆电压。

SOEC 的 2D/3D 建模与固体燃料电池相似，只有以下差异需要考虑：

1）在气体传输子模型中，物质质量汇 / 源的符号必须颠倒。

2）在热传输子模型中，只需要改变可逆热源的符号（等于 $T\Delta s$）。

3）在电子传递和电化学反应子模型中，激活过电位和欧姆电压损失的符号必须反转。

3.5　本章小结

在本章中，介绍并解释了两种著名的固体燃料电池阳极微观结构重建技术——随机技术和 FIB/SEM 技术；提出了一种基于两点统计函数的随机方法，该方法可以考虑到相邻信息；描述了反应燃料通过固体燃料电池阳极的 LB 模拟，这是固体燃料电池电极微尺度模拟的典型数值工具。

接下来，展示了固体燃料电池单电池的一维模型。这个简单的模型可以为控制器设计提供具有足够精度的固体燃料电池单电池极化曲线。在此基础上，提出了基于流体动力学的固体燃料电池单体电池的电解质分解模型，该模型包括四个子模型。本章还讨论了使用这些单元模型来模拟固体燃料电池堆的问题，然后介绍了固体燃料电池辅助系统，重点是热管理子系统的分析。在本章的最后一部分，解释了基于流体动力学的固体氧化物电解槽（SOEC）的模拟。

1）为什么 X 射线 CT 不是固体燃料电池重建的合适技术？

2）FIB/SEM 重建技术是如何实现的？

3）总结 Suzue 等人[12] 提出的固体燃料电池阳极的随机重构过程。

4）在第 3.3.2 节给出的模型中，"未溶解电解质"是什么意思？

5）固体燃料电池和 SOEC 的 2D/3D 建模的主要区别是什么？

6）利用第 3.3.1 节给出的 1D 模型，给出固体燃料电池单电池的极化曲线，其特征如下表所示。

物理性质	值	单位
可逆电池的电压，E_{rev}^{cell}	1.0	V
阳极厚度，t^A	75	μm
阴极厚度，t^C	750	μm
电解质厚度，t^M	25	μm
温度，T	1023	K
进口氢的摩尔分数，X_{H_2}	0.92	
进气氧的摩尔分数，X_{O_2}	0.19	
进气水蒸气的摩尔分数（阴极），X_{H_2O}	0.1	
阴极压力，P^C	1.2	atm
阳极压力，P^A	1.2	atm
有效的氢扩散系数（或水），D_{H_2,H_2O}^{eff}	1×10^{-4}	$m^2 \cdot s^{-1}$
有效的氧扩散系数（或水），D_{O_2,H_2O}^{eff}	2×10^{-5}	$m^2 \cdot s^{-1}$
传递系数，α	0.5	
交换电流密度，j_0	0.15	$A \cdot cm^{-2}$

7）你能否将 3.3.1 节中提出的一维模型一般化，以考虑到气体耗竭效应？

 参考文献

[1] Pietro Asinari, Michele Calì Quaglia, Michael R. von Spakovsky, Bhavani V. Kasula, Direct numerical calculation of the kinematic tortuosity of reactive mixture flow in the anode layer of solid oxide fuel cells by the lattice Boltzmann method, Journal of Power Sources 170 (2) (2007) 359–375.

[2] Allen J. Bard, Larry R. Faulkner, Electrochemical methods: Fundamentals and applications, Surface Technology 20 (1) (1983) 91–92.

[3] Dale P. Bentz, Nicos S. Martys, Hydraulic radius and transport in reconstructed model three-dimensional porous media, Transport in Porous Media 17 (3) (1994) 221–238.

[4] B. de Boer, SOFC anode: Hydrogen oxidation at porous nickel and nickel/zirconia electrodes, PhD thesis, Faculty of Science and Technology, University of Twente, The Netherlands, October 1998, https://research.utwente.nl/en/organisations/inorganic-materials-science.

[5] Kyle N. Grew, Abhijit S. Joshi, Aldo A. Peracchio, Wilson K.S. Chiu, Pore-scale investigation of mass transport and electrochemistry in a solid oxide fuel cell anode, Journal of Power Sources 195 (8) (2010) 2331–2345.

[6] Abhijit S. Joshi, Aldo A. Peracchio, Kyle N. Grew, Wilson K.S. Chiu, Lattice Boltzmann method for continuum, multi-component mass diffusion in complex 2D geometries, Journal of Physics D: Applied Physics 40 (9) (2007) 2961.

[7] K.-R. Lee, S.H. Choi, J. Kim, H.-W. Lee, J.-H. Lee, Viable image analyzing method to characterize the microstructure and the properties of the Ni/YSZ cermet anode of SOFC, Journal of Power Sources 140 (2) (2005) 226–234.

[8] UDF Manual, ANSYS fluent 12.0. Theory Guide, 2009.

[9] Ryan O'hayre, Suk-Won Cha, Whitney Colella, Fritz B. Prinz, Fuel Cell Fundamentals, John Wiley & Sons, 2016.

[10] Jacques A. Quiblier, A new three-dimensional modeling technique for studying porous media, Journal of Colloid and Interface Science 98 (1) (1984) 84–102.

[11] Naoki Shikazono, Daisuke Kanno, Katsuhisa Matsuzaki, Hisanori Teshima, Shinji Sumino, Nobuhide Kasagi, Numerical assessment of SOFC anode polarization based on three-dimensional model microstructure reconstructed from FIB-SEM images, Journal of the Electrochemical Society 157 (5) (2010) B665.

[12] Yoshinori Suzue, Naoki Shikazono, Nobuhide Kasagi, Micro modeling of solid oxide fuel cell anode based on stochastic reconstruction, Journal of Power Sources 184 (1) (2008) 52–59.

[13] C.L.Y. Yeong, Salvatore Torquato, Reconstructing random media, Physical Review E 57 (1) (1998) 495.

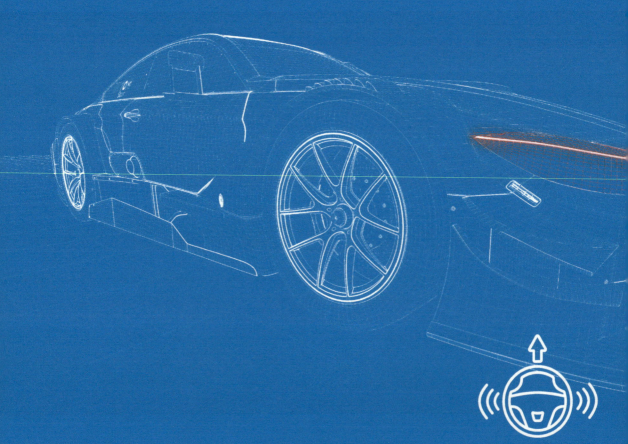

第**4**章

储氢系统

4.1 引言

为了能在多种应用场景中使用氢作为能量载体，需要一种像油箱一样有效的安全储存方法[1]；同时，处理方式简单、运输便捷和价格低廉也非常重要。在标准温度和压力（STP）条件下，1kg 氢气的体积为 12.15m³，蕴含 33.5kW·h 能量，而相同能量的汽油体积仅为 0.0038m³。因此，要使氢气在市场上具有竞争力，必须增加其体积密度。

实现氢的大规模工业化应用，氢气的有效包装、储存以及从生产点到应用点的运输等环节都很重要。因此，需要进行大量的研究，以确保各种储氢材料的安全性、可靠性和成本效益。

在不同类型的燃料中储存的能量通常是基于重量（重量能量密度或基于重量的能量密度）或体积（体积能量密度或基于体积的能量密度）来表示的。根据氢与氧的化学反应，当一摩尔氢气和半摩尔氧气发生反应时，释放一定能量并产生液态或气态的水：

$$H_2 + \frac{1}{2}O_2 \longleftrightarrow H_2O + \Delta H(241.826kJ) \tag{4.1}$$

每消耗 1molH₂，会释放 241.826kJ 的能量。氢的摩尔质量为 2.02×10^{-3}kg·mol⁻¹，对于纯氢，其重量能量密度可以表示为

$$\rho_M = \frac{\Delta H}{M} = 119.716MJ/kg \tag{4.2}$$

在压力为 1atm，温度为 298.15K（25 ℃），即 STP 条件下，1mol 氢气的体积为 24.46L，其体积能量密度可表示为

$$\rho_V = \frac{\Delta H}{V_M} = 9.89MJ/m^3 \tag{4.3}$$

如丙烷、甲烷和汽油等其他燃料的重量能量密度和体积能量密度，可以用同样的方法来测量和表示。与其他燃料相比，氢具有最大的重量能量密度（即基于质量的能量密度）。但同时，氢的体积能量密度几乎最小。而汽油的重量和体积能量密度分别为 45.7MJ·kg⁻¹ 和 34600MJ·m⁻³，虽然重量能量密度较小，但体积能量密度最高，因此得到了广泛应用。在实际应用中，一辆轻型汽车行驶 300mile（1mile=1609.344m）需要 10USgal（1USgal=3.78541dm³）汽油。而如果使用氢气来驱动汽车行驶相同的距离，那么在 STP 条件下需要 3495USgal（1USgal=3.78541dm³）的氢气罐，这很难实现。因此，寻找一些方法来增加氢气的体积能量密度，同时保持较高的重量能量密度是氢气应用的关键。

如第 2 章中提到的，现今有五种主要的储氢技术：压缩储存技术、低温储存技术、化学氢化物储存技术、金属氢化物储存技术和碳基储存技术。由于压缩储存技术和金属氢化物储存技术（采用高压罐和吸氢罐进行储氢）这两种技术相对更可行，所以在本章中，我

们将对这两种技术进行详细解释。另外，我们还将讨论金属氢化物储罐的建模与仿真。

 ## 4.2　高压罐

到目前为止，最常用的储氢方法是压缩氢气。由于其容易实现，该方法目前被广泛使用。在这种方法中，氢气被压缩并储存在高压罐中，这个过程类似于压缩天然气并储罐。通常，储氢时压缩氢气的压力为 20~25MPa，但对于车载应用和现场应用，压力为 70MPa[2]，由于其能量密度高、重量轻和成本低，是一种有效的存储方式。

1880 年，人们首次提出用压力罐来储存氢气，采用 12MPa 的熟铁容器储存氢气。发展到现在，有四种不同类型的压缩氢气储存压力容器。第一类是压力为 20~30MPa 的金属压力容器，多用于工业应用。这种类型的储氢方式有严重的效率限制：它最高只能吸收 1wt% 的氢（1wt% 表示物质在混合物的质量占比为 1%）。第二类压力容器使用纤维树脂复合材料包裹储罐的圆柱形部分。另外的两种类型是复合包裹式压力容器（COPV），其中复合材料是由塑料或碳纤维嵌入聚合物基体（长丝缠绕）制成的。这两种类型的容器区别在于它们的机械阻力不同，主要是因为其衬垫的设计和所用材料不同。第三类压力容器的金属衬垫采用普通的金属，而在第四种类型中，压力容器的衬垫主要由含极薄金属的聚合物制成[3]。对于高压储罐（图 4-1），理想的材料特性包括[4]：①抗拉强度高；②密度低；③不与氢反应，并且不扩散。

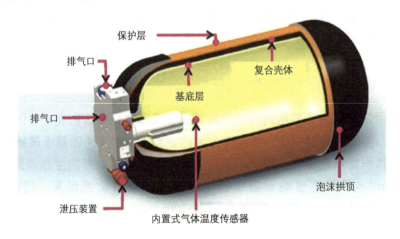

保护层　复合壳体　排气口　基底层　排气口　泡沫拱顶　泄压装置　内置式气体温度传感器

图 4-1　第四类储氢压力容器[5]

高压罐储氢的缺点是，即使在非常高的压力下（700~800bar），氢气的体积密度依然很低；在相同的条件下，汽油所含的能量更高。此外，由于钢瓶可能发生脆化，其安全问题也是一个不利因素。最后，在氢气释放时（如氢燃料电池汽车在储罐放电过程中），需要考虑大量的（机械）压缩成本和气瓶内的巨大压降。这些不足，在燃料电池汽车需要大规模压缩氢气的需求下，对氢气的储存提出了挑战。但燃料电池汽车商业化起步阶段依旧可以考虑使用高压氢气罐为储氢方式。

 ## 4.3 储氢罐

在发展氢经济的背景下，氢气的储存方法需要更安全、更高效、更经济、更紧凑。为满足汽车行业氢应用的技术和经济需求，氢储存系统需要有很大的容量（重量和体积）。因此，目前有很多研究人员在固态材料储氢方面进行了大量的研究。

固态材料吸收和解吸氢的过程是可逆的，这个特点使其具有良好的发展前景[6]。固态存储系统主要分为物理吸附存储和化学吸附存储两大类[7]。在物理吸附或物理存储中，氢吸附是通过氢分子之间的范德华相互作用和固体表面之间的力发生的，如富勒烯、活性炭、碳纳米管、纤维、石墨烯、金属有机框架（MOF）、空心球体和新型材料固有微孔聚合物（PIM）等碳基材料。而需要解吸氢时，可以通过热刺激或任何其他有效方法来实现。虽然这些材料具有可逆性和快速动力学特性，使其有一定优势，但也不乏缺点。在一般条件下其储氢能力低，而高储氢能力需要极低的温度，这严重限制了这些材料应用于实际。在物理存储方面，主要的挑战在于材料的研究。

在化学氢吸附方面，氢化物是由氢原子与材料化学键合而形成的。因此，在氢气最终形成化学键而得以存储在物质内部之前，有一个化学反应步骤。在化学氢吸附形成氢化物的过程中，会形成牢固的化学键，且使用氢化物的关键在于增强吸附／解吸循环的动力学和热力学。化学储氢是固态储氢方法中最有发展前景的方法之一。

虽然在氢化物界面上对氢分子的物理吸附和对氢原子的化学吸附都采用了类似的材料，但这两种体系有很大的不同。以前的方法是将氢分子物理地储存在固体材料的大表面积内，而化学储存方法是使氢原子形成原子键。

有很多金属和合金可以通过化学吸附储存氢，形成固体金属氢化物。在大多数情况下，金属和氢之间的化学键很强。还有一些金属氢化物的体积存储容量比液氢更大。正因为如此，金属氢化物（MH）在原位储氢方面的应用受到了广泛的关注。

Züttel 等人[8]对不同材料的体积和重量存储能力进行了全面比较。一般来说，大多数金属氢化物的体积能量密度比液氢高，但仍然存在重量能量密度低的问题。此外，金属氢化物可以在低压下储存氢，因此在安全方面更具吸引力。金属氢化物不需要复杂的容器来储存，因为它们是固态的，这使得金属氢化物更受欢迎。然而，金属氢化物的形成和氢解吸的步骤都是氢－金属键断裂或形成的化学反应，氢原子有规律地占领金属的间隙位置。因此，研究轻量化的金属氢化物，进而改变其反应动力学和热力学性质，似乎是非常有趣的。

Prachi 等人[9]和 Demirbaş[10]报道了储氢过程的基本要求是热力学和动力学条件。在这种条件下，金属储存氢气到达到平衡的点。存在许多反应步骤，可以在动力学上延迟和减慢储氢系统在合理时间内达到储氢热力学平衡。因此，氢化物储存系统中的反应速率是温度和压力的函数。就金属氢化物而言，储氢机理包含若干阶段，并取决于若干因素。金属外层的基本性质是氢分子的解离能力，并允许氢原子流畅运动以储存氢。考虑到不同金属的表面结构、形态和纯度，每种金属都具有解离氢分子的特殊设施。

金属氢化物的简单储存模型如图 4-2 所示。在金属氢化物中，氢的吸附和解吸是相互相反的过程。氢化物的储存只能在一定的压力和特定的温度（最好是室温）下进行，这取决于金属氢化物和金属的热力学性质。下面的反应表明金属或金属合金（M）如何通过暴露在氢气中而形成金属氢化物：

$$M + \frac{x}{2}H_2 \longleftrightarrow MH_x + Q \tag{4.4}$$

式中，Q 为氢化物生成热。一般来说，氢的解吸是吸热过程，而吸附是放热过程。同时，吸附过程发生在高氢气压力下，而解吸过程发生在低压下。

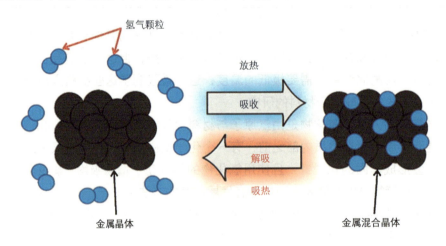

图 4-2　金属氢化物储氢的简化模型[11]

图 4-3 为典型的氢吸附和解吸过程压力 – 组成 – 温度（P-C-T）曲线。通过增加氢的压强，金属开始储氢，最终形成固体金属 – 氢溶液（α- 相）。由图可知，一旦压力值达到图上的 A 点，金属的氢化物形成就开始了（β- 相）。此过程发生在几乎恒定的氢压力 P_a 下，氢化物中氢的储存量显著增加。在 B 点，吸附过程结束。A-B 吸附谱线显示了在一定温度下储氢的有效容量特征。通常情况下，吸附平台压力随温度的升高而增大，符合范特霍夫方程：

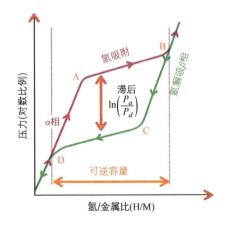

图 4-3　典型 MH 槽在固定温度下的吸脱附曲线[12]

$$\ln(P) = \frac{\Delta H}{RT} - \frac{\Delta S}{R} \tag{4.5}$$

式中，T 为温度；P 为氢的压强；ΔS 和 ΔH 分别为氢吸附或解吸的熵和焓；R 为普适气体常数。如图 4-4 所示，通过绘制 $\ln(P)$ 与 $1/T$（Van't Hoff 图）可以看出产生的热量[13]。

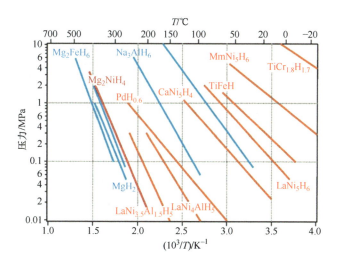

图 4-4　MH 罐的 Van't Hoff 数据[13]

如图 4-3 所示，解吸和吸附过程是可逆的。图中还显示了氢压力较低且几乎恒定（P_d）时的解吸线。解吸和吸附线形成了一个氢的吸附和解吸循环滞回线，这种滞回效应产生的自由能差为

$$\Delta G_{hyst} = RT\ln\left(\frac{P_a}{P_d}\right) \tag{4.6}$$

由于材料在氢气吸附 / 解吸循环过程中的降解具有不可逆效应，因此迟滞效应在储存循环中表现出不足。一个尽可能小的迟滞理论上应该导致一个合适的氢化物材料。

在确定金属氢化物不同性质的情况下，氢的吸收和释放的动力学速率是影响其反应最重要的因素。这些反应的速率与氢的吸附动力学、吸附温度和压力成正比。在微观尺度上，Lennard-Jones 势模型可以描述这个吸附过程，它实际上包括几个步骤。氢气分子一接近金属表面就面临很低的电位，主要是由于原子吸附、分子吸附和主体吸附。由于静电吸引或范德华力，氢首先通过金属表面被物理吸收。在室温下，这种键合通常不会导致大量的吸收，因为它很弱。被吸收的氢分子可以在金属表面的高压和高温下通过在两个元素之间传递电子而解离，最后，氢被化学吸收。由于解离需要能量，这个过程可能需要由热能或催化剂激活。经过化学吸附阶段，氢原子在表面位置下移动。这些原子在材料中的扩散发生得很快，最后，氢成为金属介质中的溶液。如果氢在 α- 相中的积累增强，则会形成更稳定的金属氢化物相（β- 相）[4]。

依据 Lai 等[14] 和 Khafidz 等[15] 的吸氢和解吸温度，金属氢化物可分为低温氢化物和

高温氢化物两大类。在低温氢化物的情况下，氢原子通过共价键成键。因此，低温氢化物包括高分子量的物质，由于其低的反应热，具有低的氢平衡压力和快速的动力学特性。低温氢化物一般包括由金属间合金或固溶体制成的氢化物，可以在中等温度下工作。另一方面，高温氢化物通常通过离子键储存氢，因此金属氢化物具有低分子量的物质。由于高温氢化物比低温氢化物具有更高的储氢能力，尽管高温限制了高温氢化物的应用，但高温氢化物被认为是一种更有前途的选择。

4.3.1 一维建模

Mohammadshahi 等人[16] 在 2015 年对 MH 储罐的建模和仿真进行了良好的综述。2018 年，Abdin 等人[17] 对其进行了更新的回顾。他们给出的最终结果是，在选择 MH 储罐模型时，必须考虑储罐内部结构的复杂性，考虑 MH 床层有效导热系数的方法，以及不同温度下压力与成分之间的关系。他们还在论文中提出了 MH 储罐的一维模型[17]。模拟了一个长 MH 圆柱体，具有轴向内部对称，没有任何内部结构。他们使用了下面的控制方程。

1. 质量守恒

设进入系统的氢气质量流量为 $\dot{\phi}$ 每单位体积。当氢流量为零（$\dot{\phi}=0$）时，解吸时，局部 MH 密度 ρ_s 减小，导致局部氢气密度 ρ_g 增大，吸附时反之。因此，气相中氢的气固质量平衡方程（即多孔 MH 槽的孔隙）如下：

$$\varepsilon\frac{\partial \rho_g}{\partial t}+\frac{1}{r}\frac{\partial (r\rho_g V)}{\partial r}=\mp\dot{m}\pm\dot{\phi} \tag{4.7}$$

在固相中：

$$(1-\varepsilon)\frac{\partial \rho_s}{\partial t}=\pm\dot{m} \tag{4.8}$$

式（4.7）~式（4.8）中，双符号为上符号表示吸收，下符号表示解吸；$\dot{m}$ 为单位时间和单位体积反应的质量源项（即吸附过程中的耗氢量）；V 为气体的表面流速；ε 为孔隙率。假设理想气体行为，这对于 MH 储罐中通常遇到的压力是合理的[18]，气体密度为 $\rho_g=\dfrac{PM_{H_2}}{R_g T}$。

质量源项 $\dot{m}$ 可表示为[19]

$$吸附：\dot{m}=(1-\varepsilon)(\rho_{sat}-\rho_s)\frac{\mathrm{d}F}{\mathrm{d}t} \tag{4.9}$$

$$解吸：\dot{m}=(1-\varepsilon)(\rho_s-\rho_{s,in})\frac{\mathrm{d}F}{\mathrm{d}t} \tag{4.10}$$

2. 能量守恒

假设局部热平衡，$T_g=T=T_s$，单个通用的能量平衡方程为

$$(\rho C_P)_{eff} \frac{\partial T}{\partial t} = \frac{1}{r} \frac{\partial}{\partial t} \left(k_{eff} r \frac{\partial T}{\partial r} \right) - \rho_g C_{pg} v \frac{\partial T}{\partial r} \pm \dot{m} \Delta H \qquad (4.11)$$

式中，k_{eff} 为 MH 层的有效导热系数；ΔH 为相转化焓，假设其为常数；$(\rho C_p)_{eff}$ 为 MH 层的有效热容量，其可以用气体和 MH 的相同量的孔隙率加权函数表示：

$$(\rho C_P)_{eff} = \varepsilon (\rho C_P)_g + (1-\varepsilon)(\rho C_p)_s \qquad (4.12)$$

3. 初始条件和边界条件

为了求解方程（4.7）、方程（4.8）和方程（4.11），必须定义一组适当的边界条件。对于本场景，适用的条件如下：

$$初始状态： P(r,O) = P_{in},\ T(r,o) == T_{in} \qquad (4.13)$$

边界条件：圆柱对称在 $r = 0$ 处施加绝热边界条件为

$$\frac{\partial T}{\partial r}\bigg|_{re}(0,t) = 0 \qquad (4.14)$$

在 MH 层的外半径 $r = R$ 处，MH 罐与换热流体之间热流密度的连续性要求：

$$-k_{eff} \frac{\partial T}{\partial r}\bigg|_{r=R}(R,t) = h_f[\,T(R,t) - T_F\,] \qquad (4.15)$$

式中，h_f 为对流换热系数。

对于速率常数为 k_a 的吸收，计算反应速率的 F 为

$$F = 1 - \exp(-k_a t) \qquad (4.16)$$

对于解吸：

$$F = \exp(-k_d t) \qquad (4.17)$$

式中，k_a 和 k_d 分别为吸收和解吸的速率常数。Abdin 等[17]利用 MATLAB®-Simulink 对所提出的控制方程进行求解，并将结果与实验数据进行比较。关于它们的计算和结果的更多细节详见文献 [17]。

4.3.2　CFD 模拟

在本节中，我们想要解释 Mg$_2$Ni 多孔 MH 罐作为吸收式 MH 罐的 CFD 模拟。这种容器的吸收和解吸可以用以下反应来表示：

$$Mg_2 Ni + 2H_2 \xrightarrow[]{\text{放热/吸热}} Mg_2 NiH_4 \pm 2 \cdot \Delta H[\text{kJ/mol}\,H_2] \qquad (4.18)$$

为此，首先介绍了控制方程，然后利用 ANSYS Fluent 软件包提出了求解控制方程的数值过程。请注意，在表示控制方程之前，使用以下对于 MH 储罐的常见 CFD 模拟的假设：

1）氢气是一种理想气体，因为吸收罐的压力适中，这是一个合理的假设。

2）MH 罐孔隙中的氢气与固体基质局部处于热平衡状态[20]。

3）与对流相比，辐射的作用较小，因此可以忽略不计。

4）由于 MH 罐的温度几乎是恒定的，热物理性质被认为是恒定的。

5）与 MH 层的热阻和热容相比，罐的热阻和热容可以忽略[21, 22]。

6）MH 是一种均匀且各向同性的多孔介质[23]。

用 X 表示罐内吸收氢的质量分数（即 X 为固相吸收氢的质量与解吸氢时固相质量之比），则

$$吸附：\frac{\mathrm{d}X}{\mathrm{d}t} = C_a \exp\left(-\frac{E_a}{RT}\right)\left(\frac{P_{H_2} - P_{a,eq}}{P_{a,eq}}\right)(X_{max} - X) \tag{4.19}$$

$$解吸：\frac{\mathrm{d}X}{\mathrm{d}t} = C_d \exp\left(-\frac{E_d}{RT}\right)\left(\frac{P_{H_2} - P_{d,eq}}{P_{d,eq}}\right)X \tag{4.20}$$

式中，P_{H_2} 为局部氢压力；C_a 和 C_d 为吸附和脱附过程的速率常数；E_a 和 E_d 为吸附和脱附过程的活化能；$P_{a,eq}$ 和 $P_{d,eq}$ 分别为吸附和脱附过程的平衡压力。为了计算 $P_{a,eq}$ 和 $P_{d,eq}$，可以使用 Van't Hoff 方程：

$$吸附：\frac{P_{a,eq}}{P_{ref}} = 10^{-5} \exp\left(A_a - \frac{B_a}{T}\right) \tag{4.21}$$

$$解吸：\frac{P_{d,eq}}{P_{ref}} = 10^{-5} \exp\left(A_d - \frac{B_d}{T}\right) \tag{4.22}$$

式中，P_{ref} 为参考压力，P_{ref} = 1bar；T 为温度；方程右端的其他变量为常数，表 4-1 给出了 Mg_2Ni 槽的参数。

根据计算出的吸附或解吸反应速率，我们可以定义固态氢质量守恒（S_m）和能量守恒（S_e）的两个主要源项：

$$S_m = \rho_{emp} \frac{\mathrm{d}X}{\mathrm{d}t} \tag{4.23}$$

$$S_e = \frac{\rho_{MH}(1-\varepsilon_{MH})}{M_{H_2}} \frac{\mathrm{d}X}{\mathrm{d}t} \Delta H_{MH} \tag{4.24}$$

式中，ρ_{emp} 为 MH 罐空时的密度；ρ_{MH} 为 MH 罐的密度；ε_{MH} 为 MH 罐的孔隙率；ΔH_{MH} 为反应焓，见式（4.18）。

ANSYS Fluent 可以解决气体通过多孔介质时的质量和能量守恒问题。在氢气罐中，氢气被多孔介质的固体基质吸收 / 解吸，这伴随着质量和能量的产生或消耗。因此，要模拟

MH 罐中吸附或解吸，在 ANSYS Fluent 中只需要定义质量源和能量源即可。但是，这些不是简单的常量源，使用用户定义函数（UDF）是定义这些源的必要条件。为了确定这些源项，作为初始步骤，必须通过 DEFINE_ADJUST 宏用方程（4.19）和方程（4.20）计算反应速率。之后，可以使用两个 DEFINE_SOURCE 宏来计算上述两个源。附录 D 中提供了此类计算的示例 UDF 代码。

表 4-1　Van't Hoff 方程和速率方程中各参数的取值[24]

参数	取值
式（4.21）中 A_a	26.481
式（4.21）中 B_a	7552.5K
式（4.22）中 A_d	26.181
式（4.22）中 B_d	7552.5K
式（4.19）中 C_a	$175.31s^{-1}$
式（4.20）中 C_d	$5452.3s^{-1}$
式（4.19）中 E_a	$52.205kJ \cdot mol^{-1}$
式（4.20）中 E_d	$63.468kJ \cdot mol^{-1}$

4.4　本章小结

在本章中，我们介绍了各种储存氢的方法，尤其是在高压罐和吸收罐中储存氢气，还介绍了四种不同存储效率的高压储罐，以及两种吸收槽（物理吸收槽和化学吸收槽）。在此基础上，建立了圆柱 MH 储罐的一维数值模拟模型。最后，在 ANSYS Fluent 的 FVM 框架下对多孔 Mg_2Ni 制 MH 储罐进行了 CFD 仿真。最后，介绍了在 ANSYS Fluent 中结合 UDF 计算反应速率和质量、能量的方法，所需的 UDF 见附录 D。

思 考 题

1）比较可用于吸收槽的不同材料的性能，相关信息可以在文献 [13] 中找到。

2）对于长 50cm、直径 20cm 的圆柱体金属氢化物罐，采用附录 D 中的 UDF，推导出充氢 150bar 和放氢 20bar 时的压力轮廓。

3）重做前面的例子，但假设在 MH 罐内有一个树形鳍结构。

参考文献

[1] A. Da Rosa, Fundamentals of Renewable Energy Processes, Elsevier Inc., 2009, Epub ahead of print 2009. https://doi.org/10.1016/B978-0-12-374639-9.X0001-2.

[2] Z. Zhang, C. Hu, System design and control strategy of the vehicles using hydrogen energy, International Journal of Hydrogen Energy 39 (24) (2014) 12973–12979.

[3] H. Barthelemy, M. Weber, F. Barbier, Hydrogen storage: Recent improvements and industrial perspectives, International Journal of Hydrogen Energy 42 (2017) 7254–7262.

[4] L. Schlapbach, A. Züttel, Hydrogen-storage materials for mobile applications, Nature 414 (2001) 353–358.

[5] R. von Helmolt, U. Eberle, Fuel cell vehicles: Status 2007, Journal of Power Sources 165 (2007) 833–843.

[6] G. Mazzolai, Perspectives and challenges for solid state hydrogen storage in automotive applications, Recent Patents on Materials Science 5 (2012) 137–148.

[7] D.C. Elias, R.R. Nair, T.M.G. Mohiuddin, et al., Control of graphene's properties by reversible hydrogenation: evidence for graphane, Science 323 (2009) 610–613.

[8] A. Züttel, A. Remhof, A. Borgschulte, et al., Hydrogen: The future energy carrier, Philosophical Transactions - Royal Society. Mathematical, Physical and Engineering Sciences 368 (2010) 3329–3342.

[9] R.P. Prachi, M.W. Mahesh, C.G. Aneesh, A review on solid state hydrogen storage material, Advances in Energy and Power 4 (2016) 11–22.

[10] A. Demirbaş, Fuel properties of hydrogen, liquefied petroleum gas (LPG), and compressed natural gas (CNG) for transportation, Energy Sources 24 (2002) 601–610.

[11] J.O. Abe, A.P.I. Popoola, E. Ajenifuja, et al., Hydrogen energy, economy and storage: Review and recommendation, International Journal of Hydrogen Energy 44 (2019) 15072–15086.

[12] J.Z. Zhang, J. Li, Y. Li, et al., Hydrogen Generation, Storage and Utilization, 2014, Epub ahead of print 2014. https://doi.org/10.1002/9781118875193.

[13] A. Züttel, Materials for hydrogen storage, Materials Today 6 (2003) 24–33.

[14] Q. Lai, M. Paskevicius, D.A. Sheppard, et al., Hydrogen storage materials for mobile and stationary applications: current state of the art, ChemSusChem 8 (2015) 2789–2825.

[15] N.Z. Khafidz, Z. Yaakob, K.L. Lim, S.N. Timmiati, The kinetics of lightweight solid-state hydrogen storage materials: a review, International Journal of Hydrogen Energy 41 (30) (2016) 13131–13151.

[16] S.S. Mohammadshahi, E.M. Gray, C.J. Webb, A review of mathematical modelling of metal-hydride systems for hydrogen storage applications, International Journal of Hydrogen Energy 41 (2016) 3470–3484.

[17] Z. Abdin, C.J. Webb, E.M. Gray, One-dimensional metal-hydride tank model and simulation in Matlab-Simulink, International Journal of Hydrogen Energy 43 (2018) 5048–5067.

[18] S.S. Mohammadshahi, T. Gould, E.M. Gray, et al., An improved model for metal-hydrogen storage tanks – Part 1: Model development, International Journal of Hydrogen Energy 41 (2016) 3537–3550.

[19] P. Marty, J.-F. Fourmigue, P. De Rango, et al., Numerical simulation of heat and mass transfer during the absorption of hydrogen in a magnesium hydride, Energy Conversion and Management 47 (2006) 3632–3643.

[20] A. Jemni, S. Ben Nasrallah, J. Lamloumi, Experimental and theoretical study of a metal–hydrogen reactor, International Journal of Hydrogen Energy 24 (1999) 631–644.

[21] B.D. MacDonald, A.M. Rowe, Impacts of external heat transfer enhancements on metal hydride storage tanks, International Journal of Hydrogen Energy 31 (2006) 1721–1731.

[22] F. Askri, M. Ben Salah, A. Jemni, et al., Optimization of hydrogen storage in metal-hydride tanks, International Journal of Hydrogen Energy 34 (2009) 897–905.

[23] C.A. Chung, C.-J. Ho, Thermal–fluid behavior of the hydriding and dehydriding processes in a metal hydride hydrogen storage canister, International Journal of Hydrogen Energy 34 (2009) 4351–4364.

[24] C.A. Chung, C.-S. Lin, Prediction of hydrogen desorption performance of Mg_2Ni hydride reactors, International Journal of Hydrogen Energy 34 (2009) 9409–9423.

第5章

燃料电池电动汽车

5.1 介绍

在传统的公路汽车中，配备内燃机（ICE）的汽车是主流，这得益于其以燃烧汽油、柴油等化石燃料为动力源并产生高效持续的牵引力。近年来，正是这些内燃机汽车在很大程度上导致了诸多环境问题（如全球变暖、城市空气污染等）。这些遍及世界各地的内燃机汽车消耗了大量的化石燃料，加速了化石燃料资源的枯竭进程，也提高了化石燃料的国际价格。因此，为了应对现今的环境风险挑战，缓解能源紧缺状况，关键战略之一就是广泛研发并推广清洁能源公路车辆，同时不断扩大可再生能源发电基础设施。为此，选用燃料电池取代内燃机，并作为清洁能源公路车辆的牵引动力源是实现上述战略目标的最佳选择之一。这种受益于燃料电池系统的新能源汽车被称为燃料电池汽车（FCV）或燃料电池电动汽车（FCEV）。新能源汽车还包括如下两种：纯电动汽车（BEV）和混合动力汽车（HEV）。所有这些新能源车辆有一个共同点，即至少有一个电机作为动力源。因此，这三类新能源汽车可视为电动汽车（EV）分类下的不同分支。

各种新能源汽车的供能方式略有不同。在燃料电池电动汽车中，电机所需的电力通常由燃料电池系统或搭载电池模块的燃料系统提供。在纯电动汽车中，则通常由大量锂离子电池单元组成的大型电池组完成供电任务。而混合动力汽车的动力配置则有两种类型：在插电式混合动力汽车（也称为 PHEV）中，电机所需的电力由电池组和内燃机／发电机系统共同提供；在常规混合动力汽车中，所需的电力则基本上由内燃机／发电机系统提供，电池模块仅用于削减峰值功率。

相较于以储存能量为核心的电池系统，燃料电池系统可以自发地产生电能，事实上，只要保证燃料电池系统的燃料供应，就会持续不断地产生电力。因此与纯电动汽车相比，燃料电池电动汽车不需要烦琐的电池充电或更换过程，其在驾驶里程方面的优势不言而喻。另一方面，与内燃机／发电机系统相比，燃料电池系统可以更为高效地提供电力，并产生更低的排放。因此，与混合动力汽车相比，燃料电池电动汽车在运行中减少了燃料消耗，产生了更少的碳足迹。

本章将介绍燃料电池电动汽车动力系统中的关键元素，这有助于开展对燃料电池电动汽车建模过程的论述。然而，在此之前，我们需要对纵向车辆动力学进行简单描述，这是动力总成建模、仿真和控制所必需的。

5.2 车辆动力学

5.2.1 阻力和牵引力

汽车可以划分为动力传动系统、车身、底盘、悬架等几个分区，其中每个分区由几个系统组成（例如动力系统由发动机、变速器、差速器和传动轴组成），每个系统由几个子系统组成（例如发动机子系统由燃料注入子系统、冷却子系统、发动机管理子系统等组成），每个子系统包括若干部件及其子部件。因此，车辆系统是多组复杂元素的集合，这些元素在不同的层次区间以多种方式级联耦合。全面分析这样一个复杂集合在三维坐标系中沿所有主轴的多角度动态行为并不是一项简单的任务。因此，此处我们只关注一种车辆运动：沿着道路行进的单向运动，而忽略了其他的单向运动和旋转运动，这种运动的过程分析也被称为纵向动力学。因此，利用牛顿第二定律，将车辆的运动过程以如下关系式描述：

$$\frac{\mathrm{d}V}{\mathrm{d}t} = \frac{\sum F_t - \sum F_r}{\delta M} \tag{5.1}$$

式中，V 为车辆速度；$\sum F_t$ 和 $\sum F_r$ 分别为牵引力和阻力的总和；M 为车辆质量；δ 为惯性因子，其值略大于 1，用于补偿由于忽略传动系统旋转所带来的影响。通常而言，车辆运行时的阻力来源于各个方向，而爬坡过程则可以较为全面地体现运行过程中的阻力作用。车辆爬坡时作用于车辆的阻力如图 5-1 所示。

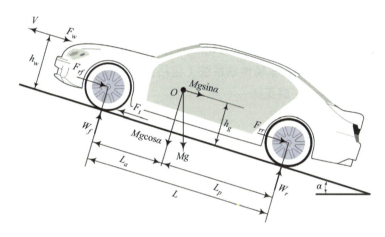

图 5-1　车辆爬坡过程中受到的阻力

1）反拖阻力源于靠近车身的气流黏度和车辆前后区域间的气压差，并与相对车速的二次方成正比：

$$F_w = \frac{1}{2} \rho A_f C_D (V - V_w)^2 \tag{5.2}$$

式中，ρ 为空气密度；A_f 为车辆的正面面积（即车辆在垂直于车辆运动方向平面上的投影面积）；V_w 为风速（$V - V_w$ 即为车辆相对于风的速度）；C_D 为空气动力阻力系数，在常规乘用车中一般取 0.3。

2）爬坡阻力表现为车辆重力的沿坡分力 F_g，可用下式求得：

$$F_g = Mg \sin \alpha \tag{5.3}$$

式中，α 为坡度角（rad）。对于较小的坡度角，式（5.3）也可以写成

$$F_g = Mg \tan \alpha \tag{5.4}$$

3）滚动阻力源于轮胎材料的滞变特性，这导致了轮胎与道路之间应力的不对称分布，其属性与作用机理相对复杂。有关此力物理性质的更多细节，请参见文献 [1]。这个力可以计算为

$$F_r = Mgf_r\cos\alpha \qquad (5.5)$$

式中，f_r 为滚动阻力系数，这个系数取决于轮胎的物理特性，如刚度、结构、温度、充气压力和胎面几何形状等；也取决于行驶道路的规格，如道路粗糙度和湿度等。常规乘用车在干沥青或混凝土道路行驶受到的滚动阻力系数典型值约为 0.01。

4）为了克服这些阻力，每个车辆的动力传动系（也即转动系）为牵引轮提供动力，并在牵引轮轮胎与道路接触界面产生纵向牵引力，使车辆向前移动。这些牵引力源于轮胎和道路之间的摩擦现象。因此，总牵引力的值为

$$F_t = \frac{T_w}{r_d} \qquad (5.6)$$

式中，T_w 为在车轮轴上施加的转矩；r_d 为轮胎的有效半径（即车轮中心与道路表面之间的距离）。电机产生的转矩通常在车辆传动系统（包括变速器和差速器）中得到增大，然后传递到从动轮。因此，T_w 与 T_{em} 成正比：

$$T_w = T_{em}i_g i_0 \eta_t \qquad (5.7)$$

式中，i_g、i_0、η_t 分别为齿轮传动比、最终传动比和传动效率。乘积 $i_g i_0$ 的值通常大于 1，具体取决于所选的齿轮类型。通过电机转矩在 $0 \leq T_{em} \leq T_{em,\max}$ 的范围内变化可知，最大牵引力将在 $0 \leq F_t \leq F_{t,\max}$ 范围内变化，其中：

$$F_{t,\max} = \frac{T_{em,\max}i_g i_0 \eta_t}{r_d} \qquad (5.8)$$

由于牵引力的摩擦性质，其大小也会受到轮胎与道路之间的摩擦系数的限制，这也被称为轮胎与道路之间的黏附系数。更具体地说，对于前轮驱动的车辆：

$$F_{t,\max} = \mu W_f \qquad (5.9)$$

对于后轮驱动的车辆，则是

$$F_{t,\max} = \mu W_r \qquad (5.10)$$

对于四轮驱动的汽车，则是

$$F_{t,\max} = \mu(W_f + W_r) \qquad (5.11)$$

式中，W_f 为前轮于路面作用的法向力；W_r 为后轮于路面作用的法向力（图 5-1）。在上述三种关系下计算得到的最大牵引力必须与式（5.8）得到的牵引力进行比较，其中较小的则是实际的最大牵引力。上述方程中出现的摩擦因子并不是一个简单的常数因子，事实上，它

会随着轮胎形变量的不同而发生显著变化。有关这个参变量的更多细节，请参见文献 [1]。

W_f 和 W_r 的值可以分别通过后轮胎中心与道路界面的力矩平衡和前轮胎中心与道路界面的力矩平衡来计算。假设 $h_w=h_g$（h_w 为反摩擦力的作用高度，h_g 为质心的高度），经过一系列推导变换，会得到：

$$W_f = \frac{L_b}{L} Mg \cos \alpha - \frac{h_g}{L} \left(F_w + F_g + Mgf_r \frac{r_d}{h_g} \cos \alpha + M \frac{\mathrm{d}V}{\mathrm{d}t} \right) \tag{5.12}$$

$$W_r = \frac{L_a}{L} Mg \cos \alpha - \frac{h_g}{L} \left(F_w + F_g + Mgf_r \frac{r_d}{h_g} \cos \alpha + M \frac{\mathrm{d}V}{\mathrm{d}t} \right) \tag{5.13}$$

式中，L 为前后轴之间的距离（即轴距）；L_a 为前轴与质心之间的纵向距离；L_b 为后轴与质心之间的纵向距离。值得注意的是，根据式（5.1），等式右侧的 $M \dfrac{\mathrm{d}V}{\mathrm{d}t}$ 的值取决于牵引力大小。考虑这一关系，可将式（5.9）~ 式（5.11）分别重写为

$$F_{t,\max} = \frac{\dfrac{\mu Mg \cos \alpha [L_b + f_r (h_g - r_d)]}{L}}{1 + \dfrac{\mu h_g}{L}} \tag{5.14}$$

$$F_{t,\max} = \frac{\dfrac{\mu Mg \cos \alpha [L_a + f_r (h_g - r_d)]}{L}}{1 + \dfrac{\mu h_g}{L}} \tag{5.15}$$

$$F_{t,\max} = \mu Mg \cos \alpha \tag{5.16}$$

5.2.2 车辆性能

为了评估车辆的性能，主要使用如下三个参数：最大速度、爬坡能力和加速到特定速度所需的时间。下面将简要介绍这三个性能指标。

1）最大速度。在无风环境下，使车辆在平坦道路上以恒速行驶。根据车辆性能区别，该值通常存在一个上限，将其称为车辆的最大速度。在最大速度下，牵引力合力将会等于阻力合力，即在这个速度下，不能依靠提供额外的牵引力来提高车辆速度或加速度。所以可得

$$\frac{T_{em,\max} i_g i_0 \eta_t}{r_d} = Mgf_r + \frac{1}{2} \rho C_D A_f V^2 \tag{5.17}$$

为求解这个方程以找到车辆的最大速度 V，必须明确上述等式左侧的 $T_{em,\max}$ 并非常数，

而是随着车辆与环境不同而变化的。具体来说，$T_{em,max} = T_{em,max}(\omega_{em})$，其中电机转速 ω_{em} 与车辆速度成正比，单位为 r/min，即

$$\omega_{em} = \frac{V i_g i_0}{r_d} \frac{60}{2\pi} \tag{5.18}$$

2）爬坡能力。车辆以特定的恒定速度（如 $100 \text{km} \cdot \text{h}^{-1}$）可攀登的上坡道路的最大坡度被认定为车辆的爬坡能力。该坡度角 α 可以通过求解如下三角方程获得：

$$\frac{T_{em,max} i_g i_0 \eta_t}{r_d} = Mgf_r \cos\alpha + \frac{1}{2}\rho C_D A_f V^2 + Mg\sin\alpha \tag{5.19}$$

在求解该方程并获得 α 后，可以用 $\tan\alpha$ 表征车辆的爬坡性能。

3）加速到特定速度所需的时间。为了评估车辆的加速能力，需要统计车辆达到特定速度所需的最小时间，而不是车辆的最大平均加速度。该时间称为加速时间，可以通过如下方程计算出来：

$$t_a = \int_0^{V_f} \frac{M\delta}{\dfrac{T_{em,max} i_g i_0 j_t}{r_d} - Mgf_r - \dfrac{1}{2}\rho C_D A_f V^2} \mathrm{d}V \tag{5.20}$$

需要注意的是，同前文所述，被积数分母中的 $T_{em,max}$ 是速度的函数，因此计算上述积分需要数值积分相关工具。

5.2.3 车辆能耗

在传统的内燃机车辆中，能耗属性通常以每特定里程消耗的燃料量计算，常用的能耗标准为百公里油耗，即每行驶 100km 车辆消耗的燃油量。在电动汽车中，更合理的认定是将能源消耗标准调整为每行驶 100km 所消耗的电能，单位为 $\text{kW} \cdot \text{h}$。计算该属性需要两个步骤：评估车辆电源的能源消耗特性（例如，评估传统燃料车辆中的内燃机的燃油经济性能或评估在燃料电池电动汽车中的质子交换膜系统的燃料经济性能），并规定车辆行驶模式的标准，即驾驶循环。前者将在 5.3.1 节中进行讨论。关于后者，尽管驾驶循环是一种规定车辆速度与行驶行为关系的简单标准，却可以有效地影响车辆的能源消耗特性（即，改变驾驶循环将改变内燃机车辆的百公里油耗或燃料电池电动汽车的百公里电耗）。此外，还需要根据这些驾驶循环进行车辆排放评估。因此，采用国际驾驶循环是汽车工业关注的重点。

过去几十年来，能源领域的研究人员和决策者提出了几种。其中使用较为广泛的包括 FTP75（包括城市行驶和高速公路行驶）、US06、NEDC 和 WLTP。在相关文献中也提出了一些区域性驾驶循环，如纽约城市循环（NYCC）、德黑兰驾驶循环[2] 等。此外，还针对特定类型的车辆（如出租车、公交车等）提出了相关驾驶循环。文献 [3] 中给出了一套完整包含各种驾驶循环标准的总结综述。典型的驾驶循环如图 5-2 所示。

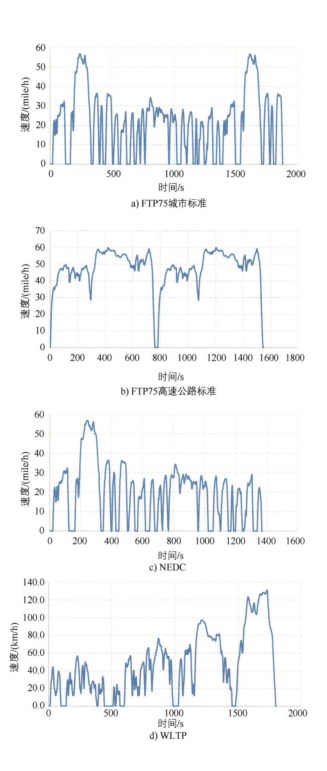

a) FTP75城市标准

b) FTP75高速公路标准

c) NEDC

d) WLTP

图 5-2　典型的驾驶循环

5.3　燃料电池电动汽车的配置和组件

5.3.1　PEMFC 和电池模块

　　在一辆燃料电池电动汽车中，质子交换膜系统作为能源为车辆提供电能。该电能将会输出至电机并由此产生机械动力，所产生的机械动力则通过传动系统驱动车轮转动。由于车辆所需的功率（与车辆属性、驾驶员行为和道路状况呈现函数关系）通常表现出动态行为特征（即在常规驾驶过程中可能发生突变），且相较于 PEMFC，常规储能电池具有更好的动态响应性能。因此，电池模块常加载于燃料电池电动汽车的动力传动系统中，如图 5-3 所示。在该复合系统中，PEMFC 提供所需功率的静态（即平均）部分，电池模块则提供所需功率的动态部分。在该工作模式下，当所需功率超过 PEMFC 最佳功率（图 5-4）时，电池模块将放电以提供所需功率的剩余部分；当所需功率低于 PEMFC 的最佳功率时，电池模块将通过 PEMFC 产生的额外功率进行充电。因此，通过适当调整控制策略，电池系统将不需要额外从外部直接输入电能。

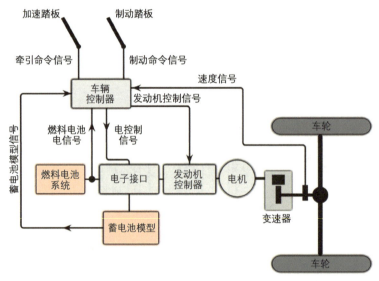

图 5-3　FCEV 动力传动系统配置

　　在燃料电池电动汽车动力传动系中，使用电池模块的另一个优点是能够在制动过程中回收车辆的机械惯性并存储转化为电能，该过程称为再生制动或电制动。由于 PEMFC 和电池模块的输出电压可能不同，因此需要协调控制两个系统之间的电子接口参数，以便为电机提供持续的稳压电能。

5.3.2　车辆控制单元

　　FCEV 动力总成的关键模块是车辆控制器，它用于接收和分析来自车辆和动力总成系统（主要是 PEMFC 和电池模块）的电信号，并根据设定的控制策略决定和命令电机产生特定的转矩和转速，以满足驾驶员的需求（不论是行进模式还是制动模式）。另一个由 VCU 控制的关键模块是电子接口模块。通过控制接口参数，可对 PEMFC 或电池模块提供给电机运行的所需功率部分进行调整控制。这部分功率在很大程度上取决于车况和所设计的控制策略。文献 [1] 中提出了一种针对 FCEV 的控制策略。该控制策略的主要目标是：

1）提供驾驶员所期望获得的理想牵引功率。

2）使 PEMFC 在最佳运行区间内工作（图 5-4）。

3）维持电池的荷电状态（SOC）位于规定的中位区间。

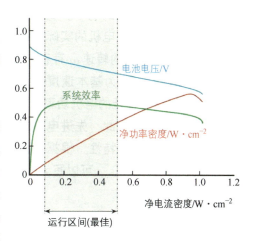

当 PEMFC 系统在其最佳运行区间内运行时，其产生的功率将大于最小功率，即燃料电池系统的最小功率（$P_{fc\text{-}min}$），并小于最大功率，即燃料电池系统的额定功率（$P_{fc\text{-}rated}$）。在该区间以外运行时，PEMFC 的工作效率会大打折扣。电池模块还必须在 SOC 的中位区间（如 SOC 位于 30% ～ 70% 区间）内运行，以提供更好的净效率。当电池模块的 SOC 过低时，在需求功率位于峰值时系统无法提供足够的功率保证；当电池模块的 SOC 过高时，再生制动时则无法存储多余的电能。该控制策略中的条件和决策细节如图 5-5 所示。

图 5-4 典型燃料电池系统的 PEMFC 特性曲线

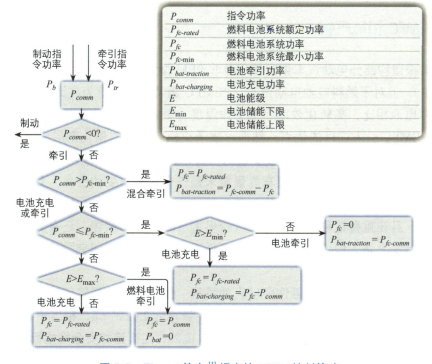

图 5-5 Ehsani 等人[1] 提出的 FCEV 控制策略

5.3.3 牵引电机

一台先进的电动汽车车用电机应当具有相当高的功率密度和优异的动态响应性能。事实上，一台理想的车用电机除此之外还需要确保在任何速度下都能产生恒定的功率。因此，排除在接近零速时的情况（因为电机的实际转矩无法达到无穷大），固定转矩下的转速 ω 存在一个范围：$0 \leqslant \omega \leqslant \omega_b$，其中 ω_b 称为基本速度。结果表明，较小的 ω_b 可以带来较低的电机功率，并减少传输系统的齿轮数量[1]。因此，先进电机的最大转矩应具有如图 5-6 所示的特性。根据该图，每个转速下的电机最大转矩 $T_{em,\max}$ 可以写为

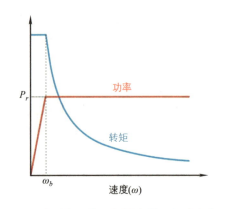

图 5-6　牵引电机的理想最大转矩与速度关系

$$T_{em,\max} = \begin{cases} \dfrac{1000P_t}{\omega_b}\dfrac{60}{2\pi}, & 0 \leqslant \omega \leqslant \omega_b \\[3mm] \dfrac{1000P_t}{\omega}\dfrac{60}{2\pi}, & \omega_b < \omega \end{cases} \tag{5.21}$$

由该方程可以求得转矩 $N_m(\text{N·m})$；也可得到电机的额定功率（kW）。该式可用于式（5.17）、式（5.19）和式（5.20）中燃料电池电动汽车性能的相关计算。

5.3.4 PEMFC 和氢气罐

虽然有报道称部分电动汽车依旧使用着非 PEM 型燃料电池（如日产公司使用的小型 SOFC 堆栈），但对于燃料电池电动汽车，PEMFC 通常是应用最为广泛的燃料电池类型。与其他燃料电池相比，高转化效率、低工作温度、更好的动态响应性能以及更高的功率密度都是 PEMFC 引人注目的优点。然而，质子交换膜电池的催化剂层中通常使用 Pt 等贵金属，其对一氧化碳相当敏感，较少量的一氧化碳就可能引发催化剂层的中毒。因此，为 FCEV 提供和存储纯氢以满足整车能量需求是一个至关重要的任务，目前主流以高压储罐进行储氢（通过重整器进行原位制氢也曾被广泛用于 FCEV 中，但该方法制取的纯氢纯度较低，且在重整过程中产生的废气较多）。如 2.1.3 节所述，还有其他诸如金属氢化物储存等储氢方法，但这些方法要么效率低下，要么还处于研究阶段，并没有进行商业化。

然而，储氢方面依然面临着许多巨大的挑战。例如，如果将氢气储存在一个内压为 700bar 的高压罐中，此时存储每升氢气所需的能量将近 2.0kW·h，相当于约 0.2L 汽油可带来的能量，而这相当于氢罐内约 25% 的氢能。此外，还有诸如安全性指标、压缩氢所需功率大、能量密度低等问题亟待解决，这些都使得研究和开发新式存储方法成为必然。

5.4　FCEV 的建模与控制

在本节中，我们将通过一个简单的例子来解释 PEMFC 的一维建模。表 5-1 中展示了一辆 FCEV 所具有的部分特性参数。我们可以据此了解这款车的性能和能耗等相关特性。

表 5-1　所选用 FCEV 的参数特征

参数	值	参数	值
总质量 M	1200kg	惯性因子 δ	1.1
迎风面积 A_f	1.8m²	电机额定功率	75kW
阻力系数 C_D	0.3	电机基本转速	1250r/min
滚动阻力系数 f_r	0.01	电机最高转速	5000r/min
轮胎有效半径 r_d	0.22m	PEMFC 额定功率	40kW
齿轮传动比 × 主减速比 $i_g i_0$	3.0	电池模块额定功率	35kW
传动系统效率 η_t	0.95	电池模块能量容量	1kW·h

5.4.1　性能特征

为了评估车辆的最大速度，首先将式（5.21）与式（5.18）结合，结果如下：

$$T_{em,\max} = \begin{cases} \dfrac{1000P_r}{\omega_b}\dfrac{60}{2\pi} = 573.25\mathrm{N \cdot m}, \ 0 \leqslant \omega \leqslant 1250\mathrm{r/min} \\ \dfrac{1000P_r}{\dfrac{Vi_g i_0}{r_d}\dfrac{60}{2\pi}}\dfrac{60}{2\pi} = \dfrac{5500}{V}\mathrm{N \cdot m}, \ 1250\mathrm{r/min} < \omega \end{cases} \tag{5.22}$$

式中，V 为车辆的最大速度（km/h）。

假设车辆的最大速度发生在 $\omega > 1250$r/min 时，则式（5.17）可以改写为

$$\dfrac{\dfrac{5500}{V}i_g i_0 \eta_t}{r_d} = Mg f_r + \dfrac{1}{2}\rho C_D A_f V^2 \rightarrow$$

$$\dfrac{\dfrac{5500}{V} \times 2.5 \times 0.95}{0.22} = 1200 \times 9.81 \times 0.01 + \dfrac{1}{2} \times 1.1 \times 0.3 \times 1.8 \times V^2 \tag{5.23}$$

式（5.23）是一个代数三次方程，可以很容易地使用数值求解工具，如 MATLAB® 软件或 WolframAlpha 网站进行求解。其运算结果为

$$V_{\max} = 56.22\mathrm{m \cdot s^{-1}} \ \text{或} \ 202.4\mathrm{km \cdot h^{-1}}$$

选用式（5.19）来评估 100km/h 恒速下该车辆的爬坡能力。对最大速度采用类似的假

设，可得

$$\frac{\frac{5500}{V}i_g i_0 \eta_t}{r_d} = Mg f_r \cos\alpha + \frac{1}{2}\rho C_D A_f V^2 + Mg\sin\alpha \rightarrow \tag{5.24}$$

$$\frac{\frac{5500}{100/3.6} \times 3 \times 0.95}{0.22} = 1200 \times 9.81 \times 0.01\cos\alpha + \frac{1}{2} \times 1.1 \times 0.3 \times 1.8 \times \left(\frac{100}{3.6}\right)^2 + 1200 \times 9.81\sin\alpha$$

通过数值方法求解这个三角方程，可以得到

$$\alpha = 0.1898\text{rad} = 10.875°$$

因此，车辆的爬坡能力可由爬坡角 $\tan\alpha = 19.21\%$ 进行定义。

需要评估计算的第三个性能特征是车辆的加速时间。为此，我们必须计算在式（5.20）中出现的积分式。然而，由于 $T_{em,max}$ 存在两种速度关系，因此该积分必须分为两个部分，分别为 $0 \leqslant V \leqslant V_b$ 和 $V_b < V \leqslant V_f$，其中 $V_b = \dfrac{r_d \omega_b}{i_g i_0}\dfrac{2\pi}{60} = 9.6\text{m} \cdot \text{s}^{-1}$ 和 $V_f = \dfrac{100}{3.6}\text{m} \cdot \text{s}^{-1} = 27.788\text{m} \cdot \text{s}^{-1}$。因此：

$$\begin{aligned}
t_a &= \int_0^{V_f} \frac{M\delta}{\dfrac{T_{em,max}i_g i_0 \eta_t}{r_d} - Mg f_r - \dfrac{1}{2}\rho C_D A_f V^2}\,\mathrm{d}V \\
&= \int_0^{V_b} \frac{M\delta}{\dfrac{573.25 i_g i_0 \eta_t}{r_d} - Mg f_r - \dfrac{1}{2}\rho C_D A_f V^2}\,\mathrm{d}V + \\
&\quad \int_{V_b}^{V_f} \frac{M\delta}{\dfrac{\dfrac{5500}{V}i_g i_0 \eta_t}{r_d} - Mg f_r - \dfrac{1}{2}\rho C_D A_f V^2}\,\mathrm{d}V
\end{aligned} \tag{5.25}$$

使用 MATLAB 计算上述积分，可知 $t_a = xx + yy = zz$。

5.4.2　能耗特点

为了评估 FCEV 的能源消耗，必须选定驾驶循环。本节选择 WLTP 作为计算标准。通常来说，驾驶周期必须被离散为 N 个间隔，编号为 1, 2, …, i, …, N，其中时间间隔 i 可以表示为 $t_{i-1} \leqslant t \leqslant t_i$（每个间隔两侧的车辆速度可根据驾驶循环数据集获得）。在每个时间间隔内，车辆的平均速度和平均加速度可以通过下式计算：

$$\bar{V}_i = \frac{V_i + V_{i-1}}{2} \tag{5.26}$$

$$\overline{a}_i = \frac{V_i - V_{i-1}}{t_i - t_{i-1}} \tag{5.27}$$

根据这两个值，可以计算出每个时间间隔内的牵引功率（即电机推进车辆所产生的功率）：

$$P_{t,i} = \overline{V}_i \overline{F}_{t,i} = \overline{V}_i \left\{ Mg f_r \cos\alpha + \frac{1}{2}\rho C_D A_f \overline{V}_i^2 + Mg\sin\alpha + M\delta\overline{a}_i \right\} \tag{5.28}$$

需要注意的是，当车辆制动时 $\overline{a}_i$ 是负的，由此导致 $P_{t,i}$ 也可能为负，此负功率表示可存储在电池模块中的可用电能。但在实际行车过程中，只有一小部分电能可被存储，这部分被称为再生功率。产生再生功率所需达到的功率要求为

$$P_{s,i} = \frac{P_{t,i}}{\eta_t \eta_{em}} \tag{5.29}$$

式中，η_{em} 为电机的效率。所需的功率可由 PEMFC 或电池模块分别提供，或由两者共同提供，这取决于根据所采用控制策略的 $P_{s,i}$ 和电池模块的 SOC。这里我们采用了图 5-5 中提出的控制策略。假设车辆运行在最佳功率区域内，此时 PEMFC 的最小功率 $P_{fc,\min}$ 为 10kW（额定功率 $P_{fc,rated}$ 为 40kW·h），而电池模块所需的 SOC 区间为 30%<SOC<70%，即 $E_{\min}=0.3\times1\mathrm{kW}\cdot\mathrm{h}=0.3\mathrm{kW}\cdot\mathrm{h}$，$E_{\max}=0.7\times1\mathrm{kW}\cdot\mathrm{h}=0.7\mathrm{kW}\cdot\mathrm{h}$，假定电池的初始 SOC 为 50%，即 $E_0=0.5\times1\mathrm{kW}\cdot\mathrm{h}=0.5\mathrm{kW}\cdot\mathrm{h}$。根据上述条件，在每个时间间隔内，PEMFC 功率 $P_{fc,i}$、电池模块功率 $P_{bat,i}$ 和电池能量变化 $\Delta E_{bat,i}$ 可以计算如下：

1. 行进模式 $P_{s,i}>0$

1）如果 $P_{s,i}>P_{fc,rated}$，则 $\begin{cases} P_{fc,i}=P_{fc,rated} \\ P_{bat,i}=P_{s,i}-P_{fc,rated} \\ \Delta E_{bat,i}=-P_{bat,i}\Delta t_i \\ E_{bat,i}=E_{bat,i-1}+\Delta E_{bat,i} \end{cases}$，其中 PEMFC 工作，电池放电（$P_{bat,i}>0$），

即为混合牵引模式。

2）如果 $P_{s,i}<P_{fc,rated}$ 且 $E_{bat,i-1}<E_{\min}$，则 $\begin{cases} P_{fc,i}=P_{fc,rated} \\ P_{bat,i}=P_{s,i}-P_{fc,rated} \\ \Delta E_{bat,i}=-P_{bat,i}\Delta t_i \\ E_{bat,i}=E_{bat,i-1}+\Delta E_{bat,i} \end{cases}$，其中 PEMFC 工作，电池充电（$P_{bat,i}<0$）。

3）如果 $P_{s,i}<P_{fc,\min}$ 且 $E_{bat,i-1}>E_{\min}$，则 $\begin{cases} P_{fc,i}=0 \\ P_{bat,i}=P_{s,i} \\ \Delta E_{bat,i}=-P_{bat,i}\Delta t_i \\ E_{bat,i}=E_{bat,i-1}+\Delta E_{bat,i} \end{cases}$，其中 PEMFC 关闭，电池放电（$P_{bat,i}>0$）。

4）如果 $P_{fc,\min} < P_{s,i} < P_{fc,rated}$ 且 $E_{bat,i-1} > E_{\max}$，则 $\begin{cases} P_{fc,i} = P_{s,i} \\ P_{bat,i} = 0 \\ \Delta E_{bat,i} = 0 \\ E_{bat,i} = E_{bat,i-1} \end{cases}$，其中只有 PEMFC 工作

（$P_{bat,i} = 0$）。

5）如果 $P_{fc,\min} < P_{s,i} < P_{fc,rated}$ 且 $E_{bat,i-1} \leqslant E_{\max}$，则 $\begin{cases} P_{fc,i} = P_{fc,rated} \\ P_{bat,i} = P_{s,i} - P_{fc,rated} \\ \Delta E_{bat,i} = -P_{bat,i}\Delta t_i \\ E_{bat,i} = E_{bat,i-1} + \Delta E_{bat,i}' \end{cases}$，其中 PEMFC 工

作，电池充电（$P_{bat,i} < 0$）。

2. 制动模式 $P_{s,i} > 0$

1）如果 $|P_{s,i} \times \eta_{em}| < P_{em,rated}$ 且 $E_{bat,i-1} < E_{\max}$，则 $\begin{cases} P_{fc,i} = 0 \\ P_{bat,i} = -|P_{s,i}| \times (\eta_t \eta_{em})^2 \\ \Delta E_{bat,i} = -P_{bat,i}\Delta t_i \\ E_{bat,i} = E_{bat,i-1} + \Delta E_{bat,i} \end{cases}$，其中仅启用再生

制动 ($P_{mech\text{-}br,i} = 0$)。

2）如果 $|P_{s,i} \times \eta_{em}| < P_{em,rated}$ 且 $E_{bat,i-1} \geqslant E_{\max}$，则 $\begin{cases} P_{fc,i} = 0 \\ P_{bat,i} = 0 \\ \Delta E_{bat,i} = 0 \\ E_{bat,i} = E_{bat,i-1} \end{cases}$，其中仅启用机械制

动$[P_{mech\text{-}br,i} = |P_{s,i}| \times (\eta_t \eta_{em})]$。

3）如果 $|P_{s,i} \times \eta_{em}| > P_{em,rated}$ 且 $E_{bat,i-1} < E_{\max}$，则 $\begin{cases} P_{fc,i} = 0 \\ P_{bat,i} = -P_{em,rated} \times \eta_{em} \\ \Delta E_{bat,i} = -P_{bat,i}\Delta t_i \\ E_{bat,i} = E_{bat,i-1} + \Delta E_{bat,i} \end{cases}$，其中再生制动和

机械制动均被启用 $\left[P_{mech\text{-}br,i} = |P_{s,i}| \times (\eta_t \eta_{em}) - \dfrac{P_{em,rated}}{\eta_t} \right]$。

4）如果 $|P_{s,i} \times \eta_{em}| > P_{em,rated}$ 且 $E_{bat,i-1} \geqslant E_{\max}$，则 $\begin{cases} P_{fc,i} = 0 \\ P_{bat,i} = 0 \\ \Delta E_{bat,i} = 0 \\ E_{bat,i} = E_{bat,i-1} \end{cases}$，其中仅启用机械制

动 $[P_{mech\text{-}br,i} = |P_{s,i}| \times (\eta_t \eta_{em})]$。

该程序包括 5 种行进模式和 4 种制动模式，可以很容易地完成一个离散驾驶循环的计算分析。下文以 WLTP 驾驶循环为标准进行了实际测试，相关计算结果如图 5-7 所示。该

驾驶循环中的 FCEV 氢气消耗可以由如下公式计算：

$$m_{\mathrm{H}_2} = \sum_{i=1}^{N} \dot{m}_{\mathrm{H}_2} \Delta t_i = \sum_{i=1}^{N} \frac{P_{ft,i}}{\eta_{ft,i} \left| \Delta h_{rxn} \right|} \Delta t_i \tag{5.30}$$

式中，Δh_{rxn} 为 PEMFC 中的整体反应焓（kJ/kg H_2），取值为 –2147kJ/kg H_2，条件为 1atm，温度 80℃。燃料电池效率 η_{fc} 是 PEMFC 的输出电流密度的函数，它也与 PEMFC 的功率有关。假设 $\eta_{fc,max} = 0.5$，利用式（5.30）可以计算出消耗氢的质量为 0.55kg，这是一个驾驶循环中的总氢气消耗量，该循环中的车辆行驶距离为

$$S = \sum_{i=1}^{N} \overline{V}_i \Delta t_i = 23262.39\mathrm{m} \tag{5.31}$$

因此，该车辆每行驶 100km 的氢消耗量为

$$\mathrm{HC} = 0.55 \times \frac{100000}{23269.39} \mathrm{kgH_2}/100\mathrm{km} = 2.36\mathrm{kg}\ \mathrm{H_2}/100\mathrm{km}$$

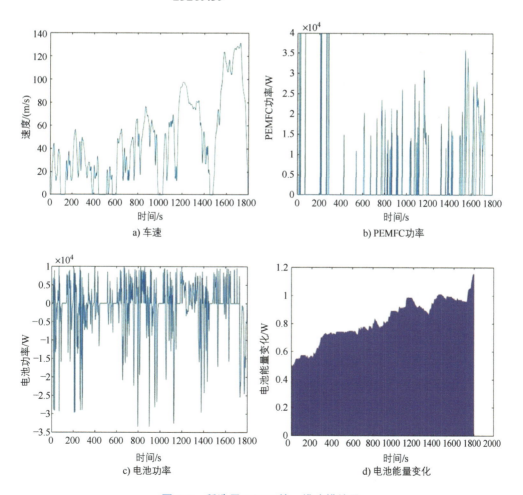

图 5-7　所选用 FCEV 的一维建模结果

对表 5-1 中测试车辆的性能特征与能耗特性等模型细节的评估详见附录 E。该建模过程相对简单，相关研究分析可以此为基础进行展开。例如，电机效率可以通过模型中参数间的映射来定义（即考虑该效率的动态变化属性），该模型也可以用于开发 FCEV 用预测控制器。

 5.5 本章小结

本章从纵向车辆动力学开始，引入了三种阻力和计算车辆牵引力的方法；定义了车辆性能参数，即最大速度、爬坡速度和加速时间并进行了计算；选用驾驶循环作为分析研究各驱动模式效果的标准工具，并提出了基于驾驶循环获得车辆能量消耗特征的方法。需要说明的是，所有这些关于车辆动力学的讨论都是普适性的（即对于任何车辆均适用，不仅仅用于 FCEV 的计算）。接下来，我们解释了 FCEV 的主要系统及其组件，如 FCEV 车体、电池模块、电机、整车域控制器（VCU）、氢气罐等。在本章的最后，以一种可以评估 FCEV 的性能特征和能量特性的 FCEV 一维模型为例展示了 FCEV 的模型建立过程，实现该建模过程的相关代码详见附录 E。

1）分析乘用车、客车和货车三种类型的车辆在滚动阻力系数方面的关联性。

2）分别解释在硬质和软质道路上滚动阻力作用的物理原理。

3）从三种类型车辆（汽车、公共汽车和货车）的角度出发，分析各车辆的阻力系数关系。

4）解释电子接口在 FCEV 动力传动系统中的作用。

5）调查并写出三种常见的 HEV 控制策略。它们可以用于 FCEV 吗？为什么？

6）推导式（5.12）和式（5.13）。

7）再次练习并完成关于 NEDC 驾驶循环的建模过程。

8）表 5-1 中提出的参数对 FCEV 的性能和能耗有什么影响？使用附录 E 中的代码进行分析。

 参考文献

[1] M. Ehsani, Y. Gao, S. Longo, K. Ebrahimi, Modern Electric, Hybrid Electric, and Fuel Cell Vehicles, 3rd ed., CRC Press, Boca Raton, 2018.

[2] A. Fotouhi, M. Montazeri-Gh, Tehran driving cycle development using the k-means clustering method, Scientia Iranica 20 (2013) 286–293.

[3] T.J. Barlow, S. Latham, I.S. McCrae, P.G. Boulter, A reference book of driving cycles for use in the measurement of road vehicle emissions, TRL Publ Proj Rep, 2009.

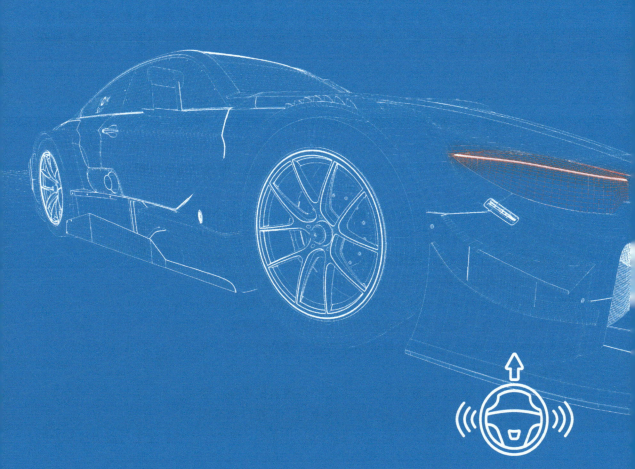

第**6**章

燃料电池发电站

6.1 应用

根据 SOFC 应用场景的不同，其形态和尺寸的设计也不尽相似。小型 SOFC 用于汽车和住宅领域，而大型 SOFC 则为工业生产提供电力，因而其应用非常广泛。

6.1.1 住宅领域

第 1 章中讨论了不同国家对燃料电池应用的路线规划。正如日本路线规划中所讨论的那样，SOFC 是燃料电池在住宅领域的首选。这是因为 SOFC 的最显著优点是可以适配多种燃料，包括天然气、柴油和其他石油产品等。这一优点使得 SOFC 在该领域大受欢迎，因此 SOFC 在许多国家的不同地区被广泛选用。

SOFC 在住宅领域应用的另一项优势是这些设备可以实现热电联产。也就是说，SOFC 既能供电又能供热，从而提高了设备的整体效率。而且 SOFC 的运行通常无声无息，因此几乎可以在任何地方安装这些设备，这在建筑设计领域具有极其重要的价值。

作为 SOFC 的燃料，天然气一般通过管道输送到建筑物，而化石燃料以石油或煤炭等其他形式存在，SOFC 则通过重整器来消耗各种燃料并运作。重整器是将富含氢的燃料转化为可用氢气的装置，例如，天然气主要由 CH_4 组成，蒸汽重整器根据以下反应将其转化为 H_2 和 CO：

$$CH_4 + H_2O \rightleftharpoons 3H_2 + CO \tag{6.1}$$

这种反应需要水蒸气参与，因此其通常被称为蒸汽重整。蒸汽重整产生 CO，如果 CO 被排放到大气中，可见这个过程是不环保的，因此通过这种方法获得的氢气被称为灰氢。如果生成的 CO 被捕获而未排放进大气，则称其为蓝氢。而通过直接电解水产生的氢气被称为绿氢，因为该过程从根本上不会产生碳排放。

图 6-1 展示了为住宅设计的商用 SOFC 装置。专为单个家庭设计的 SOFC 装置常为 3kW 和 5kW 的模块。这些装置同时为建筑提供电力和热量，因此其整体效率非常高。然而，使用 SOFC 发电也有其自身的缺点。由于 SOFC 需要在高温下工作，启动很耗时，这意味着 SOFC 需要很长时间来预热才能运行。因此 SOFC 一旦工作就应保持其长时间地运行，不能在晚上关停到第二天再启动。可见，该装置必须在夜间部分负荷和白天全负荷状态下工作。

这就导致了 SOFC 装置可能会产生额外但闲置的电能。有些国家，政府会从居民住宅处购买额外的电力，而在日本等国家则不允许反向电力流动 [15]。如果允许反向电力流动，那么住宅楼的业主可以出售额外的

图 6-1　住宅 SOFC 电源块 [4]

电力给政府。但如果不允许，业主们则需要制定特殊的计划，以最大限度地利用他们的发电装置。

对技术的改进可以为上述 SOFC 住宅电力系统带来更多前景。例如，SOFC 可以集成为 SOFC 发电站并配备物联网（IoT），而大阪燃气公司则一直在与京瓷、丰田汽车和爱信精工合作开发不同的家用 SOFC 装置[18]。自 2014 年以来，他们一直在提供具有 IoT 技术的产品，并提供通信服务器，如图 6-2 所示。利用 IoT 技术，客户能够使用应用程序监控家用发电设备的状态，也可以监测和控制消耗的气体、负荷、安全参数和许多其他方面。另外还可以远程运行地面供暖系统，或者在到家前几分钟在浴缸里充满温水。

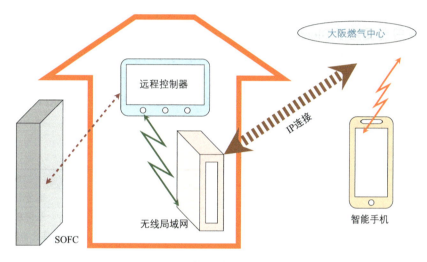

图 6-2　SOFC 电力装置中的物联网概念

6.1.2　发电站

来自发电站的电力要么并网输送，要么离网输送。在并网输送中，发电站产生的电力在并网系统中直接馈入电网，并传输给最终用户。而离网输送则更适合许多不同的应用，比如满足偏远地区的输电需求或为电动汽车充电。因此，离网输送电力越来越受欢迎并在许多应用中引发了关注，原因如下：

1）在全球电网中，运输过程中损失的电力很多。而在离网或本地电网中，由于发电站建在靠近终端用户的地方，其能量损失最小。

2）许多人生活在农村地区，难以获得并网电力。从经济角度考虑，在这些地区扩建电网不如在当地建造发电站。

3）建造一座新的并网发电站有其支持者，也有反对者。通常，由于环境问题、经济问题、政治问题和许多其他因素的影响，许多社区不希望修建新的输电线路。因此，最好的选择是建设当地的发电站。

4）建设局部微电网而不是全球微电网会有助于电力系统的安全性。例如，在发生自然灾害时，发电站的受损概率可能会上升。在这种情况下若发生意外，小型地方发电站将比传统大型发电站的损失小。

许多不同的公司正在针对特定的应用开发SOFC。这些公司大多处于研究阶段，商业产品较少。例如，加利福尼亚州的 Bloom Energy 是第一家生产名为 Bloom Box 的商业产品的公司。该产品（图 6-3）在未启用热电联产的情况下可以达到 50% 以上的效率。该公司提供功率分别为50kW、200kW 和 250kW 的设备，可以并联连接以叠加功率。许多知名公司，如沃尔玛、谷歌、IBM、Netflix 等都受益于 Bloom Box。一些公司

图 6-3　Bloom Energy 的 Bloom Box[6]

将 Bloom Box 与其他碳减排方法相结合，比如沃尔玛公司使用沼气作为 SOFC 的主要燃料，以尽可能减少碳排放。目前，沃尔玛 60% 以上的能源都来自于 Bloom Box[8]。

表 6-1 显示了 Bloom Box 在一些公司中的应用情况。数据取自 Bloom Energy 的官方网站[6]。该站点包含有关已安装程序包的详细信息。

表 6-1　部分特定客户的 Bloom Box 规格[6]

客户	容量 /kW	年份	地区
美国 Adobe 公司	400	2012	旧金山（加州）
	1200	2010	圣何塞（加州）
Apple 公司	4000	2016	库比蒂诺（加州）
	1000	2013	麦登（南加州）
美国银行	500	2010	南加州
易趣	500	2009	圣何塞（加州）
联邦快递	500	2010	奥克兰（加州）
谷歌	400	2008	山景城（加州）
本田汽车公司	1000	2012	托伦斯（加州）
宜家家居	1500	2017	加州（4 座发电站）
强生公司	500	2015	尔湾（加州）
凯撒医疗集团	4300		7 个在加州的工程项目
摩根士丹利	750	2016	纽约（纽约州）
松下	750	2014	森林湖市（加州）
沃尔玛	+30 安装	从 2009 年开始	加利福尼亚州
WGL	2600		圣克拉拉（加州）
Yahoo	1000	2014	森尼维尔（加州）

6.1.3　汽车

相比家用装置，交通工具的电力装置则需满足一些不同的标准。例如：

1）整个装置的体积必须尽可能小，且应安装在车内前机舱盖下。因此其规模有基于

其运用场景的局限性。

2）除了尺寸，装置的重量也非常重要。因为产生能量的一部分会浪费在车辆承载的额外重量上。因此，装置越轻，车辆的续驶里程就越长。

3）该装置需具有尽可能高的效率。在一定量的燃料下，更高的效率意味着可以实现更长的续驶里程。

4）与传统的化石燃料汽车相比，装置的启动时间必须非常短。

基于这些原因，质子交换膜燃料电池是燃料电池中的最佳选择。因此，下文将进行更多的对比来讨论质子交换膜燃料电池与固体燃料电池的区别。

与 PEMFC 相比，SOFC 显然具有更高的效率。另外，可以使用许多不同的燃料来运行 SOFC，这与其内部包含燃料重整器有关。因此当使用 SOFC 时，PEMFC 使用中的一个大问题——储氢问题被轻松解决。但一台完整的 SOFC 系统通常比 PEMFC 系统需要更多的空间，这种系统通常包括提供燃料和氧气、调节输出功率、平衡温度和其他子系统所需的所有附件。此外，SOFC 的启动时间相对于客车等其他交通工具来说是偏长的。这些因素导致汽车行业将重点放在了 PEMFC 上。尽管如此，SOFC 还可以在某些应用场景中用作辅助电源单元（APU）或增程器使用。广受关注的是专门将 SOFC 以反怠速法原理设计为 APU，以减少怠速期间的柴油消耗。

在许多情况下，车辆处于怠速运行状态，即它们的发动机在车辆不移动时依然保持运行。这一情况在警用车辆、消防用车辆、小型和重型货车的长时间闲置中较为普遍。发动机的空转不仅没有产生任何收益，还导致了全球排放的增加。据报道[16]，乘用车、轻型、中型和重型货车因怠速消耗的柴油和石油总和已经超过了 60 亿 USgal。

怠速运行不仅会增加废气的排放，还会导致发动机磨损以及更换机油和相关滤清器的需求变多，从而进一步增加货车车主的维护成本。因此，许多国家和地区通过了不同的法律来减少发动机的空转时间。例如，美国专注于从技术研发、经济激励和教育等多方面解决这一问题，各州也通过了不同的法律来禁止车辆空转。根据夏威夷管理规则，"当机动车停在装载区、停车或服务区、路线终点站或其他非街道区域时"，不允许车辆空转运行[16]。其他国家也通过了类似的减少车辆空转的法律，比如在欧洲，车辆配备了自动启停装置以减少怠速的发生。

李斯特（AVL）公司的 APU 制造技术是一种基于燃料电池的技术，其本质是为减少怠速运行状态。通过该技术，SOFC 可在空闲时为整车提供所需的电能和热量。尤其是当货车在夜间休息时，车厢需要电力来供给电视、烹饪、冰箱、电灯等。此外，在寒冷环境中行驶时，车辆需维持车主周围的温度，在没有辅助动力装置的情况下，所需的动力和热量均需发动机怠速提供。这意味着为了保障车主过夜时的生命安全，需要货车发动机持续工作而车辆不进行任何移动，此时，在货车上加装辅助动力装置可减少近 70% 的燃油消耗。

什么是 APU？APU 是一种完整的 SOFC 系统，主要将柴油作为电池燃料。如图 6-4 所示，SOFC 位于封装的中心。在一般的 APU 中，最复杂的部分是为将柴油转化为 H_2 和 CO 开发的重整器。天然气重整在工业中较为常见，而柴油重整器近来在市场中涌现，其设计也更具挑战性。柴油重整需要通过阳极气体的再循环来提供热量，重整器的催化剂将柴油烃链分解成氢气和一氧化碳，这些气体被供给到 SOFC 的阳极并作为主要燃料。鼓风机将通过热交换器的空气吹入阴极侧的电堆。SOFC 则作为系统的主要反应器，将传递来的 H_2 和 CO 作为主要燃料与加热的空气一齐转化为电能和热能。显然，阳极尾气中仍含有一定量的燃料和一氧化碳，这些可燃气体将在尾气燃烧器中进一步燃烧以产生更多的热量。因此，输出的仅有 H_2O 和 CO_2，并且通过这种热电联产（CHP）概念提高了系统的效率。

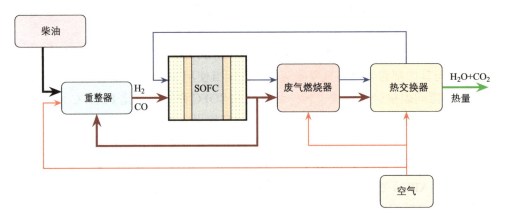

图 6-4　AVL APU 的一般概念

AVL SOFC APU 如图 6-5 所示，其特性见表 6-2。该机组的电功率为 3kW，效率超过 30%。同时，APU 的热功率达到 10kW，这意味着该装置的整体效率将高于 30%。AVL APU 的优点之一是设计紧凑，占用的空间较小。

APU 的另一个特性是其必须选用标准柴油，其硫含量必须低于 15ppm，如果硫含量较高，电池就会中毒。硫中毒通常发生在阴极材料上，是 SOFC 内部降解的最重要因素之一。

图 6-5　AVL SOFC APU[2]

因此，如果硫污染物的含量过高，则必须在其送往转化炉之前进行精炼。

表 6-2　AVL APU 的运行参数 [2]

参数	值	单位
电功率	3	kW
电效率	> 30	%
热功率	10	kW
质量	75	kg
体积	80	L
噪声（声压级）	45	dB（A）
燃料	道路柴油（<15ppm S）	

6.2　SOFC 发电站组件

在研究 SOFC 时，通常需要关注的是电池或电池堆。然而，SOFC 的动力装置包含不同的部件来确保装置的正常运行。例如，富氢碳氢化合物在进入阳极之前必须被裂化或重整为氢气和一氧化碳。甲烷等轻质碳氢化合物可以在阳极进行内部重整，但其他重质碳氢化合物必须预先转化为甲烷。因此，在供给重质烃时重整器的作用至关重要。此外，燃料和氧气在 SOFC 内部的反应并不完全，在最佳实际情况下，其效率约为 80%。这意味着废气中含有 H_2、CO 和 O_2，这些气体要么是易燃易爆的，要么是有毒的。因此，这些气体应该在补燃室中继续燃烧，以产生无毒的水和二氧化碳。而产生的热量则用于预热入口气体，这是因为若入口气体不温热，进入电堆后将可能引发热冲击，并最终使 SOFC 电池损毁。所以 SOFC 设备需要补燃室和一些热交换器来处理进入的燃料和空气。

此外，不同的 SOFC 类型需要的组件也不同。例如，若进料燃料是甲烷，则不需要预重整器。一般来说，SOFC 发电站的基本部件如下：

1）燃料重整器。

2）脱硫装置，用于去除输入气体中的硫。输入气体必须不含硫，无论是阳极还是阴极；至少应确保其硫含量少于 0.1ppm。

3）燃料电池运行模块。

4）不同功能的气体换热器。

5）DC/AC 变换器的功率调节设备，以将产生的功率变换为达到可并网规模的功率。

6.2.1　主反应堆

谈及 SOFC 技术，通常需要关注的问题是电池组的设计问题。电池堆中最小的部件被称为单电池，所有主要的电化学反应都发生在其中。单电池通常仅提供几十瓦的较小功率。为了获得更高的功率，需要在内部将单电池并联或串联，这种结构被称为堆，也被称为主反应堆。

每种电池和电堆各有其优点和缺点，不同的制造商根据不同功能开发他们的产品。下面将对这些技术进行简要介绍。如上所述，单个 SOFC 电池的电压非常低，为了增加总电压以增加整个系统的功率，电池必须通过串联连接。

有两种不同类型的堆叠设计，平面型和管型。平面堆叠非常紧凑，且与管型堆叠相比可以提供更高的功率。但管型堆叠在机械结构上更加稳定，而且对填料的需求也更少。

除了这两种类型外，大阪天然气公司还提出了一种新的组合设计[13]，被称为平管型。以下将更详细地解释这三种配置。

1. 平面电池

平面电池是常规燃料电池的主要组成方式。在该配置下，电池由双极板制成，如图 6-6

所示。燃料从极板的一侧进入，空气从极板的另一侧进入。该设计有多种不同的形式，例如，双极板可以使用圆形或矩形来构造。在圆形极板中，燃料从圆盘的中心供给，并沿径向传输到边缘。在矩形极板中，燃料则从边缘进入，如图 6-6 所示。

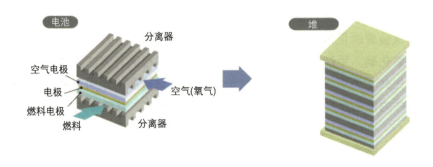

图 6-6　典型的平面电池组[13]

通常，平面电池单元的构造比其他类型单元的构造更简单，结构上也更加紧凑。因此，平面单元更为常见，多数制造商也都采用这种方式进行制造。而且，这些单元可以很容易地转换为堆叠结构，如图 6-6 所示。几个电池叠放串联在一起即被称为堆叠结构，堆的电压是所有单个电池的电压之和。而在堆叠结构的两端存在端板，以使得电堆封闭。

平面型电堆缺点之一是它需要高性能的电堆材料。与管型电池相比，平面电堆需要更高的温度以确保电堆的正常运行，因此其成本更高，技术难度也更高。

2. 管型电池

管型电池最早是由西门子西屋公司研发的，结构如图 6-7 所示，由一端封闭的掺杂多孔的 $LaMnO_3$ 组成，其中电解液为钇稳定氧化锆（YSZ），阳极材料为 Ni-YSZ，这些材料将在下文详细介绍。上述材料是热相容的，这意味着它们有几乎相同的热膨胀系数。因此，这些材料在变热时相互之间不会产生机械应力。

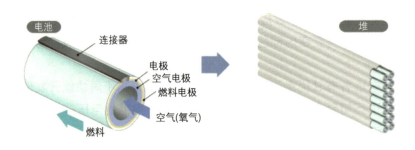

图 6-7　典型的管型电池堆[13]

除了管型电池主体部分外，还会选用铬酸镧材料制成的插接器来串联电池。几个管型电池可以连接在一起以增加电压，并最终提高堆的功率。

氧气从管道封闭的一端流入并在电池内部流动，这种结构对用于隔离空气和燃料的材料的需求最低。这一优势使得系统运行更加稳定，从而确保管型 SOFC 可以运行很长时间而不会出现任何重大问题。管型电池的功率密度略低于平面型电池，为此已有几种用于提高管型电池功率密度的设计。例如，将管型电池进行平铺布置，或者在设计中选用更小的管体。

3. 平管型电池

平管型电池实际上并不是一种独立的电堆类型，它是一系列呈矩形排列的管型电池。由于管型电池的功率密度非常低，为了增加其功率密度，电池单元被设计为扁平的管状。其结构如图 6-8 所示。虽然其原理与管型电池相同，但平管型电池的功率密度普遍大于标准的管型电池，而且该类电池可以很容易地相互连接，以增加整个 SOFC 的电压和功率。

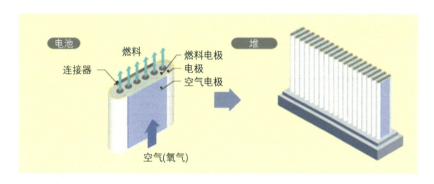

图 6-8　典型的平管型电池堆[13]

6.2.2　材料

SOFC 电池主要由阳极、阴极、电解液和互连电池组组成。为每个部件选择合适的材料很棘手[14]却也非常重要，不仅因为不同材料的电化学反应行为不同，其热膨胀的一致性也不尽相似。SOFC 电池温度在工作时可达 1000℃左右，而休眠时可降至室温。因此，所有的部件必须确保各自的膨胀系数几乎完全相同。否则，在系统停止和启动的操作过程中，各部分相互之间会受到机械应力，并最终导致故障的发生。

1. 阳极

阳极材料的选择需要着重关注。阳极材料必须考虑以下特性：

1）用于阳极结构的材料必须具有优异的催化性能。

2）阳极材料的化学稳定性也很重要。因为输入 SOFC 电池中的燃料种类繁多，所以与许多其他燃料电池相比，SOFC 的燃料并不纯净。比如，在 PEMFC 中高纯度的氢气会作为燃料被输送到电堆中，或者至少被送气体的杂质含量不是很高。而 SOFC 的进堆燃料通常包含许多不同的杂质，因此阳极材料应确保在与杂质接触时保持稳定。

3）电极必须是多孔的，以方便气体燃料和产生的物质进出。多孔性也增加了电堆反应的活性表面积。

4）电极的热膨胀系数也很重要。阳极材料的选择应与其他部件保持几乎相同的膨胀系数，以尽量减少机械疲劳和机械应力的产生。

在阳极，燃料发生氧化反应，如果燃料不是氢气，还会进行重整。因此，阳极材料除了需要具有热稳定性外，还必须具有催化性能。根据上述要求，有多种材料可用于阳极侧，表 6-3 总结了一些常用的电极材料。可以看到，镍基阳极分为氧化镍阳极和 NiO/YSZ 复合阳极。在以 YSZ（钇稳定氧化锆）为电解质的 SOFC 中，这种组合与电解质表现出更好的热膨胀相容性，并具有良好的电化学反应效率[5]。

选择镍作为阳极的主要材料有几个优点，包括：

1）镍对氢转化为电子和离子具有良好的催化能力。

2）镍还具有良好的导电性，因此它也被用作阳极的主要集流器。

3）镍对甲烷的蒸汽重整也有很高的活性。

4）与其他贵金属相比，镍的价格更加合理。

表 6-3　阳极材料[10]

材料	名称	成分	SSA/（m²/g）
绿色氧化镍	NiO-AFL	NiO	8～10
	NiO-AS-F	NiO	5～7
	NiO-AS-M	NiO	3～5
	NiO-AS-C	NiO	1～3
稳定氧化锆	8YSZ-C	$(Y_2O_3)_{0.08}(ZrO_2)_{0.92}$	4～6
	5YSZ-C	$(Y_2O_3)_{0.05}(ZrO_2)_{0.95}$	4～6
	3YSZ-C	$(Y_2O_3)_{0.03}(ZrO_2)_{0.97}$	4～6
钛酸锶镧	LST	$La_{1-x}Sr_xTiO_3$	5～10
NiO/YSZ 复合粉末	NiO/YSZ-AFL	NiO:8YSZ=57:43	8～10
	NiO/ YSZ-AS	NiO:8YSZ=60:40	5～7
尖晶石粉末	NCF	$Ni_{0.5}Cu_{0.5}Fe_2O_4$	5～10
	NCC	$Ni_{0.5}Cu_{0.5}Co_2O_4$	5～10
材料	名称	成分	PSD/μm
用于空气等离子喷涂涂层的烧结颗粒	APS-A	成分与阳极材料一致	D50=20～40

阳极侧也可使用除表 6-3 所示外的其他材料。铜基、钌基和其他金属和非金属材料均可作为电池的阳极材料。

2. 阴极

用于制造阴极的材料必须具有如下特性：

1）所用材料应表现出将氧分子转化为氧离子的高电化学活性。由于整个电池的大部分电极化是由阴极反应引起的，所用材料必须具有较好的催化性能。

2）阴极材料必须具有高电子导电性以减少电子损失。随着温度的升高，材料的电阻也会增加。因此，在高温下工作的阴极材料必须表现出合适的导电特征，以尽量减少损耗。

3）阴极需具有许多微结构的多孔形式，为气态氧的扩散提供合适的通道。电极的多孔性会增加可用的活性面积，并提高电极的活性，同样也会导致电子导电性的下降。因此，必须考虑活性面积和电子导电性之间的平衡。

4）阴极材料应具有化学稳定性，以应对操作温度的变化和燃料的多样性。如前所述，不同的 SOFC 可能使用不同的燃料，相应的工作温度也不同。因此，所使用的材料在各种情况下都应表现出良好的化学稳定性。

5）与阳极相同，阴极在工作和停止时也会遇到温差较大的问题。因此，阴极的热膨胀系数必须与其他元件相匹配，否则电极材料可能会承受很大的机械应力并导致其破裂。

表 6-4 列出了常用的阴极材料。可见，镧基材料是很好的候选者，而其中的锰酸镧 $LaMnO_3$ 则是其中之一，因为其几乎具有上述所有特性：稳定性好，催化活性高，热膨胀系数合适，且与 YSZ 电极相匹配。

为了提高镧的性能，通常会在其中掺杂不同的元素，比如钙（Ca）和锶（Sr）等常被用作掺杂剂。虽然锰矿表现出良好的性能，但并不是电极材料的唯一选择。其他镧化合物，如锶铁氧体、钴铁氧体和锶钴铁氧体也可被使用，见表 6-4。

除镧之外，其他材料如钡和钐也适合作阴极。这些材料可在不同的化合物中用来代替镧，见表 6-4。

表 6-4　阴极材料[11]

材料	名称	成分	SSA/（m^2/g）
镧锶锰	LSM-73-N	$(La_{0.7}Sr_{0.3})_{0.95}MnO_3$	10 ～ 15
	LSM-73-F	$(La_{0.7}Sr_{0.3})_{0.95}MnO_3$	5 ～ 10
	LSM-73-C	$(La_{0.7}Sr_{0.3})_{0.95}MnO_3$	1 ～ 5
	LSM-82-N	$(La_{0.8}Sr_{0.2})_{0.98}MnO_3$	10 ～ 15
	LSM-82-F	$(La_{0.8}Sr_{0.2})_{0.98}MnO_3$	5 ～ 10
	LSM-82-C	$(La_{0.8}Sr_{0.2})_{0.98}MnO_3$	1 ～ 5
镧锶钴铁氧体	LSCF-6428-N	$(La_{0.6}Sr_{0.4})_{0.97}Co_{0.2}Fe_{0.8}O_3$	10 ～ 15
	LSCF-6428-F	$(La_{0.6}Sr_{0.4})_{0.97}Co_{0.2}Fe_{0.8}O_3$	5 ～ 10
	LSCF-6428-C	$(La_{0.6}Sr_{0.4})_{0.97}Co_{0.2}Fe_{0.8}O_3$	1 ～ 5
钴酸锶镧	LSC-64	$La_{0.6}Sr_{0.4}CoO_3$	5 ～ 10
镧锶铁氧体	LSF-82	$La_{0.8}Sr_{0.2}FeO_3$	5 ～ 10
镧镍铁氧体	LNF-64	$LaNi_{0.6}Fe_{0.4}O_3$	5 ～ 10
钡锶钴铁氧体	BSCF-5582	$Ba_{0.5}Sr_{0.5}Co_{0.8}Fe_{0.2}O_3$	5 ～ 10
钐锶钴酸盐	SSC-55	$Sm_{0.5}Sr_{0.5}CoO_3$	5 ～ 10

3. 电解质

在燃料电池中，电解质是电堆非常重要的组成部分之一。对电解质的详细调查表明，其材料必须具有以下特征：

1）电解质必须是一个良好的离子导体；否则会导致离子损失过大，使电堆效率降低。

2）电解液必须是电绝缘体，以防止内部短路。

3）电解液的热膨胀系数必须与其他组分保持一致。否则，当电池在运行时，机械应力将导致系统结构的崩溃。

4）电解液的稳定性至关重要，它必须满足以下稳定性标准：

① 电解质必须与其他组分具有相同的热稳定性。例如，在 SOFC 中，电解质通常在较

高的温度水平下工作。因此，如果要保证电堆的健康运行时长，电解质就必须长期在该温度范围内保持稳定。

② 与阳极或阴极材料相反，电解质会同时受到来自阴极侧的氧化影响和来自阳极侧的还原影响。因此，使用的材料应在这两种化学过程中均具有一定的耐受性。

这些特点使得选择合适的材料变得困难。表 6-5 ~ 表 6-7 总结了一些常用作构建电解质的多种材料，分为钇基、铈基和钙钛矿基。

表 6-5　基于氧化锆的电解质材料 [12]

材料	名称	成分	SSA/（m^2/g）
钪稳定氧化锆	10Sc$_{0.5}$Ce$_{0.5}$GdSZ	$(Sc_2O_3)_{0.1}(CeO_2)_{0.005}(Gd_2O_3)_{0.005}(ZrO_2)_{0.89}$	10 ~ 15
	9.5Sc$_{0.5}$Gd$_{0.5}$YbSZ	$(Sc_2O_3)_{0.095}(Gd_2O_3)_{0.005}(Yb_2O_3)_{0.005}(ZrO_2)_{0.895}$	10 ~ 15
氧化镱 / 钪稳定氧化锆	6Yb4ScSZ	$(Yb_2O_3)_{0.06}(Sc_2O_3)_{0.04}(ZrO_2)_{0.9}$	10 ~ 15
氧化钇稳定氧化锆	8YSZ	$(Y_2O_3)_{0.08}(ZrO_2)_{0.92}$	10 ~ 15

表 6-6　基于二氧化铈的电解质材料 [12]

材料	名称	成分	SSA/（m^2/g）
钆掺杂氧化铈	GDC-10-N	$Gd_{0.1}Ce_{0.9}O_{1.95}$	10 ~ 15
	GDC-10-F	$Gd_{0.1}Ce_{0.9}O_{1.95}$	5 ~ 10
	GDC-20-F	$Gd_{0.2}Ce_{0.8}O_{1.9}$	10 ~ 15
	GDC-20-N	$Gd_{0.2}Ce_{0.8}O_{1.9}$	5 ~ 10
	GYBC-LTS	$Gd_{0.135}Yb_{0.015}Bi_{0.02}Ce_{0.83}O_{1.915}$	10 ~ 15
	GDC-LTS	GDC+ 掺杂物	10 ~ 15
钐掺杂氧化铈	SDC-20-N	$Sm_{0.2}Ce_{0.8}O_{1.9}$	10 ~ 15
	SDC-20-F	$Sm_{0.2}Ce_{0.8}O_{1.9}$	5 ~ 10
	SYBC-LTS	$Sm_{0.16}Yb_{0.02}Bi_{0.02}Ce_{0.8}O_{1.9}$	10 ~ 15

表 6-7　基于钙钛矿的电解质材料 [12]

材料	名称	成分	SSA/（m^2/g）
镧锶镓氧化镁	LSGM-9182	$La_{0.9}Sr_{0.1}Ga_{0.8}Mg_{0.2}O_{2.85}$	3 ~ 6
	LSGM-8282	$La_{0.8}Sr_{0.2}Ga_{0.8}Mg_{0.2}O_{2.8}$	3 ~ 6
	LSGM-8282-LTS	$La_{0.8}Sr_{0.2}Ga_{0.8}Mg_{0.18}Zn_{0.02}O_{2.8}$	3 ~ 6

钇稳定氧化锆（ZrO_2），也被称为 YSZ，是最常用的电解质。与铈和钙钛矿电极相比，其电导率较低，但寿命和稳定性较长，是目前的最佳选择。但是，YSZ 在约 1000℃ 的温度水平下才具有高导电性，当温度越来越低时则会失去其导电性。因此，为了确保在较低的温度下使用，必须减小电解质的厚度。另一种方法是用其他材料（如 Sc）掺杂。这些选择见表 6-5。

与 YSZ 相比，铈和钙钛矿材料表现出更大的导电性。例如，钙钛矿在 650℃ 左右的温度下表现出优异的离子导电性。表 6-6 列出了基于二氧化铈的各种常用材料，表 6-7 展示了钙钛矿材料的不同选择。

4. 插接器

插接器通常指代将电子从一个电池传导到另一个电池的电气通道。与 SOFC 的其他组件一样，其构成材料也必须满足几个特性，其中的大多数与其他组件的特性相似：

1）必须是电的优良导体，以尽可能地减少电子损耗。

2）必须在高温下表现出良好的热稳定性。

3）必须具有与其他部件相容的热膨胀系数，以消除机械应力。

4）所用材料应具有可观的机械强度。

5）必须具有良好的化学稳定性。

为了提高其在不同温度水平下的稳定性和性能，还可使用钙和钴等其他材料作为掺杂剂。此外，尖晶石等其他材料也可用于制造插接器。表 6-8 列出了一些常用的材料。

表 6-8 互联材料[12]

材料	名称	成分	SSA/ (m²/g)
尖晶石	MCF	$MnCo_{1.9}Fe_{0.1}O_4$	5~10
	MC-11	$Mn_{1.5}Co_{1.5}O_4$	5~10
	CMF	$CuMn_{1.9}Fe_{0.1}O_4$	5~10
铬酸镧	LCC	$La_{0.7}Ca_{0.3}CrO_3$	5~10
	LCCC	$La_{0.8}Ca_{0.2}Cr_{0.9}Co_{0.1}O_3$	5~10
材料	名称	成分	PSD/μm
用于空气等离子喷涂涂层的烧结颗粒	APS-IC	全电解质	D50=20~40

6.2.3 重整器

SOFC 中可以使用许多不同的物质作为燃料，这是相对于 PEMFC 的优势之一。因为 SOFC 在非常高的温度下工作，使得燃料可以重整转化为氢气。在如 AFC、PAFC、PEMFC 等其他低温燃料电池中的燃料必须是纯氢，因此这些电池必须配备储氢罐，而对于 SOFC，则几乎可以使用包括气体、液体和固体燃料在内的任何燃料。而这些燃料必须经过改造才能产生氢气。

对燃料进行重整需要一个额外的过程，主要包括两种不同的重整器类型：

1）在外部重整器中，燃料被独立的外部设备处理，进而将产生的氢气送入燃料电池。

2）在内部重整器中，燃料将直接注入燃料电池，并在系统内部裂解为氢气和一氧化碳。

在外部重整器中，产生的氢气可以传递给任何燃料电池，无论是 SOFC、PEMFC，还是使用其他任何技术的燃料电池。外部重整器具有不同的类型和技术特征（稍后讨论），并且已被大规模生产。这些设备可以使用绝大多数碳氢化合物甚至非碳质物质来制氢。氢气的纯度取决于输入物质和重整器的技术水平。更多细节会在下一节介绍。

内部重整器是 SOFC 独有的技术路线，这与电池的高工作温度相关。相关催化剂必须涂覆在阳极侧才能制成内部重整器。催化剂通常由 Ni 制成，在高温下性质稳定，同时高温也提高了反应速率，有利于重整过程的进行。后文将给出更多关于内部重整器的技术细节。

6.2.4　调压器

在发电型 SOFC 系统中，SOFC 作为直流发电机，将产生的电能馈送到电网，因此必须将产生的直流电转换为三相交流电。该转换过程的总体框图如图 6-9 所示，输出的直流电首先要转换为特定电压的直流电，然后通过 DC/AC 逆变器将其转换为交流电。再对交流电进行滤波以消除噪声并最终馈入电网。

图 6-9　SOFC 稳压器的原理图

由于电压需要进行两种变换类型的调整，因此需要注意以下问题：

1）转换过程的成本通常较高，因此任何增加能源成本的过程都应谨慎对待。

2）从 FC 中提取的电流通常包含纹波。因此变换器必须进行适当的设计，以很好地应对这一问题。

3）燃料电池动态特性差，而变换器通常动态响应快。这一问题可能导致转换器和 SOFC 之间工作状态的不平衡。

在选择 DC/DC 变换器时，应注意以下问题：

1）变换器应具有非常高的效率。否则大量能源将被浪费，这将间接导致能源成本的上升。

2）变换器的可靠性必须较高，从而保证 SOFC 的有效运行。

3）变换器必须具有低纹波电流。

4）变换器必须与 SOFC 的输出特性一致，因为这是功率调节器和 SOFC 之间的接口。

现有大量的工厂生产 DC/DC 变换器，且更加注重生产效率更高、纹波电流更低、与 SOFC 具有良好响应的变换器，因为上述因素均会影响到 SOFC 的总设计成本。

6.2.5　热管理组件

SOFC 电站需要多种不同的热交换器。吉田和岩井[19] 对各种换热器的使用进行了明确的讨论。一般来说，换热器可分为两类：低温换热器和高温换热器。低温换热器工作在 600℃左右，高温换热器工作在 SOFC 的工作温度（1000℃左右）。这些换热器示意图如图 6-10 所示。在 SOFC 热管理的运行中发挥重要作用的主要关键部件如下：

1）燃料预热器 HX1 负责对进料进行加热，使其达到可以进行重整的水平。

2）蒸汽发生器 HX2 用于在需要的温度下产生蒸汽来进行重整。

3）重整器 Rf 包括直接重整器和间接重整器。图 6-10 所示为间接重整器。

4）空气预热器 HX3 是用于预热空气的预热器，并将加热后的空气通入 HX4，使其达到适合 SOFC 工作的温度水平。

5）空气加热器 HX4 用于将预热后的空气升温至 SOFC 的工作温度。

6）燃料加热器 HX5 用于将重整器产生的合成气加热至 SOFC 的工作温度。

7）SOFC 的阳极 An，产生电子并放出热量的氧化极。

8）SOFC 的阴极 Ca，将氧气还原为氧离子的还原极。

9）燃烧室或补燃室 AB 用来燃烧所有剩余燃料，并为换热器提供必要的热量。

1. 燃料预热器 HX1

当 SOFC 使用内部重整器时，燃料不是纯氢气，因此需要对其进行重整以产生 H_2 或 CO。任何富氢或富碳的燃料都可以被输送到 SOFC，并将其重整为 H_2、CO、CO_2 和 H_2O，如图 6-10 所示。重整过程需要在高温下加热，因此，入堆燃料必须先进行预热以使其达到重整温度，即 600℃ 左右。而 HX1 可通过 SOFC 收集多余热量来使燃料升温。

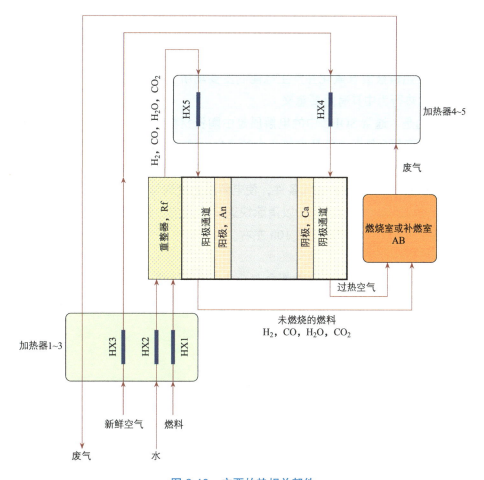

图 6-10 主要的热相关部件

2. 蒸汽发生器 HX2

重整过程需要在燃料进入重整器同时输入相同温度的蒸汽，而 HX2 就负责蒸汽的产生，并将蒸汽加热到所需的水平。因此 HX2 由两部分组成：蒸汽发生器和加热器。由于产生的蒸汽和燃料处于相同的温度，因此可以将二者混合形成混合气，并将混合物加热到重整温度。当然，它们也可以单独分别进行加热，如图 6-10 所示。

3. 重整器 Rf

在内部重整过程中，燃料和蒸汽被转化为如图 6-10 所示的产物。重整是一个强吸热过程，需要消耗约 20% 的系统热量。在间接内部重整中，产物的温度通常低于进入 SOFC 阳极所需的温度。因此，这些产品将被送入其他换热器，以进一步提高其温度。

4. 空气预热器 HX3 和空气加热器 HX4

为了系统平稳运行，空气也必须被加热到与 SOFC 工作时相同的温度，这将通过 HX3 和 HX4 来实现。空气在 HX3 中预热至中等温度，然后在 HX4 中过热到期望温度，因此阴极入口空气温度的控制十分重要。

5. 燃料加热器 HX5

由于重整器的产物处于低温状态，不适合注入燃料电池中，因此它们必须进行加热并达到 SOFC 的工作温度。HX5 可以在燃烧室中燃烧气体从而提高燃料的温度。

6. SOFC 阳极 An 和阴极 Ca

这些位置是燃料被氧气氧化并产生电能的主要场所。除了电能外，热能作为副产品产生，其在系统的热行为中具有重要意义。

需要注意的是，通常 SOFC 中的电解质是由陶瓷材料制成。因此，在阳极和阴极侧产生的任何温度梯度都会导致电解质中热应力的产生。这一现象表明：

1）需合理设计阴阳极侧的热交换器，使阴阳极处于相同的温度。

2）需合理设计电池尺寸和操作条件，使电解质温度均匀。

3）需增加启动和停机的时间，以消除快速瞬态效应。快速瞬态导致了不均匀的温度梯度，通常情况下系统的启停时间在 10h 左右。

7. 燃烧室或补燃室 AB

并不是所有输入的燃料和氧化剂都会在 SOFC 内部消耗。如图 6-10 所示，未使用的燃料和氧气被送入燃烧室，也称为补燃室，以燃烧 SOFC 产生的废气。燃烧室产生的热量则会被送入上述换热器中。

6.3　燃料

在 PEMFC 中，一氧化碳被认为是毒性物质，它会与铂结合并发生反应，导致其电化学特性和催化功能的下降。因此，空气和燃料中必须不含一氧化碳。因此多数碳氢化合物并不适合为 PEMFC 提供氢气，因为这些碳氢化合物的重整会产生 CO。

而与 PEMFC 不同，一氧化碳可作为 SOFC 的燃料。根据 SOFC 的主要反应过程，氧与来自外部电路的电子反应，并通过以下反应变成氧离子：

$$\frac{1}{2}O_2 + 2e^- \longrightarrow O^{2-} \tag{6.2}$$

氧离子通过固态膜向阳极移动，并与燃料结合。若燃料为氢气，则发生如下反应：

$$H_2 + O^{2-} \longrightarrow H_2O + 2e^- \tag{6.3}$$

那么整个电堆电化学反应为

$$H_2 + \frac{1}{2}O_2 \longrightarrow H_2O + 电 + 热量 \tag{6.4}$$

如果用一氧化碳代替氢气作为燃料，那么有

$$CO + O^{2-} \longrightarrow CO_2 + 2e^- \tag{6.5}$$

而整体的电堆电化学反应随之变为

$$CO + \frac{1}{2}O_2 \longrightarrow CO_2 + 电 + 热量 \tag{6.6}$$

在这方面，一氧化碳可以直接作为 SOFC 中的燃料。这是 SOFC 的一大优势，因为其可以改造几乎任何碳氢化合物并将其作为燃料使用。碳氢化合物的重整过程产生氢气和一氧化碳。因此得到的产物是 H_2 和 CO 的混合物，这些可以作为 SOFC 的燃料。于是阳极反应就变为

$$\alpha H_2 + \beta CO + (\alpha + \beta)O^{2-} \longrightarrow \alpha H_2O + \beta CO_2 + 2(\alpha + \beta)e^- \tag{6.7}$$

阴极反应则变为

$$\frac{1}{2}(\alpha + \beta)O_2 + 2(\alpha + \beta)e^- \longrightarrow (\alpha + \beta)O^{2-} \tag{6.8}$$

因此，电堆的总电化学反应为

$$\frac{1}{2}(\alpha + \beta)O_2 + \alpha H_2 + \beta CO \longrightarrow \alpha H_2O + \beta CO_2 + 电 + 热量 \tag{6.9}$$

理论上，所有的碳氢化合物都可以转化为氢气和一氧化碳。因此可以通过外部重整器来进行重整，并将氢供给常见的燃料电池技术设备。然而，外部重整的主要困难在于产生的氢气必须储存并转移到发电站。通常情况下，重整器的建设规模很大，无法与小型燃料电池整合。

碳氢化合物可以作为 SOFC 的燃料，且可以直接馈送至 SOFC 阳极。阳极则具有相应的催化剂层，可将燃料直接转化为氢气和一氧化碳。产生的一氧化碳也可以用作燃料，并

且不需要进行额外的转化。由于氢的储存和运输难度较大，这一特点相较于 PEMFC 优势显著。此外，在 SOFC 中，燃料也可以是任何富含氢的物质，如甲烷、甲醇、乙醇、沼气等，而这些材料通常非常容易存储。

一般来说，SOFC 中使用的燃料要么是碳氢燃料，要么是无碳燃料。燃料可以是气体、液体或固体的任何一种。

1. 气体燃料

SOFC 中可以使用许多不同的气体燃料。甲烷是使用最多的气体燃料，其他较重的碳氢化合物也可以使用。甲烷通常从化石储层中获得，而其生物获取也是重要的来源之一。将这些碳氢化合物进行重整即可生成 H_2 和 CO，而一氧化碳则是 SOFC 主要采用的气体燃料。需要说明的是，重整后产生的一氧化碳并不是碳氢化合物，而是碳质燃料，且通常情况下，一氧化碳不被单独使用，常伴随重整器中产生的氢气一同作为 SOFC 的燃料。

2. 液体燃料

液态烃类包括甲醇、乙醇和二甲醚。二甲醚在常温下处于气相中，但可以以液态形式储存在高压罐中。这些液态燃料的优点是可以很容易地进行储存和运输。

非烃类液体燃料也被使用。例如氨水、NH_3、肼和 N_2H_4，都是可用作液态燃料的非烃类燃料[3]。它们可以以液态形式储存，且具有较高的能量密度，反应后也不产生任何二氧化碳或焦炭。此外，这些燃料可以以液态形式流动传输，并在 Ni/YSZ 催化剂作用下产生氢气。因此，它们可以直接用于具有内部重整器的 SOFC 中。

3. 固体燃料

固体燃料包括各种煤、沥青、生物垃圾等[9]。固体燃料都是富氢材料，可以用来制取氢气。有多种不同的技术可促使这种转化的发生，包括气化、厌氧消化、发酵和液化等。由此产生的合成气将被送入 SOFC 参与反应。

6.3.1 外重整

甲烷重整是一种发展成熟的技术，可以将天然气转化为纯氢。甲烷重整有着不同的方法，包括自热重整（ATR）、蒸汽甲烷重整（SMR）和部分氧化。

在 SMR 中，天然气或甲烷与蒸汽混合，在催化剂（主要是镍）和高温环境的作用下进料。主要的反应发生在催化剂表面：

$$CH_4 + H_2O(蒸汽) \longrightarrow CO + 3H_2(吸热) \tag{6.10}$$

产生的 CO 经过进一步处理，与水发生反应以生成更多的氢气，反应为

$$CO + H_2O(蒸汽) \longrightarrow CO_2 + H_2(吸热) \tag{6.11}$$

式（6.11）非常重要，因为它不仅增加了氢气的量，而且将 CO 转化为无毒的 CO_2。

除了甲烷，SMR 还可以将许多不同的轻烃转化为氢气，包括甲醇、乙醇和沼气。因此，它将很好地与不同的燃料电池进行结合。大规模 SMR 的效率比较高，但是小尺寸的 SMR

效率还不足以应用于燃料电池。图 6-11 展示了一个德国的 SMR 工厂，它们的使用仅限于大型重整装置，产生的氢气必须储存并进一步转移到燃料电池发电站。

ATR 则需要氧气参与重整。SMR 与 ATR 的主要区别在于后者可直接氧化甲烷。在 ATR 中，甲烷可以使用水蒸气或二氧化碳进行重整。若在腔室中通入水蒸气，那么反应如下：

$$4CH_4 + O_2 + 2H_2O \longrightarrow 10H_2 + 4CO \qquad (6.12)$$

而如果通入二氧化碳，则有

$$2CH_4 + O_2 + CO_2 \longrightarrow 3H_2 + 3CO + H_2O \qquad (6.13)$$

图 6-11　SMR 工厂 [7]

ATR 是放热反应，因为它实际上是甲烷的燃烧反应。由反应方程（6.12）和方程（6.13）可知，使用水蒸气可以产生更高的 H_2/CO 比。选用 CO_2 时该比例为 $1:1$，而水蒸气则为 $2.5:1$ [17]。

ATR 的放热性质使反应发生的温度较高。ATR 重整器的正常工作温度为 $950 \sim 1100℃$。

6.3.2　内重整

由前文所述可知，蒸汽重整是一个吸热过程。反应的发生需要在 $750 \sim 900℃$ 的温度水平下持续提供热量，这对于 SOFC 的工作温度而言是可以接受的，依靠电池本身即可提供该反应所需的热量。在实际应用中，SOFC 可以提供 40% ~ 70% 的重整甲烷所需的热量。因此，可以在 SOFC 内部构建一个内部重整器（IR），该设计包含以下优点：

1）IR 直接利用 SOFC 产生的热量，减少了热损失，提高了整个系统的效率。

2）取消了外部重整器，结构简单得多。

3）使用 IR 可以避免将储存氢作为主要燃料。装备 IR 的 SOFC 可以直接使用天然气或甲烷，燃料的存储更加容易。

4）由于重整需要大量的余热，SOFC 对冷却设备的需求较少。因此，其冷却系统的体积更小，成本也更低。

内部重整器分为两大类：

1）间接内部重整 IIR，即在阳极附近制造一个单独的重整器。

2）直接内部重整 DIR，即燃料直接在阳极的催化剂层上进行重整。

重整器是一种用于发生重整反应的独立装置。这种构型示意图如图 6-12a 所示。重整器含有催化剂层，燃料在催化剂层上转化为合成气并被送入阳极。

重整器在实际使用和研究中都有很多不同的类型，根据结构的不同可分为管型、平面型和整体型。其中的燃料流动方式包括交叉流动、同向流动、逆向流动或被迫的周期性逆转流动等多种方式 [1]，所有这些重整器都有各自的优缺点，使用时需全面考虑。

在 IIR-SOFC 中，阳极催化层与重整器催化层分离。因此，不同的催化剂可以用于不同的过程。例如，研究阳极催化剂可以最大化电池的反应性能，而优化重整器的催化剂则可以最大化重整反应的效率。但仍需注意，在 IIR-SOFC 的优化过程中，重整所需的热量与 SOFC 产生的热量之间依然可能出现不匹配的问题。事实上，在 SOFC 的工作温度下并不宜针对蒸汽重整进行优化，这是因为蒸汽重整的反应速率比燃料电池反应速率要快得多。因此，必须对 IIR 进行设计和优化，以充分发挥系统的优势。

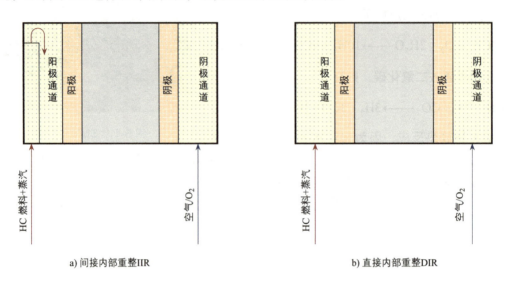

a) 间接内部重整IIR   b) 直接内部重整DIR

图 6-12　不同类型的内部重整器

在 DIR-SOFC 中，燃料直接流过阳极表面，如图 6-12b 所示。在阳极表面发生重整反应，使甲烷转化为合成气。因此，DIR-SOFC 需要具备对甲烷重整具有良好催化性能的阳极，而镍基金属陶瓷阳极具有良好的蒸汽重整潜力。这种金属陶瓷不需要掺杂其他元素，因为它可以满足对甲烷重整的活性需求，因此，Ni/ZrO[1] 通常被用作 SOFC 的主要阳极材料。所得到的阳极在甲烷重整和 ZrO_2 电解质环境工作时都具有良好的性能。

当然，DIR 也存在一些缺点，包括：

1）当发生重整反应时，焦炭作为副产物生成。焦炭会覆盖在阳极的表面，从而降低催化效率。

2）由于重整反应是一个高度吸热的反应，它会吸收大量的热能，进而导致阳极的冷却。这就产生了以下问题：

① 降低了电池温度，从而降低了重整效率。

② 导致电池内部产生温度梯度，最终导致效率降低。

③ 温度梯度也导致电池内部机械应力的产生。

6.3.3　气化

由于 SOFC 可以消耗任何合成气并作为其主要燃料，因此任何生产合成气的装置都可以与之集成。实际上，所有类型的气化炉都可以实现这种集成。这更加扩展了 SOFC 的应用，因为 SOFC 可以使用任何来源的氢气和一氧化碳来生成合成气，并将其馈送到电池中。

合成气是非常有前景的，因为可以将 SOFC 与大量废料结合起来，如生物燃料甚至城市垃圾。这样的结合不仅提供了可持续的能源，还解决了大量与环境相关的问题。

从技术上讲，气化炉具有多种不同的功能、规格和操作条件。气化炉的设计很大程度上取决于燃料的种类和所需的产品。有使用煤、石油焦和其他固体生物质的各种商用气化炉。也有专门用于将城市垃圾转化为氢气的气化炉，它们都可以与包括内燃机在内的其他热循环设备相结合。

如前所述，气化炉的设计取决于设备的用途。换句话说，根据需求的不同，可以调整气化炉以生产不同的产物，因此合成气的含量因设计而异。可以调整气化炉的操作条件来优化合成气的生产过程和组成配比。

在气化过程中，冷煤气效率是一个关键的参数。由图 6-13 可知，气化过程需要蒸汽和空气注入气化炉并产生合成气。但其中一部分进料也可能转化为灰分、焦油和烟尘，这些都是不利于生产的。如图所示，该集成过程只需合成气作为燃料送入 SOFC，它们将通过内部重整器处理并最终产生电能。因此其他的产物为废料，必须进行清除。故将产物能量含量与进料能量含量的比值定义为冷煤气效率，即

$$\eta_{\text{冷煤气}} = \frac{E_{\text{产物}}}{E_{\text{进料}}} \tag{6.14}$$

式中，E 为能量含量；η 为效率。能量含量可以由质量流量和热值的乘积来计算，因此式（6.14）可以被写为

$$\eta_{cold\text{-}pas} = \frac{\dot{m}_G H_G}{\dot{m}_F H_F} \tag{6.15}$$

式中，H 为低位发热量；$\dot{m}$ 为质量流量；G 和 F 分别为合成气和原料。

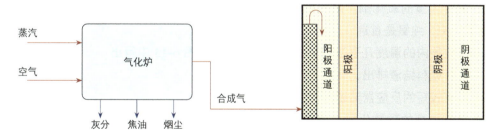

图 6-13　气化炉和 SOFC 的集成

由于冷煤气效率决定了 SOFC 生产能源的最终价格，因此十分重要。$\eta_{\text{冷煤气}}$ 的值越大，能源利用率越高，由此产生的电价也越低。

气化炉有三种不同的类型：气流床气化炉、移动床气化炉和流化床气化炉。

1. 气流床气化炉

气流床气化炉的技术已被 GE 能源、壳牌、E-Gas、西门子等多家公司采用，它是目前最成熟的运营体系之一。该种设备在非常高的温度下工作，使用氧气和蒸汽生产低甲烷含

量的合成气。气流床气化炉的冷效率约为80%。

图6-14所示为气流床气化炉的结构示意图。将煤、生物质等细颗粒固体物料、氧化剂（如空气或氧气）、水蒸气通入主容器。如图所示，这些物料在容器内产生了一团在非常高的温度和压力下移动的稠密夹带颗粒云。由于流速非常快，相互之间的反应速率非常快，其碳转化效率也非常高。产生的合成气主要由H_2、CO和少量碳氢化合物（如甲烷）组成。

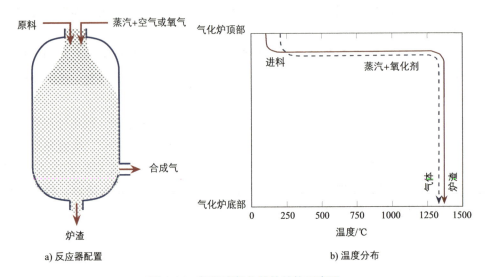

图6-14　气流床气化炉的结构示意图

由于操作温度较高，生成的灰烬会转化为惰性矿渣，而生成的合成气则非常清洁且不含焦油。因此，气流床气化炉几乎可以从任何原料中生产合成气。

一般而言，气流床气化炉具有以下特点：

1）可接受多种固体进料。因此几乎可以将其用于任何固体废弃物的转化。

2）需要大量的氧化剂。氧化剂可以是空气，也可以直接将氧气通入气化炉。在大多数商业工厂中，纯氧是首选。

3）反应器内的温度几乎是均匀的，这一特征可从图6-13中得出。

4）可将废料结渣排出。

5）具有较短的反应器滞留时间。

6）具有较高的碳转化率，但冷煤气效率较低。因此与其他技术相比，合成气的纯度比较低。

7）其生产的气体具有较高的显热水平，需要进行热回收以提高效率。

8）该技术是一种环境友好型技术。

2. 移动床气化炉

移动床气化炉在中等温度下运行。它使用氧气和蒸汽，并产生低甲烷含量的合成气。冷煤气效率高于气流床气化炉，最高可达90%。

图6-15给出了移动床气化炉的示意图。该种设备在中等压力（25～30atm）下运行，气化炉的进料呈现大颗粒状，氧化剂则从主容器底部注入，沿逆流方向向上流动。

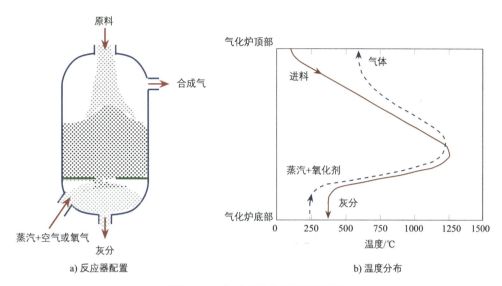

a) 反应器配置　　　　　　　　　b) 温度分布

图 6-15　移动床气化炉的示意图

气化发生在 3 个不同的区域。因此，反应器由以下区域组成：

1）干燥区位于容器顶部，用于干燥进入反应器的进料，并冷却所产生的气体。

2）碳化区位于反应器中部。进料在此区域下落的同时被进一步加热和脱挥。

3）气化区位于炭化区的下方。脱挥后颗粒在该区域内与水蒸气和二氧化碳发生气化反应。

4）燃烧区位于容器底部，氧气与剩余的焦炭反应并产生热量。

移动床气化炉具有以下特点：

1）移动床气化炉设计简单，易于生产。

2）效率较高。

3）与其他技术相比，其氧化剂用量较低。

4）进料以粗颗粒状送入气化炉，因此进料处理的复杂程度较低。

5）产生的气体在干燥区失去温度，因此产品的温度较低，不需要昂贵的换热器来降低合成气的温度。

6）不同类型的进料都可以在移动床气化炉中进行气化，因此进料可以具有较高的水含量。

7）具有非常高的冷煤气效率。

8）与其他技术相比，该技术产生的甲烷含量更高。

3. 流化床气化炉

如其名称所示，流化床气化炉是将固体颗粒悬浮在富氧气体中制成流化床。在该种气化炉中，进料颗粒与气化中的颗粒混合。因此，为了保证反应的可持续运行，颗粒的尺寸必须非常小（小于 6mm）。流化床气化具有与移动床相似的特性，但甲烷含量较低，约为 2%~3%。

图 6-16 所示为流化床气化炉示意图。在该种设备中，进料颗粒从侧面进入容器，氧化剂从反应器底部吹入，使床层流化。如图所示，床层的持续性使其内部的温度保持均匀。

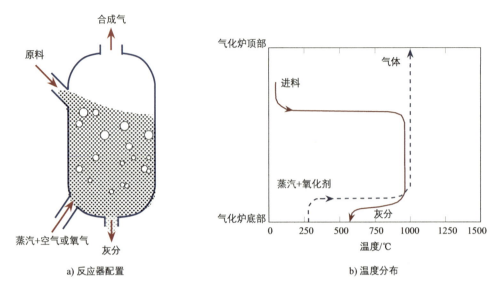

a) 反应器配置   b) 温度分布

图 6-16 流化床气化炉的示意图

流化床反应器的工作温度处于中等水平，碳转化率达到 90% ~ 95% 左右。在该反应器中，一些半焦颗粒可能随合成气一起离开反应器。因此，必须将其回收并再循环回到容器中。

流化床气化炉具有以下特点：

1）具有较高的传热速率。

2）可以气化范围广泛的固体燃料。

3）需要适量的氧气和蒸汽。

4）气化炉的温度处于中等偏高的水平，而整个气化炉内的温度相对均匀。

5）流化床气化炉的冷煤气效率高于气流床气化炉，但碳转化率较低。

 ## 6.4 本章小结

燃料电池是未来能源生产中前景广阔的候选者之一，其中氢气作为能源载体发挥着最重要的作用。SOFC 因其成熟且可在高温下运行而成为不同燃料电池技术中的最佳选择之一。本章研究了 SOFC 作为固定电站各种组分的特征与设计理念。值得注意的是，作为发电站，不同组件间的关系对设备平稳和可持续的运行至关重要。本章只是对组件逐一进行介绍，分析研究了组件设计的不同方面和知识。每个部件的设计都需要分别进行研究，而这其中依然存在着许多理论和实验问题等待解决。

1）简述 SOFC 作为发电站模块用途的设计理念。

2）降低 SOFC 的工作温度有什么好处？

3）简述 SOFC 电池内部温度梯度对设备的影响。

4）如何防止 DIR-SOFC 中温度梯度现象的出现？

参考文献

[1] P. Aguiar, D. Chadwick, L. Kershenbaum, Modelling of an indirect internal reforming solid oxide fuel cell, Chemical Engineering Science 57 (10) (2002) 1665–1677.

[2] AVL, Idle reduction, https://www.avl.com/documents/10138/885889/AVL+Fuel+Cell+Engineering+ and+Testing, 2021. (Accessed 18 December 2021).

[3] Massimiliano Cimenti, Josephine M. Hill, Direct utilization of liquid fuels in SOFC for portable applications: challenges for the selection of alternative anodes, Energies 2 (2) (2009) 377–410.

[4] Miura Co., Miura Co launches fuel cell product in Japan with Ceres Power technology, https://fuelcellsworks.com/news/miura-co-launches-fuel-cell-product-in-japan-with-ceres-power-technology, 2021. (Accessed 3 December 2021).

[5] Sudhanshu Dwivedi, Solid oxide fuel cell: Materials for anode, cathode and electrolyte, International Journal of Hydrogen Energy 45 (44) (2020) 23988–24013.

[6] Bloom Energy, Bloom energy case studies, https://www.bloomenergy.com, 2021. (Accessed 4 December 2021).

[7] Air Liquide Engineering and Construction. Steam methane reforming plant, Germany, https://www.engineering-airliquide.com/project-delivery-services-references/steam-methane-reforming-plant-germany, 2022. (Accessed 10 January 2022).

[8] Marta Gandiglio, Andrea Lanzini, Massimo Santarelli, Large stationary solid oxide fuel cell (SOFC) power plants, in: Modeling, Design, Construction, and Operation of Power Generators with Solid Oxide Fuel Cells, Springer, 2018, pp. 233–261.

[9] N.V. Gnanapragasam, M.A. Rosen, A review of hydrogen production using coal, biomass and other solid fuels, Biofuels 8 (6) (2017) 725–745, https://doi.org/10.1080/17597269.2017.1302662.

[10] KCERACELL, Anode materials, http://www.kceracell.com/anode.html, 2021. (Accessed 21 December 2021).

[11] KCERACELL, Cathode materials, http://www.kceracell.com/cathode.html, 2021. (Accessed 21 December 2021).

[12] KCERACELL, Electrolyte materials, http://www.kceracell.com/electrolyte.html, 2021. (Accessed 21 December 2021).

[13] OsakaGas, About the solid oxide fuel cell, https://www.osakagas.co.jp/en/rd/fuelcell/sofc/sofc/system.html, 2022. (Accessed 20 January 2022).

[14] Subhash C. Singhal, Solid oxide fuel cells for power generation, Wiley Interdisciplinary Reviews: Energy and Environment 3 (2) (2014) 179–194.

[15] Tetsuya Wakui, Ryohei Yokoyama, Effect of increasing number of residential SOFC cogeneration systems involved in power interchange operation in housing complex on energy saving, Journal of Fuel Cell Science and Technology 8 (4) (2011).

[16] Wikipedia, Idle reduction, https://en.wikipedia.org/wiki/Idle_reduction, 2021. (Accessed 11 December 2021).

[17] Wikipedia, Methane reformer, https://en.wikipedia.org/wiki/Methane_reformer, 2022. (Accessed 10 January 2022).

[18] Masakazu Yoda, Shuichi Inoue, Yuya Takuwa, Kenichirou Yasuhara, Minoru Suzuki, Development and commercialization of new residential SOFC CHP system, ECS Transactions 78 (1) (2017) 125.

[19] Hideo Yoshida, Hiroshi Iwai, Thermal management in solid oxide fuel cell systems, in: Proceedings of 5th International Conference on Enhanced Compact and Ultra Compact Heat Exchangers: Science, Engineering and Technology, Hoboken, NJ, USA, 2005.

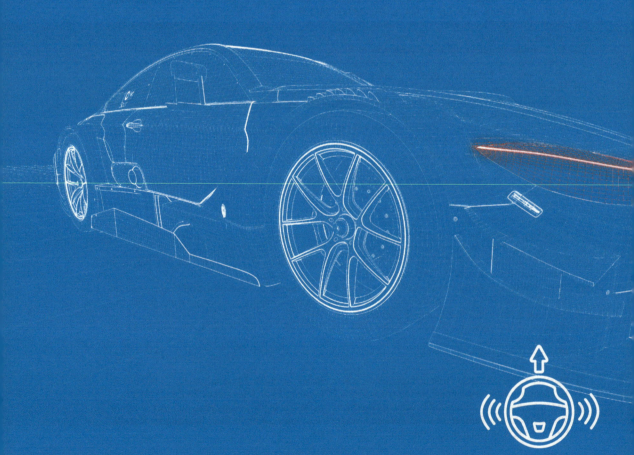

第**7**章

热电联产系统

7.1 热电联产和燃料电池

通过热电联产（也称为 CHP）可以提高发电站的整体效率。通过这种技术，发电站散失的热量可被收集并在其他环节被继续利用。例如，工业部门的发电机产热可以为办公室等其他建筑供暖。除此之外，收集的热量还可被用于其他工业过程，例如通过蒸发海水提取饮用水、作为锅炉的预热器等以及其他工业用途。

燃料电池作为发电设备，也可通过调整达到热电联产的目的。燃料电池中包含许多高温电池类型，如固体氧化物（SOFC）、熔融碳酸盐（MCSF）、磷酸（PAFC）和碱性（AFC）燃料电池等，它们的 CHP 循环效能颇受关注。其他低温燃料电池，如直接甲醇燃料电池（DMFC）或质子交换膜燃料电池（PEMFC），在 CHP 循环中并不常见，因为它们提供的低温热源质量明显较低。一些研究人员建议在 CHP 循环中使用低温 FC 来提高效率，从而缩短投资回收期。

本章着重介绍热电联产循环，分析燃料电池如何与其他需要热量的系统相结合。热电联产对高温燃料电池系统的重要性是显而易见的。事实上，关于高温 FC 在热电联产循环中的应用有许多公开文献和理论论文，市场上也有很多正在投入使用的系统。然而，对于低温 FC 的应用相对较少，因此我们将讨论热电联产相关方法并给出一些 CHP 的应用实例。

7.1.1 燃料电池发热量

尽管燃料电池的类型不同，其内部的电化学反应类型也会有所区别，但总会使燃料被氧化并产生电能。一般燃料电池的典型反应见式（7.1），其中燃料 F 被氧气（O_2）氧化生成 FO 并产生副产物即热量。很明显，电化学反应是不可逆的，于是我们可以把整个反应写成

$$F+\frac{1}{2}O_2 \longrightarrow FO+热量 \tag{7.1}$$

图 7-1 展示了燃料电池的能量守恒，其中输入功率被转换为电能与热能。如前所述，电能显然是燃料电池的主要输出。产生的热量作为一种泛用的附加能源可以用于其他生产运行过程。因此，我们必须统计产热总量以对燃料电池系统进行合理的设计。通过参考燃料电池的运行效率，即可很好地估计电池的热损功率总量。我们知道，所有燃料电池的效率都可描述为输出电功率与输入化学功率之比，即

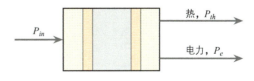

图 7-1 燃料电池的能量守恒

$$\eta = \frac{P_e}{P_{in}} \tag{7.2}$$

式中，P 为功率。

此外，由电化学基础知识可知，燃料电池的效率也可由下式计算：

$$\eta = \frac{E}{E_{th}} \tag{7.3}$$

式中，E 为电池的工作电压；E_{th} 为电池的热中性电位 [由式（1.35）描述]。

例 7.1　计算工作温度为 1000℃ 的 SOFC 热中性电位。

答：热中性电位需在规定的工作条件下进行计算。因此，我们必须获得在 1000℃ 温度工作下的 SOFC 对应的焓。由于 SOFC 的总体反应过程与 PEMFC 相同，我们可以使用表 1-3 的数据，即为

$$\Delta H = -242524 \mathrm{J \cdot mol^{-1}}$$

因此，根据热中性点位的定义，可以将其写为

$$E_{th} = \frac{-\Delta H}{nF} = \frac{242524}{2 \times 96485} \mathrm{V} = 1.257 \mathrm{V}$$

可以看到，随着温度的升高，电池的热中性电位逐渐减小。

例 7.2　例 7.1 中的 SOFC 特性即 I-V 曲线如下表所示。据此计算并绘制 FC 的效率曲线图。

i/A·cm^{-2}	0	100	200	300	400	500	600	700	800	900	1000
E/V	0.66	0.6	0.56	0.51	0.48	0.44	0.39	0.34	0.30	0.23	0.10

答：电池的效率可由式（7.3）得到。对于该燃料电池，其热中性电位已在上例进行了计算。因此，该电池的效率只需将其电势除以 1.257 即可得到。图 7-2 绘制了计算结果。

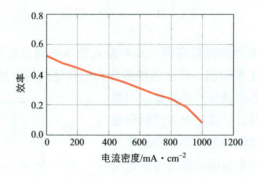

图 7-2　电池效率

从图 7-1 可以看出，其中的能量平衡关系为

$$P_{in} = P_e + P_{th} \tag{7.4}$$

虽然式（7.4）给出了燃料电池的能量平衡关系，但它并不容易获得电池散失的热能数据，因为该方程并没有直接写出与输入功率或 P_{in} 相关的公式。通常来说，输入功率是电极处发生电化学反应的主要原因，其数值是未知的。式（7.4）中唯一已知的参数是 P_e，因为在其运行期间燃料电池的电压和电流可以直观测得。由此，我们可以结合式（7.4）和式（7.2）来计算电池的散热功率，即

$$P_{th} = P_e \left(\frac{1}{\eta} - 1 \right) \tag{7.5}$$

式（7.5）即可帮助我们计算所有燃料电池的产热，这些热量可被用于任何其他需要热量的工作过程。

例 7.3　高温质子交换膜的 $I\text{-}V$ 曲线如下表所示，其单片规格为 15cm×15cm，在最大功率点处的输出功率为 5kW。

i/A·cm^{-2}	0	0.2	0.4	0.6	0.8	1	1.2	1.4	1.6	1.8	2
E/V	0.9	0.7	0.63	0.57	0.5	0.43	0.38	0.34	0.30	0.18	0

根据这些数据，试分析：

1）计算其功率曲线，并将其绘制在 $I\text{-}V$ 图中。

2）这个 FC 包含多少个电池？

3）若其工作温度为 150℃，试计算该电池的效率。

答：高温质子交换膜（HT-PEM）可以被看作氢燃料电池。常规电池单片和 PEM 单片之间的唯一区别为，单片 HT-PEM 的工作温度可以达到 100℃ 以上。

电池的功率可由下式计算：

$$P_e = Ei$$

不同电池具有不同的电压和电流值，因此在不同的电流密度下产生的电功率不尽相同。图 7-3 绘制了电功率与电流密度的关系曲线。

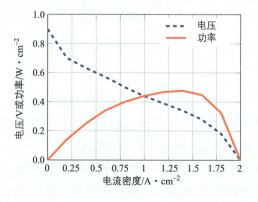

图 7-3　电池效率

计算表明，该电池在 $i=1.6\mathrm{A\cdot cm^{-2}}$ 时达到最大功率，即最大功率密度为 $0.48\mathrm{W\cdot cm^{-2}}$。由于每个单片的面积为 $15\mathrm{cm}\times15\mathrm{cm}=225\mathrm{cm^2}$，因此每个单片对应的功率 P_{cell} 可计算为

$$P_{cell} = 225\times0.48\mathrm{W} = 108\mathrm{W}$$

对于一个 5kW 的电池电堆，需要的片数 n 为

$$n = \frac{P_{tot}}{P_{cell}} = \frac{5000}{108} = 46.3$$

四舍五入，即 47 片单电池参与构成。

由于 HT-PEM 的电化学特征与普通燃料电池相同，使用表 1-3 中工作温度 150℃ 下焓的数据，即

$$\Delta H = -242941\mathrm{kJ\cdot mol^{-1}}$$

由此我们可以计算出热中性电位：

$$E_{th} = \frac{-\Delta H}{nF} = \frac{242941}{2\times96485}\mathrm{V} = 1.259\mathrm{V}$$

最后，将电池电压除以 $E_{th}=1.259\mathrm{V}$ 即得到电池在不同电流密度下的效率。计算结果如图 7-4 所示。

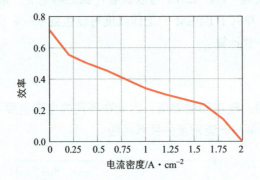

图 7-4 电池效率

例 7.4 根据例 7.3 的 HT-PEM，计算产生的总热量并讨论。

答：产生的总热量可由式（7.5）求得。由于电池的效率是电压的函数，因此需要根据电池功率和效率来计算每个工作电压下产生的热量。

计算结果如图 7-5 所示。可以看到，随着电流密度的增加，电堆产生的热功率也随之增加，而输入的电功率并不是单调的。电功率的最大值取决于燃料电池本身及其特性曲线。

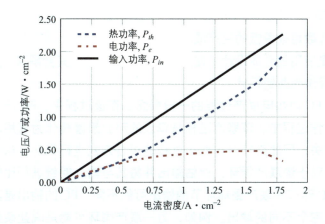

图 7-5　电池的输出功率

得到 P_e 和 P_{th} 后就可以求得输入功率。其值也绘制在图 7-5 中，可以看到它与电流密度呈线性变化。

这个例子表明，热功率随着电流密度的增加而增加。而且由于输入燃料和氧气的线性特性，使得输入功率也呈线性增加特征。如果将燃料电池设定在最大功率点附近运行，会使输出的热能大幅上升，此时的电池效率仅为约 25%。显然，该方案不适用于电池电堆设计。而且通过电化学理论，在最大功率点运行的电池会经历浓度极化过程，这也非常影响电池的正常工作。

因此，在实际工作中需要根据效率对电池电堆进行设计。例如，为满足设计要求通常选择电池效率为 50% 的功率点附近，在该点处，输入能量的 50% 被转化为电能，显然剩余的 50% 会转化为同样多的热能。当然，这种选择依然存在问题，由于效率增加，电流密度随之降低，因此电堆中的单元数量会增加，这也是不利于电堆设计的。

例 7.5　假设电池电堆将按照 50% 的效率设计制作。计算电堆中单片的数量，并将其与例 7.3 的结果进行比较。

答：根据图 7-4 可知，当 $i=0.4\mathrm{A}\cdot\mathrm{cm}^{-2}$ 时的电池效率为 50%。因此，对以 15cm×15cm 为单片规格的 5kW 电池电堆而言，其单片数目为

$$n = \frac{5000}{0.4\times15\times15} = 55.5$$

即需要至少 56 个单片。将结果与例 7.3 相比可见，还需要增加 9 个单片。

上述例子逐步说明了热电联产计算在电堆设计中的重要性。由此可见，热能和电能是高度耦合的，设计策略的不同会极大地影响电堆的效率和散热。此外，也不能仅根据电池的效率最高工作点进行设计，因为效率越高，电池电堆体积越大，这反过来又会增加生产成本。因此，优秀的电池电堆设计应具备如下特点：

1）合适的效率。

2）最少的单片数量或最低的生产成本。

3）对剩余热量使用的合适设计（诚然，热能散失无法被完全解决）。

4）充分考虑经济效益的设计。

图 7-6 给出了 FC 内热电联产过程的一般概念。在该过程中，FC 产生的热量被送入另一个需要热量的工作过程中。该联产过程将释放的部分热量转化为有用功，同时也不可避免地导致能量的损失，因此必须对这两个过程的组合方式进行优化，从而最大限度地提高总有用功的输出。对于该联产循环，评估输出并将其与输入能量进行比较是其优化的主要问题之一，因为 FC 环节和联产循环环节的输出可能不同。FC 的输出是其产生的电能，而联产循环可能有着完全不同的输出。例如，另一联产循环可能是脱盐装置，其产热量用于从海水中提取饮用水，那么我们如何比较产生的"饮用水"和电能，来计算联产循环的整体性能和效率呢？

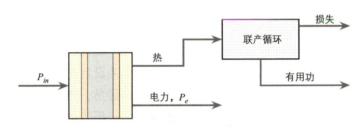

图 7-6　燃料电池内热电联产过程的一般概念

上述问题可使用热经济学的理论进行分析。热经济学是一门将热力学过程通过经济学语言进行描述和分析的科学，换句话说，热经济学将任何能量或物质流都赋予了相应的价值表示。根据这一概念，燃料、热能、电能或工业过程中任何形式的产出都可以转化为直观的金额，从而具有可比性。而通过有效能分析，不同形式能量的价值都可以被详细阐述与诠释，因此各种能量的经济关系通常也与其有效能流相结合。因此，在一些文献中，热经济分析也被称为有效能经济分析。为了理解这个概念，我们首先介绍有效能，分析其与其他定义的关系，并最终讨论热经济学的概念。

7.1.2　有效能

有效能分析包括对各个能量传递过程的数量和质量分析，因此在系统分析中十分重要。其中，能量传递过程的质量对于其数量而言更加重要。有效能分析有两大优点，其一是它的通用性，即可以对能量的整体成分和整体类型进行全面分析；另一个优点则是，它可以直接将能量传递的过程与其中的经济效应联系起来。换句话说，如果可以计算出能量的耗散和损失，就可以计算出总能量损失，并将其转化为相应的价值。因此，系统过程的有效能分析可以作为最小化净损失的一个很好的优化方向。

当两个系统不是处于热力学平衡状态时，就具备了产生有用功的条件，而当它们处于平衡状态时则无法产生[31]。如果其中一个系统比另一个系统的规模大，则称其为环境，而相对较小的系统则称为系统。在此种定义下，在系统与环境达到平衡状态之前所能提供的最大可用功，我们称之为有效能[15]。对于封闭系统而言，有效能是守恒的，但在实际情况中，有效能可能由于摩擦现象而被导致其出现损耗[31, 35]。根据这个定义，有效能实际上就是可视作有用功的所有能量。

从定义中可以推断，有效能取决于系统和环境的状态，因此必须定义一个参考状态以便于计算有效能，因为其大小取决于系统和环境状态之间的能量差异[4]。显然，将环境状态作为参考状态是十分合理的[3]。

上面的讨论表明，系统具有的有效能不是典型的状态变量，因为当系统与其环境处于平衡状态时，它将不能产生任何功，这意味着其有效能为零。然而，若将相同的系统置于另一个环境中，它仍然可能产生有用功。因此，我们更多地将有效能称为伪状态变量[3]。有效能分析的主要优点在于，我们可以通过这种方法计算输入能量转化为有用功的量，进一步来说，我们也可以通过有效能分析来计算系统的不可逆性。

对于有效能分析而言，了解以下相关的定义十分重要：

1）外围。根据定义，外围是除了所考虑的系统之外的其他所有事物。这可能包括许多甚至与主系统没有发生热接触的事物。

2）环境。环境被定义为外围的一部分，其状态通常是高度一致且永远不变的。根据这个定义，系统向环境状态移动过程总是可逆的。因此，不可逆过程一般发生在系统的内部及其边界处[3]。

3）寂态。只要系统与其环境不处于热平衡状态，就能对外做功。通过做功，系统的状态向环境状态移动。达到环境态时，系统即达到平衡态，无法再对外做功。这种状态称为寂态，有时也称为参考状态。

需要注意的是，由于有一组物质流进出电池，燃料电池即可视为一种可控体。图 7-7 显示了位于 T_{amb} 和 P_{amb} 环境中的燃料电池工况。如前所述，在有效能分析中，我们假设这些参数值保持不变。而且，作为化学物质相互作用的电化学系统，系统的有效能可分为物理部分和化学部分。因此，我们需要采用一个适当的关系式来定义系统的有效能。

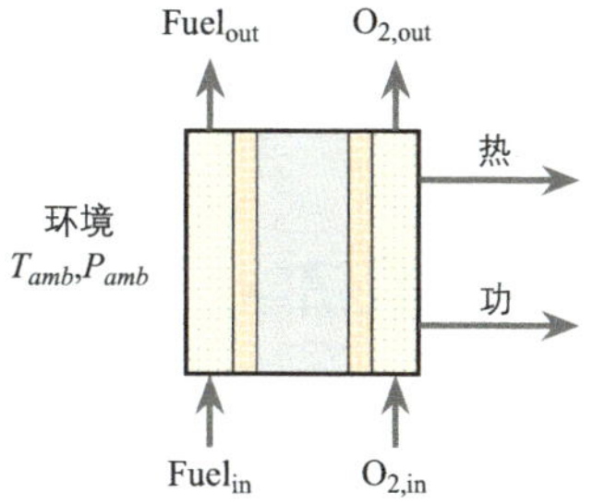

图 7-7　燃料电池内的物质和能量流动

下式表明了 FC 过程的总耗能[3, 22, 37]：

$$e = e^{ph} + e^{ch} \tag{7.6}$$

其中，物理有效能包含以下几个组成部分：

$$e^{ph} = (h - h_{amb}) - T_{amb}(s - s_{amb}) + \frac{c^2}{2000} + \frac{gz}{1000} \tag{7.7}$$

式中，T_{amb}、h_{amb} 和 s_{amb} 分别为环境的温度、焓和熵。

对于理想气体，该方程可以化简为

$$e^{ph} = c_p T_{amb} \left[\frac{T}{T_{amb}} - 1 - \ln \frac{T}{T_{amb}} + \ln \left(\frac{P}{P_{amb}} \right)^{\frac{k-1}{k}} \right] \tag{7.8}$$

式中，k 为气体的比热容比。化学有效能可由如下方程求得：

$$e^{ch} = \sum_{i=1}^{n} x_i e_i^{ch} + R_u T_{amb} \sum_{i=1}^{n} x_i e_i^{ch} \tag{7.9}$$

式中，R_u 为普适气体常数；x_i 为混合物中各组分的偏摩尔分数。

例 7.6　试计算氢燃料电池中不同化学物质的有效能值。
　　答：对于 SOFC、PEM 或 HT-PEM 等氢燃料电池，它们的总体反应为

$$H_2 + \frac{1}{2}O_2 \longrightarrow H_2O$$

然而在大多数情况下，氧气会从大气中直接获取，因此通常含有其他物质，特别是氮气。对于这样一个系统，我们需要得到所有相关物质的有效能值。表 7-1 中展示了系统相关的所有物质及其有效能值。

表 7-1　T_{amb}=298.15℃和 P_{amb}=1.0atm 时不同材料的标准化学能量

物质	化学能 /kJ·kmol⁻¹
H₂	236100
O₂	3970
N₂	720
H₂O（1）	900

7.1.3　热经济学

除非出现经济问题，提高系统的效率总是有利的。通过将热力学第一、第二定律与经济学概念结合，诞生了一种实现包括发电站在内的高能系统分析的有力工具，即为热经济学 [1]。

在过去的几十年里，将有效能参数值与其经济效益联系起来的分析方法被大量提出，这些都是对热力学第二定律的正确应用 [6,26]。热经济学也被称为生理经济学，其中的热力学概念是从经济学的角度来进行研究的 [28]。该术语由美国工程师 Myron Tribus 提出 [9,13,30]，并在 20 世纪 80 年代由统计学和经济学家 Nicholas Georgescu-Roegen 发展扩充 [12]。

热经济分析的实质是，系统效率的优化以增加系统的经济效益为主要指标，而不是其热力学效益 [7,8]。因此在该研究领域中，所有的热力学关系与经济关系 [28] 相结合，将能量、功和热量与电厂的总成本联系起来 [29]。根据这一定义，热经济学可以被视为一个跨学科的

研究领域 [36]。

以经济分析为例，我们必须确定工厂在其使用寿命期间的所有成本。该成本由许多部分组成，包括工厂的投资和建设、运行和维护、燃料消耗和零件磨损等。这些成本必须进行整体的分析 [3]。

成本函数，也称为年总成本（TAC），是经济分析的最终目标，常被作为热经济分析的最终目标函数，其最一般的形式是

$$TAC = C_{inv} + C_{op} \qquad (7.10)$$

该函数包括初始投资成本和年运行费用两个部分。下面我们将对这两个部分进行详细的分析。

1. 初始投资成本

初始投资成本是所有系统部件的成本和资本回收系数（CRF）的乘积。这实际上是描述一年总投资量的指标，可由下式表示：

$$C_{inv} = CRF \times \sum C_{all\ components} \qquad (7.11)$$

资本回收系数取决于利率 i 和工厂的预期运营年数 n。相关关系由下式定义：

$$CRF = \frac{i}{1-(i+1)^{-n}} \qquad (7.12)$$

2. 年运行费用

如下式所示，年运行费用分为燃料费用和维修费用两部分：

$$C_{op} = C_{fuel} + C_{min} \qquad (7.13)$$

通常，与燃料电池本身和其他部件相比，氢泵的成本可以忽略不计。因此，我们忽略了氢泵的功率，正如其与总发电功率的不可比性。此时，燃料成本就完全取决于氢气成本 [33]：

$$C_{fuel} = c_{H_2} \frac{W_{FC}}{\eta_{cell}} \qquad (7.14)$$

式中，c_{H_2} 为每千瓦时发电氢气的成本；η_{cell} 为系统效率；W_{FC} 为电力成本，可由下式求得 [33]：

$$W_{FC} = P \times 24 \times 365 \times Z \qquad (7.15)$$

式中，P 为燃料电池的功率（kW）；Z 为电站的容量系数。容量系数是工厂实际产生的能量与最大计算理论能量之比。容量系数通常以年为单位进行计算。此外，运行和维护费用可计算为

$$C_{main} = 0.07 C_{inv} \qquad (7.16)$$

通过式（7.14）和式（7.16）可由式（7.13）计算系统的总运行成本。将运行成本和投资成本或式（7.11）代入式（7.10）中，即可计算得到 TAC。该函数是实现最小化目标的

主要目标函数。热经济优化设计就是将 TAC 降至最低，即可视为达到了最高的回报率。这种计算的好处之一是热经济分析为所有不同的能量形式提供了一个统一的度量标准。换句话说，就是将所有的产品和损失都转化为 TAC，如果使得 TAC 最小化，我们就可在整个联产周期中获得最大的收益。

7.2 热电联产设计的一般程序

如前所述，燃料电池与其他生产过程的热量联产存在很多可能性。对于高温燃料电池，废热可以以许多不同的方式加以使用。例如，SOFC 和 MCFC 的工作温度均高于 900K，这个温度足以使水蒸发并产生过热蒸汽。因此，我们可以收集利用热蒸汽以产生额外的电力或用于海水的淡化。我们还可以将燃料电池产热用于加热、气化、预热等任何其他需要热量的过程。

在中等高温下工作的燃料电池，如 AFC、HT-PEM 或 PAFC，通常在 400K 以上的温度下工作。虽然这些电池的温度不像 SOFC 那么高，仍然可以产生过热蒸汽，但所获得的蒸汽不适合在该蒸汽动力循环中发电。然而，它们可以通过有机朗肯循环（ORC）来发电。ORC 与朗肯循环非常相似，但前者其工作流体不是常用的水。在 ORC 中，通过对工作流体的选择，即可将高温转变为足以驱动汽轮机的流体压力。在许多应用场景中，氨气是最佳的选择，并已被用在许多不同的实际设计中。除了发电，这些热能也可用于其他方向，如海水淡化和空间增温等。

热电联产在高温和中温燃料电池中的应用被广泛认可，并实际运用于大量系统设计。事实上，如果现存的某些燃料电池不采用热电联产的设计思路，其设计通常被认为是失败的。通过适当的设计，燃料电池的效率可以提高到 80% ~ 85%，而如果不考虑热电联产，其效率则约为 50%。可见，热电联产对效率的提高是不容忽视的。

与高温和中温燃料电池相比，在低温燃料电池（如 PEMFC 或 DMFC）中则很少考虑热电联产的使用。这些燃料电池的正常工作温度为 320 ~ 370K。在该温度下，标准大气压下的水保持液态，因此这些燃料电池无法产生热蒸汽。乍一看这种低温环境表明低温燃料电池不适合进行热电联产，然而实际调查显示，这些电池仍然可以从热电联产中受益。例如，燃料电池的冷却水可以用于空间增温。此外，我们可以将产生的热量输送给低温下运行的 ORC。对于该温度水平下，许多不同的冷却剂，包括 R-134a、R-143 等许多其他制冷剂都可以用作朗肯循环的主要工作流体。通过降低压力等措施，电堆的产热也足以用于脱盐等目的。

只要满足既定的经济效益，上述所有情况都是有可能发生的。换句话说，如果热电联产循环在经济上是有利可图的，那么相关的设计就是可行且受欢迎的。因此，为了满足设计的合理性，我们需要遵循以下步骤：

1）绘制热电联产流程的草图。

2）进行有效能分析并获得所有相关过程的有效能。同时，有效能分析对 CHP 各流程的有效能损失进行了定量且详细的估计。

3）使用适当的关联算法将有效能转换为经济成本并计算其 TAC。

4）将 TAC 作为算法的主要成本函数，使用优化算法获得其最小值。

这些步骤为任何涉及燃料电池循环的热电联产系统设计提供了一般性的指导。

7.3 基于 SOFC 的热电联产系统

SOFC 被认为是热电联产应用的最佳选择之一，原因如下：首先，其工作温度相较其他燃料电池最高；其次，考虑在大规模发电方面的应用，它们通常以高功率标准制造；最后，SOFC 现阶段的产量非常巨大，其生产成本也在逐渐降低。因此，在热电联产设计中选用 SOFC 被广泛认可。

SOFC 的标准效率水平通常在 50%～60% 之间，其余的输入能量几乎全部转化为热量，这些热能即可用于实现各种所需的热电联产目标。SOFC 的温度非常高，因此可作为高温热源适用于各种应用。例如生成蒸汽，空间增温，参与多种热循环过程，以及任何其他需要热量的系统。

下面，我们将通过一些例子来解释 SOFC 在热电联产系统中的不同应用。这些例子展示了 SOFC 在不同热电联产循环下的性能。当然，在其他文献中还有许多可行的设计方法，对于 SOFC 的应用并不局限于此。

7.3.1 SOFC 与汽轮机联产系统

SOFC 的高温废热适合在热电厂进行开发利用。根据电厂的种类，废热可以有不同的利用方式。例如，在蒸汽发电站，废热被用来蒸发液态水以产生过热蒸汽，蒸汽经过汽轮机从而产生额外电力。SOFC 和蒸汽轮机的组合非常简单，理论上，这种组合形式可以与任何朗肯循环甚至斯特林循环一起使用[24]。虽然我们只考虑了余热在该热电循环中的使用情形，但理论上相当于分析了余热在其他循环中的使用过程。由此即可继续开展对提高不同循环过程联产效率的研究。

与朗肯循环不同，我们需要使用不同的策略构建与汽轮机的联产形式。图 7-8 显示了一种 SOFC 和汽轮机的热电联产流程。汽轮机或气体膨胀机将废气收集并通过热交换器流出，同时用于加热入口燃料和空气，随后由燃料和空气压缩机送入 SOFC。燃料和空气在 SOFC 中的内部重整器发生反应，产生热量和电能。由于 SOFC 内部反应的特点，排出的多余燃料和空气温度非常高，这些热流会被送入燃烧室并使多余的燃料充分反应，这样一轮汽轮机循环就算完成。正如我们所见，该联产过程中 SOFC 和汽轮机产生的废热都被成功利用。这意味着系统的效率也会达到较高的水平。

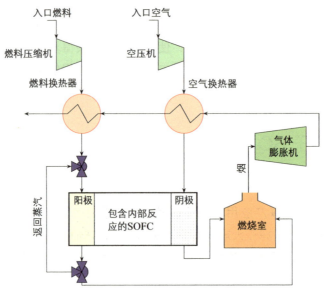

图 7-8　SOFC 和汽轮机热电联产示意图

7.3.2　空间增温的应用场景

SOFC 产生的高温可被用于空间增温，这是一种最简单的热电联产循环。然而，我们可以将其与更复杂的循环进行结合，尽可能提高整个体系的效率。例如，文献 [20] 表明，如图 7-8 所示的热电联产系统可以通过对余热的进一步处理来改进其总效率。改进系统的工作原理如图 7-9 所示。由图可见，整个循环保持不变，将汽轮机的多余热量传出并用于产出热水，以实现空间增温或生产饮用热水。这样的联产方式在大型住宅甚至工业建筑的设计中备受关注。

7.3.3　SOFC 与脱盐联产系统

脱盐产业通常通过不同的技术生产淡水。根据工艺的不同，这些产业被分为许多不同的类型。其中一种被称为热脱盐，它利用热能将海水转化为饮用水。通过热加工工艺，海水被煮沸并转化为热蒸汽，随后将其冷却以产生淡水。

热脱盐需要热量，因此该过程也可以与 SOFC 集成。SOFC 的废热非常适用于蒸发海水以产生蒸汽，以便将其送入海水淡化装置。图 7-10 是 Meratizaman 等人[19] 提出的一种设计方式。事实上，该设计是前一节讨论的热电联产系统设计的延伸。与图 7-9 相比，用于生产公共热水的热量被用于蒸汽生成。随后，蒸汽被送入 MED 淡化装置，使得海水被转化为淡水，泵入相应的水箱，而盐水则被盐水泵送回流入大海。

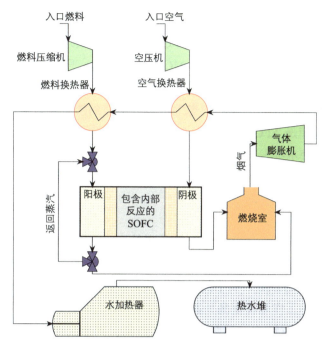

图 7-9　对图 7-8 的热电联产系统进行改进，增加 HRSG 并用于空间增温

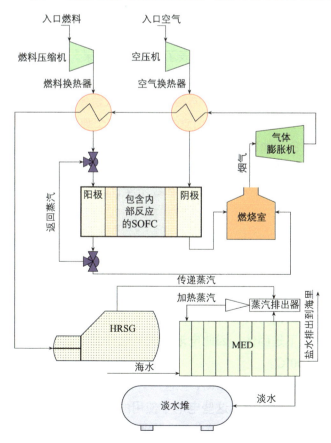

图 7-10　海水淡化与图 7-8 热电联产系统的组合

由于 SOFC 的高产热特性，其他海水淡化系统也可以与 SOFC 集成，且不需要增加燃气轮机或任何其他额外的设施。SOFC 本身足以产生过热蒸汽以用于海水淡化，同样的集成方式也可以通过熔融碳酸盐燃料电池（MCFC）来实现，只需明确 MCFC 的工作温度比 SOFC 的工作温度稍低即可。

对于海水淡化而言，各种高温燃料电池都可以集成到淡化装置中。因为海水淡化仅需要过热蒸汽参与，即使是 AFC 和 HT-PEM 等中高温 FC 也可以使用。这些燃料电池的工作温度都可以高到足以使水蒸发，因此它们也是海水淡化系统的良好候选。

7.3.4 供电设施中的应用场景

众所周知，高能耗产业会伴随大量二氧化碳的产生。因此，这些产业需要采取优化手段以减少二氧化碳排放量。为了实现这一目标，人们考虑研究了许多不同的方案，并最终采取了许多减少碳排放的方法，其中的方案之一便是将高温燃料电池系统与供电设施进行集成。由于供电设备的工作温度很高，其与燃料电池的适配性也较好。

通常，在一个工业系统中，锅炉负责产生热量，用于生产不同压力和温度的过热蒸汽，并根据装置所需的压力和温度，将蒸汽输送到工厂的不同装置中。在一些其他工业环节中，所需的部分电能则来自其中安装的发电机，而广泛使用的发电机之一是汽轮机。汽轮机产生的废气通过 HRSG 产生蒸汽，以提高整个环节的效率。许多研究人员对这些热电联产电厂进行了研究，并在许多论文中发表了这些研究结果。

要着重说明的是，SOFC 也可以与供电设施集成。无论现场是否有汽轮机，SOFC 的高温都可以帮助锅炉产生过热蒸汽。不同科学家针对该领域定义和开发了许多不同的应用场景。Fakour 等人的工作 [10, 11] 可以作为这类设计的一个典型案例。这些研究充分考虑了 SOFC 与供电设施的组合。他们以不同的方式将 SOFC 与现场供电设施结合起来，评估分析了哪种方案更实惠，哪种方案的碳排放更少，哪种方案最高效。为了实现这些目标，他们基于相同的有效能分析对各个方案进行了热经济学计算。

7.3.5 高温电池的应用场景

与上述典型电池系统不同，有些电池系统在高温下工作，在系统冷却后随机停止工作。以 1966 年福特公司发明的钠硫电池或硫化钠（NaS）电池为例 [5]。在这些电池中，熔融的硫为正极，熔融态的钠为负极，中间通过固体氧化铝陶瓷电解质将这些液态电极分隔开。由于钠和硫在室温下是固体，因此电池需保持在高温下以保证电极处于熔融态。电池的正常工作温度约为 300℃。

这种电池的另一个例子就是 ZEBRA 电池 [27]。这种电池是可充电的，或者更确切地说，是可用于大规模储能的二次电池。这些电池中使用的材料不尽相同，但通常是由钠和镍制成的。ZEBRA 电池（也被称为钠 – 氯化镍）需要在非常高的温度下才可以工作，这源于这些电极材料在熔融态的可发电特性。因此，其工作温度必须保持在 260～350℃。

以上例子表明，这些电池可以与 SOFC 组合并且达成双赢。换句话说，SOFC 负责确保电池维持工作状态所需的热量，而 SOFC 产生的电力则可存储在电池中并用于削峰填谷。该设计概念由 Antonucci 等人 [2] 提出，示意图如图 7-11 所示。如图所示，电池的能量被储存在 ZEBRA 储能系统中，产生的热量则通过 HX1 所示的热交换器输送到电池组。可见，电池供给其他系统的电力需求，并存储由 SOFC 产生的额外能量。需要注意的是，这里主要讨论的是热电联产的概念，并没有对能源调度进行研究。生产出来的电力如何被输送到电网或储存起来，不在本书的讨论范围之内。

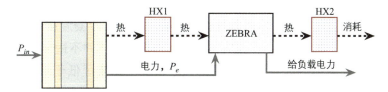

图 7-11　热电联产在 SOFC 和 ZEBRA 电池中的应用

7.4　基于 PEMFC 的热电联产系统

　　热电联产概念的运用对于 SOFC、MCFC 或任何其他高温 FC 来说都是顺理成章的。然而，对于低温电池，如 PEMFC 等，使用热电联产的情况并不常见。PEMFC 通常工作在 80℃ 左右，这对于实现热电联产的条件来说不够高。然而，在该温度水平下，可以考虑加入有机朗肯循环（ORC）以产生额外的电力。值得一提的是，ORC 循环已被用于低至室温的热源的发电设计中，例如海水热能转换（OTEC）系统，其热源是温度低至 25℃ 的海洋表层水。

7.4.1　基于 PEMFC 热电联产系统的主要关注点

　　ORC 的工作循环与普通朗肯循环的工作循环相同，唯一的区别在于，ORC 的工作流体是一种有机流体，它会在较低的温度下蒸发。因此选择合适的工作流体至关重要，选择的优劣会影响循环过程的环境状态和效率。ORC 中使用了许多不同的有机物质，每种物质都有特定的使用目的。在选择作为工质的有机物时，我们必须回答以下问题：

　　1）工作流体能提供足够的功率吗？或者更确切地说，它是该循环最合适高效的选择吗？

　　2）流体在循环的工作温度下是否稳定？

　　3）该物质对环境友好吗？

　　4）该物质是否足够安全？

5）使用的材料是否经济实惠？

因此，在进行任何进一步的研究设计之前，必须对以上问题加以考虑。

1. 效率

选择合适的工作流体对循环性能的影响很大。Maizza 和 Maizza[18] 提出，工作流体除保证其化学稳定性外，还必须具有高潜热、高密度、低比热的优点。只有这样，工作流体才可在蒸发器中吸收大量的能量，并减小组件的尺寸。相比之下，Yamamoto 等 [34] 认为潜热较低的流体更优越，因为它们会产生更高的过热压。

2. 温度稳定性

除蒸发特性外，工作流体的冷凝特性也很重要。只有当冷凝温度低于 300K 时，吸收的热量才能散发到大气中。因此，甲烷等冷凝温度很低的流体并不适合本设计。

除此之外，工作流体的冰点也很重要。其冻结温度需要远低于系统运行时的最低温度，以防止流体冻结。而且，工作压力必须在合理的范围内，过高的高压环节或过低的真空环境都会降低系统的可靠性和使用寿命。

3. 环境影响

PEMFC 的工作温度级别，可使用 R-134a、R-141b、R-1311、R-7146、R-125 等常用制冷剂作为工作流体。这些制冷剂在制冷循环的设计中被常年使用，并显示出良好的性能和稳定性。它们可以在不锈钢储罐和管道中储存多年，而不受容器材料的影响，对容器的腐蚀也可以忽略不计。

出于对环境的考虑，制冷剂的使用指南每年会进行修订，并且每年都会有一部分制冷剂不再使用。例如，R-11、R-12、R-113、R-114、R-115 是过去常用的制冷剂，但在现今的制冷剂循环中已不再使用，因为它们可能会对臭氧层造成有害的影响。此外，R-21、R-22、R-123、R-124、R-141b 和 R-142b 也将在不久的将来（可能到 2030 年）从制冷剂清单中删除。

可见，制冷剂的问题主要包括：

1）消耗臭氧层的潜在威胁。

2）导致全球变暖的潜在威胁。

3）大气寿命。

这些问题都可能对环境造成不可逆转的影响，因此必须认真考虑。

4. 安全性

制冷剂必须在任何条件下都是安全的，它们必须是易燃、无毒、无腐蚀的。而实际上，大多数烷烃都是可燃的。有些有毒，有些有腐蚀性，上述理想情况并不总是可以达成的。因此，对于每个制冷剂应用的场合，我们必须在所有制冷剂中做出最好的选择。

从安全的角度来看，有些物质虽然处于可接受的阈值范围内，但实际上并不安全。例如，R-601 只有与特定温度的火焰接触才可燃，其他情况下则并不认它可燃。而当温度超过 200℃ 时，大多数的烷烃是可自燃的。

在 ASHRAE 手册中对制冷剂的安全条件进行了分类。在实际使用制冷剂之前，必须检查其安全系数。需要注意的是，可燃性并不是唯一的安全问题，其他相关参数也必须根据手册的指导加以考虑。

5. 经济性

在 ORC 中使用制冷剂作为主要工作流体时需要考虑其经济因素。这些液体通常价格高昂，并且在部分情况下并不能被广泛使用。因此在 ORC 中采用这些高价值制冷剂会增加系统成本，如果明确该系统需要大量的工作流体以满足产能需要的话，该问题将会更重要。而且在进行维护工作时，需要用相同的制冷剂对系统循环进行重填，这些情况均会导致成本上升。

因此，除了安全和其他提及的问题外，工作流体的成本也是一个重要的问题。在某些情况下，设计建造一个 ORC 本身并不复杂，但出于经济方面的考虑，整个项目将会难以进行。

7.4.2　有机朗肯循环

经典的朗肯循环在任何热力学书籍中均有所描述。然而，当使用不同的有机流体作为主要工作流体时，必须分析其不同的工作条件。此处，我们将简要分析典型朗肯循环的主要特征，然后研究不同情况下的 ORC 工作情况。

研究朗肯循环一般通过研究其 $T\text{-}S$ 特征图。$T\text{-}S$ 图给出了很多关于循环的有用信息。例如，图 7-12 列举了三种不同的流体类型。

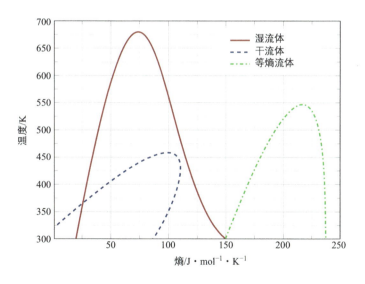

图 7-12　不同的工作流体

1）湿流体：湿流体是指饱和蒸汽曲线斜率为负的流体，或者换句话说，其 $dS/dT < 0$。许多不同的材料，例如水等都具有这样的特性。

2）干流体：是指 $dS/dT > 0$ 的流体（如戊烯）。

3）等熵流体：是指 $dS/dT = 0$ 的流体（例如 R11）。

湿流体需要在过热区域工作才能在朗肯循环中产生适当的功率，而干流体不需要达到过热状态也可以产生功率。

　　图 7-13 展示了标准朗肯循环的主要组成部分。在这个循环中，水在蒸发器内蒸发，并推动蒸汽轮机运行。在通过涡轮机之后，过热蒸汽释放能量并落入液体 – 蒸汽区域。随后，水混合物通过冷凝器转化为饱和液体，饱和液体通过泵达到高压状态，以准备再次被加热和蒸发。

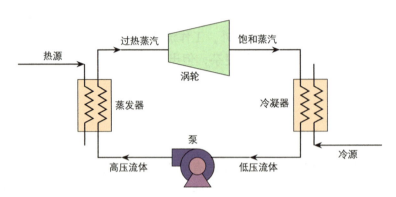

图 7-13　标准朗肯循环示意图

　　ORC 具有相同的循环模式，唯一的区别是 ORC 中的工作流体是有机流体而不是水。因为标准大气压下水在 100℃ 就会沸腾，因此锅炉或蒸发器的工作温度必须比该温度高得多。因此，当蒸发器温度没有那么高时，我们就可以使用沸点更低的有机流体。例如，制冷剂的蒸发温度范围大。其中一些在室温下蒸发，而另一些甚至在更低的温度下蒸发。

　　根据图 7-14 所示的 T-S 图，循环类别主要分为两种，分别是如图 7-14a 所示的钟形和如图 7-14b 所示的悬垂形。为了简单起见，我们使用 B-ORC 来指代钟形循环，使用 O-ORC 来指代悬垂形循环。

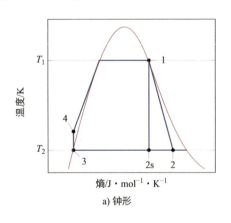

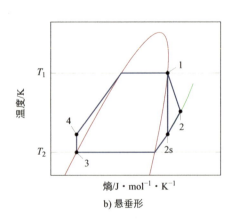

图 7-14　不同工作流体的朗肯循环热力学行为

　　根据图 7-14a 所示的 B-ORC 的 T-S 图，工作流体在状态 T_3 和 P_3 离开冷凝器。然后，它通过泵泵送至既定压力，并达到 $P_{\max} = P_4 = P_1$。从工作点 4 到工作点 1，工作流体通过在锅炉或蒸发器中加热而蒸发，随后进入涡轮机并产生动力。通过涡轮机的工作流体，其压力降低到 $P_{min} = P_2$。工作点 2 位于饱和区域，工作流体的液相和气相都位于饱和区域中。理想情况下，涡轮机的工作过程被认为是等熵过程，而我们希望考虑一种更现实的情况，即涡轮机增加了工作流体的熵。在这种情况下，工作流体到达工作点 2，而不是点 2s，如图 7-14a 所示。从点 2 到点 3，工作流体通过冷凝器使温度下降，并再次开始循环。

O-ORC 也遵循与 B-ORC 相同的循环。但如图 7-14b 所示，当工作流体通过涡轮机时，工作点 2s 和 2 落入过热区域。这种差异说明，这两种不同的工作液需要分别进行考虑，并且不能随意交换使用。

ORC 的主要组成如图 7-13 所示。就如标准朗肯循环设备一样，它包括一个泵、一个涡轮机和两个热交换器，一个负责在流体离开涡轮机时冷凝流体，另一个使流体在通过泵后将其蒸发。

由于 ORC 在低温下工作，垫圈板式热交换器（GPHE）是冷凝器和蒸发器的最佳选择。这些热交换器用于温差不大的低压情景中。GPHE 的选择需要特别注意，由于板材的排列、尺寸和其他特性使其设计工艺更加复杂。与管壳式换热器不同，GPHE 的选择和设计没有明确统一的标准方法。

GPHE 的主要优点是具有很大的换热面积，能够在很小的温差下传递相当的热量。典型的GPHE 如图 7-15 所示。

图 7-15　GPHE 的详细图示 [32]

7.4.3　热电联产循环计算

由于 PEMFC 的温度较低，我们可以使用 ORC 来产生电能。这可以通过结合图 7-13 所示的 ORC 与图 7-16 所示的 FC 来实现。来自燃料电池的冷却水作为热源，被用于蒸发有机工作流体并产生过热蒸汽。为此，我们还需要一个冷源来冷凝冷凝器中的工作流体。如前文所见，我们可以使用冷却塔（CT）为整个工厂提供所需的冷却条件。

上述配置要求意味着我们需要对三个不同的子系统进行评估：

1）必须获得 FC 子系统的净电功率和排出热量。

2）必须确保 CT 子系统满足 ORC 运行所需净冷负荷。

3）ORC 子系统是上述两个子系统之间的连接纽带：ORC 循环的输入功率来自 FC 子系统，冷却功率则由 CT 子系统决定。因此，必须进行 ORC 子系统设计，使整个系统产生尽可能多的电力。

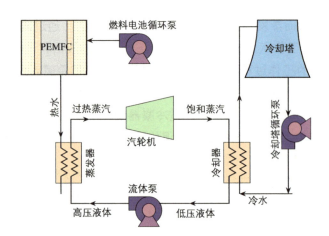

图 7-16 PEMFC 混合循环原理图

因此，我们需要开发一个模型并为上述每个子系统进行模拟。然后通过如图 7-16 所示的热流均衡来实现子系统之间的连接。在本小节中，我们将分别考虑每个子系统的需求并给出各自所涉及的方程。

除了每个循环的热力学关系外，我们还将给出计算电池各组成部分的相关方程。随后，我们对整个系统进行了有效能分析和热经济分析。最后，我们将列举不同的实例来说明在实际样品上的分析结果。

1. 燃料电池关系

一组燃料电池通常是由 N 个电池单元串联堆叠而成。因此，每个电池单元的电压和净堆叠电压通过如下方程相互关联：

$$V_{cell} = \frac{V}{N} \tag{7.17}$$

式中，V_{cell} 为单个电池的电压；V 为整个电堆的电压。电池电压对于获得电池效率也十分有用。因此，如第 1 章所述，低温燃料电池的效率可以利用其热中性电位来获得：

$$\eta_{cell} = \frac{V_{cell}}{1.481} \tag{7.18}$$

使用电池电压而不是电堆电压的优点是我们可以使用热力学关系来计算前者。第 1 章详细讨论了这些关系，此处我们复写最终结果：

$$V_{cell} = E_{T,p} - \frac{RT}{\alpha_c F}\ln\left(\frac{i}{i_{o,c}}\right) - \frac{RT}{\alpha_a F}\ln\left(\frac{i}{i_{o,a}}\right) - \frac{RT}{nF}\ln\left(\frac{i_{L,c}}{i_{L,c}-i}\right) - \frac{RT}{nF}\ln\left(\frac{i_{L,a}}{i_{L,a}-i}\right) - iR_i \tag{7.19}$$

式中，i 为电池电流密度；F 为法拉第常数；α_a 和 α_c 分别为阳极和阴极转移电流密度；$i_{o,a}$ 和 $i_{o,c}$ 分别为阳极和阴极交换电流密度。由式可知电池的可逆开路电压 $E_{T,p}$ 是温度和压力的函数，即

$$E_{T,p} = 1.482 - 0.000845T + 0.0000431T\ln(P_{H_2}P_{O_2}^{0.5}) \tag{7.20}$$

式中，P_{H_2} 和 P_{O_2} 分别为氢气和氧气的分压。

得到了电堆电流和电压后，我们可以利用如下方程得到燃料电池的功率：

$$P = VI \tag{7.21}$$

根据法拉第定律，消耗的氢气与电堆电流成正比[14]。因此，氢气的摩尔通量可以根据下述公式求出：

$$\dot{n} = \frac{I}{2F} \tag{7.22}$$

方程（7.18）定义的燃料电池效率表示转换为有用电能的输入能量。燃料电池堆的其余输入能量则通过热量形式损失。因此，损失的能量由下式计算：

$$\dot{Q}_{FC} = N \times \dot{n} \times HHV \times (1 - \eta_{cell}) \tag{7.23}$$

式中，HHV 为燃料电池反应中的较高热值。通过这个值，我们可以找到基于燃料电池反应产生水的水流速：

$$\dot{m}_{FC} = \frac{\dot{Q}_{FC}}{\Delta T_{FC} c_{p,FC}} \tag{7.24}$$

为了将水排出，我们需要使用流体泵去消耗部分有用电能，这将使最终可用的净能量小于产生的能量。因此，燃料电池的效率为

$$\eta_{FC} = \frac{P - \dot{W}_{pump,FC}}{N \times \dot{n} \times HHV} \tag{7.25}$$

式中，P 为燃料电池堆的功率；$\dot{W}_{pump,FC}$ 为水泵的功率（W 或 kW）。

2. 热循环与有机朗肯循环关系

如前文所述，TEC 系统性能取决于工作流体种类，因为不同工作流体的 T-s 图形状对效率和计算有很大的影响。前文也提到，工作流体的选择取决于临界温度，实际上，工作流体的临界温度必须小于循环的较高温度。表 7-2 给出了一些常用工作流体的主要特点。

表 7-2 常见制冷工作流体类型

制冷剂	化学名称	循环类型	T_C / K	P_C /MPa
R-32	二氟甲烷	b	351.26	5.78
R-125	五氟乙烷	b	339.17	3.62
R-134a	1,1,1,2-四氟乙烷	b	374.21	4.06
R-143a	1,1,1-三氟乙烷	b	345.86	3.76
R-152a	1，1-二氟乙烷	b	386.41	4.52
R-290	丙烷	b	369.83	4.25
R-600	正丁烷	o	425.13	3.80
R-600a	异丁烷	o	407.81	3.63
R-717	氨	b	405.40	11.33
R-718	水	b	647.10	22.06
R-1270	丙烯	b	365.57	4.66

（1）湿循环关系　图 7-14a 中点 1 的温度已知，因为该点温度取决于已知的蒸发器温度。由于压力和温度在饱和状态下是相关的，因此其压力也是已知的：

$$T_1 = T_{evp} \tag{7.26}$$

$$P_1 = P_{sat@T_1} \tag{7.27}$$

通过上述两个变量即可获知流体的状态，继而得到与流体其他相关的状态变量：

$$h_1 = h_{g@T_1} \tag{7.28}$$

$$s_1 = s_{g@T_1} \tag{7.29}$$

与点 1 类似，点 2 的状态也是已知的，其温度等于冷凝器的温度，压力也与冷凝器温度有关：

$$T_2 = T_{cnd} \tag{7.30}$$

$$P_2 = P_{sat@T_2} \tag{7.31}$$

假设汽轮机以理想情况运行，此时从点 1 到点 2 的过程可以看作是等熵的，因此可得

$$s_{2,s} = s_1 \tag{7.32}$$

$$h_{2,s} = h(T_2, s_{2,s}) \tag{7.33}$$

现在我们考虑把汽轮机的实际效率加入以上等熵模型中，得到真实的汽轮运行过程：

$$h_2 = h_1 - \eta_{trub,s}(h_1 - h_{2,s}) \tag{7.34}$$

$$s_2 = s(T_2, h_2) \tag{7.35}$$

点 3 的状态也可以根据它的压力求得：

$$P_3 = P_2 \tag{7.36}$$

$$h_3 = h_{f@T_2} \tag{7.37}$$

$$v_3 = v_{f@T_2} \tag{7.38}$$

现在，流体泵的工作原理可以由下式建立：

$$\dot{w}_{pump,WF} = v_3(P_1 - P_2) \tag{7.39}$$

根据点 3 处的状态以及泵的具体做功，可以求出点 4 处的相关热力学值：

$$h_4 = h_3 + \dot{w}_{pump,WF} \tag{7.40}$$

$$T_4 = T(P_1, h_4) \tag{7.41}$$

利用上述关系式即可描述 FC 部分与 TEC 部分之间的换热过程，这些热量会在蒸发器中从 FC 转移到 TEC：

$$\dot{q}_{evp} = h_1 - h_4 \tag{7.42}$$

另一方面，根据蒸发器出口和入口处的温差，我们可以写出 FC 循环的以下关系：

$$\dot{Q}_{evp} = \dot{m}_{FC} c_{p,evp} \Delta T_{evp} \tag{7.43}$$

因此，我们还可以获得 TEC 的水流速：

$$\dot{m}_{WF} = \frac{\dot{Q}_{evp}}{\dot{q}_{evp}} \tag{7.44}$$

最后，通过循环流量计算冷凝器净热和汽轮机净发电量。此外，还可以计算流体泵的功耗：

$$\dot{Q}_{cnd} = \dot{m}_{WF}(h_3 - h_2) \tag{7.45}$$

$$\dot{W}_{turb} = \dot{m}_{WF}(h_1 - h_2) \tag{7.46}$$

$$\dot{W}_{pump,WF} = \dot{m}_{WF} \dot{w}_{pump,WF} \tag{7.47}$$

（2）干循环关系 干循环和湿循环的主要区别如图 7-14 所示。在干燥循环中，点 2 位于过热区，我们需要参考式（7.48）而不是式（7.33）进行计算：

$$h_{2,s} = h(P_2, s_{2,s}) \tag{7.48}$$

然后利用式（7.34）和式（7.35）以及如下温度等式求出实际温度。

$$T_2 = T(P_2, h_2) \tag{7.49}$$

其余的计算与湿循环相同。

3. 冷却塔关系

整个系统的运行依赖于冷却塔中产生的冷水。CT 处气体流量 G 由下式计算[21]：

$$h_{CT,in} - h_{CT,out} = \frac{G}{\dot{m}_{CT}}[(h_{air,put} - h_{air,in}) - (\omega_{air,out} - \omega_{air,in})h_{mu}] \tag{7.50}$$

式中，h_{mu} 为水的比焓。热交换器设计完成后，还必须对循环泵的所需功进行计算。

PTEC 设备的整体效率为

$$\eta_{PTEC} = \frac{\dot{W}_{turb} + \dot{W}_{FC} - \dot{W}_{pump,WF} - \dot{W}_{pump,FC}}{70 \times \dot{n} \times HHV} \tag{7.51}$$

式中，$\dot{W}_{turb}$ 为气轮功率；$\dot{W}_{FC}$ 为 FC 产生的功率；$\dot{W}_{pump,WF}$ 为流体泵的所需功率；$\dot{W}_{pump,FC}$ 为 FC 泵的所需功率。

4. 热交换器关系

大多数对于计算板壳式热交换器相关参数的表述并不是很准确。这些热交换器的流动模式虽然几乎都为逆流，但其在样式上仍有许多复杂的类型。现在常用与散热器性能相关的参数粗略估计其所需的表面积，主要包括压降计算和传热系数计算两种方法[16, 25]。

（1）热交换表面积计算　对于板壳式热交换器，其表面的波浪形结构增加了板片的实际表面。增加的面积称为展开长度，其与水平跨度（或称为投影长度）之比称为放大系数，记为 φ。根据图 7-17 可以记为

$$\varphi = \frac{展开长度}{投影长度} \tag{7.52}$$

系数 φ 取决于波纹节距、波纹深度和板片节距，如图 7-17 所示。根据设计的不同，放大系数大多取在 1.15～1.25 之间。通常，在早期设计阶段使用 $\varphi = 1.17$ 作为参考值。

因此，式（7.52）可改写为

$$\varphi = \frac{A_1}{A_{1p}} \tag{7.53}$$

式中，A_1 为实际换热面积；A_{1p} 为制造商定义的投影面积。

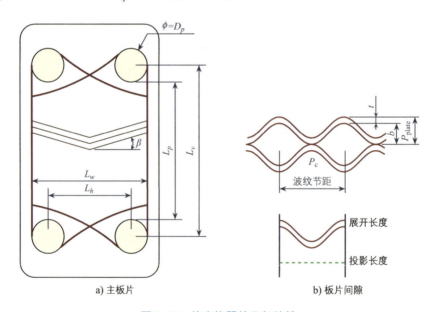

a) 主板片　　　　　b) 板片间隙

图 7-17　热交换器的几何特性

面积 A_{1p} 可由图 7-17a 根据如下公式估算：

$$A_{1p} = L_p L_w \tag{7.54}$$

根据该图，L_p 和 L_w 可以使用其他几何参数进行估计，如下所示：

$$L_p \simeq L_v - D_p \tag{7.55}$$

$$L_w \simeq L_h + D_p \tag{7.56}$$

φ 的值也可用于计算有效流道。在热交换器中，流道是连接两个连续板之间的路径，

并在板间放置垫片以防止泄漏。由于流道不是简单的管道，因此其表面积采用图 7-17b 中 b 所示的平均流道间隙进行计算。从图中可以清楚地看出：

$$b = P - t \tag{7.57}$$

式中，P 为板片节距；t 为板片厚度。注意，板片节距 P 不应与波节距 P_c 相混淆。

平均流道间隙 b 用于计算流量及其雷诺数，这在传热系数的计算中具有重要意义，因此它是一个很重要的参数。但不幸的是，其通常在目录或手册中并未给出。因此，与其相关的计算通常不是很准确。例如，要计算 P，我们可以参考制造商给出的 L_c：

$$P = \frac{L_c}{N_t} \tag{7.58}$$

式中，N_t 为板片总数。

关于流体相关参数的计算，假设通道截面为具有等效直径的圆形截面，则其等效直径与我们称之为水力直径的概念相同：

$$d_{eff} = \frac{4 \times 润湿面积}{润湿周长} = \frac{4A_c}{P_w} \tag{7.59}$$

根据水力直径的概念，等效直径通过方程（7.59）与 b 相关：

$$d_{eff} = \frac{4bL_w}{2(b + L_w \varphi)} = \frac{2b}{\varphi} \tag{7.60}$$

式中，$b \ll L_w$。

（2）压降　雷诺数取决于质量流量 G_c 和通道等效直径 d_{eff}，定义为

$$R_e = \frac{G_c d_{eff}}{\mu} \tag{7.61}$$

质量流量由下式计算：

$$G_c = \frac{\dot{m}}{N_{cp} b L_w} \tag{7.62}$$

式中，N_{cp} 为每次传输过程通过的通道数，由式（7.63）计算：

$$N_{cp} = \frac{N_t - 1}{2N_p} \tag{7.63}$$

式中，N_t 为板片总数；N_p 为传输次数。

热交换器中的总压降取决于通道 ΔP_{ch} 和连接端口 ΔP_p。通道压降使用式（7.64）计算：

$$\Delta P_{ch} = 4 f_{ch} \frac{L_{ch} N_p}{d_{eff}} \frac{G_c^2}{2\rho} \left(\frac{\mu_b}{\mu_w} \right)^{-0.17} \tag{7.64}$$

式中，f_{ch} 为摩擦系数，计算公式为

$$f_{ch} = \frac{k_p}{Re^z} \tag{7.65}$$

式中，k_p 和 z 为一些必须根据板片的几何特征确定的参数，例如雷诺数及其 V 形角 β。在一些参考文献（如 [16] 和 [25]）中，这些参数以表格形式列出。

板连接端口引起的压降粗略估计为速度量程的 1.4 倍：

$$\Delta P_p = 1.4 N_p \frac{G_p^2}{2\rho} \tag{7.66}$$

式中：

$$G_p = \frac{\dot{m}}{\frac{\pi d_p^2}{4}} \tag{7.67}$$

式中，$\dot{m}$ 为端口总质量流量；d_p 为端口直径。

如前所述，总压降是通道摩擦压降和端口压降之和：

$$\Delta P_{tot} = \Delta P_{ch} + \Delta P_p \tag{7.68}$$

5. 传热系数

壳板式热交换器的传热系数取决于材料，其也是板间通过连接传递热量的函数，因此必须考虑板间的流体流动。出于这个原因，我们必须使用等效或有效的液压直径，即便它们通常不是圆形的。

根据传热现象的参考文献，得到努塞尔数的公式如下：

$$Nu = C_h \left(\frac{d_{eff} G}{\mu} \right)^{\gamma} \left(\frac{C_p \mu}{k} \right)^{\frac{1}{3}} \frac{G_c^2}{2\rho} \left(\frac{\mu_b}{\mu_w} \right)^{0.17} = C_h Re^{\gamma} Pr^{0.33} \left(\frac{\mu_b}{\mu_w} \right)^{0.17} \tag{7.69}$$

式中，d_{eff} 为由式（7.59）求得的水力直径；C_h 和 γ 由 [16] 和 [25] 通过雷诺数和 V 形角 β 得到；Pr 为普朗特数。在这些热交换器中，从层流到湍流的转变发生在低雷诺数下。因此其传热速率变大，这是非常有利的。

总传热系数为

$$\frac{1}{U} = \frac{1}{h_h} + \frac{1}{h_c} + \frac{t}{k_w} \tag{7.70}$$

式中，t 为板片厚度；k_w 为板的传导传热系数；h_c 和 h_h 为从努塞尔数或通过方程（7.71）获得的对流传热系数：

$$Nu = \frac{d_{eff} h}{k} \tag{7.71}$$

式中，k 为传导传热系数。

这些计算的最终目标是获得净传热 $\dot{Q}$。根据所获得的数据，使用式（7.71）可计算净传热：

$$\dot{Q} = U A_e \Delta T_{lm} \qquad （7.72）$$

式中，A_e 为传热面积，而 ΔT_{lm} 为

$$\Delta T_{lm} = \frac{\Delta T_1 - \Delta T_2}{\ln \dfrac{\Delta T_1}{\Delta T_2}} \qquad （7.73）$$

6. 有效能

在 PEM 燃料电池中，我们处理的是整个控制体系而不是单纯的一个系统。因此我们需要建立控制体方程。控制体的有效能平衡是利用热力学第一定律与熵增定律（第二定律）相结合得到的 [17]。在控制体中，有效能通过三种不同的机制传递：功、传热和传质。相关机制介绍如图 7-18 所示。

对于有效能损耗的计算，使用以下方法：

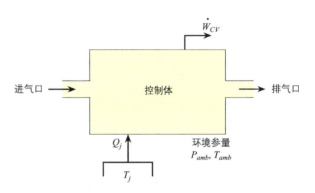

图 7-18　控制体的有效能分析

$$\dot{E}_D = \sum_j \left(1 - \frac{T_{amb}}{T_j} \right) \dot{Q}_j - \dot{W}_{CV} + \sum_{in} \dot{m}_{in} e_{in} - \sum_{in} \dot{m}_{out} e_{out} \qquad （7.74）$$

式中，$\dot{E}_D$ 为有效能损耗率；$\dot{Q}_j$ 为控制体边界处的传热速率；T_j 为温度；$\dot{W}_{CV}$ 为控制体和环境之间转移功的总速率。

为了实现完整的有效能分析，必须实现每个单独组分上的有效能平衡。对于我们设计的 CHP 系统，通过下述分析详细解释：

燃料电池各组件的物理有效能用可以结合式（7.7）、式（7.8）和式（7.9）中的化学部分，以及表 7-1 的值获得。

PEM 燃料电池的总有效能损耗由式（7.6）获得：

$$\dot{E}_{D,FC} = \dot{m}_{H_2} e_{H_2} + \dot{m}_{air} e_{air} - \dot{m}_{H_2O} e_{H_2O} + \dot{m}_{FC}(e_{FC,in} - e_{FC,out}) - \dot{W}_{FC} \qquad （7.75）$$

式中，$\dot{W}_{FC}$ 为燃料电池输出功率。

（1）冷凝器和冷却塔　冷凝器和冷却塔中的有效能损耗率为

$$\dot{E}_{D,FT} = G(e_{air,in} - e_{air,out}) + \dot{m}_{mu}(e_{mu} - e_{air,out}) - \dot{m}_{CT}(e_{cnd,in} - e_{cnd,out}) \qquad （7.76）$$

（2）汽轮机　汽轮机产量的有效能平衡为

$$\dot{E}_{D,turb} = \dot{m}_{WF}(e_1 - e_2) - \dot{W}_{turb} \qquad （7.77）$$

（3）泵 对于流体泵，使用式（7.78）计算其有效能损失：

$$\dot{E}_{D,pump} = \dot{m}_{WF}(e_3 - e_4) - \dot{W}_{pump} \qquad （7.78）$$

7. 系统的有效能平衡

系统的唯一质量输入是来自阳极侧的氢气和来自阴极侧的氧气。因此，控制体的入口用电量由下式定义：

$$\dot{E}_{in} = \dot{E}_{air} + \dot{E}_{H_2} \qquad （7.79）$$

并且可以使用式（7.80）计算出有效能效率：

$$\epsilon = 1 - \frac{\dot{E}_{D,tot}}{\dot{E}_{in}} \qquad （7.80）$$

式中，$\dot{E}_{D,tot}$ 为所有部分的净有效能损失。

8. 热经济学

要计算 PTEC 联合装置的最终成本，我们可以使用以下公式：

$$C_{PTEC} = \frac{TAC}{W_{PTEC}} \qquad （7.81）$$

该函数也是整个系统的目标函数，因为系统的净输入与净生成直接相关。在该等式中，WPTEC 是循环周期内的净发电量。

9. 成本函数

不同部件的成本是经济分析中最具挑战性的环节。事实上，全球有许多不同的制造商可以生产该装置所需的组件。这些组件的成本取决于品牌方和制作方。因此，在实际设计中，我们需要获得每个组件的实际成本。于是，通过了解大量参考文献和手册（如文献 [23]），我们可以获得一个粗略但合理的估计。通常，组件的成本信息以表格形式列出或以数字的形式给出，如图 7-19 ~ 图 7-21 所示。根据这些信息，我们可以获得各个组件的实际成本 [23]。

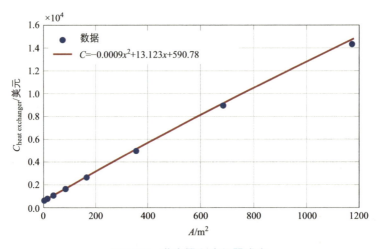

图 7-19　蒸发器和冷凝器成本

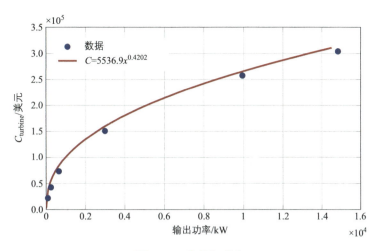

图 7-20　汽轮机成本

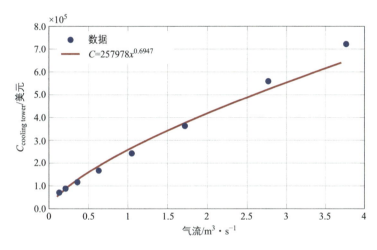

图 7-21　冷却塔成本

（1）燃料电池　PEM 燃料电池的成本是其功率的函数，由式（7.82）表示：

$$C_{FC} = 500P \tag{7.82}$$

（2）蒸发器和冷凝器　如前所述，在目前的系统中，蒸发器和冷凝器均选用壳板式热交换器。因此，两者的成本评估遵循相同的程序。蒸发和冷凝之间的唯一区别是总传热系数 U 值的不同，见式（7.72）。因此，蒸发器和冷凝器需要不同的传热面积，故成本有所不同。

蒸发器和冷凝器的成本从图 7-19 中得出并使用式（7.83）计算：

$$C_{evp/cnd} = -0.0009 A_{cnd}^2 + 13.123 A_{cnd} + 590.78 \tag{7.83}$$

（3）冷却塔　在目前提出的装置中，冷水由冷却塔提供。冷却塔的成本如图 7-21 所示并用等式（7.84）表示：

$$C_{CT} = 257978 \dot{V}_{CT}^{0.6947} \tag{7.84}$$

（4）泵　如前所述，使用的泵在成本上无法与其他组件相比。因此我们可以忽略它们的成本。

7.4.4　实例分析

为了检验这里提出的公式和方法，我们重点介绍一些例子。

例 7.7　使用 CHP 循环的公式，计算所提出的循环的效率，并将结果与 Xie 等人[33]提出的循环进行比较。

答：Xie 等人[33]使用 10kW 的 PEMFC 在 55℃ 下工作。在该循环中，氨或 R-717 用作主要工作流体，其性质见表 7-2。本例中使用的基本参数见表 7-3，这些数据与 Xie 等人[33]使用的数据一致。本书与原作的主要区别在于，我们使用了 TEC 子系统来提供冷却水。然后通过使用优化算法对整个系统进行改进，以确保达到整个系统的最佳性能。模拟结果见表 7-4。

表 7-3　主要参数

参数	名称	值
P	标称输出功率	10kW
V	输出电压	48V
N	电池单元数	70
A_{cnd}	空气入口压力	3atm
A_{cnd}	氢气入口压力	5atm
冷却液		水
TEC 工作流体		氨
冷却塔工作流体		水

表 7-4　混合循环效率

子系统	原效率（%）	优化后循环效率（%）
PEMFC	40	46
TEC	4.4	9
Total	45.3	51.5

结果表明，虽然增加了冷却系统，但整个循环拥有了更高的净效率。

例 7.8　讨论不同组件中的有效能损耗组成。

答：图 7-22 显示了所有组分的有效能分析结果。正如我们所看到的，系统总有效能损耗的 93% 发生在 PEM 燃料电池中。这意味着，我们在进行优化时最好专注于燃料电池本身，其他组件的优化并非减小损耗的关键。

图中还表明，冷凝器和冷却塔以 4% 的有效能损耗排在第二位，其次是汽轮机的 2%。包括泵和蒸发器在内的其他组件仅占 1%。

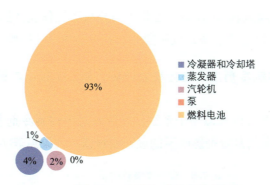

图 7-22 不同组分的有效能损耗

由于主要的有效能损耗发生在燃料电池中，因此关注该组件并优化其参数是合理的。在本示例中，我们选择电池组的数量 N、工作电流 I 和电池的出口温度 $T_{FC,out}$ 作为主要设计变量，以优化净输出电能损失为主要目标函数。换句话说，我们寻求 N、I 和 $T_{FC,out}$ 的最佳值，以达到最高的 TAC。被用作优化设计变量的基本参数在表 7-5 中列出。我们将在以下示例中讨论优化的结果。

例 7.9 使用设计变量，并尝试优化循环。

答：该优化意图最大限度地减少整个系统中的有效能损失。因此，我们使用表 7-5 所示的设计变量，并使用遗传算法（GA）代码来优化整个系统。请注意，此处可以使用任何优化方案，并不仅限于遗传算法。

表 7-5 主要设计变量值

参数	值	单位
N	70	
I	208	A
$T_{FC,out}$	55	℃

采用氨冷却剂的设计变量优化结果为

$$N = 207, \ I = 89\text{A}, \ T = 69℃$$

结果如图 7-23 所示。可见，燃料电池中的有效能损耗比重降低到 90%。这表明该循环具有较低的有效能损耗，也就意味着整个系统的效率提高了。

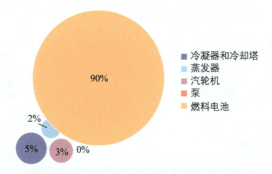

图 7-23 选用氨作为工作流体的优化循环中不同组分的有效能损耗

众所周知，工作流体会影响循环效率，因此本节分析了工作流体的重要性。此处，我们将选用不同的工作流体模拟整个系统，以研究它们对系统性能的影响。

例 7.10　使用不同的制冷剂重新进行联合循环计算，比较基本循环和优化循环的结果。

答：使用表 7-5 中的参数以模拟整个系统，然后针对每种制冷剂进行单独的循环优化。最终，我们获得了不同的制冷剂影响下的设计变量值，结果见表 7-6。

表 7-6　设计变量优化值

工作流体种类	参数		
	N	I/A	$T_{FC,out}/℃$
R-32	242	95	65
R-125	198	96	64
R-134a	244	91	68
R-143a	224	81	74
R-152a	241	96	68
R-290	205	89	69
R-600	200	100	63
R-600a	237	92	67
R-717	207	89	69
R-1270	237	86	71

结果表明，制冷剂的类型对工作参数影响较大。值得注意的是，燃料电池的输出温度是制冷剂的函数，因此在设计 CHP 循环时必须充分考虑这些因素。

例 7.11　讨论不同工作流体的有效能损耗组成。

答：图 7-24 ~ 图 7-32 显示了系统每个组分的有效能损耗。从这些分析中我们可以推断，工作流体种类也会影响系统的有效能损耗。

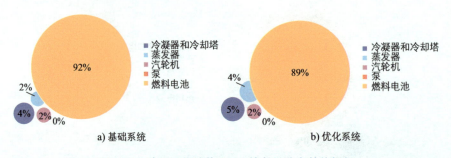

图 7-24　选用工作流体 R-32 的各组分有效能损耗

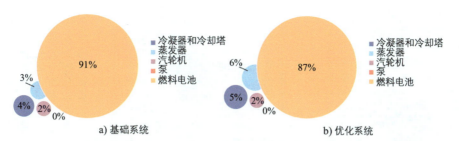

图 7-25 选用工作流体 R-125 的各组分有效能损耗

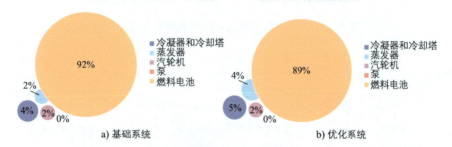

图 7-26 选用工作流体 R-134a 的各组分有效能损耗

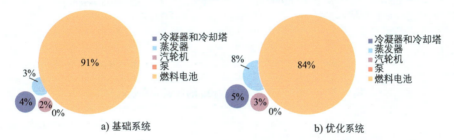

图 7-27 选用工作流体 R-143a 的各组分有效能损耗

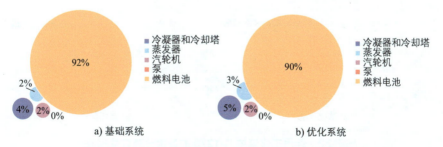

图 7-28 选用工作流体 R-152a 的各组分有效能损耗

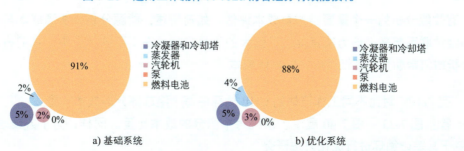

图 7-29 选用工作流体 R-290 的各组分有效能损耗

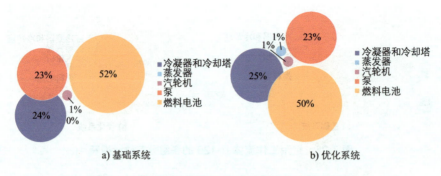

a) 基础系统   b) 优化系统

图 7-30 选用工作流体 R-600 的各组分有效能损耗

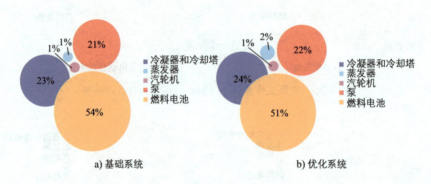

a) 基础系统   b) 优化系统

图 7-31 选用工作流体 R-600a 的各组分有效能损耗

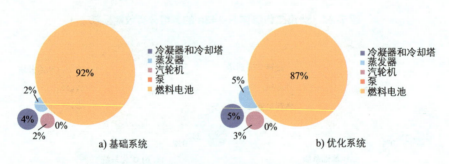

a) 基础系统   b) 优化系统

图 7-32 选用工作流体 R-1270 的各组分有效能损耗

有效能分析的一个重要结果是成本评估。如前所述，能源分析将能源成本与系统的运营和维护联系起来，这为决策提供了强大的工具支持。在下面的示例中，我们将展示借助此分析如何帮助我们降低发电站的总体成本。

例 7.12 讨论不同工作流体的 CHP 循环中每个组成部分的成本比重。

答：图 7-33 ~ 图 7-40 展示了系统每个组分的成本比重。同样，为了方便理解，我们基于其基础循环进行优化方法研究。

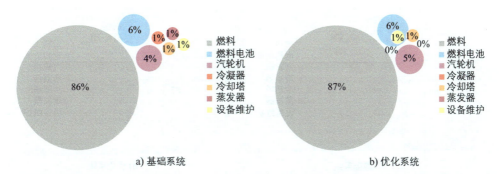

图 7-33　选用工作流体 R-32 的基础循环与优化循环中各组分成本比重

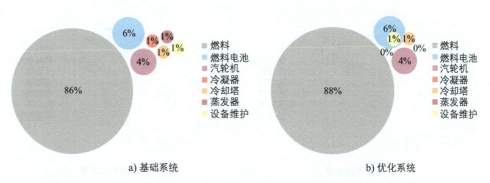

图 7-34　选用工作流体 R-125 的基础循环与优化循环中各组分成本比重

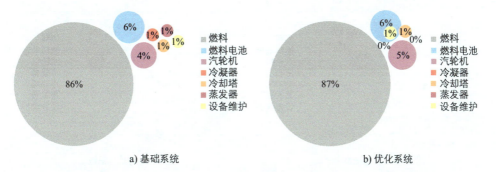

图 7-35　选用工作流体 R-134a 的基础循环与优化循环中各组分成本比重

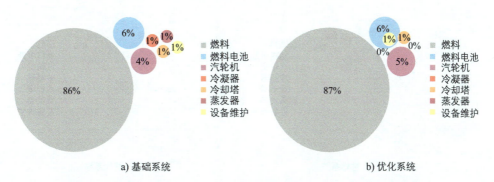

图 7-36　选用工作流体 R-143a 的基础循环与优化循环中各组分成本比重

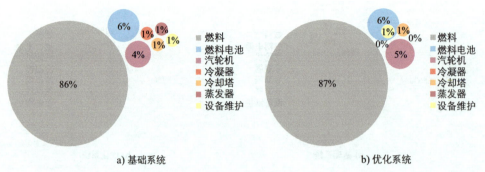

图 7-37　选用工作流体 R-290 的基础循环与优化循环中各组分成本比重

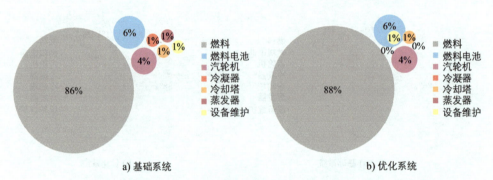

图 7-38　选用工作流体 R-600 的基础循环与优化循环中各组分成本比重

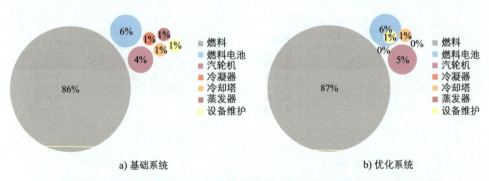

图 7-39　选用工作流体 R-600a 的基础循环与优化循环中各组分成本比重

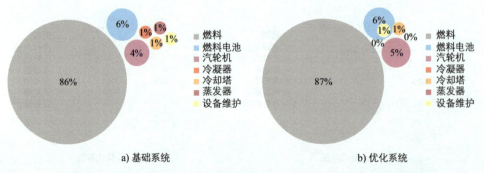

图 7-40　选用工作流体 R-1270 的基础循环与优化循环中各组分成本比重

例 7.13 计算在例 7.12 中得到的基本循环和优化循环的总周期成本（TAC）。讨论结果并展示优化结果将如何影响 TAC。

答：表 7-7 总结了基本循环和优化循环的 TAC 表现。结果表明，基本循环的周期成本显著高于优化循环的 TAC。因此我们可以推断，当考虑经济方面的优化时，热电联产设计可以较为高效地达成这一目的。

表 7-7 各循环的总周期成本

工作流体	基础循环的 TAC/ 美元	优化循环的 TAC/ 美元
R-32	21361	10589
R-125	17671	10570
R-134a	20724	10570
R-143a	17157	10576
R-152a	21562	10576
R-290	17101	10578
R-600	18697	10570
R-600a	20356	10568
R-717	17142	10587
R-1270	18963	10584

7.5 本章小结

在本章中，我们讨论了 CHP 在提高不同燃料电池技术的效率中的应用。对于高温 FC 的 CHP 是相当常见的，并且已经如上所述进行了研究和应用。同样，我们发现 CHP 也可以与 PEMFC 等低温燃料电池结合使用。因此，在研究任何燃料电池的相关技术时，考虑 CHP 是一种很好的做法。

为了更加了解 CHP，我们首先介绍了 CHP 的概念，讨论了作为高温环境下的最佳选择之一：SOFC 集成 CHP 系统的不同应用场景。最后，说明了 PEMFC 也可以用于 CHP 循环以产生更高的效率。

在本章探讨的所有案例中，我们必须明确，除非该设计具有良好的经济效益，否则提高系统的效率是没有意义的。因此，我们提出了热经济学或有效能经济学概念，强调效率的提高必须考虑到经济效益的提升，否则系统设计将毫无意义。

思 考 题

1）计算并绘制氢燃料电池的热平衡电压随时间的变化，并将结果绘制为图表。

2）根据例 7.2 的 SOFC 数据，计算 FC 在不同温度下的效率，并将所有结果绘制在同一图表中，其中 $T=800℃$、$900℃$、$1000℃$、$1100℃$ 为操作条件。

3）例 7.3 计算了在 150℃ 电池的产热量。尝试在其他温度（如 125℃、175℃ 和 200℃）重复该计算过程。

4）计算问题 3）中 FC 在不同温度下产生的热量，将结果绘制在同一张图表上并进行讨论，判断是否存在输出最高电能的最佳工作温度值。

5）试写出下面概念的定义：①有效能；②有效能平衡；③有效能损失。

6）试举出采用不同 FC 技术的热电联产系统一些实例。

7）式（7.82）给出了 PEMFC 成本的粗略估计方法，现已出现许多新的研究成果并使得 PEMFC 的成本下降。收集各公司 PEMFC 最近的价格并绘制趋势，以获得 PEMFC 价格更精准的计算公式。

8）现有一工作功率为 100kW 的 PEMFC，工作温度为 80℃。如果电池效率为 60%，计算电池产生的热量。计算出适配该系统的换热器所需的表面积，并根据给定的关系式得出其经济成本。请注意，该问题为开放式问题，读者可以根据常见数据假设一些必要的值。

9）将一个 20kW 的 ORC 与问题 8）的 FC 集成，设计并选择合适的冷却塔规格并计算其价格。同样，这个问题也是开放式的，读者可以根据自己的经验和常见参数选择一些相关的数据。

参考文献

[1] Pouria Ahmadi, Ibrahim Dincer, Exergoenvironmental analysis and optimization of a cogeneration plant system using multimodal genetic algorithm (MGA), Energy 35 (12) (2010) 5161–5172.

[2] V. Antonucci, G. Brunaccini, A. De Pascale, M. Ferraro, F. Melino, V. Orlandini, F. Sergi, Integration of μ-SOFC generator and ZEBRA batteries for domestic application and comparison with other μ-CHP technologies, Energy Procedia 75 (2015) 999–1004.

[3] Adrian Bejan, George Tsatsaronis, Michael J. Moran, Thermal Design and Optimization, John Wiley & Sons, 1995.

[4] Yunus A. Cengel, Michael A. Boles, Mehmet Kanoglu, Thermodynamics: An Engineering Approach, vol. 5, McGraw-Hill, New York, 2011.

[5] Haisheng Chen, Yujie Xu, Chang Liu, Fengjuan He, Shan Hu, Storing energy in China—an overview, Storing Energy, 2016, pp. 509–527.

[6] Jing Chen, The Physical Foundation of Economics: An Analytical Thermodynamic Theory, World Scientific, 2005.

[7] Peter A. Corning, Thermoeconomics: Beyond the second law, Journal of Bioeconomics 4 (1) (2002) 57–88.

[8] Peter A. Corning, Stephen J. Kline, Thermodynamics, information and life revisited, part ii: 'thermoeconomics' and 'control information', Systems Research and Behavioral Science: The Official Journal of the International Federation for Systems Research 15 (6) (1998) 453–482.

[9] Yehia M. El-Sayed, The Thermoeconomics of Energy Conversions, Elsevier, 2013.

[10] Amir Fakour, Ali Behbahani-Nia, Farshad Torabi, Energy and economic analysis of an integrated solid oxide fuel cell system with a total site utility system: A case study for petrochemical utilization, Energy Sources, Part B: Economics, Planning, and Policy 12 (7) (2017) 597–604, https://doi.org/10.1080/15567249.2016.1238022.

[11] Amir Fakour, Ali Behbahani-Nia, Farshad Torabi, Economic feasibility of solid oxide fuel cell (SOFC) for power generation in Iran, Energy Sources, Part B: Economics, Planning, and Policy 13 (3) (2018) 149–157, https://doi.org/10.1080/15567249.2017.1316796.

[12] Nicholas Georgescu-Roegen, The entropy law and the economic process in retrospect, Eastern Economic Journal 12 (1) (1986) 3–25.

[13] Mei Gong, Göran Wall, Onexergetics, economics and optimization of technical processes to meet environmental conditions, Work 1 (5) (1997).

[14] Fuel Cell Handbook. EG&G Technical Services Inc., Albuquerque, NM, DOE/NETL, November 2004.

[15] Josef Honerkamp, Statistical Physics: An Advanced Approach with Applications, Springer Science & Business Media, 2012.

[16] Sadik Kakac, Hongtan Liu, Anchasa Pramuanjaroenkij, Heat Exchangers: Selection, Rating, and Thermal Design, CRC Press, 2002.

[17] Tadeusz Jozef Kotas, The Exergy Method of Thermal Plant Analysis, Paragon Publishing, 2012.

[18] V. Maizza, A. Maizza, Working fluids in non-steady flows for waste energy recovery systems, Applied Thermal Engineering 16 (7) (1996) 579–590.

[19] Mousa Meratizaman, Sina Monadizadeh, Majid Amidpour, Introduction of an efficient small-scale freshwater–power generation cycle (SOFC–GT–MED), simulation, parametric study and economic assessment, Desalination 351 (2014) 43–58, https://doi.org/10.1016/j.desal.2014.07.023.

[20] Mousa Meratizaman, Sina Monadizadeh, Majid Amidpour, Techno–economic assessment of high efficient energy production (SOFC–GT) for residential application from natural gas, Journal of Natural Gas Science and Engineering 21 (2014) 118–133, https://doi.org/10.1016/j.jngse.2014.07.033.

[21] P.K. Nag, Power Plant Engineering, Tata McGraw-Hill, 2008.

[22] Pierre Perrot, A to Z of Thermodynamics, Oxford University Press on Demand, 1998.

[23] Max Stone Peters, Klaus D. Timmerhaus, Ronald Emmett West, et al., Plant Design and Economics for Chemical Engineers, vol. 4, McGraw-Hill, New York, 2003.

[24] Rokni Masoud, Thermodynamic analysis of SOFC (solid oxide fuel cell)-Stirling hybrid plants using alternative fuels, Energy 61 (2013) 87–97, https://doi.org/10.1016/j.energy.2013.06.001.

[25] E.A.D. Saunders, Heat Exchangers, John Wiley and Sons Inc., New York, NY, 1988.

[26] Luis Serra, César Torres Cuadra, Structural theory of thermoeconomics, in: Mechanical Engineering, Energy Systems and Sustainable Development, vol. IV, EOLSS Publishers/UNESCO, 2009, p. 233.

[27] Nimat Shamim, Edwin C. Thomsen, Vilayanur V. Viswanathan, David M. Reed, Vincent L. Sprenkle, Guosheng Li, Evaluating ZEBRA battery module under the peak-shaving duty cycles, Materials 14 (9) (2021) 2280.

[28] Stanislaw Sieniutycz, Peter Salamon, Extended Thermodynamics Systems, vol. 7, CRC Press, 1992.

[29] Páll Valdimarsson, Basic concepts of thermoeconomics, in: Short Course on Geothermal Drilling, Resource Development and Power Plants, organized by UNU-GTP and LaGeo, in Santa Tecla, El Salvador, 2011, pp. 16–22.

[30] A. Valero, L. Serra, J. Uche, Fundamentals of exergy cost accounting and thermoeconomics. Part I: Theory, Journal of Energy Resource Technology (2005) 1–8, https://doi.org/10.1115/1.2134732.

[31] Göran Wall, Exergy conversion in the Japanese society, Energy 15 (5) (1990) 435–444.

[32] Wikipedia, Plate heat exchanger, https://commons.wikimedia.org/w/index.php?curid=68483905, 2022. (Accessed 19 January 2022).

[33] Chungang Xie, Shuxin Wang, Lianhong Zhang, S. Jack Hu, Improvement of proton exchange membrane fuel cell overall efficiency by integrating heat-to-electricity conversion, Journal of Power Sources 191 (2) (2009) 433–441.

[34] Takahisa Yamamoto, Tomohiko Furuhata, Norio Arai, Koichi Mori, Design and testing of the organic Rankine cycle, Energy 26 (3) (2001) 239–251.

[35] E. Yantovski, What is exergy, in: Proceeding International Conference ECOS, 2004, pp. 801–817.

[36] Yehia M. El-Sayed, Thermodynamics and thermoeconomics, International Journal of Thermoynamics 2 (1) (1999) 5–18.

[37] Ahmet Yilanci, H. Kemal Ozturk, Oner Atalay, Ibrahim Dincer, Exergy analysis of a 1.2 kWp PEM fuel cell system, in: Proceedings of 3rd International Energy, Exergy and Environment Symposium, 2007.

附 录

附录 A　格子玻尔兹曼代码

A.1　几何生成器

几何生成器旨在为 PEMFC 电极生成正确的几何形状。电极的气体扩散层由碳纸制成，必须正确建模才能进行模拟。完整代码如程序 A-1 所示。

代码中的所有参数在 2.2 节中已经提出并解释。为了对所有 PEMFC 进行精确模拟，首先需要定义气体扩散层的几何结构。因此，本代码是生成几何结构的强大工具，同时将在其他代码中使用。

代码的输入为：nx、ny 和 nz 定义为每个方向上的网格尺寸；porosity 定义为气体扩散层的孔隙率；β 定义为电极的各向异性值。

程序 A-1　用于生成气体扩散层微观结构的几何生成器代码

A.2　具有纤维障碍的 PEMFC 流道内等温单相空气流动

本代码通过格子玻尔兹曼方法解决了管状纤维上的气流问题。光纤位于二维通道内，如图 A-1 所示。代码继续对气流进行求解并生成速度矢量分量，还提供了其他有用的信息，如流线和对称线处的速度分量。

图 A-1　纤维截面上气流的几何形状

使用格子玻尔兹曼方法和 D2Q9 模型来获得流场以及单弛豫时间方法。程序 A-2 是使用 FORTRAN-90 开发的，并用于例 2.8 中。有关该代码的更多信息，请参阅第 2 章。它是一个使用格子玻尔兹曼方法模拟流场的非常简单的软件，可用于教学中。

程序 A-2　纤维截面上气流的模拟

A.3　多孔介质中流体位移的建模

程序 A-3 模拟了多孔介质内单物质或单组分流体的两相流的流动运动。例如，在本代码中，模拟了水的两相模型，该模型包含了在许多圆柱体的介质中流动。在其运动过程中，水流排出气相，该代码模拟了水流的瞬态运动。

该代码是用 FORTRAN-90 语言编写的，在学术上，它是一个非常整洁和强大的代码，用于分析不同的多相流。例如，它可以在稍作修改的情况下用于模拟 PEMFC 阴极内部的水。本代码用于例 2.9 的模拟。

程序 A-3　多相单分量（MPSC）LBM 代码

A.4　使用格子玻尔兹曼方法的 PEMFC 阴极催化剂层建模

在公开文献中有许多不同的二维格子玻尔兹曼方法代码。然而，当使用 3D 几何图形时，开源代码并不常见。因此，我们试图演示一种能够求解三维空间中流场的代码。程序 A-4 是此类情况的 FORTRAN 源码。

该代码解决了催化剂层处的流体运动，还解决了电极催化剂层上的电化学反应。因此，可以使用程序 A-4 简单地模拟催化剂层处的氧气消耗和水的生成。

该代码基于多相多分量模型，可以模拟不同状态下的不同类别，本代码的另一个优点是它有利于 OpenMP 语法的并行处理能力。因此，可以在任何具有并行处理 OpenMP 功能的系统上，通过并行模式使用它。由于它是一个专业代码，有大量的输入数据，因此数据是从输入文件中读取的。完成程序 A-5 中的代码后，会显示输入文件的格式。

本代码用于例 2.10 的模拟。

程序 A-4　使用格子玻尔兹曼方法对 PEMFC 进行三维模拟

如前所述，程序 A-4 需要大量的输入数据来灵活地模拟许多不同的情况。因此，相较于在主代码中应用输入数据的方式，使用输入文件是合理的。下面的文件为程序 A-4 所需的一个示例输入文件。

程序 A-5　程序 A-4 的一个示例输入文件

 附录 B　用于 PEMFC 仿真的 MATLAB 代码

在例 2.11 中，我们讨论了 PEMFC 的一维模型。该模型是在 MATLAB 中开发的，可以生成单个 PEMFC 电池的极化曲线，如程序 B-1 所示。当前代码的优点之一是它模拟了一个多组件模型。因此，可以得到在阳极催化剂层 H_2 和 H_2O 的浓度，在阴极催化剂层侧，可以得到 O_2、N_2 和 H_2O 的浓度。

为简单起见，在必要的地方对代码进行了注释。为了更好地理解所使用的参数，建议读者参考例 2.11。

程序 B-1　质子交换膜燃料电池极化曲线和在催化剂层的物质摩尔分数

附录 C　优化方法

最优化是数学的一个分支，它是为了找到一个函数的最大值或最小值。该函数可能是多变量的，具有许多局部和全局极值。任务是找到全局最大值或最小值。为了达到优化的目的，目前已经研究和实现了许多不同的方法，但我们不能选择其中的一个作为最佳的优化方法。每一种方法都有自己的优点和缺点，必须根据我们以前的经验使用。一些研究表明，不同的优化方法在应用于不同的问题时会表现出不同的性能。因此，我们需要知道哪种方法最适合我们自己的问题。

在本附录中，我们首先解释优化的基础知识，然后介绍一些典型的优化方法，最后，我们用 C++ 语言实现所讨论的方法。

C.1　优化的概念

优化的目的是在特定范围内找到函数的最大值（或最小值）。如果一个函数有很多全局最大值，那么找到其中一个就满足要求了。这样的函数如图 C-1 所示，其中函数 $f(x)$ 在 $x \in [0,12.5]$ 范围内有许多局部最大值和两个全局最大值。因此，优化过程搜索位于 $x=2$ 或 $x=11.25$ 的两个全局最大值之一。如图所示，由于它们的值相同（即 $f(2)=f(11.25)=2$），因此都被认为是优化的正确答案。在最优化中，这个函数被称为目标函数。当优化的目标是找到最大值时，目标函数称为适应度，而当我们要找到一个函数的最小值时，我们称之为代价函数。依赖变量也称为决策变量或设计变量。因此，优化的目标是在特定范围内找到适应度的最大值或代价的最小值。

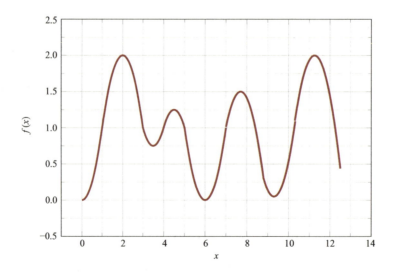

图 C-1　具有大量局部最大值和全局最大值的典型函数 1

注意函数 $f(x)$ 的最小值是函数 $-f(x)$ 的最大值。因此，优化算法通常侧重于寻找最小代价。然后，可以使用相同的代码来查找其他函数的最大值，而无需任何修改。

例 C.1　参照图 C-1，确定以下条件：

1）目标函数。

2）适应度或成本函数。

3）设计变量。

答案：如图所示，目标函数是 $f(x)$，我们要找到该函数的最优值。现在，如果我们要找 $f(x)$ 的最大值，那么这个函数也被称为适应度。如果我们要找到函数的最小值，它也被称为代价。最后，函数是单变量的。因此，唯一的设计变量是 x，它决定了 $f(x)$ 的值。

很明显，如果我们在不同的设计变量范围内检查函数，则最佳值是不同的。因此，任何优化过程都必须知道设计变量的范围。

例 C.2　用图 C-1 的例子讨论变量范围对函数优化值的影响。

答案：图 C-1 在 $x \in [0,12.5]$ 范围内有 4 个不同的顶点。如果优化的搜索范围被限制在 $x \in [3,7]$，那么它将在 $x=4.5$ 处有一个唯一的最大值。如果我们将设计变量的范围更改为 $x \in [3,10]$，则同样成立。在这个范围内，在 $x=7.7$ 处有一个唯一的全局最大值。

这个例子清楚地表明，设计变量的选择范围直接决定了函数的最大值。因此，为所有的设计变量选择一个合适的范围是优化过程中必不可少的一步。

关于优化值的另一个重要问题是，它不一定是函数的极值点。优化后的值可以不是极值点，这种情况通常发生在最大值位于函数边界的时候。

例 C.3　举例说明一个函数的最大值不是极值的情况。

答案：若选取图 C-1 中函数的优化范围为 $x \in [7,11]$，则最大值位于 $x=11$ 处，此时函数等于 $f(11)=1.9375$。注意，这个函数在 $x=7.7$ 处有一个极值，但该极值不是这个范围内的最大值。

除了定义设计变量的范围外，还必须考虑其他物理或数学约束。这些约束可能具有物理意义，也可能在数学上无意义。例如，如图 C-2 所示，函数定义在 $x \in [0,12.5]$ 的范围内。由于某种原因，它的值在 $x \in [7,9]$ 的范围内不符合我们的要求。因此，我们正在寻找不在 $x \in [7,9]$ 范围内的函数的最大值。我们对某些特定区域的答案不感兴趣的原因是问题的物理性质。不管原因是什么，我们都没有在图上显示这个区域。

在这种情况下，我们必须通过一些方法排除答案。其中一种方法是为设计变量定义不同的值。这种方法需要特殊考虑，并对代码进行适当和精确的修改。另一种方法是在代价函数中添加额外的惩罚。因此，优化问题执行与之前相同的过程，但会自动限制范围。这种方法较为简便，适用于任何问题，其好处是可以非常简单地排除任何区域。

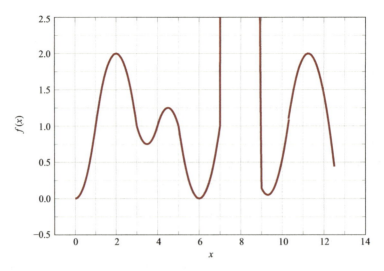

图 C-2   具有大量局部最大值和全局最大值的典型函数 2

例 C.4   解释图 C-2 中附加约束的作用。

答案：函数 $f(x)$ 在 $x \in [7,9]$ 的范围内定义。因此，如果我们进行正常优化，那么最终结果将是同一范围内的一个点。这是因为函数的全局最大值点正好在相同的范围内。因此，我们需要定义特殊的约束来排除范围。

这个例子说明了定义特殊约束的重要性。下面的示例展示了一种简单的方法。

例 C.5   为例 C.4 中讨论的函数定义一个适当的约束。

答案：如前所述，我们可以在图中所示的函数中添加一个额外的惩罚。一种方法是修改函数如下：

$$f(x) = \begin{cases} f(x), & x \notin [7,9] \\ 0, & x \in [7,9] \end{cases} \qquad (\text{C.1})$$

这个定义意味着，如果 x 在 [7,9] 的范围内，那么函数值将为零。换句话说，我们在目标函数中增加了惩罚 $-f(x)$。

例 C.5 中讨论的附加惩罚导致优化算法排除了位于受限范围内的 x。正如我们所看到的，应用约束不需要其他修改。

C.2   优化方法分类

优化方法分为两大类，经典或确定性方法和启发式方法。当搜索空间为线性可微时，线性和非线性规划、单纯形法、牛顿最陡下降法等经典方法是求目标函数极值的有力工具。然而，在函数变得复杂的现实问题中，例如，不可微的时候，经典方法不是很好的选择。

相反，非常规的启发式方法被开发来寻找一个可接受的最优值。这意味着在许多不同的局部和全局最大值中，它们可以找到最佳答案。这些方法能够处理范围广泛的问题，而无需对其内部方法进行任何重大修改。这种算法根据灵感来源分为五大类：

1）进化算法。

2）群体智能算法。

3）基于人类的算法。

4）基于物理的算法。

5）基于游戏的算法。

这些方法与为设计变量生成的随机数一起运行。然后用生成的值计算目标函数。之后，根据它们的内部方法，它们从随机位置向优化位置移动。最后，所谓的最佳答案将被确定为最优值。

文献中有许多不同的启发式方法。它们中的大多数都得到了很好的开发，甚至在不同的应用程序、软件、数学包和在线网站中得到实现。遗传算法（GA）、差分进化（DE）算法、粒子群优化（PSO）算法、乌鸦搜索算法（CSA）、鲸鱼优化算法（WOA）、模拟退火（SA）、教学优化（TLBO）算法、骰子游戏优化器（DGO）和禁忌搜索（TS）算法是一些流行的元启发式方法。在本附录中，我们给出了 CSA、WOA 和 TLBO 的一些细节。更多的信息可以在文献 [7] 中找到。

C.2.1 乌鸦搜索算法

乌鸦搜索算法（Crow Search Algorithm, CSA）是 Askarzadeh[1] 提出的一种受自然启发的元启发式优化方法。该方法基于乌鸦的自然特征。它们聪明，记忆力好，能与其他团队成员交流，并且有很强的决策能力。乌鸦利用它们的记忆能力把食物藏起来，然后再把它们找回来。与此同时，其他乌鸦试图偷走隐藏的食物。在这种情况下，前一只乌鸦试图通过去另一个地方而不是隐藏食物的地方来迷惑它们，从而使追赶的乌鸦找不到隐藏食物的地方。乌鸦的行为是 Askarzadeh 提出 CSA 的主要基础。

CSA 有以下步骤：

1）首先，指定所有问题决策变量、每个决策变量的搜索空间、算法的最大迭代次数、优化代理（乌鸦）的数量。

2）此外，必须为所有智能体确定另外两个参数，包括飞行长度和感知概率。

飞行长度参数指定了追逐乌鸦（如 i）在被追逐乌鸦（如 j）躲藏位置的方向上向前移动的距离，以及它是否能到达或超越目标位置（$i \neq j$）。

随机选择的感知概率决定了乌鸦 i 能否成功找到乌鸦 j 的藏身位置，这是乌鸦 j 当前找到的最佳自解。

3）如果乌鸦 j 意识到被追赶，那么它会改变自己的位置到一个随机的地方来欺骗追赶者。

尽管 CSA 的性能很好，但两个显著的缺点降低了它的效率：

1）当一只乌鸦意识到被另一只乌鸦追逐时，追逐者的位置就会随机更新。

2）根据该算法，乌鸦没有义务去找到最优解来更新它们的解。

这两个问题是 CSA 最大的限制。

C.2.2　鲸鱼优化算法

2016 年，Mirjalili 和 Lewis[4] 提出了一种基于座头鲸觅食的优化方法，因此，该方法被称为鲸鱼优化算法（WOA）。座头鲸移动非常缓慢，它们的速度不适合追逐快速移动的鱼群。为了弥补它们移动缓慢的问题，座头鲸制造气泡来引导一群鱼到水面，并将它们困在气泡网中。然后它们攻击鱼群，从陷阱中获取最大利益。

整个优化过程实现了三种机制：

1）包围猎物。

2）泡沫网络攻击（利用阶段）。

3）寻找猎物（探索阶段）。

C.2.3　教学优化算法

教学优化（TLBO）算法是 Rao 等人 [6] 提出的一种高效的基于人的优化算法。在这种方法中，为了优化目的，模拟一组学生在课堂上的共同学习过程。学生的学习过程主要有两种方式：

1）从老师处学习。

2）从与其他学生的互动中学习。

根据这一事实，优化过程包括两个阶段：

1）老师阶段，学生向老师学习。

2）学生阶段，在这种情况中，学习发生在与其他学习者的互动中。

在 TLBO 中，智能体被称为学生，适应度最好的学生被称为老师。老师试图教给学生其所知道的一切来提高班级平均分。与此同时，学生们相互交流，以了解他们的知识质量。因此，每个智能体或学生都在向老师和其他学生学习。

C.3　在 C++ 中实现优化方法

在不同的文献中有许多不同的优化方法。在前面的附录中介绍了其中的一些方法，在本章中，算法将在 C++ 中实现。代码以相当统一的格式给出，以便读者可以很容易地区分方法之间的差异。

变量名和函数名的选择使它们的名称能够描述它们的任务。我们试图在接下来的三个程序中使用相同的名称和约定，以达到相似的效果。这些名称如下：

numbDecisionVariable 是决策变量的数量。这用于多变量优化目的。很明显，里面的每个成员都包含 numbDecisionVariable positions。

minDecisionVariable 是每个决策变量的最小值。这是 position 的下约束条件。

maxDecisionVariable 是每个决策变量的最大值。这是 position 的上约束条件。

objFunc 是一个返回目标函数的函数。在下面的例子中，目标函数定义为

$$error=\sum\nolimits_{Num.\ Decision\ Variable} position^2 \qquad\qquad （C.2）$$

任何附加的约束都必须包含在这个函数中。正如在前面的附录中所解释的那样，附加约束是通过向成本函数或如式（C.2）所示的函数中的误差添加较大的惩罚来实现的。

globalBestPosition 是目标函数最小的全局最佳位置。

numbIteration 是期望迭代的次数。它必须由用户定义。

numbPopulation 是初始总体的个数。根据算法的不同，种群可能是一群鲸鱼、乌鸦或学生。

这些定义在下列所有代码中统一使用。因此，很容易理解代码之间的差异。

C.3.1 CSA

CSA 算法在程序 C-1 中实现。可以看到代码的结构与 WOA 的结构完全相同。因此，理解代码非常简单。主程序位于第 203 行。正如我们所看到的，它在第 208 和 209 行开始定义初始参数，并在第 212～219 行定义决策参数。主函数 CSA 目标在第 221 行通过调用 CSA 类的构造函数定义。然后，只需遵循以下四个步骤即可解决问题：

1）通过调用 CSA_.initialization( ) 方法初始化域上的粒子。

2）通过调用 CSA_.optimization( ) 方法进行优化。

3）通过调用 CSA_.output( ) 获得最终优化的决策变量。

4）通过调用 CSA_.result( ) 函数向用户宣布最终结果。

不同方法的实现在程序 C-1 中很简单。代码也被注释以便读者理解。

程序 C-1　CSA 算法代码

C.3.2　WOA

WOA 算法在程序 C-2 中实现。主程序位于第 234 行。正如我们所看到的，它在第 239～241 行开始定义初始参数，并且在第 243～250 行定义决策参数。主函数 WOA 目标在第 252 行通过调用 WOA 类的构造函数来定义。然后，只需遵循以下四个步骤即可解决问题：

1）通过调用 WOA_.initialization( ) 方法初始化域上的粒子。

2）通过调用 WOA_.optimization( ) 方法进行优化。

3）通过调用 WOA_.output( ) 获得最终优化的决策变量。

4）通过调用 WOA_.result( ) 函数向用户宣布最终结果。

不同方法的实现在程序 C-2 中很简单。代码也被注释以便读者理解。

程序 C-2　WOA 算法代码

C.3.3　TBLO

TBLO 算法在程序 C-3 中实现。我们可以看到，代码的结构与 WOA 和 CSA 完全相同。因此，理解代码非常简单。主程序位于第 228 行。正如我们所看到的，它在第 233~235 行开始定义初始参数，并在第 237~244 行定义决策参数。这些部分几乎被复制和粘贴到所有代码中。主函数 TBLO 目标在第 246 行通过调用 TBLO 类的构造函数来定义。然后，它只需按照以下四个步骤解决问题，就像我们对其他先前定义的代码所做的那样：

1）通过调用 TBLO_.initialization( ) 方法初始化域上的粒子。

2）通过调用 TBLO_.optimization( ) 方法进行优化。

3）通过调用 TBLO_.output( ) 获得最终优化的决策变量。

4）通过调用 TBLO_.result( ) 函数向用户宣布最终结果。

不同方法的实现在程序 C-3 中很简单。代码也被注释以便读者理解。

程序 C-3　TBLO 算法代码

C.4　总结

在本附录中，我们简单介绍了优化算法，并讨论了一些比较常用的方法。很明显，优化算法有许多不同的方面，其解释超出了本书的范围。因此，鼓励读者查阅其他参考文献（如 [2,3,5]）以更好地理解。

如前所述，我们试图给出三种不同方法的源代码，以理解优化算法的工作方式。注意，作者在 Torabi 的另一本书 [7] 中给出了另外两个类似的代码，即遗传算法（GA）和粒子群优化算法（PSO）。这两个代码与目前给出的代码十分相似。因此，基于这些代码，读者可以将所有代码放在一起对比学习。

参考文献

[1] Alireza Askarzadeh, A novel metaheuristic method for solving constrained engineering optimization problems: crow search algorithm, Computers & Structures 169 (2016) 1–12.

[2] Abdullah Konak, David W. Coit, Alice E. Smith, Multi-objective optimization using genetic algorithms: A tutorial, Reliability Engineering & System Safety 91 (9) (2006) 992–1007.

[3] Zbigniew Michalewicz, Thomas Logan, Swarnalatha Swaminathan, Evolutionary operators for continuous convex parameter spaces, in: Proceedings of the 3rd Annual Conference on Evolutionary Programming, World Scientific, 1994, pp. 84–97.

[4] Seyedali Mirjalili, Andrew Lewis, The whale optimization algorithm, Advances in Engineering Software 95 (2016) 51–67.

[5] Riccardo Poli, James Kennedy, Tim Blackwell, Particle swarm optimization, Swarm Intelligence 1 (1) (2007) 33–57.

[6] R. Venkata Rao, Vimal J. Savsani, D.P. Vakharia, Teaching–learning-based optimization: a novel method for constrained mechanical design optimization problems, Computer-Aided Design 43 (3) (2011) 303–315.

[7] Farschad Torabi, Fundamentals of Wind Farm Aerodynamic Layout Design, Elsevier, 2022.

 ## 附录 D　基于 ANSYS Fluent 的 MH 油箱仿真 UDF

该 UDF 可用于在 ANSYS Fluent 中模拟 Mg2NiMH 储罐的吸氢和脱氢过程，假设吸收过程需要 6000s，然后立即开始脱氢过程，需要 6000s，如程序 D-1 所示。

程序 D-1　基于 ANSYS Fluent 的 MH 油箱仿真 UDF 代码

 ## 附录 E　计算 FCEV 能量消耗的 MATLAB 代码

所提供的 MATLAB 代码可用于根据 5.3.2 节内容计算 FCEV 在 WLTP 驾驶循环中的能耗，如程序 E-1 所示。

程序 E-1　计算 FCEV 能量消耗的 MATLAB 代码